国家自然科学基金项目(51478217、31170444)
中央高校基本科研业务费专项基金 资助出版

城市与区域规划空间分析实验教程

Lab manual for spatial analysis in urban and regional planning

（第 2 版）

尹海伟　孔繁花・编著

东南大学出版社
SOUTHEAST UNIVERSITY PRESS
・南京・

内容提要

本教程是作者在总结多年教学与科研工作经验、城市与区域规划研究实践的基础上编写完成的，并曾作为南京大学城市规划专业本科生“城市与区域系统分析”课程的教程使用。书中主要针对城市与区域规划实践工作需求，结合城市与区域规划研究具体案例，以 GIS、ERDAS、SPSS 等软件平台为支撑，以城市与区域规划常用空间分析方法为核心，按照数据获取、处理、分析、应用的技术流程设计了 10 个实验，涵盖了数据获取与数据库构建、地形制图与分析、区域综合竞争力评价、经济地理空间格局、可达性分析与经济区划分、生态网络构建、生态环境敏感性分析、地表温度反演、建设用地发展潜力评价、建设用地适宜性评价、城市建设用地空间扩展模拟等核心内容，展示了空间定量分析方法在城市与区域规划中的具体应用。

本书强调系统性、实用性、易读性相结合，可作为高等院校城市与区域规划、城市规划管理等相关专业学生的教材，也可供从事城市与区域规划相关工作的实践工作者参考。

图书在版编目(CIP)数据

城市与区域规划空间分析实验教程 / 尹海伟，孔繁花编著. —2 版. — 南京 ：东南大学出版社，2016. 2
ISBN 978 - 7 - 5641 - 6359 - 4

Ⅰ. ①城… Ⅱ. ①尹… ②孔… Ⅲ. ①城市规划—实验—教材②区域规划—实验—教材 Ⅳ. ①TU984 - 33 ②TU982 - 33

中国版本图书馆 CIP 数据核字(2016)第 027101 号

城市与区域规划空间分析实验教程(第 2 版)

出版发行	东南大学出版社
出 版 人	江建中
社　　址	南京市四牌楼 2 号
邮　　编	210096
经　　销	全国各地新华书店
印　　刷	兴化印刷有限责任公司
开　　本	787 mm×1092 mm　1/16
印　　张	19
字　　数	474 千
版　　次	2016 年 2 月第 2 版
印　　次	2016 年 2 月第 1 次印刷
书　　号	ISBN 978 - 7 - 5641 - 6359 - 4
定　　价	58.00 元(附赠光盘)

(本社图书若有印装质量问题，请直接与营销部联系，电话：025—83791830)

第二版前言

本实验教程是在南京大学城市规划专业核心课程《城市与区域系统分析》多年教学实践的基础上编写而成，于2014年2月在东南大学出版社出版，展示了空间定量分析方法在城市与区域规划中的具体应用，为城市规划及其相关专业的学生与从业者提供了一套循序渐进式的实验练习指导手册。

教程出版两年来，得到了广大读者的肯定，很多读者通过多种方式提出了许多很好的建议，特别是指出了本教程中存在的一些疏漏与考虑不周之处。另外，《城市与区域规划空间分析方法》于2015年8月出版之后，不少读者要求提供该书内相关方法的具体操作手册和实验数据。此时恰逢第一版实验教程基本售完，出版社准备重印，遂决定对第一版实验教程进行必要的修订和补充。

本次改编主要包括两部分。第一部分是对本教程中存在的一些疏漏之处进行了修改完善，增加了一些实验操作步骤，并将一些使用到的ArcGIS软件插件收录在光盘数据中，以便读者安装与使用。第二部分是增加了基于SLEUTH模型的城市建设用地空间扩展模拟和基于多源遥感数据的地表温度反演两个实验，展示了RS、GIS与规划决策支持系统分析相关模型的耦合及其具体应用。增加的两个实验难度稍大，建议作为本科生的选学内容，而研究生与实践工作者则可以根据研究与工作需要加以练习。同时为了减少出版社的工作量，本次改编并未调整实验教程的顺序与体例。

另外，本教程中很多实验的综合性比较强，涉及的软件平台与知识点比较多，建议初学者在第一次使用本教程时，不必过分追求结果的精确，应首先关注数据的准备、实验的流程、方法之间的逻辑关系等，等练习几遍熟练之后，可以获得对实验内容更全面的了解。在实际工作中，首先应该明确需要做什么，然后再思考如何来做，并寻找解决问题的具体方法。在此之后，才是选择合适的数据和软件平台（或分析工具）来进行具体的数据处理与分析。因而，建议读者在熟练掌握本教程操作方法之后，再结合自己的研究和工作需要，尝试构建自己所需的数据库和数据处理分析流程，将更有助于将本实验教程的技术方法融会贯通、举一反三。

尹海伟　孔繁花

2016年1月

第一版前言

南京大学是国内最早开展计量地理学研究的高校之一。地理系林炳耀先生1984年在《经济地理》杂志上发表了“论发展我国计量地理学的若干问题”的论文，并于1985年出版教材《计量地理学概论》，在人文地理学中引入计量地理学的理论和方法，推动了中国人文地理学的计量革命。林炳耀先生主讲的《城市与区域系统分析》课程成为南京大学城市规划专业与人文地理学专业学生的必修课，培养了大批具有计量地理学素养的城市规划专业人才和人文地理学者。

2003—2008年，宗跃光教授作为南京大学首批海内外公开招聘教授加入地理系，并承担了《城市与区域系统分析》《城市生态环境学》的教学与科研工作。宗跃光教授结合新时期城市与区域规划定量分析的发展趋势和自己在城市生态方面的大量研究，将《城市与区域系统分析》课程由强调数理统计过程调整为定量分析方法在城市与区域规划中的具体应用，并引入了景观格局分析等生态学分析方法，形成了新的教学体系。

2006—2007年，刚参加工作的我有幸与宗跃光教授联合主讲了《城市与区域系统分析》课程。宗老师治学严谨、学识渊博、待人真诚，授课一丝不苟、活泼生动，让我受益匪浅，深刻领悟到作为一名高校教师的责任，同时也意识到新时期南京大学城市与区域规划定量分析方法传承的重任。

近些年来，随着GIS与遥感(RS)技术在城市与区域规划领域的深入推广与广泛应用，遥感图像数据成为城市与区域规划空间数据的重要来源，改变了城市与区域规划主要依靠AutoCAD等绘图软件的状况。GIS与RS已经成为国内外城市与区域规划技术平台的发展核心和主流方向，其在城市与区域规划领域的广泛应用为提高城市规划的科学性提供了重要技术支撑和保障。

作者通过近年来主持与参与的国家自然科学基金项目和城市与区域规划实践，以及《城市与区域系统分析》课程7年的教学实践，总结出了一套基于GIS、RS、SPSS等软件平台的城市与区域规划空间定量分析框架与技术方法，并结合具体规划研究案例，在南京大学本科教学中取得成功应用，效果良好，使城市规划专业学生快速掌握了城市与区域规划中的常用空间定量分析方法，并能够达到即学即用、举一反三的效果。

本教程基于GIS、ERDAS、SPSS等软件平台，以城市与区域规划常用空间分析方法为核心，按照数据获取、处理、分析、应用的技术流程设计了8个实验，涵盖了数据获取与数据库构建、地形制图与分析、区域综合竞争力评价、经济地理空间格局、可达性分析与经济区划分、生态网络构建、生态环境敏感性分析、建设用地发展潜力评价、建设用地适宜性评价等核心内容,展示了空间定量分析方法在城市与区域规划中的具体应用。

对于大多数城市规划相关专业的学生来讲,许多定量分析与图像处理软件(例如GIS、ERDAS/ENVI、SPSS等)都不熟悉甚至未曾使用过。因而,本教程在第一次出现某一工具或命令时,都做了较为详细的介绍与演示,而当同一工具或命令再次使用时则仅作简要说明。因此,建议本教程的使用方法如下:(1) 没有接触过ArcGIS、ERDAS、SPSS等软件的读者,建议首先学习本书的实验1,了解这些软件的界面与基本操作,然后按照实验顺序逐一练习,由易到难、循序渐进;(2) 如果接触过这些软件且熟悉常用的工具或命令,需要参考本教程完成具体城市与区域规划内容的读者,建议直接按照目录查找所关心的章节或查看每一实验"实验目的"或"实验总结"中的实验内容一览表。

本教程由尹海伟与孔繁花负责总体设计,尹海伟负责实验1至实验5、实验8的编写工作,孔繁花负责实验6、实验7的编写工作,最后由尹海伟负责统稿与定稿工作。南京大学城市规划专业研究生班玉龙、卢飞红等,地理信息系统专业研究生孙常峰、闫伟姣、许峰等负责部分实验数据与参考文献的整理工作,南京大学城市规划专业多届本科生对本教程提出了很多修改意见,东南大学出版社马伟编辑为本教程的出版做了大量的工作,在此一并表示衷心的感谢。

由于作者水平有限,本教程中难免存在不妥与疏漏之处,敬请读者批评指正,以期不断完善。作者邮箱:qzyinhaiwei@163.com。

尹海伟　孔繁花

2013年10月

目　录

实验1 主要软件简介与基本操作

1.1 实验目的与实验准备

1.1.1 实验目的

通过本实验了解 ArcGIS 10.1 中文桌面版、ERDAS IMAGINE 9.2、PASW Statistics 18 软件的主要功能、基本组件与基本操作，为城市与区域规划中综合使用这些软件提供基础支撑。

具体内容见表 1-1。

表 1-1 本次实验主要内容一览

<table>
<tr><th colspan="2">应用程序</th><th>具体内容</th></tr>
<tr><td rowspan="11">ArcGIS 10.1</td><td>ArcGIS 10.1</td><td>ArcGIS 10.1 中文桌面版简介</td></tr>
<tr><td rowspan="4">ArcMap</td><td>(1) 打开地图文档</td></tr>
<tr><td>(2) 创建一个新的地图文档并加载与调整数据图层</td></tr>
<tr><td>(3) 专题地图的制作与输出</td></tr>
<tr><td>(4) 数据图层属性表字段修改与统计</td></tr>
<tr><td rowspan="4">ArcCatalog</td><td>(1) 打开 ArcCatalog 界面并进行文件夹连接</td></tr>
<tr><td>(2) 创建新的 Shapefile 文件</td></tr>
<tr><td>(3) 创建新的地理数据库文件</td></tr>
<tr><td>(4) 地理数据的输出</td></tr>
<tr><td rowspan="2">ArcToolbox</td><td>(1) 启动 ArcToolbox 并激活扩展工具</td></tr>
<tr><td>(2) ArcToolbox 环境设置</td></tr>
<tr><td colspan="2" rowspan="2">ERDAS IMAGINE 9.2</td><td>ERDAS IMAGINE 9.2 简介</td></tr>
<tr><td>ERDAS IMAGINE 9.2 窗口简介</td></tr>
<tr><td colspan="2" rowspan="2">PASW Statistics 18</td><td>PASW Statistics 18 简介</td></tr>
<tr><td>PASW Statistics 18 窗口简介</td></tr>
</table>

1.1.2 实验准备

(1) 计算机已经预装了 ArcGIS 10.1 中文桌面版、ERDAS IMAGINE 9.2、PASW Statistics 18 或更高版本的软件。

(2) 已经获取并构建了研究区的基础地理数据库(我们将在实验 2 学习如何构建规划研究区的空间数据库)。本实验采用已经构建好的福建省上杭县基础地理数据，数据位置:D:\data\shiyan01 目录下(请将光盘中的 data 文件夹复制到电脑的 D 盘下)。

1.2 ArcGIS 10.1 中文桌面版简介与基本操作

1.2.1 ArcGIS 10.1 中文桌面版简介

GIS(Geographic Information System,地理信息系统)是由计算机软硬件和不同方法组成的系统,该系统设计用来支持空间数据的采集、管理、处理、分析、建模和显示,以便解决复杂的规划和管理问题。GIS 起源于 20 世纪 60 年代,由"GIS 之父"Roger Tomlinson(1966)最早提出,他开发了第一个 GIS 系统(加拿大地理信息系统,CGIS)。在此之后,全球迅速掀起了 GIS 研究开发热潮,涌现了大量的应用程序与软件,而由美国环境系统研究所(Environmental Systems Research Institute,ESRI)开发的 ArcGIS 软件是这些 GIS 软件程序的杰出代表,该产品系列目前占领了全球约 90%的 GIS 市场份额,成为 GIS 开发领域的领导者。

1969 年,Laura 和 Jack Dangermond 建立了环境系统研究所,并率先提出了将要素的空间表达与数据表中的属性链接起来的创新构想,并启动了 ArcGIS 系列产品的开发,从而引发了 GIS 行业的一场革命,推动了 GIS 在城市规划、土地利用规划、自然资源管理、生态环境保护、交通、农业、社会学分析等领域的广泛应用。

ArcGIS 10.1 中文桌面版(ArcGIS Desktop 10 序列版本)是美国环境系统研究所(ESRI)开发的新一代 GIS 软件的重要组成部分,继承和强化了原有的 ArcGIS Desktop 9 序列版本的一系列功能与特色,并推出了一种全新的空间分析方式,将 Desktop 9 序列版本中 Workstation 中的空间处理功能几乎全部放入 Desktop 10 序列版本中的 ArcToolbox 工具箱中,且功能更为强大和完善,能够帮助用户完成高级的空间分析,在同类 GIS 产品中继续保持领先(表 1-2)。另外,ArcGIS 10.1 中文桌面版软件大大降低了我国学者使用 GIS 的难度,为 GIS 在中国的推广和普及提供了良好的操作平台。

表 1-2 国内外 GIS 软件空间分析功能比较

功能	名称	ArcGIS	MGE	MapInfo	MapGIS	GeoStar	SuperMsp
空间查询与量算	空间查询	☆	☆	◆	◆	◆	◆
	空间量算	☆	☆	◆	◆	◆	◆
缓冲区分析	点缓冲	★	☆	◆	◆	☆	◆
	线/弧	★	☆	◆	◆	☆	◆
	面/多边形	★	☆	◆	◆	☆	◆
	加权	★	☆	◆	◆	☆	◆
叠置分析	点与多边形	★	☆	◆	◆	☆	◆
	线与多边形	★	☆	◆	◆	☆	◆
	多边形与多边形	★	☆	◆	◆	☆	◆

续表 1-2

功能	名称	ArcGIS	MGE	MapInfo	MapGIS	GeoStar	SuperMsp
网络分析	最短路径	☆	☆		▲	▲	▲
	网络属性值累积	☆	☆		▲	▲	▲
	路由分配	☆	☆		▲	▲	▲
	空间邻接搜索	☆	☆	▲	▲	▲	▲
	最近相邻搜索	☆	☆	▲	▲	▲	▲
	地址匹配	☆	☆	▲	▲	▲	▲
其他分析	拓扑分析	☆	☆		◆	◆	◆
	邻近分析	★	☆		◆	◆	◆
	复合分析	▲	▲		▲	▲	◆
分类分析	统计图表分析	◆	▲	◆	▲	▲	▲
	主成分分析	◆	▲	◆	▲	▲	▲
	层次分析	◆	▲	◆	▲	▲	▲
	系统聚类分析	◆	▲	◆	▲	▲	▲
	判别分析	◆	▲	◆	▲	▲	▲

注:★表示更强;☆表示强;◆表示较强;▲表示较弱。

资料来源:靳军,刘建忠. 国内外 GIS 软件的空间分析功能比较. 测绘工程,2004,13(3):58-61.

ArcGIS 10.1 中文桌面版主要包含 ArcMap、ArcCatalog、ArcToolbox 等常用用户界面组件。ArcMap 提供了一整套一体化的地图绘制、显示、编辑和输出的集成环境,具有强大的制图编辑功能,是 ArcGIS 桌面版的核心应用程序,具有地图制图的所有功能。在 ArcMap 中,可以按照要素属性编辑和表现图形,绘制和生成要素数据,在数据视图中可以按照特定的符号浏览地理要素,也可以在版面视图中制作和打印输出各类专题数据地图;有全面的地图符号、线形、颜色填充和字体库,支持多种输出格式;可以自动生成坐标格网或经纬网,能够进行多种形式的地图标注。可以说,ArcMap 就是 ArcGIS 桌面版的制图工具,能够完成任意地图要素的绘制和编辑任务。ArcCatalog 是一个空间数据资源管理器。它以数据为核心,用于定位、浏览、搜索、组织和管理空间数据。利用 ArcCatalog 可以创建和管理数据库,定制和应用元数据,从而大大简化用户组织、管理和维护数据工作。ArcToolbox 是空间处理工具的集合,包括数据管理、数据转换、栅格分析、矢量分析、地理编码以及统计分析等多种复杂的空间处理工具,是 GIS 空间分析的重要支撑。

基于 GIS 的空间分析是地理信息系统区别于其他信息系统的主要特色,是评价地理信息系统功能的主要特征之一。GIS 空间分析已经成为地理信息系统的核心功能之一,这也是和城市与区域规划中常用的制图软件例如 AutoCAD 的主要区别之所在。通过对 ArcGIS 10.1 中文桌面版这 3 个核心组件的综合使用,可以解决复杂的城市与区域空间规划、决策和管理问题。

1.2.2 ArcMap 基础操作

1) 打开地图文档

点击 Windows 任务栏的“开始”按钮,找到“所有程序”—“ArcGIS”—“ArcMap

10.1”,点击可启动 ArcMap,程序会自动弹出“ArcMap -启动”对话框(图 1 - 1);或者通过直接双击桌面上的“ArcMap 10.1”图标来启动 ArcMap。

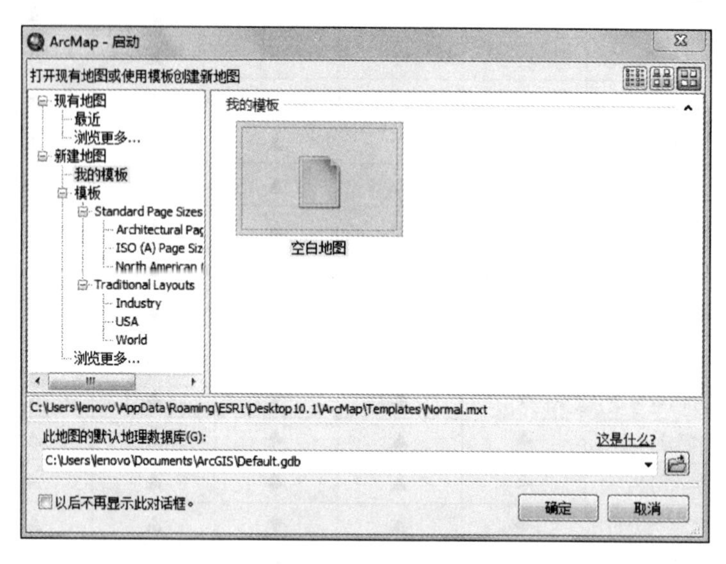

图 1 - 1　“ArcMap -启动”对话框

在“ArcMap -启动”对话框中,点击左侧面板中的“浏览更多…”选项,弹出“打开 ArcMap 模板”对话框(图 1 - 2),选择随书数据中的 shanghangmap.mxd 文件(D:\data\shiyan01\shanghangmap.mxd),点击“确定”按钮,一个以 shanghangmap 为名称的文档自动加入到“ArcMap -启动”对话框的右侧视窗“新建地图”栏目下面(图 1 - 3)。点击“确定”按钮,进入 ArcMap 的主界面,shanghangmap.mxd 中包含的要素数据图层信息均可显示出来(图 1 - 4)。我们可以看到 shanghangmap 地图文档中一共包括“河流”“城乡建设用地”“乡镇界限”“数字高程模型 DEM”“山体阴影”5 个数据图层,且每个数据图层名称前面的小方框☑(显示或关闭图层显示复选框,默认状态为选中)均被勾选,说明数据图层均处于可显示状态。

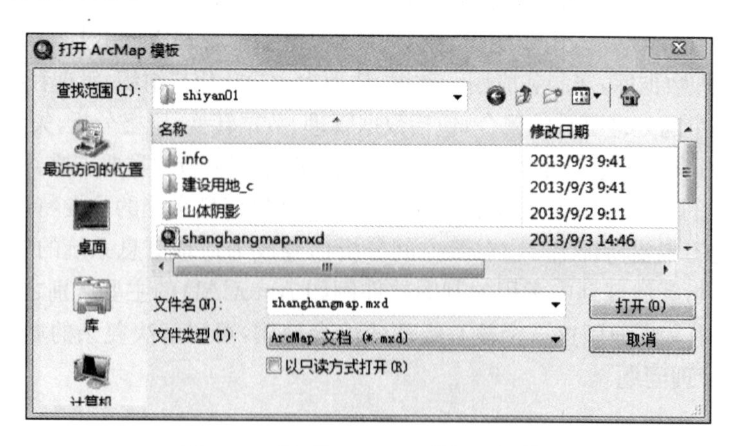

图 1 - 2　“打开 ArcMap 模板”对话框

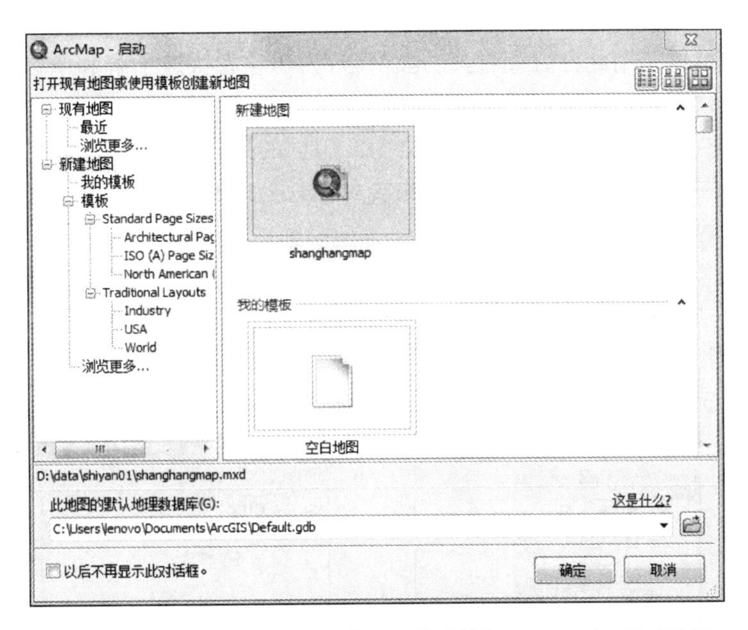

图 1 - 3　加载 shanghangmap 地图文件后的"ArcMap -启动"对话框

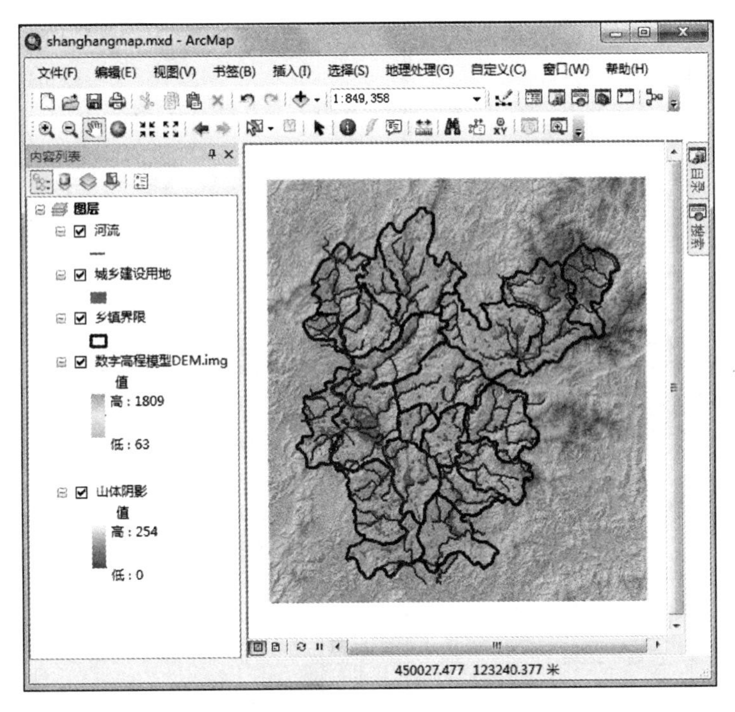

图 1 - 4　加载 shanghangmap 地图文件后的 ArcMap 主界面

ArcMap 窗口主要由主菜单、标准工具栏、内容列表、地图显示窗口和状态条等部分组成(图 1 - 4)。

主菜单位于 ArcMap 窗口的上部,主要包括文件、编辑、视图、书签、插入、选择、地理处理、自定义、窗口和帮助 10 个子菜单(图 1 - 4)。

标准工具栏通常位于主菜单的下方,共包含 20 个按钮,用户可以通过将鼠标放置在按钮上使其显示该功能按钮功能简介的方式来认识和了解各个按钮的功能(ArcMap 中大多数图标均可以使用此方法查看其功能简介,为初学者快速了解和掌握工具按钮的使用提供了方便)(图 1-4)。

标准工具栏的下方还有一栏通常称之为“工具”的工具栏,这些工具主要是为数据视图窗口中的视图操作服务的,比如图形的放大、缩小、平移、查看全图、比例尺放大和缩小、测量、查找等(图 1-4)。

内容列表窗口位于窗口左侧工具栏的下方,用于显示地图所包含的数据框(Layers)、数据图层、地理要素以及显示状态(图 1-4),共有 4 种列表方式,分别是按绘制顺序列出(图 1-5(a))、按源列出(图 1-5(b))、按可见性列出(图 1-5(c))、按选择要素列出(图 1-5(d))。

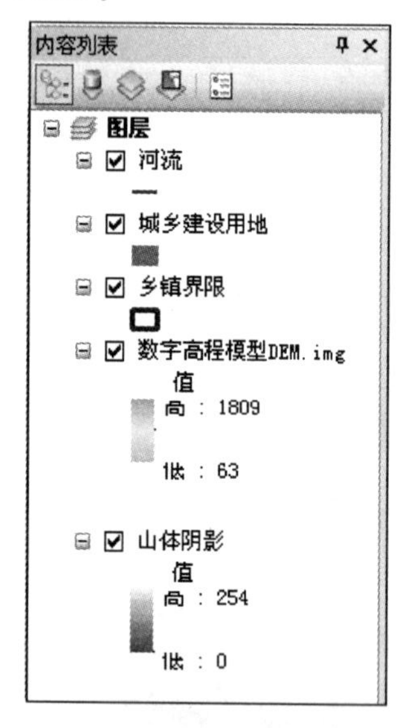

(a) 按绘制顺序列出

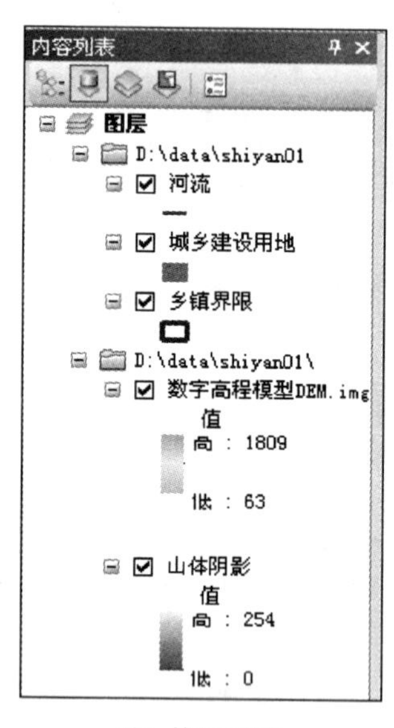

(b) 按源列出

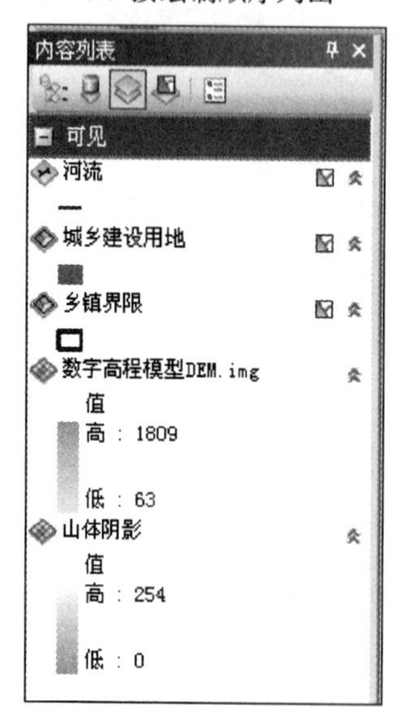

(c) 按可见性列出

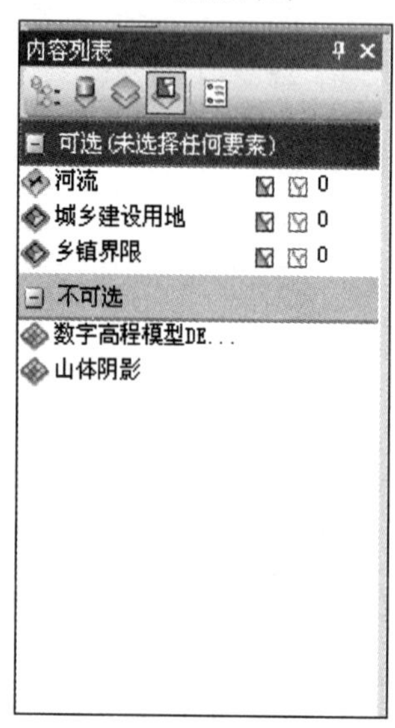

(d) 按选择要素列出

图 1-5　内容列表的 4 种列表方式

✍ 说明 1－1：ArcMap 中的两套地图浏览工具

ArcMap 分别针对数据视图和布局视图两种视图显示方式提供了两套地图浏览工具，分别针对数据视图的“工具”工具栏和布局视图的“布局”工具栏。在数据视图模式下，“布局”工具条呈灰色，表示工具是无效的；但在布局视图模式下，两套工具都是有效的，只是操作的对象不同，“布局”工具栏上的工具用于整个布局页面，例如使用放大工具，整个地图图面都会放大，而“工具”栏上的放大工具仅针对地图中的数据内容，对其他布局要素（标题、图例等）均无效。

地图显示窗口用于显示地图包括的所有地理要素，ArcMap 提供了两种地图显示方式：数据视图（图 1－6）和布局视图（图 1－6）。数据视图是 ArcMap 启动后的默认视图，在该视图中，用户可以根据需要对数据进行编辑、查询、分析、检索等操作，但不包括图框、比例尺、图例等地图辅助要素信息；而在布局视图窗口中，图框、比例尺、图例、指北针等地图辅助要素可以加载其中，可以完成制图所需要的各种工作；两种视图方式可通过视图显示窗口左下角的两个视图按钮随时切换，另外 10.1 版本还增设了刷新和暂停绘制两个按钮（图 1－6）。

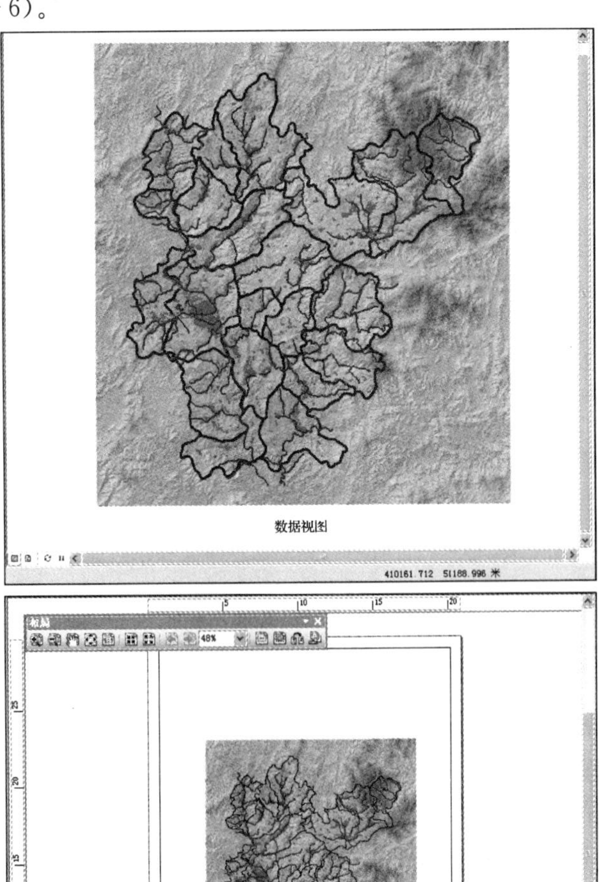

图 1－6　两种地图显示窗口状态

另外,在 ArcGIS 10.1 中,ArcCatalog 内嵌于 ArcMap 中,位于地图显示窗口的右上侧,增设了“目录”和“搜索”两个窗口的悬挂(图 1-4、图 1-7),能够更加方便用户创建和添加地理要素与数据文件。

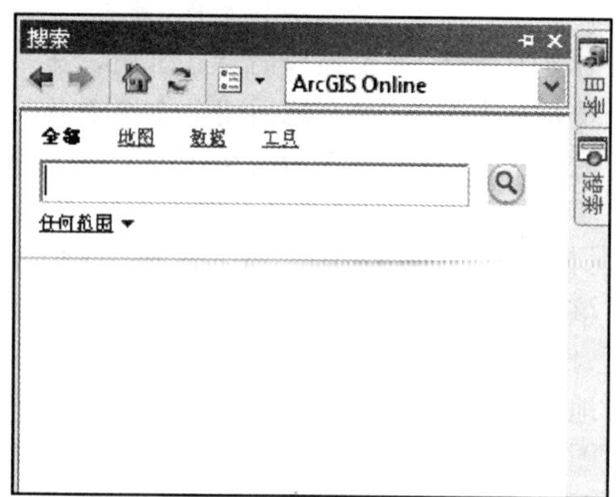

图 1-7　内嵌于 ArcMap 中的“目录”与“搜索”悬挂窗口界面

当然,用户也可以在“ArcMap -启动”对话框中点击“取消”按钮,直接进入 ArcMap 的主界面,然后通过主菜单中的“文件”—“打开”,或使用标准工具栏中的“打开”按钮来开启“打开”对话框(图 1-8),然后找到用户需要打开的视图文件 shanghangmap.mxd,并点击对话框右下方的“打开”按钮,将加载并打开 shanghangmap 地图文档。

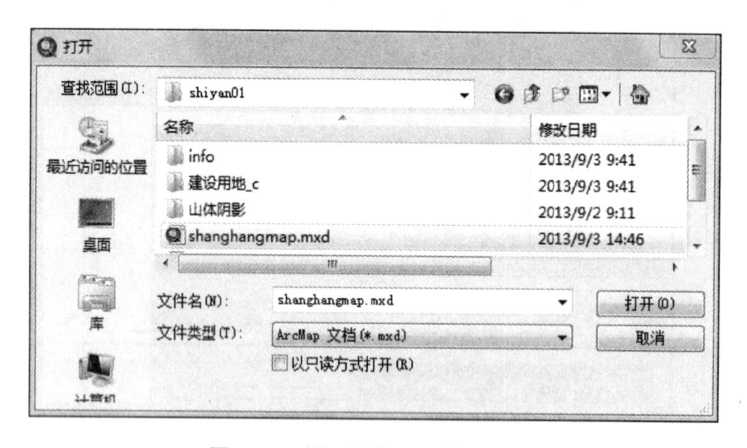

图 1-8　“打开”视图文件对话框

当用户在 ArcMap 中进行各种操作时,用户的操作对象是一个地图文档。一个地图文档至少包含一个数据框,当有多个数据框时,只能有一个数据框属于当前数据框,只能对当前数据框进行操作。每一个数据框由若干数据层组成,每一个数据层前面可勾选的小方框是用于控制数据层在地图窗口中是否显示的。地图文档存储在扩展名为.mxd 的文件中。

当进入 ArcMap 用户操作界面之后,用户可以根据自己使用工具的习惯来调整不同的工具条的位置,以方便自己查找按钮和使用工具集。请特别留意 ArcMap 中快捷菜单的使用。在 ArcMap 窗口的不同位置点击右键,会弹出不同的快捷菜单,这一功能非常有用,在后面的实验中会经常使用到快捷菜单。

ArcMap 中经常调用的快捷菜单主要有 4 种:(1) 数据框操作快捷菜单(图 1-9(a));(2) 数据层操作快捷菜单(图 1-9(b));(3) 窗口工具设置快捷菜单(图 1-9(c));(4) 地图输出操作快捷菜单(图 1-9(d))。

花一些时间,尝试使用和记忆 ArcMap 用户操作界面中的主要工具,做到能够在较短时间内找到用户自己需要的菜单项和工具按钮,并学会使用快捷菜单,为后面实验的学习打好基础。

(a) 数据框操作快捷菜单

(b) 数据层操作快捷菜单

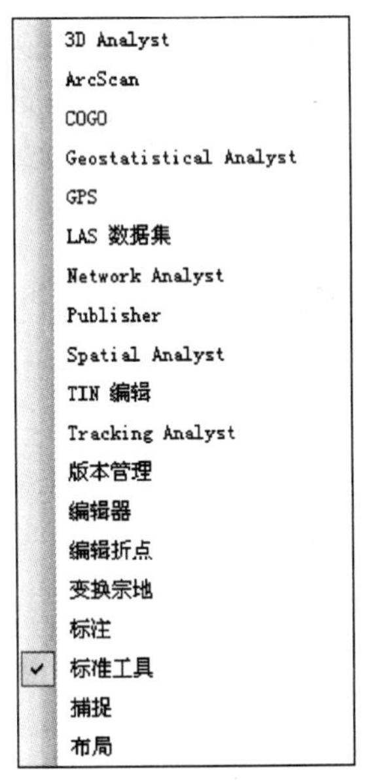

(c) 窗口工具设置快捷菜单

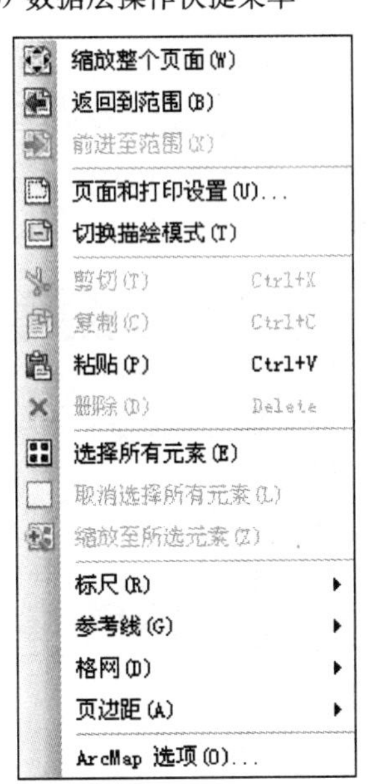

(d) 地图输出操作快捷菜单

图 1-9 ArcMap 中的主要快捷菜单

2) 创建一个新的地图文档并加载与调整数据图层

在 ArcMap 中,通常不是首先打开一个已经存在的地图文档,而是结合用户的规划研究需要来创建属于自己的地图文档。

➢　步骤1:启动ArcMap。

启动ArcMap,在“ArcMap-启动”对话框中点击“取消”按钮,直接进入主界面(图1-10)。这时一个未命名的地图文档(或称为空白地图文档)“无标题.mxd”就已经创建(用户也可以点选“ArcMap-启动”对话框左下方的“以后不再显示此对话框”功能,则下次启动ArcMap时,会直接进入ArcMap空白文档主界面)。

用户也可以在“ArcMap-启动”对话框中左侧面板中点击“我的模板”,然后在右侧面板中选择“空白地图”,之后点击右下角的“确定”按钮,则创建一个临时名为“无标题.mxd”的空白地图文档。

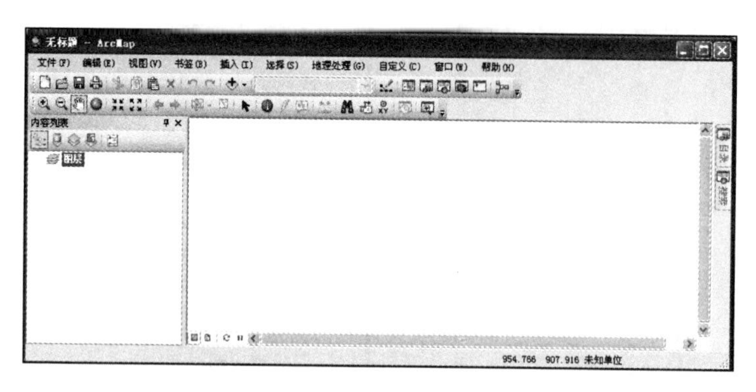

图1-10　ArcMap无标题时的主界面

➢　步骤2:加载数据图层文件。

■　方式1:点击主菜单中的“文件”—“添加数据”—“添加数据”,弹出“添加数据”对话框(图1-11),通过路径选择,找到用户需要加载的数据图层所在的文件夹(数据位置:D:\data\shiyan01\目录下),然后选择需要加载的数据图层(用户可以单选一个数据图层,也可一次选择多个数据图层),数据图层选定后,点击“添加”按钮,所选数据图层加载到ArcMap视图窗口中(图1-12)。

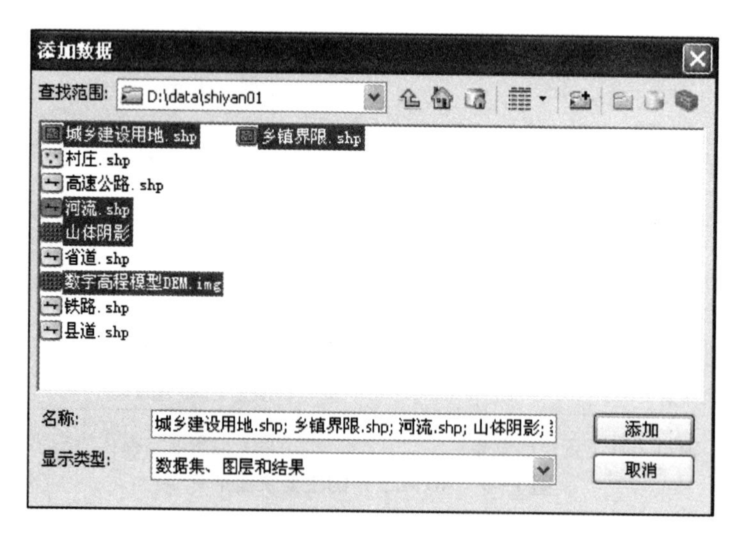

图1-11　“添加数据”对话框

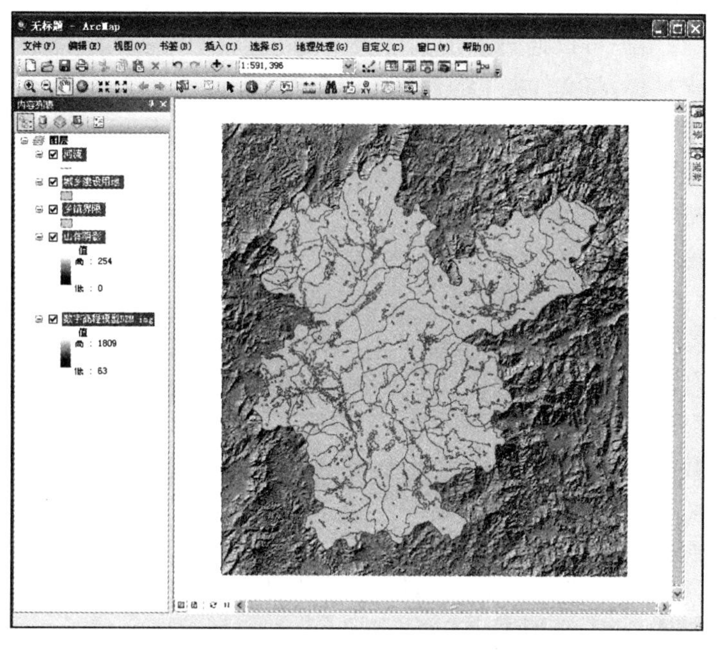

图 1－12　数据图层加载后的 ArcMap 视图窗口

■　方式 2:直接点击 ArcMap 窗口中标准工具栏上的✚"添加数据"按钮(图 1－13),弹出"添加数据"对话框,通过路径选择,找到用户需要加载的数据图层所在的文件夹(数据位置:D:\data\shiyan01\目录下),然后选择需要加载的数据图层,再点击"添加"按钮,所选数据图层加载到 ArcMap 视图窗口中。

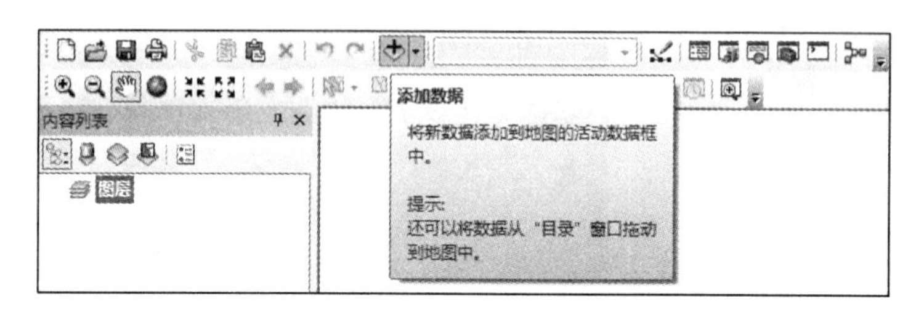

图 1－13　数据图层加载后的 ArcMap 视图窗口

■　方式 3:使用内嵌于 ArcMap 中的目录悬挂窗口界面(图 1－7),点击目录栏下的"文件夹连接",然后通过点击目录悬挂窗口中工具条上的"连接到文件夹"图标(图1－14)(也可在目录栏下的"文件夹连接"处右击,然后点击"连接到文件夹"),弹出"连接到文件夹"对话框(图 1－15),通过路径调整选择需要加载数据图层所在的文件夹(数据位置:D:\data\shiyan01),再点击"确定"按

图 1－14　目录悬挂窗口的"连接到文件夹"功能

钮,所选文件夹 shiyan01 加载到 ArcMap 中的目录悬挂窗口中,此时用户可以通过点击文件夹 shiyan01 前面的"[+]"图标,将文件夹下的数据图层文件展开(用户也可以使用"[−]"图标,将文件夹收起),然后选择用户需要加载的数据图层,按住鼠标左键将其拖放到 ArcMap 视图窗口中后松开左键完成数据图层的加载。

图 1-15 "连接到文件夹"对话框

➢ 步骤 3:数据图层的调整。

ArcMap 中,地图是由许多图层叠加在一起组成的,并通过"内容列表"面板来管理图层。用户可以关闭和打开显示图层、调整图层顺序、调整图层透明度、更改数据图层标识名称以及复制与移除等。

(1) 调整要素数据图层的顺序和显示

首先,在 ArcMap 中,加载"乡镇界限""城乡建设用地""河流""数字高程模型 DEM""山体阴影"数据图层(图 1-16)。

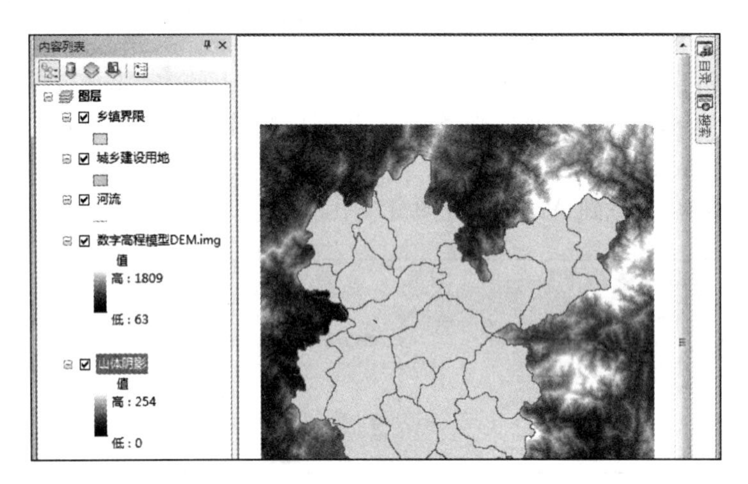

图 1-16 数据图层刚加载时的 ArcMap 窗口界面

可以发现图层之间多有重叠和覆盖,地物很难完全显示,这时用户需要调整图层的排列顺序(具体的排列顺序以研究需要和图层排列基本原则为依据,参见说明 1-2)。

通过"内容列表",用户可以发现 5 个图层均已加入视图窗口中,且均为显示状态(图层前的小方框被勾选),图层名称下方为图形符号,通过它,用户可以识别用户的图层要素形状和颜色,"乡镇界限"和"城乡建设用地"是面状多边形地物,"河流"则为线状地物,"数字高程模型 DEM""山体阴影"则是栅格数据格式的文件类型(图 1-16)。

其次,按照研究需要和图层排列基本原则,用户先将"河流"图层拖至最顶层,具体操作为:选中"河流"图层,按住鼠标左键不放,将其拽至最顶层,然后松开鼠标左键。这时,用户可以发现原先被盖住的线状地物"河流"图层的内容显示了出来(图 1-17)。

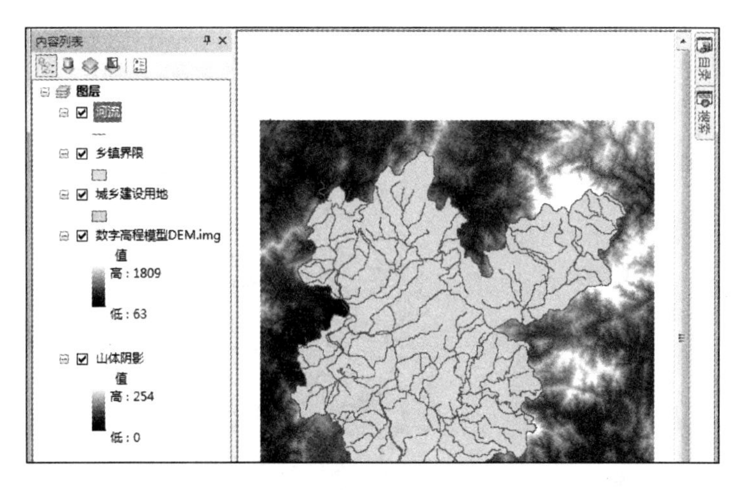

图 1-17　河流图层移至最顶层后的 ArcMap 窗口界面

最后，用户可按照研究需要和图层排列基本原则，将所有图层的顺序调整好，并通过调整每一个图层中地物的显示颜色和线条粗细——用户只需点击图层名称下方的图层要素显示符号即可打开“符号选择器”，从而进行符号、颜色等设定（图 1-18）——使视图窗口中的地图满足用户的需要（图 1-19，“数字高程模型 DEM”“山体阴影”数据图层没有显示，用户将在后面设置这两个图层），然后将制作好的地图文档进行保存，建议保存到数据图层所在的文件夹下，便于以后打开和使用，文件名称为 zijian01. mxd。

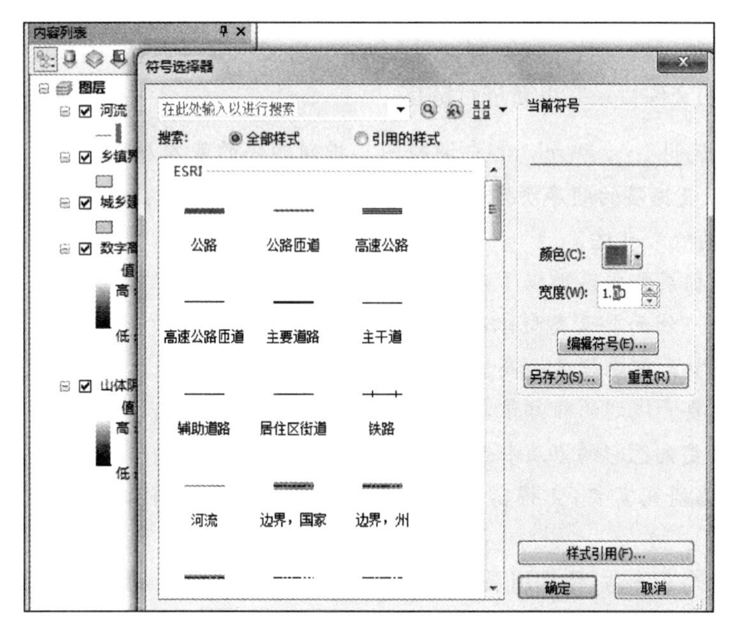

图 1-18　点击河流图层下方符号弹出的“符号选择器”对话框

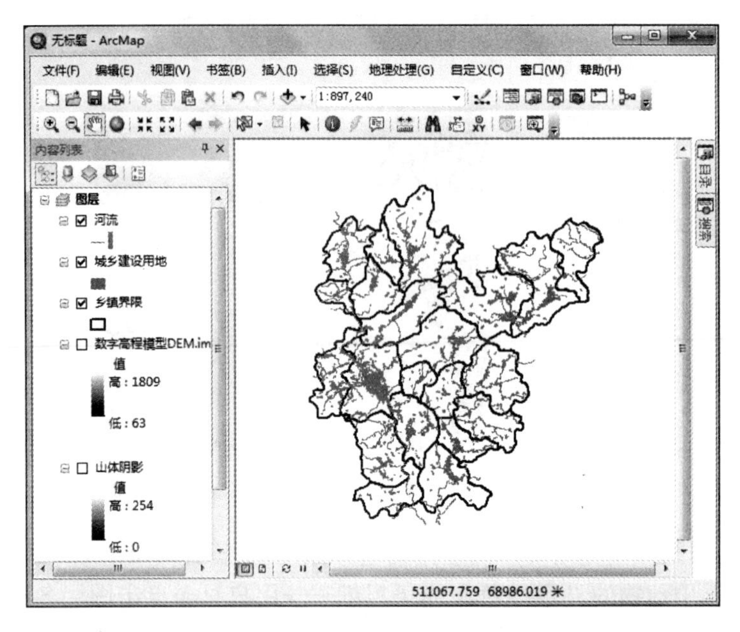

图1－19　经过图层顺序和图层显示调整后的ArcMap窗口

另外需要注意的是，保存的ArcMap地图文档仅是一个工作空间，不是一个数据集，也就是说地图文档不存储数据，只存储了数据的位置信息。因此拷贝数据文件时需要将ArcMap地图文档和数据图层一起拷贝，并置于相同的文件目录下，否则再次打开ArcMap地图文档时，因图层数据找不到，图层会显示为红色叹号，这时用户需要手动查找到数据图层所在的文件目录并重新进行链接。

✍　说明1－2：ArcMap中调整图层排列顺序的基本原则

ArcMap数据层的顺序决定了数据层中地理要素显示的上下叠加关系，直接影响输出地图的效果表达。

因此，数据层需要遵循以下几条原则：

A. 按照点线面要素类型依次由上至下排列。

B. 按照要素重要程度的高低依次由上至下排列。

C. 按照要素线划的粗细依次由上至下排列。

D. 按照要素色彩的浓淡程度依次由上至下排列。

有时根据研究需要，会将需要强调的地物凸显出来，这时这些地物通常需要置于最顶层。

另外，请大家注意，设置图层透明度也能帮助用户实现良好的制图效果。

(2) 调整要素数据图层的透明度

在“内容列表”中，点击勾选“数字高程模型DEM”前面的小方框，使该图层可以显示，再用鼠标右键点击该图层，弹出快捷菜单(图1－20)，点击“属性”按钮，打开“图层属性”对话框，点击切换到“显示”栏，设置透明度为50%(图1－21)。然后，点击切换到“符号系统”栏，选择“色带”颜色为由绿到红，但此时色带的颜色表示的海拔与用户熟知的绿色表示海拔低、红色表示海拔高正好相反，因此需要再勾选色带下方的“反向”选项卡，以使色带颜色反置(图 1－22)。最后,点击"确定"按钮,透明度和颜色修改完毕。如果感觉不理想,需要多次调整,则先不要点击"确定"按钮,而是点击"应用"按钮,然后通过视图窗口查看调整后的效果,直到感觉效果满意了,再点击"确定"按钮。

使用同样方法,调整"山体阴影"图层的透明度为 40%,并将调整好的地图文档另存为 zijian02. mxd。

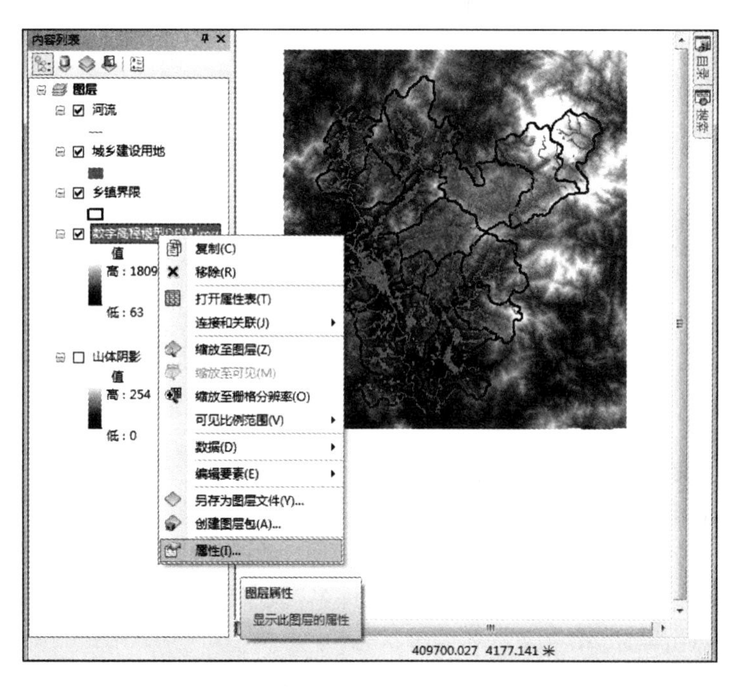

图 1－20　鼠标右键点击"数字高程模型 DEM"图层弹出的快捷菜单

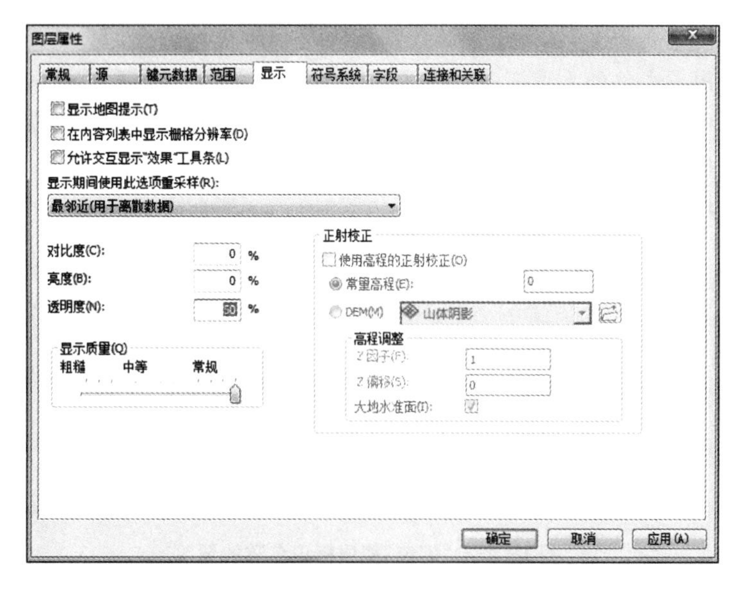

图 1－21　"图层属性—显示"栏设置窗口

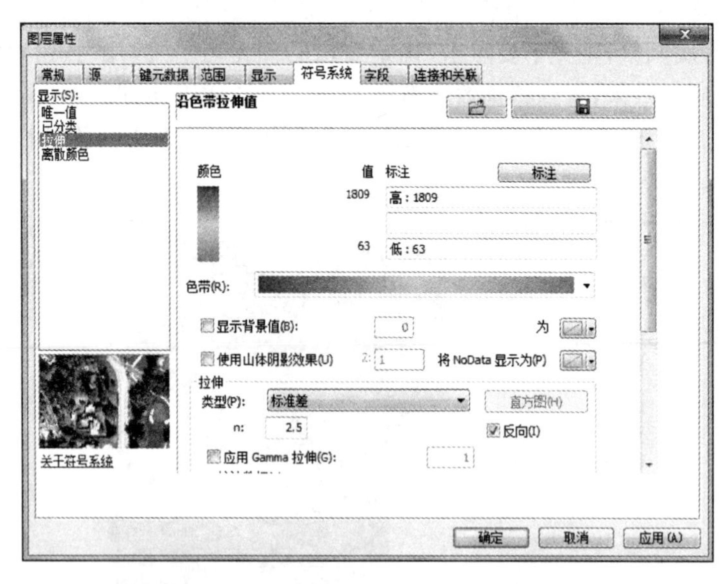

图 1－22　"图层属性—符号系统"栏设置窗口

(3) 更改要素数据图层的标识名称

在 ArcMap 中的"图层列表"中，点击要更名的数据图层文件"河流"，选中的文件名称会被高亮显示(蓝底白字)，然后再单击鼠标左键，此时文件名进入可编辑状态，用户就可以更改文件名称了。输入用户要更改的文件名"线状河流"(图 1－23)，再在文件名区域以外的地方点击鼠标，结束文件名编辑状态。

✍　说明 1－3：更改要素数据图层的名称

由于加载后的要素数据图层是以其数据源的名字命名的，通常需要根据实际来进行数据层的重新命名，以便于辨识数据层所包含的数据信息。但在 ArcMap 图层列表中数据图层文件的更名不是原有文件名称被改变，而只是更改了该数据原文件的"标注"而已。因此，ArcMap 图层列表中数据图层文件的更名其实质是对原有数据图层文件的标识名的更改，如果需要对数据图层文件本身进行更名，需要在空间数据资源管理器 ArcCatalog 中进行。

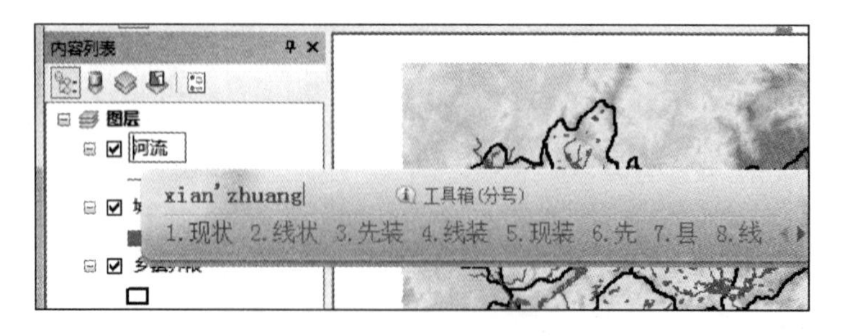

图 1－23　"河流"图层标识名称的更改

(4) 要素数据图层的复制和移除

在 ArcMap"内容列表"中，在需要复制和移除的数据图层"河流"上右击鼠标，弹出快捷菜单，选择"复制"(图 1－24)，然后在该数据框架或其他数据框架中右击鼠标弹出数据框架快捷菜单，点击“粘贴图层”(图 1－24)，将复制的数据图层粘贴到该数据框架中。移除图层时只需在需要移除的图层“河流”上单击鼠标右键，弹出快捷菜单，选择“移除”即可(图 1－24)，但注意这并不是将数据文件删除，只是将 ArcMap 中的数据文件的关联移除而已。

图 1－24　“河流”数据图层的复制与移除

3) 专题地图的制作与输出

主要操作内容包括：根据要素属性设置图层渲染，在图面中添加相应文字标注，构图要素指北针、比例尺、图例等的添加，地图的导出等。

本实验以制作上杭县建设用地和水系分布图为例加以简要说明。

➢　步骤 1：在 ArcMap 中打开地图文档 zijian02. mxd。

由于之前已经调整了图层的顺序、色彩以及透明度，我们这里不再调整，直接用这些设定来制作专题图。

➢　步骤 2：点击“布局窗口”按钮，将默认的视图窗口切换为布局窗口。

➢　步骤 3：按照研究区的形状适当调整页面大小。

点击主菜单中的“文件”—“页面和打印设置”，弹出“页面和打印设置”对话框(图 1－25)。在“地图页面大小”栏中，将“使用打印机纸张设置”复选框中的“√”去掉，这时用户可以自己手动输入页面的宽度和高度以及纸张的方向了。分别将宽度和高度设置为 25 厘米和 30 厘米后，点击“确定”按钮。

➢　步骤 4：调整图面的大小，使其适合用户设置的纸张大小。

点击“工具”栏中的放大、缩小按钮可以放大和缩小图面，但不容易掌握放大的比例，用户可以通过设置“标准工具栏”中的“比例尺”大小(本案例设置为 1∶350 000)来调整图幅以适应纸张尺寸，直到图幅宽度基本与纸张宽度差不多为止。然后，调整下图面的位置，将图面部分放置在数据图框中间(图 1－26)，鼠标选中数据外框点击右键，弹出快捷菜单,点击“属性”按钮,打开“数据框 属性”对话框(图1-27),点击“框架”栏,切换到框架栏,在“边框”线型的下拉列表中选择“无”,即无数据外框,最后点击“确定”按钮,这时用户可以看到数据图的外框已去掉。

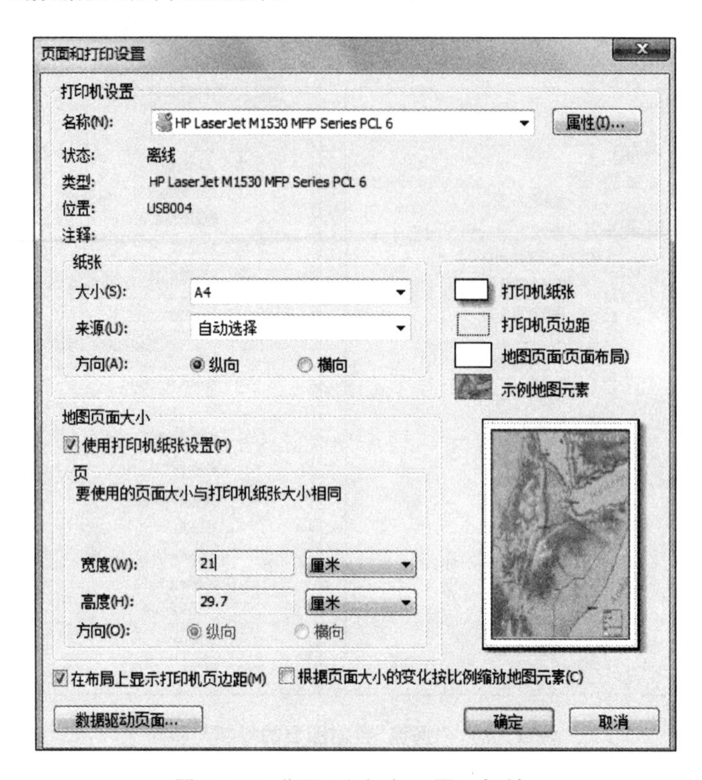

图1-25　“页面和打印设置”对话框

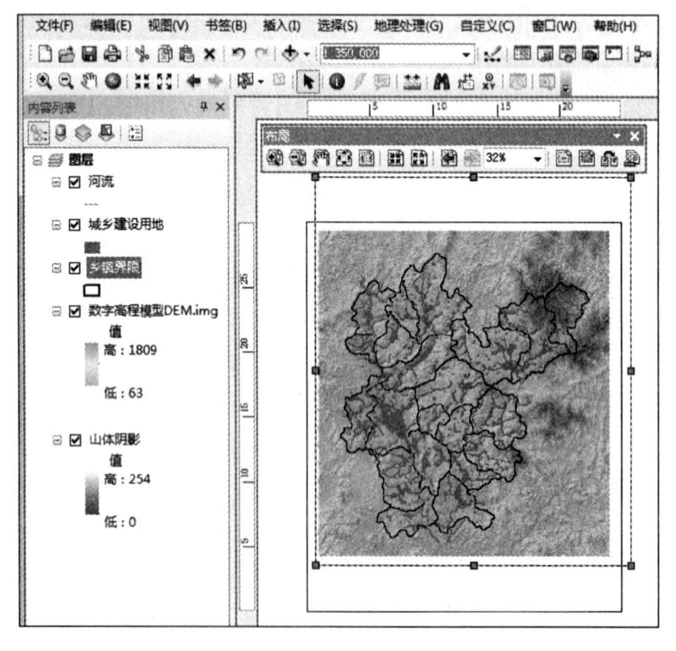

图1-26　通过调整比例尺大小来调整图幅以适应数据框大小

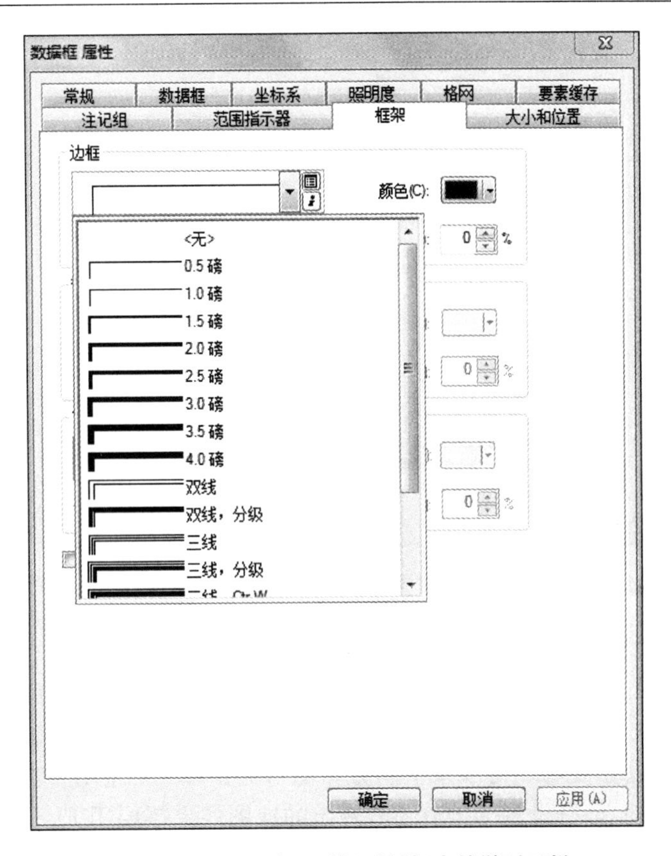

图 1－27　“数据框 属性”对话框中的“框架”栏

➢　步骤 5:在地图数据框中插入指北针、比例尺、图例等要素,并调整其大小及样式。

点击主菜单中的“插入”菜单,分别选择“比例尺”“指北针”“图例”按钮,用户在弹出的“选择器”中选择自己喜欢的样式,将其插入到布局窗口的数据框内,并调整其位置,以满足构图需要(图 1－28)。如果感觉需要修改已经插入的图例、比例尺、指北针等,可以通过鼠标双击它们来打开“图例 属性”对话框(图 1－29),进行样式、字体大小等的修改。

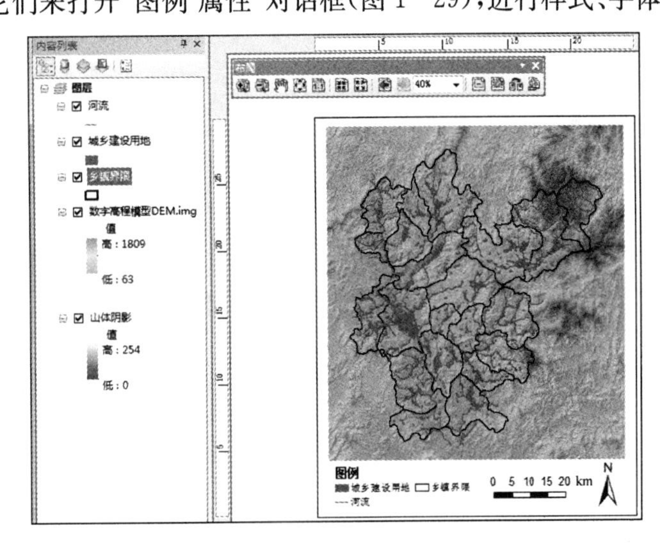

图 1－28　插入地图要素并经调整后的布局视图

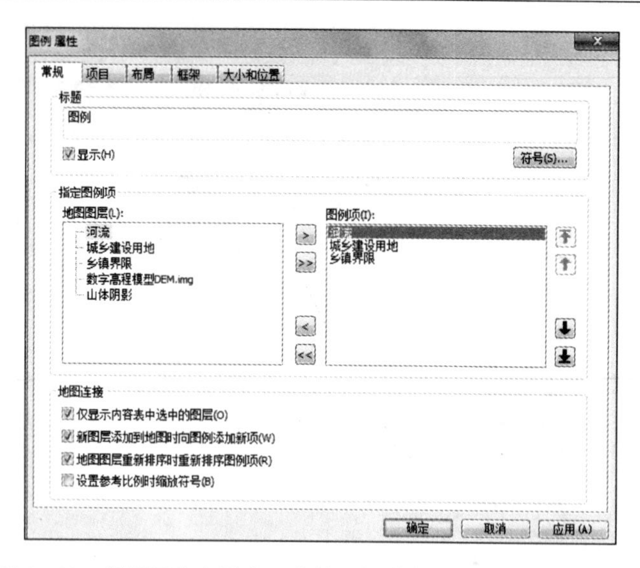

图 1-29　鼠标双击布局窗口中的图例弹出的"图例 属性"对话框

➢　步骤 6:专题地图的导出。

点击主菜单中的"文件"—"导出地图",弹出"导出地图"对话框,首先设置将文件放置在 shiyan01 的文件夹下,然后选择文件保存的类型(图 1-30),例如 JPEG 格式,并将文件命名为"上杭县建设用地与水系空间分布图",分辨率可根据研究需要进行选择,通常应不低于 300 dpi,最好设置为 600 dpi,转出的地图如果需要用 Photoshop 处理,可以保存为 EPS 格式,如果是放入专题报告 Word 中,则建议使用 JPEG 格式存储,最后点击"保存"按钮,文件开始导出。

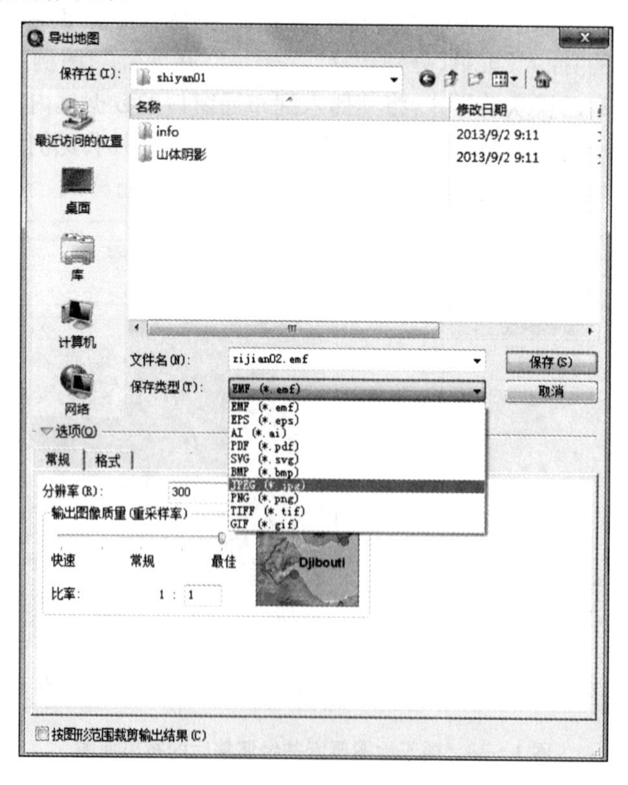

图 1-30　"导出地图"对话框

4）数据图层属性表中字段的修改与统计

如果用户需要统计上杭县各乡镇的镇域面积，则需要用到属性表中字段的增加、删除、修改与统计等功能。

➢ 步骤 1：打开属性表。

在 ArcMap 中打开地图文档 shanghangmap. mxd，在“内容列表”中的数据框架中找到“乡镇界限”图层，鼠标右击打开图层快捷菜单，点击“打开属性表”按钮，弹出乡镇界限的“表”窗口（图 1－31），由属性表可见，该图层包含 FID、Shape、Id 和 Name 等 4 个字段，共有 21 条记录。

表

乡镇界限

FID	Shape *	Id	Name
0	面 ZM	0	吉安
1	面 ZM	0	稔田
2	面 ZM	0	兰溪
3	面 ZM	0	中都
4	面 ZM	0	太拔
5	面 ZM	0	庐丰
6	面 ZM	0	茶地
7	面 ZM	0	泮境
8	面 ZM	0	溪口
9	面 ZM	0	上杭
10	面 ZM	0	湖洋
11	面 ZM	0	白砂
12	面 ZM	0	珊瑚
13	面 ZM	0	旧县
14	面 ZM	0	蛟洋
15	面 ZM	0	才溪
16	面 ZM	0	古田
17	面 ZM	0	步云
18	面 ZM	0	官庄
19	面 ZM	0	通贤
20	面 ZM	0	南阳

1 (0 / 21 已选择)

乡镇界限

图 1－31 “乡镇界限”图层属性“表”窗口

➢ 步骤 2：在属性表中添加字段并移动字段位置。

在“乡镇界限”图层属性表中，点击菜单中的“表选项”按钮，在下拉菜单中点击“添加字段”按钮，弹出“添加字段”对话框（图 1－32），然后用户设置字段“名称”为“面积”，字段“类型”为“浮点型”。最后，点击“确定”按钮，“面积”字段加入“乡镇界限”的属性表中。

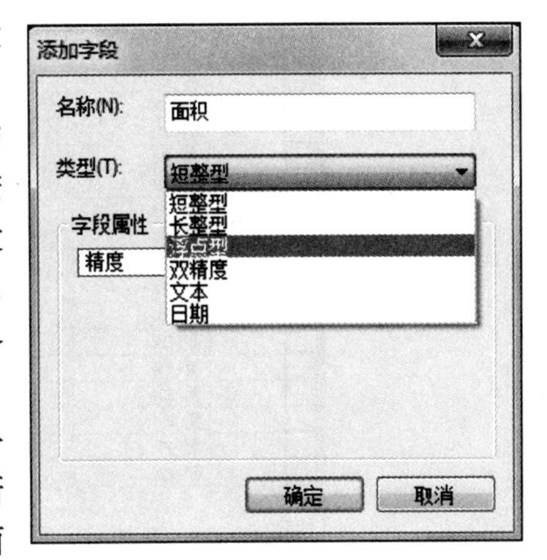

图 1－32 “添加字段”对话框

通常，新建字段会自动加载到属性表的最后一列，如果用户的属性表列很多的话则不便于查看新建的字段，这时用户可以点击需要移动位置的“面积”字段，选中的字段底为浅绿色（高亮显示），这时按住鼠标左键不放,用户可以拖动“面积”字段到需要放置的位置,然后松开鼠标,“面积”字段完成位置移动。当然,用户也可以使用这种方式移动想移动的任意一个字段。

➢ 步骤3:在属性表中删除字段。

有时,数据图层的属性表经过几次分析处理后会变得很长,有几十列,这时用户可能需要将属性表中的一些字段删除。

具体操作为:在“乡镇界限”的属性表中,“Id”字段均为0值,没有具体含义,可将其删除,首先点击“Id”字段选中该字段,然后右击鼠标弹出字段操作的快捷菜单(图1-33),点击“删除字段”按钮,弹出字段删除确认对话框(该确认对话框能够有效避免字段删除误操作),点击“确定”按钮,“Id”字段被删除。

另外,请特别注意,属性表中的“FID”“Shape”字段不能被删除,它们分别是属性表与图形数据进行关联和数据类型识别的字段,是系统生成的关键字段,不可删除,在数据属性表中用户无法对这两个字段执行删除字段操作。

➢ 步骤4:字段计算与字段统计。

在步骤2中,用户新建了“面积”字段,默认的字段属性值均为0,现在用户将其真实的面积值进行统计并赋给该字段。

具体步骤为:在“乡镇界限”的属性表中,点击选中“面积”字段,然后右击鼠标弹出字段操作的快捷菜单(图1-33),点击“计算几何”按钮,弹出“计算几何”提示框(该提示框能够有效避免字段计算误操作),提示用户计算一旦开始将无法撤销,点击“是”按钮,弹出“计算几何”对话框(图1-34),在“属性”栏中选择计算“面积”(是默认值,当然用户也可以根据需要计算周长、质心等),坐标系保持默认设置“使用数据源的坐标系”,“单位”栏中通过下拉列表选择“公亩”(当然,也可以根据情况选择“平方米”、“平方公里”等),点击“确定”按钮,弹出“字段计算器”提示框,点击“是”按钮,面积被自动计算赋值在“面积”字段上。

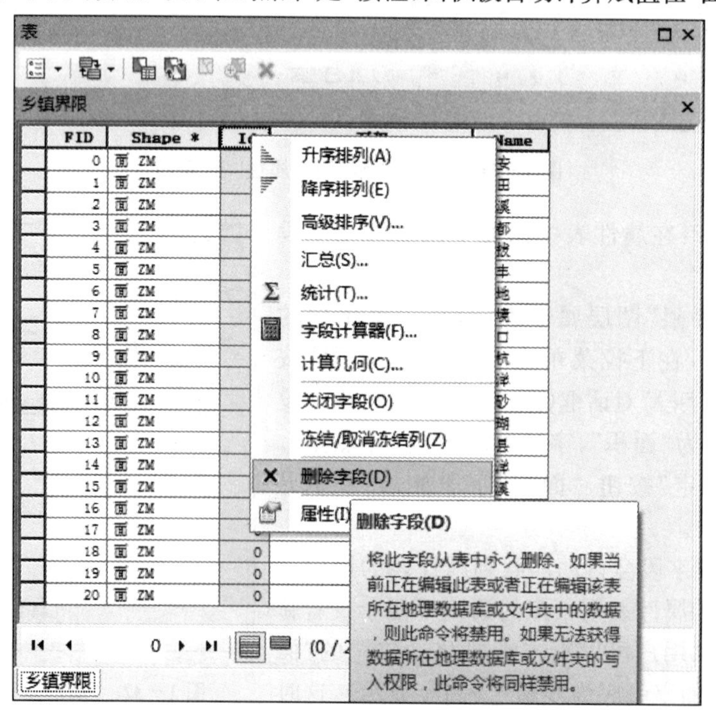

图1-33 字段操作快捷菜单

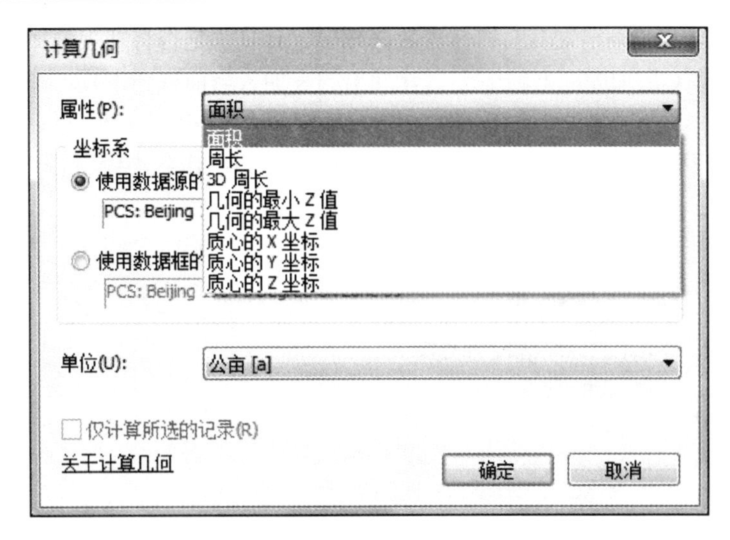

图 1 - 34　"计算几何"对话框

接下来，可以对"面积"字段进行基本统计。

具体操作为：在"乡镇界限"的属性表中，点击选中"面积"字段，然后右击鼠标弹出字段操作的快捷菜单（图 1 - 33），点击"统计"按钮，弹出"统计数据"结果窗口（图 1 - 35），"面积"字段的基本统计信息包括计数、最小值、最大值、总和、平均值、标准差、空值个数和频数分布柱状图。

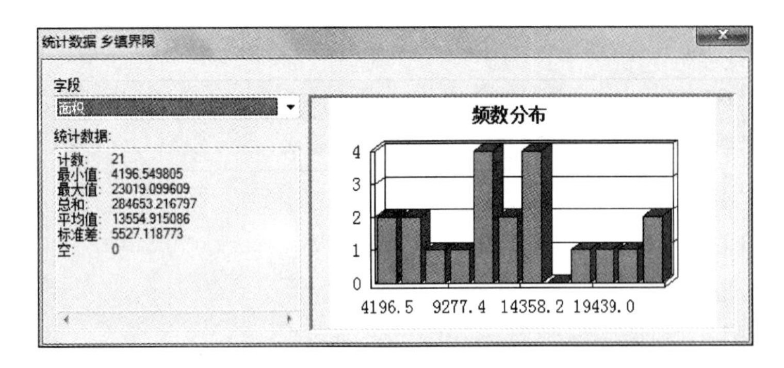

图 1 - 35　"乡镇界限"图层的"面积"字段数据统计结果

如果需要制作统计表格，用户可以在"乡镇界限"的属性表中，点击菜单中的"表选项"按钮，在下拉菜单中点击"报表"—"创建报表"按钮，然后通过"报表向导"完成报表的制作。

➢　步骤 5：数据图层属性表的导出。

在步骤 4 中，用户对"面积"字段进行了初步统计，但如果需要对多个字段进行交叉统计以及相关等分析，则需要借助其他的软件，例如 Excel 或者 SPSS。这时用户需要将数据图层的属性表转出，以便被其他程序调用。

具体操作为：在"乡镇界限"的属性表中，点击菜单中的"表选项"按钮，在下拉菜单中点击"导出"，弹出"导出数据"对话框（图 1 - 36），点击"文件夹浏览"按钮，弹出"保存数据"对话框（图 1 - 37），选择将导出的数据表放置的目录为 D:\data\shiyan01（即当前的默认工作目录），文件名称为"各乡镇面积统计表"，文件类型为"dBASE 表"，点击"保存"按钮，回到"保存数据”对话框,点击“确定”按钮,属性表数据导出,当出现“是否将新表添加到当前视图”提示框时,选择“否”(用户也可以点击“是”,让导出的表加入当前视图中)。

现在,找到 shiyan01 文件夹下的“各乡镇面积统计表. dbf”文件,借助其他的软件例如 Excel 或者 SPSS,用户可以对其进行更深入的分析和制作各类统计图表。

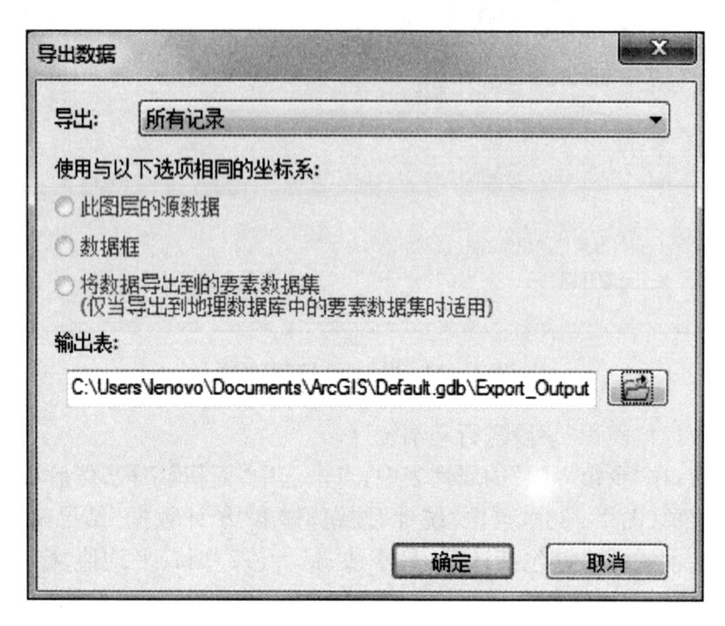

图 1-36 “导出数据”对话框

图 1-37 “保存数据”对话框

1.2.3 ArcCatalog 基础操作

在前面介绍添加数据图层文件时,曾介绍了一种通过使用内嵌于 ArcMap 中的“目录”功能来查找和定义“文件夹连接”的方式查找数据图层文件,进而通过拖放进行数据图层添加。该“目录”悬浮窗口与标准工具栏上的“目录”图标按钮功能是一致的,都是打开 ArcCatalog 数据目录,以便管理用户的 GIS 相关数据以及设置文件的显示等。

另外，用户也可以单独打开 ArcCatalog 界面，以完成数据管理与操作的各项工作。

1) 打开 ArcCatalog 界面并进行文件夹连接

➢　步骤 1：启动 ArcCatalog 10.1。

点击 Windows 任务栏的“开始”按钮，找到“所有程序”—“ArcGIS”—“ArcCatalog 10.1”，点击可启动 ArcCatalog(图 1－38)；或者通过鼠标直接双击桌面上的“ArcCatalog 10.1”图标来启动 ArcCatalog。

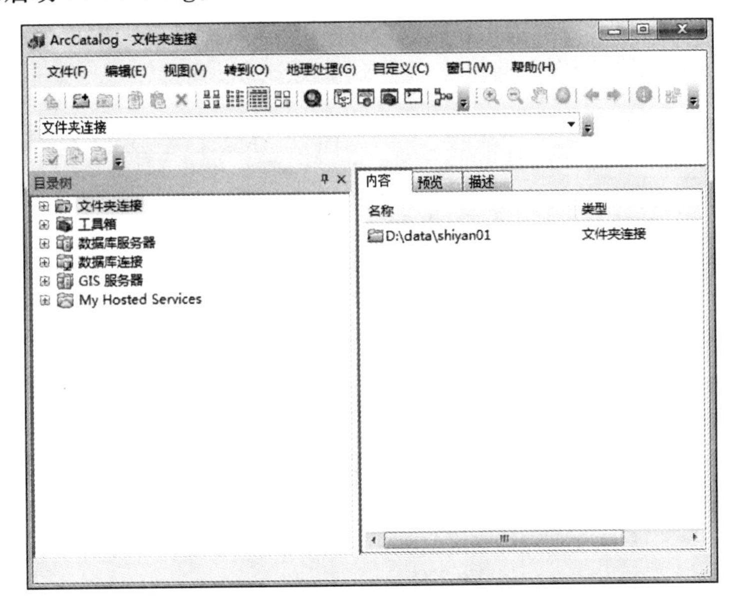

图 1－38　ArcCatalog 主界面

ArcCatalog 的窗口主要由主菜单、标准工具条、地理工具条、位置工具条、目录树、浏览窗口等部分组成(图 1－38)。主菜单位于 ArcCatalog 窗口的上部，主要包括文件、编辑、视图、转到、地理处理、自定义、窗口和帮助 8 个子菜单。标准工具条位于主菜单的下方，共包含 16 个按钮，用户可以通过将鼠标放置在按钮上使其显示该功能按钮功能简介的方式来认识和了解各个按钮的功能。地理工具条位于标准工具条的后面，包括放大、缩小、移动、全图等常用地图操作按钮。位置工具条通常位于标准工具条下方，显示当前关联的文件夹或活动图层等。目录树面板位于左侧，用户可以用其进行管理和操作 GIS 相关数据。浏览窗口位于右侧，用于显示目录树中高亮显示项目的信息，有三个预览选项卡可以使用，分别为“内容(显示高亮显示项目的基本信息)”、“预览(有两种预览方式，一种是‘地理视图’，一种是‘表’)”、“描述(对高亮显示项目的描述)”，每一个选项卡提供一种唯一的查看 ArcCatalog 目录树中项目内容的方式。

请试着查看三个选项卡和显示方式所显示的地图数据文件内容，了解浏览窗口的基本使用方法。

➢　步骤 2：在 ArcCatalog 中进行文件夹连接。

与用户之前使用内嵌于 ArcMap 中的“目录”功能来定义“文件夹连接”的操作基本一致。

在 ArcCatalog 界面中，点击标准工具条上的“连接到文件夹”按钮，或者点击主菜单上的“文件”—“连接到文件夹”按钮，会弹出“连接到文件夹”对话框，查找到用户需要连接的文件夹，然后点击“确定”按钮，将文件夹连接到 ArcCatalog 目录树面板窗口中。

2）创建新的 Shapefile 文件

➢ 步骤 1:启动 ArcCatalog 10.1,并将 shiyan01 文件夹关联到目录树中。

➢ 步骤 2:创建新的 Shapefile 文件。

在 ArcCatalog 中,点击主菜单上的"文件"—"新建"—"Shapefile"工具(图 1-39),或者在目录树中,鼠标右键点击存放新 Shapefile 文件的文件夹,在快捷菜单中点击"新建"—"Shapefile"按钮,将弹出"创建新 Shapefile"对话框(图 1-40)。请注意,在创建新的 Shapefile 文件时,目录树中用于存放新 Shapefile 文件的文件夹应该被选中,否则将无法开启"新建"下面的功能按钮。

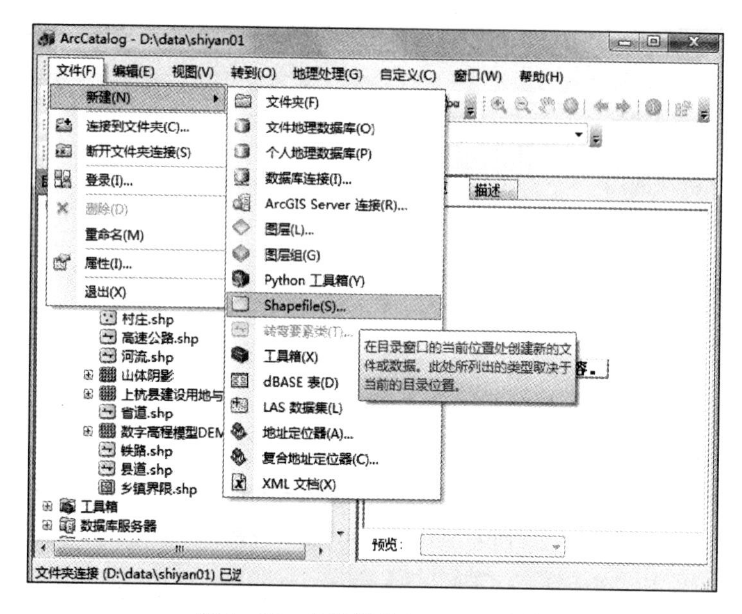

图 1-39　创建新的 Shapefile 文件

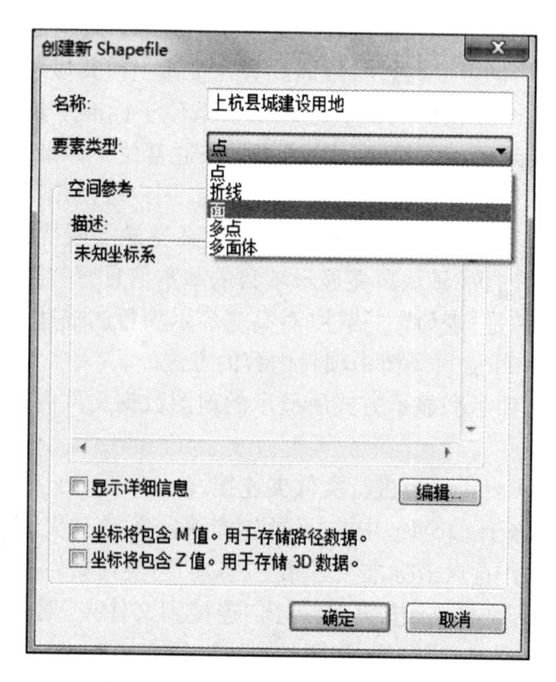

图 1-40　"创建新 Shapefile"对话框

在“创建新 Shapefile”对话框中，首先设置文件名称为“上杭县城建设用地”和要素类型为“面”；然后，设置文件的空间参考信息，这非常重要，本实验将其与已经构建好的任意一个数据文件，例如“河流”的空间参考信息进行匹配，具体操作过程为：点击“创建新 Shapefile”对话框中右下方的“编辑”按钮，打开“空间参考属性”对话框，点击“添加坐标系”按钮，选择“导入”(图 1－41)，弹出“浏览数据集或坐标系”对话框，找到并点击选择“河流”数据图层(图 1－42)，并点击“添加”按钮，将“河流”数据图层的空间参考信息导入“空间参考属性”对话框，然后再点击“确定”按钮，空间参考信息被加载到了“创建新 Shapefile”对话框中的“空间参考”栏中(图 1－43)，点击“确定”按钮，一个名为“上杭县城建设用地”的“面”要素文件加载进了 shiyan01 文件夹中。

如果用户在 ArcCatalog 目录树中没有找到新建的 Shapefile 文件，则可以在目录树中此文件夹处右击鼠标，在弹出的快捷菜单中点击“刷新”即可。

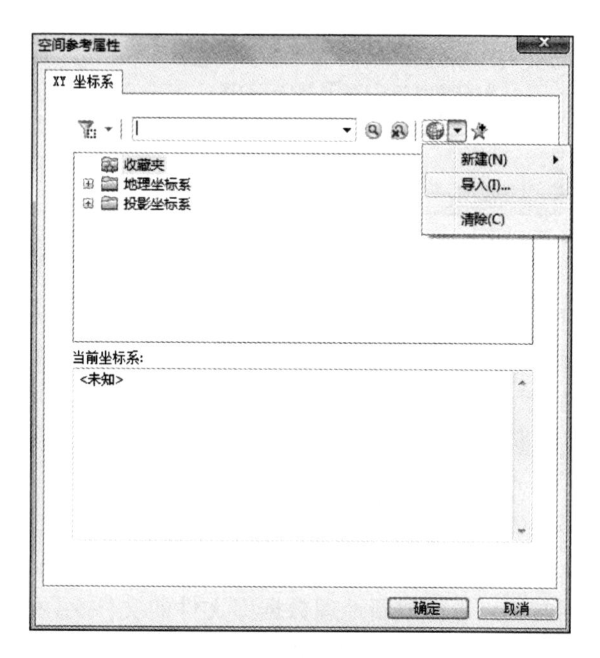

图 1－41　“空间参考属性”对话框

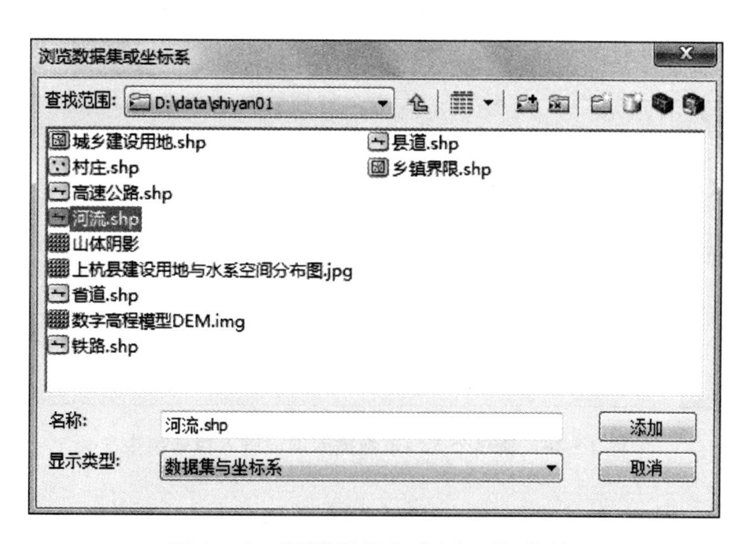

图 1－42　“浏览数据集或坐标系”对话框

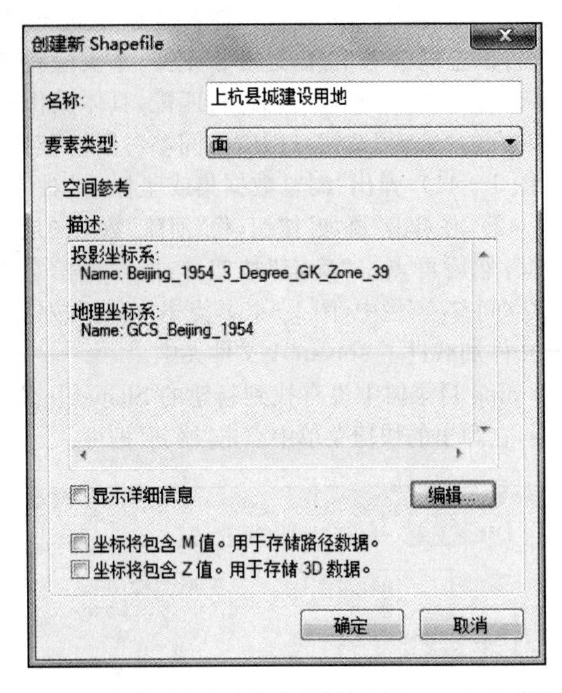

图 1-43　加载空间参考信息的“创建新 Shapefile”对话框

当然,空间参考信息也可以由用户从系统自带的空间参考中选择和定义,请熟悉一下“空间参考属性”对话框中提供的“地理坐标系”和“投影坐标系”的相关信息和内容,了解常用的一些地理坐标系和投影坐标系。

3) 创建新的地理数据库文件

➢ 步骤 1:启动 ArcCatalog 10.1,并将 shiyan01 文件夹关联到目录树中。

➢ 步骤 2:创建新的地理数据库文件。

在 ArcCatalog 界面中,点击主菜单上的“文件”—“新建”—“个人地理数据库”按钮,或者在目录树中,鼠标右键点击存放新地理数据库文件的文件夹,在快捷菜单中点击“新建”—“个人地理数据库”按钮,一个名称为“新建个人地理数据库.mdb”的个人地理数据库加载进入目录树中,且文件名称处于可修改状态,为蓝底白字(图 1-44),用户可将文件名改为“上杭基础地理数据”。

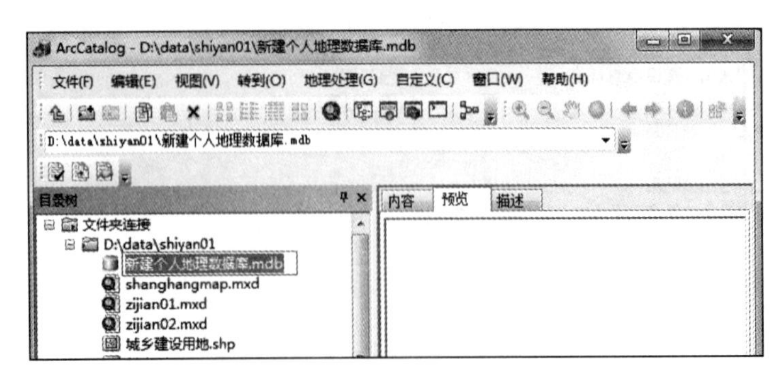

图 1-44　新建个人地理数据库加载进入目录树中

用户可以用鼠标右击“上杭基础地理数据”文件，在弹出的快捷菜单中选择并点击“新建”—“要素数据集”或“要素类”或“表”等基本组成项，从而构建用户个人的数据库要素数据集或要素类。

本实验中用户将已经构建好的要素类数据图层文件直接导入到该地理数据库文件中，其基本操作为：用鼠标右击“上杭基础地理数据”文件，在弹出的快捷菜单中选择并点击“导入”—“要素类(多个)”按钮，弹出“要素类至地理数据库(批量)”对话框(图 1 - 45)，找到 shiyan01 文件下原有的要素类数据文件，点击“确定”按钮，将它们都导入到“上杭基础地理数据”文件中。

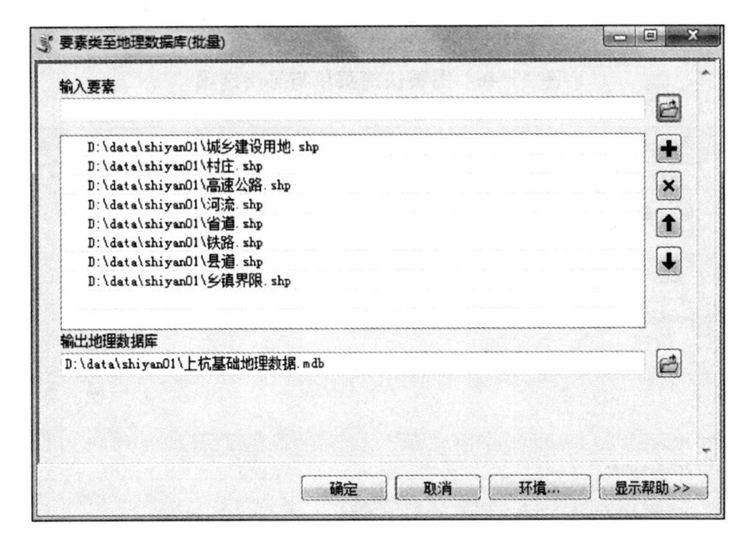

图 1 - 45　“要素类至地理数据库(批量)”对话框

4) 地理数据的输出

为了便于数据共享和交换，可以将地理数据库中的要素数据输出为 shapefile、coverage 文件，将相应的属性表输出为 Info 或 dBase 格式的数据文件。用户通常使用的是数据图层文件的输出。

➢　步骤 1：启动 ArcCatalog 10.1，并将 shiyan01 文件夹关联到目录树中。

➢　步骤 2：将“城乡建设用地.shp”文件输出为其他格式的文件。

在 ArcCatalog 界面中，点击要输出的文件“城乡建设用地.shp”，用鼠标右击弹出快捷菜单(图 1 - 46)，点击选择“导出”—“转为 Coverage”(当然用户也可以选择“转为 CAD”“转出至地理数据库”选项)，弹出“要素类转 Coverage”对话框(图 1 - 47)，由于用户的文件名称过长(不应超过 13 个字符)，所以导致“输出 Coverage”栏下的自动生成的文件名称过长，出现“红底叉号”标识，用户将输出的 Coverage 文件名称改为“建设用地_c”，点击其他选项，红底叉号标识消失(用户可以将鼠标移至“红底叉号”处查看弹出的错误信息提示，以便更正)。最后，点击“确定”按钮，数据转出为“建设用地_c”的 Coverage 文件。

其他文件格式的数据例如 Coverage 的转换，属性表转换为 Info 或 dBase 等操作过程与上面的转出过程基本一致。

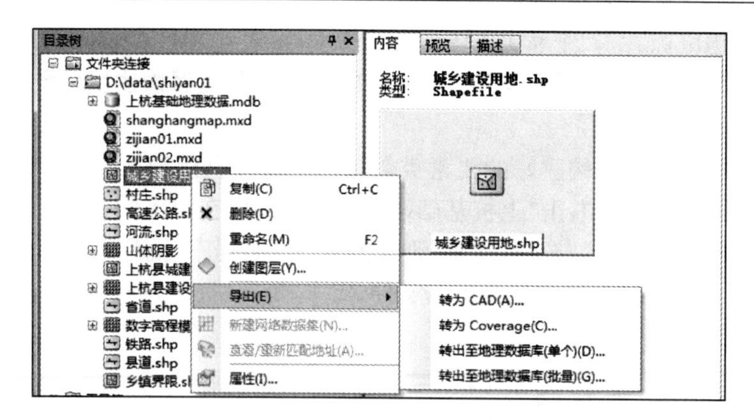

图 1-46　图层快捷菜单与导出选项

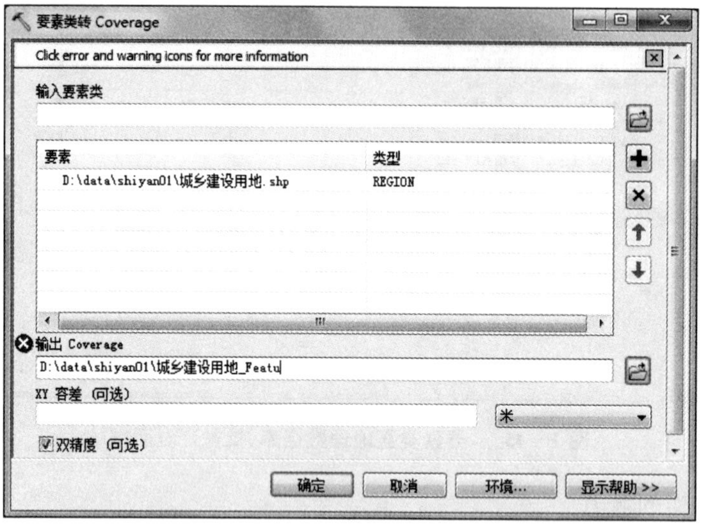

图 1-47　"要素类转 Coverage"对话框

说明 1-4:ArcGIS 中的主要数据格式简介

ArcGIS 中的主要数据格式有 Shapefile、Coverage、地理数据库等。

Shapefile 是描述空间数据的几何和属性特征的非拓扑实体矢量数据结构的一种格式,是为 ArcView 早期版本开发的地理相关无位相(Spaghetti)数据模型,包含点、线或多边形所组成的一个要素类。一个 Shapefile 文件包括一个主文件(*.shp),一个索引文件(*.shx),一个 dBASE 表文件(*.dbf)和一个空间参考文件(*.prj)。在 shape 文件的属性表中,系统保留前两个字段来存储要素识别码(FID)和坐标几何(shape)数据,这些字段由 ArcGIS 创建并维护,用户不能对其进行编辑操作,所有其他字段则由用户添加。

Coverage 是 ESRI 公司为 Arc/Info 量身定做的矢量数据格式,同时也是最古老的数据格式。像 Shapefile 一样,Coverage 由多个文件组成,这些文件甚至可能分散在多个文件夹中,能够存储拓扑关系,并且拥有为此专门内建的几个内部字段。

地理数据库(Geodatabase)是 ESRI 公司在 ArcGIS 8 版本引入的一个全新的面向对象的空间数据模型,是建立在关系型数据库管理信息系统之上的统一的、智能化的空间数据库，可以包含很多不同的对象，包含多个要素类、几何网络、数据表、栅格和其他对象。

1.2.4　ArcToolbox 基础操作

1）启动 ArcToolbox 并激活扩展工具

ArcGIS 9.0 以上版本的一个显著变化是 ArcToolbox 不再是一个单独的运行环境，而是所有 ArcGIS 应用界面中的一个可停靠的窗口，它通常会在应用界面的菜单栏中，是一个快捷按钮。可以通过点击 ArcGIS 9.0 以上版本的应用界面中的 ArcToolbox 按钮来启动 ArcToolbox。

➢　步骤 1：启动 ArcToolbox。

启动 ArcMap 10.1，在 ArcMap 界面的主菜单中点击"ArcToolbox"图标按钮（图 1-48），弹出"ArcToolbox"浮动窗口（图 1-49），用户可以根据个人偏好将浮动窗口移动到 ArcMap 窗口中自己感觉比较方便使用的位置。

用户可以看到 ArcToolbox 由多个工具箱构成，能够完成不同的任务，每个工具箱中包含着不同级别的工具集，工具集中又包括若干工具（图 1-50）。

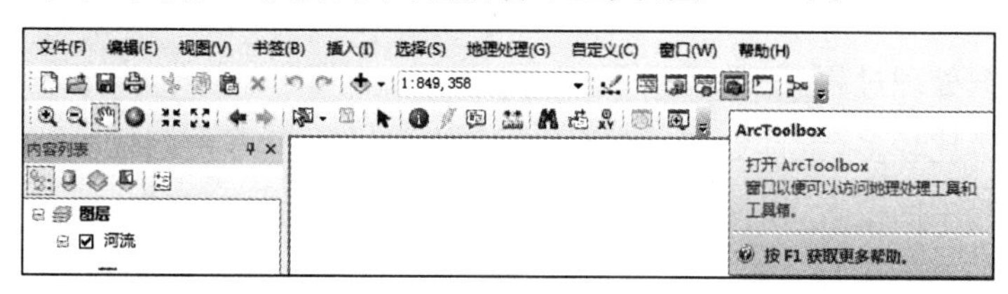

图 1-48　ArcMap 界面主菜单中的 ArcToolbox 按钮位置和简介

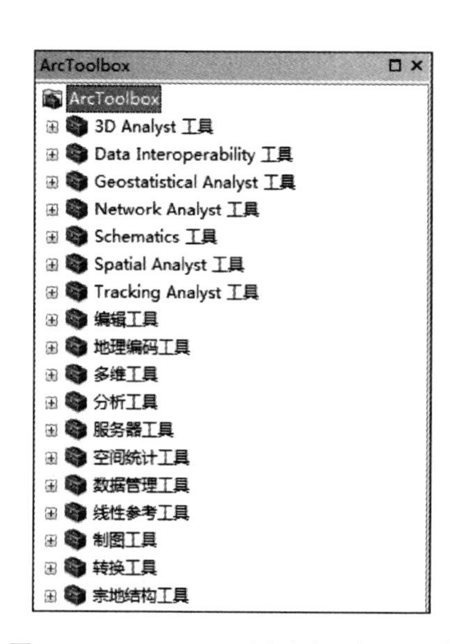

图 1-49　ArcToolbox 浮动窗口与工具箱

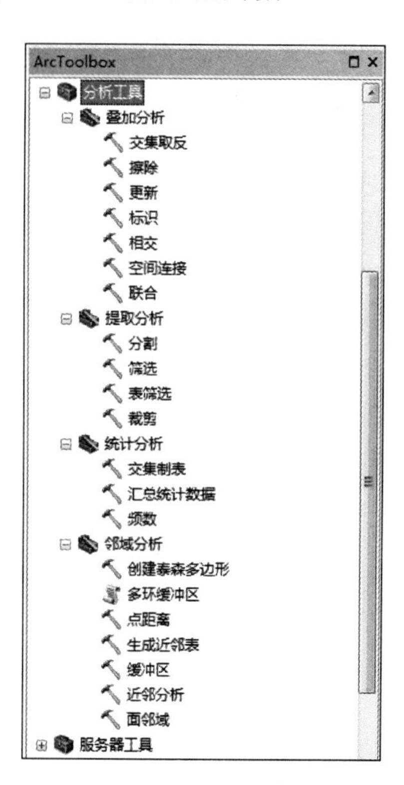

图 1-50　ArcToolbox 中的工具箱、工具集与工具

用户在后面的实验中经常使用的主要工具箱如下:

(1) 3D Analyst 工具箱:使用该工具可以创建和修改 TIN 或栅格表面,并从中抽象出相关信息和属性。例如,海拔、坡度、坡向分析等。

(2) Geostatistical Analyst 工具箱:地理统计分析工具箱,其提供了一套全面的工具,用它可以创建一个连续表面或者地图,用于可视化及分析等。

(3) Network Analyst 工具箱:网络分析工具箱,它包含可执行网络分析和网络数据集维护的一系列工具集和工具。

(4) Spatial Analyst 工具箱:空间分析工具箱,它提供了丰富的工具来实现基于栅格数据的各项空间分析。例如,栅格叠加分析、距离分析等。

(5) 分析工具箱:对于所有类型的矢量数据,该工具提供了一整套的主要处理方法,如联合、裁剪、相交、判别、拆分、缓冲区、近邻、点距离、频度等。

(6) 转换工具箱:包含了一系列不同数据格式的转换工具集和工具,主要有栅格数据、Shapefile、Coverage、Table、dBase 以及 CAD 到空间数据库的转换等。

另外,ArcToolbox 还提供了编辑工具、地理编码、空间统计等多个工具箱,用以完成各类复杂的数据处理过程。

由于工具集比较多,工具更多,因此用户在使用过程中需要记忆一些常用工具的名称和其在工具箱中的位置,以便使用时能够快速找到需要的工具(集)。

➢ 步骤 2:激活扩展工具。

ArcGIS 中的扩展工具在默认状态下没有启用,用户可以在第一次启动 ArcMap 后,加载这些重要的扩展工具。

具体操作为:在 ArcMap 界面的主菜单中点击“自定义”—“扩展模块”按钮,弹出“扩展模块”对话框(图 1-51),将所有的扩展模块全部选上,然后点击“关闭”按钮即可。

2) ArcToolbox 环境设置

对于一些特殊模型或者有特殊要求的计算,需要对输出数据的范围、格式等进行调整,ArcToolbox 提供了一系列环境设置,可以帮助用户解决此类问题。

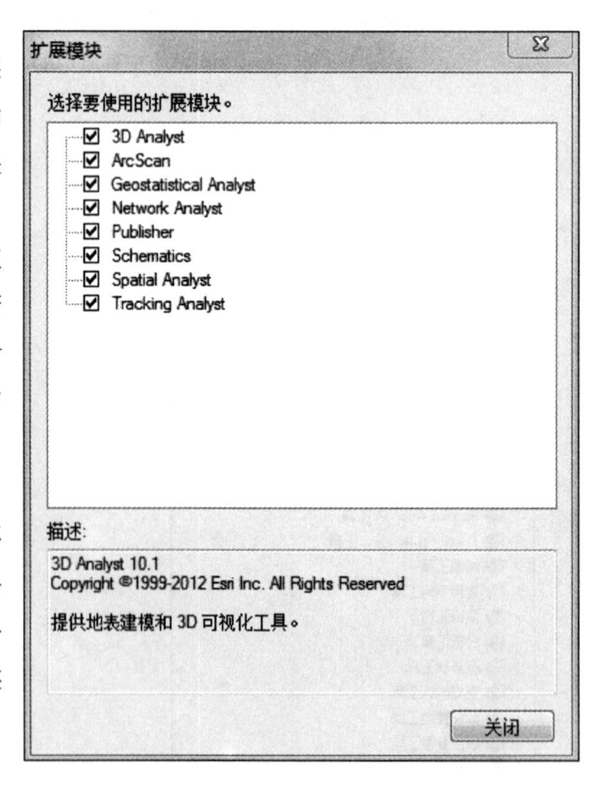

图 1-51 “扩展模块”对话框

➢　步骤 1：启动 ArcMap 10.1，打开 shanghangmap. mxd 文件，启动 ArcToolbox。

➢　步骤 2：打开“环境设置”对话框。

在 ArcToolbox 浮动窗口中，鼠标右键点击“ArcToolbox”总目录（图 1－52），在弹出的菜单中点击选择“环境”，弹出“环境设置”对话框（图 1－53），该窗口提供了工作空间、输出坐标系、处理范围等共 17 项环境设置参数，用户通常使用的是工作空间（更改与设定当前和临时的工作空间）和处理范围（指定数据分析处理的范围）的设置，后面的实验中将再加以具体说明。

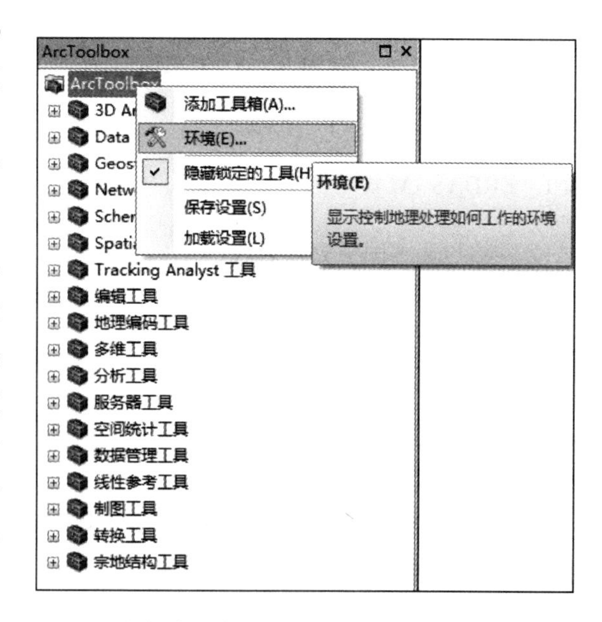

图 1－52　鼠标右键点击“ArcToolbox”总目录后弹出的菜单

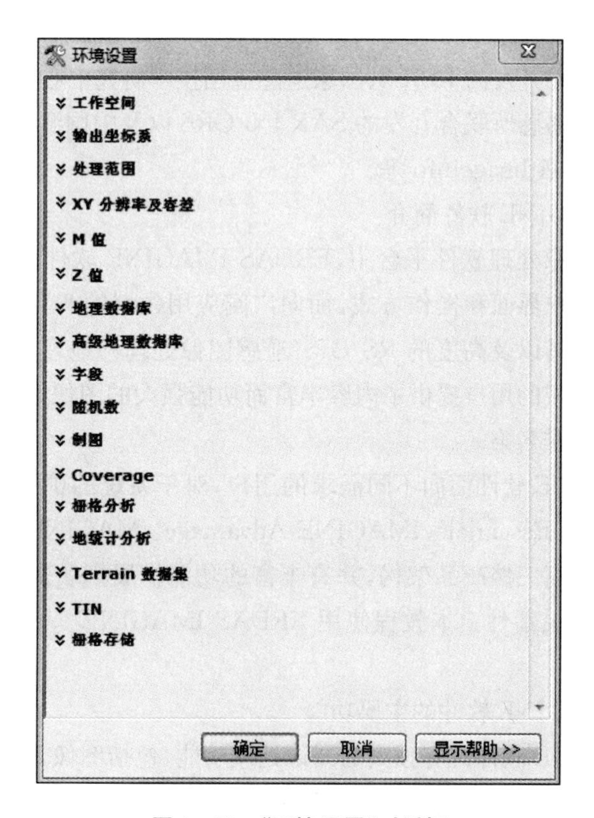

图 1－53　“环境设置”对话框

1.3 ERDAS IMAGINE 9.2 简介

1.3.1 ERDAS IMAGINE 9.2 简介

1) 遥感与遥感图像处理软件

自1960年代以来,遥感技术在世界范围内迅速崛起,它改变了人类认识地球、了解地球的角度和方式。随着计算机技术、光学感应技术以及测绘技术的发展,遥感技术也从以飞机为主要载体的航空遥感发展到以航天飞机、人造地球卫星等为载体的航天遥感,极大地扩展了人们的观测视野,丰富了对地观测信息的来源,遥感图像越来越成为人们快速获取地表信息的主要来源。

城市与区域规划特别是大区域大尺度的规划越来越需要遥感数据的支撑,以准确的了解规划研究区的土地利用现状及其动态变化情况,以及各类资源的空间配置情况等。因而,有必要让城市与区域规划专业的学生掌握一种遥感数据处理的软件,使其成为未来城市规划师职业生涯中必须掌握的基本技能之一。

目前,国际上常用的遥感图像处理软件有美国ERDAS LLC公司开发的ERDAS IMAGINE、美国Research System INC公司开发的ENVI、加拿大PCI公司开发的PCI Geomatica、德国Definiens Imaging公司开发的eCognition等;国产遥感图像处理软件主要有原地矿部三联公司开发的RSIES、国家遥感应用技术研究中心开发的IRSA、中国林业科学院与北京大学遥感所联合开发的SAR INFORS以及中国测绘科学研究院与四维公司联合开发的CASM ImageInfo等。

2) ERDAS IMAGINE软件简介

在众多的遥感图像处理软件平台中,ERDAS IMAGINE软件以其先进的图像处理技术,友好、灵活的用户界面和操作方式,面向广阔应用领域的产品模块,服务于不同层次用户的模型开发工具以及高度的RS/GIS(遥感图像处理和地理信息系统)集成功能,为遥感及相关应用领域的用户提供了内容丰富而功能强大的图像处理工具,目前在全球遥感处理软件市场中排名第一。

ERDAS IMAGINE软件面向不同需求的用户,对于系统的扩展功能采用开放的体系结构,以IMAGINE Essentials、IMAGINE Advantage、IMAGINE Professional的形式为用户提供了低、中、高三档产品架构,并有丰富的功能扩展模块供用户选择,使产品模块的组合具有极大的灵活性。本教程使用ERDAS IMAGINE 9.2 Professional版本进行实验的操作介绍。

3) ERDAS IMAGINE软件的主要功能

ERDAS IMAGINE软件具有强大的图像处理功能,包括图像几何校正、图像投影变换、图像空间增强、图像分类、空间分析等,其主要功能见表1-3。

表 1-3 ERDAS IMAGINE 图像处理主要功能介绍

功能	简介
图像几何校正	将图像数据投影到平面上，使其符合地图投影系统的过程
图像投影变换	实现不同地图投影类型的转换
图像空间增强	利用像元自身及其周围像元的灰度值进行运算，实现整个图像的增强
图像辐射增强	对单个像元的灰度值进行变换，达到图像增强的目的
图像光谱增强	基于多波段数据对每个像元的灰度值进行变换，达到图像增强的目的
图像分类	给予图像像元的数据文件值，将像元归并成有限的几种类型、等级或数据集的过程，主要包括非监督分类、监督分类及专家分类
雷达图像处理	该模块主要进行雷达图像亮度调整、斑点噪声压缩、斜距调整、纹理分析和边缘提取等一些基本处理
空间分析	基于图像地物的空间展布特征进行诸如邻域分析、缓冲区分析、叠加分析、区域分析、可视域、最短路径分析等的模块
立体分析	直接从影像获取地理要素的是三维地理信息，可用于在没有数字高程模型的情况下，实现不同影像三维信息的准确采集、解译及可视化
虚拟 GIS	给用户提供一种对大型数据库进行实时漫游操作的途径，可在虚拟环境下显示和查询多层栅格图像、矢量图像和注记数据

4) ERDAS IMAGINE 软件的数据格式

ERDAS IMAGINE 9.2 版本支持的数据格式有 150 多种，可以输出的数据格式有 50 多种，几乎包括所有常见的栅格数据和矢量数据格式(表 1-4)。

表 1-4 ERDAS IMAGINE 9.2 常用的数据格式

支持输入数据格式	ArcInfo Coverage E00、ArcInfo GRID E00、ERDAS GIS、ERDAS LAN、Shape File、DXF、DGN、IGDS、Generic Binary、GeoTIFF、TIFF、JPEG、USGS DEM、GRID、GRASS、TIGER、MSS Landsat、TM Landsat、Landsat-7、SPOT、AVHRR、RADARSAT 等
支持输出数据格式	ArcInfo Coverage E00、ArcInfo GRID E00、ERDAS GIS、ERDAS LAN、Shape File、DXF、DGN、IGDS、Generic Binary、GeoTIFF、TIFF、JPEG、USGS DEM、GRID、GRASS、TIGER、DFAD、OLG、DOQ、PCX、SDTS、VPF 等

这里主要介绍通用二进制和 IMG 数据格式。

用户从遥感卫星地面站购置的数据一般为通用二进制(Generic Binary)格式数据，外加一个说明性的头文件。其中，通用二进制数据主要包含 BSQ 格式、BIP 格式、BIL 格式等三种。

BSQ(Band Sequential)数据格式是按照波段顺序依次排列的数据格式，数据排列遵循以下规律：第一波段位居第一，第二波段位居第二，第 n 波段位居第 n 位；在每个波段中，数据依据行号顺序依次排列，第一列内，数据按像素顺序排列(表 1-5)。

表1-5　BSQ数据格式

第一波段	(1,1) (2,1) ⋮ (m,1)	(1,2) (2,2) ⋮ (m,2)	(1,3) (2,3) ⋮ (m,3)	(1,4) (2,4) ⋮ (m,4)	… … … …	(1,n) (2,n) ⋮ (m,n)
第二波段	(1,1) (2,1) ⋮ (m,1)	(1,2) (2,2) ⋮ (m,2)	(1,3) (2,3) ⋮ (m,3)	(1,4) (2,4) ⋮ (m,4)	… … … …	(1,n) (2,n) ⋮ (m,n)
⋮	⋮	⋮	⋮	⋮	⋮	⋮
第n波段	(1,1) (2,1) ⋮ (m,1)	(1,2) (2,2) ⋮ (m,2)	(1,3) (2,3) ⋮ (m,3)	(1,4) (2,4) ⋮ (m,4)	… … … …	(1,n) (2,n) ⋮ (m,n)

BIP(Band Interleaved by Pixel)数据格式是每个像元按波段次序交叉排序的，遵循以下规律：第一波段第一行第一个像素位居第一，第二波段第一行第一个像素位居第二，依此类推，第n波段第一行第一个像素位居第n位；然后第一波段第二个像素位居第$n+1$位，第二波段第一行第二个像素位居第$n+2$位，依次类推(表1-6)。

BIL(Band Interleaved Line)数据格式是逐行按波段次序进行排列，遵循以下规律：第一波段第一行第一个像素位居第一，第一波段第一行第二个像素位居第二，依此类推，第一波段第一行第n个像素位居第n位；然后第二波段第一行第一个像素位居第$n+1$位，第二波段第一行第二个像素位居第$n+2$位，依次类推(表1-7)。

表1-6　BIP数据排列表

行	第一波段	第二波段	…	第n波段	第一波段	第二波段	…
第一行	(1,1)	(1,1)	…	(1,1)	(1,2)	(1,2)	…
第二行	(2,1)	(2,1)	…	(2,1)	(2,2)	(2,2)	…
⋮	⋮	⋮	⋮	⋮	⋮	⋮	⋮
第N行	(n,1)	(n,1)	…	(n,1)	(n,2)	(n,2)	…

表1-7　BIL数据排列表

第一波段	(1,1)	(1,2)	(1,3)	(1,4)	…	(1,n)
第二波段	(1,1)	(1,2)	(1,3)	(1,4)	…	(1,n)
⋮	⋮	⋮	⋮	⋮	⋮	⋮
第n波段	(1,1)	(1,2)	(1,3)	(1,4)	…	(1,n)
第一波段	(2,1)	(2,2)	(2,3)	(2,4)	…	(2,n)
第二波段	(2,1)	(2,2)	(2,3)	(2,4)	…	(2,n)
⋮	⋮	⋮	⋮	⋮	⋮	⋮

IMG格式是ERDAS IMAGINE软件专用的文件格式，它支持单波段和多波段遥感影像数据的存储。为了方便影像存储、处理与分析，遥感数据源必须首先使用数据转换

模块转换为.img格式进行存储，该格式文件包含图像对比度、色彩值、描述表、影像金字塔结构信息以及文件属性信息。IMG格式的设计非常灵活，有一系列节点构成，除了可以灵活的存储各种信息外，还有一个重要的特点是图像的分块存储。一块IMG图像按照其行列数被分成 n 块，例如512×512的图像被分成了64块(横向为8行，纵向为8列)，每块大小8×8。IMG格式的这种存储和显示模式称之为“金字塔式存储显示模式”(简称塔式结构)。塔式结构图像按分辨率分级存储与管理，最底层的分辨率最高、数据量最大，越向上层，分辨率越低、数据量越小。ERDAS IMAGINE软件采用这种图像金字塔结构建立的遥感影像数据库便于组织、存储、显示与管理，容易实现跨分辨率的索引和数据浏览，也突破了以往对IMG图像尺寸的限制(2 GB)。

1.3.2 ERDAS IMAGINE 9.2窗口简介

点击Windows任务栏的“开始”按钮，找到“所有程序”—“Leica Geosystems”—“ERDAS IMAGINE 9.2”—“ERDAS IMAGINE 9.2”，点击可启动ERDAS IMAGINE 9.2，程序会自动弹出ERDAS IMAGINE 9.2主界面(图1-54)；或者通过直接鼠标双击桌面上的“ERDAS IMAGINE 9.2”图标来启动ERDAS IMAGINE 9.2。

ERDAS IMAGINE 9.2的主界面主要由“图标面板”和“数据浏览”两个窗体组成，相互独立，均可以调整大小和位置(图1-54)。

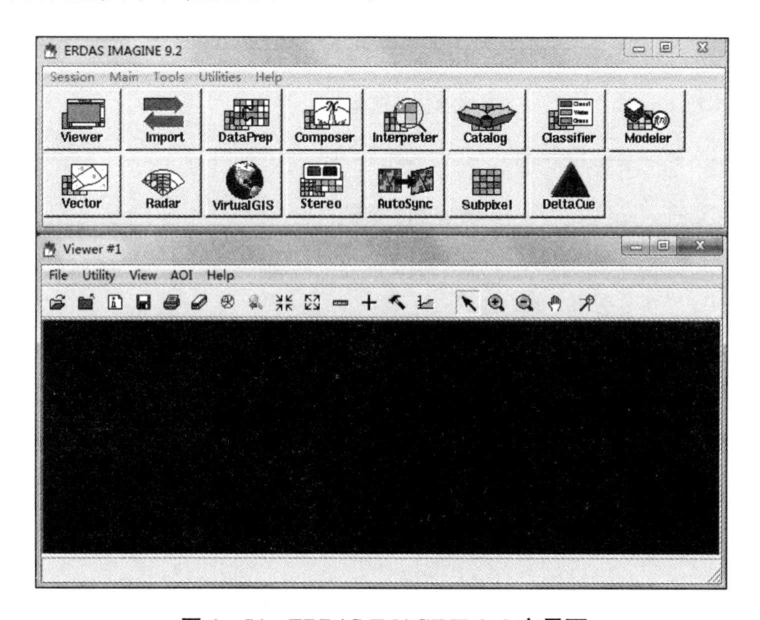

图1-54 ERDAS IMAGINE 9.2主界面

“图标面板”(Icon Panel)由菜单条(Menu Bar)和工具条(Tool Bar)两部分组成，菜单条包括Session(综合菜单)、Main(主菜单)、Tools(工具菜单)、Utilities(实用菜单)、Help(帮助菜单)，每一个菜单的主要功能见表1-8；工具条中共有15个图标，相当于15个不同的功能模块，这些模块分别承担不同的任务和功能(表1-9)。

“数据浏览(Viewer)”窗口是一个活动的可调整的窗口，ERDAS IMAGINE启动后会自动弹出，主要由菜单条、工具条、显示窗口和状态条组成。该窗口是显示栅格图像、矢量图形、注记文件、AOI(感兴趣区域)等数据层的主要窗口，也是ERDAS IMAGINE

软件实现人机交互操作的重要途径。菜单条共有 File(文件)、Utility(实用菜单)、View(浏览)、AOI(感兴趣区域)和 Help(帮助菜单)等5部分组成。

表1-8　ERDAS IMAGINE 9.2 图标面板菜单条主要功能简介

菜单	菜单主要功能简介
Session(综合菜单)	完成系统设置、面板布局、日志管理,启动命令工具、批处理过程、实用功能、联机帮助等
Main(主菜单)	启动 ERDAS IMAGINE 图标面板中所包括的所有功能模块
Tools(工具菜单)	完成文本编辑,矢量与栅格数据属性编辑,图形图像文件坐标变换、注记及字体管理,三维动画制作等
Utilities(实用菜单)	完成多种栅格数据格式的设置与转换、图像的比较等
Help(帮助菜单)	启动关于图标面板的联机帮助、ERDAS IMAGINE 联机文档查看、动态连接库浏览等

表1-9　ERDAS IMAGINE 9.2 图标面板工具条图标简介

图标	执行的命令	主要功能
Viewer	Start IMAGINE Viewer	打开 IMAGINE 浏览(Viewer)窗口
Import	Import/Export	启动数据输入输出模块
DataPrep	Data Preparation	启动数据预处理模块
Composer	Map Composer	启动专题制图模块
Interpreter	Image Interpreter	启动图像解译模块
Catalog	Image Catalog	启动图像库管理模块
Classifier	Image Classification	启动图像分类模块
Modeler	Spatial Modeler	启动空间建模模块
Vector	Vector	启动矢量功能模块
Radar	Radar	启动雷达图像处理模块

续表 1-9

图标	执行的命令	主要功能
VirtualGIS	Virtual GIS	启动虚拟 GIS 模块
Stereo	Stereo	启动立体分析模块，提供针对三维要素进行采集、编辑和显示的模块
AutoSync	AutoSync	启动自动化影像校正模块，该模块可实现影像图的自动校正
Subpixel	Subpixel Classifier	启动 ERDAS IMAGINE 空子像元分类模块
DeltaCue	DeltaCue	启动变化检测模块，帮助用户更快地从影像数据中提取出变化的结果信息

城市与区域规划中我们经常会用到数据预处理、图像解译、图像分类等主要模块，这些模块能够为我们获取规划研究区的土地利用现状及其动态变化、自然生态环境资源的空间配置情况等信息提供技术支持。

1.4　PASW Statistics 18 简介

1.4.1　PASW Statistics 18 概述

SPSS 是软件英文名称的首字母缩写，原意为 Statistical Package for the Social Sciences，即“社会科学统计软件包”。但是随着 SPSS 产品服务领域的扩大和服务深度的增加，SPSS 公司已于 2000 年正式将英文全称更改为 Statistical Product and Service Solutions，意为“统计产品与服务解决方案”，标志着 SPSS 的战略方向做出了重大调整。2009 年 4 月 9 日，美国芝加哥 SPSS 公司宣布重新包装旗下的 SPSS 产品线，定位为预测统计分析软件 PASW(Predictive Analytics Software)。PASW 包括 4 部分：PASW Statistics (formerly SPSS Statistics)统计分析，PASW Modeler(formerly Clementine)数据挖掘，Data Collection family(formerly Dimensions)数据收集，PASW Collaboration and Deployment Services(formerly Predictive Enterprise Services)企业应用服务。

SPSS 软件是一款在调查统计行业、市场研究行业、医学统计、政府和企业的数据分析应用中久享盛名的统计分析工具，是世界上最早的统计分析软件，由美国斯坦福大学的三位研究生于 20 世纪 60 年代末研制。1984 年 SPSS 首先推出了世界上第一个统计分析软件微机版本 SPSS/PC+，极大地扩充了它的应用范围，并使其很快地应用于自然科学、技术科学、社会科学的各个领域。世界上许多有影响的报纸杂志纷纷就 SPSS 的自动统计绘图、数据的深入分析、使用方便、功能齐全等方面给予了高度的评价与称赞。在国际学术界有条不成文的规定，即在国际学术交流中，凡是用 SPSS 软件完成的计算和统计分析,可以不必说明算法,由此可见其影响之大和信誉之高。

迄今 SPSS 软件已有 30 余年的成长历史,分布于通讯、医疗、银行、证券、保险、制造、商业、市场研究、科研教育等多个领域和行业,是世界上应用最广泛的专业统计软件。1994 至 1998 年间,SPSS 公司陆续并购了 SYSTAT 公司、BMDP 软件公司、Quantum 公司、ISL 公司等,并将各公司的主打产品收纳 SPSS 旗下,从而使 SPSS 公司由原来的单一统计产品开发与销售转向为企业、教育科研及政府机构提供全面信息统计决策支持服务,成为走在了最新流行的“数据仓库”和“数据挖掘”领域前沿的一家综合统计软件公司。

PASW Statistics 18 是 SPSS 经升级并重新包装后的新版本,是一种用于分析数据的综合系统,可以从几乎任何类型的文件中获取数据,然后使用这些数据生成分布和趋势、描述统计以及复杂统计分析的表格式报告、图表和图。简单的菜单和对话框选择使得用户不用键入命令语法即可执行复杂的分析。数据编辑器提供了简单而有效的类似电子表格的工具,用于输入数据和浏览工作数据文件。

PASW Statistics 18 功能强大,界面友好,易学易用,非常全面地涵盖了数据分析的整个流程,提供了数据获取、数据管理与准备、数据分析、结果报告这样一个数据分析的完整过程,特别适合设计调查方案、对数据进行统计分析,以及制作研究报告中的相关图表。从某种意义上讲,该软件还可以帮助数学功底一般的使用者学习运用现代统计技术。使用者仅需要关心某个问题应该采用何种统计方法,并初步掌握对计算结果的解释,而不需要了解其具体运算过程,就可以在使用手册的帮助下完成对数据定量分析,完全可以满足非统计专业人士的工作需要,是非专业统计人员的首选统计软件。

1.4.2 PASW Statistics 18 窗口简介

点击 Windows 任务栏的“开始”按钮,找到“所有程序”—“SPSS Inc”—“PASW Statistics 18”—“PASW Statistics 18”,点击可启动 PASW Statistics 18,程序会自动弹出 PASW Statistics 18 对话框,如果用户无需打开已经存在的统计数据文件,点击“取消”按钮,直接进入 PASW Statistics 18 窗口界面(图 1 - 55);或者通过直接双击桌面上的“PASW Statistics 18”图标来启动 PASW Statistics 18。

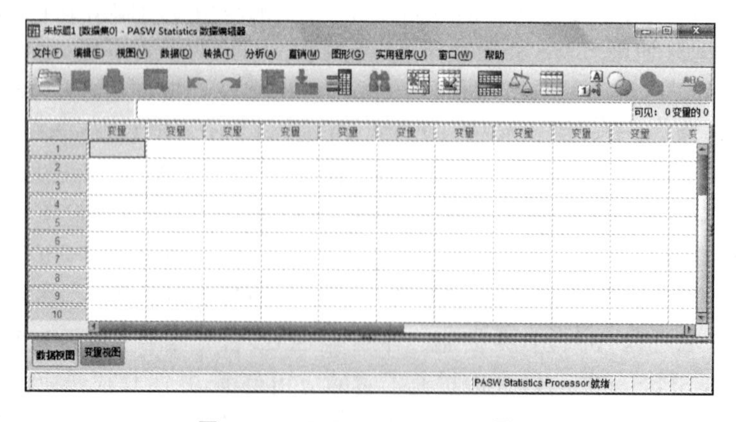

图 1 - 55 PASW Statistics 18 界面

PASW Statistics 18 窗口主要由菜单栏、工具栏、数据显示窗口(默认状态为数据视图，每一行为一个案例，每一列为一个变量，用户可以切换成变量视图，这时每一行是一个变量，每一列是变量的属性字段，例如变量名称、类型、宽度、小数等，图 1－56)、状态显示条等组成。

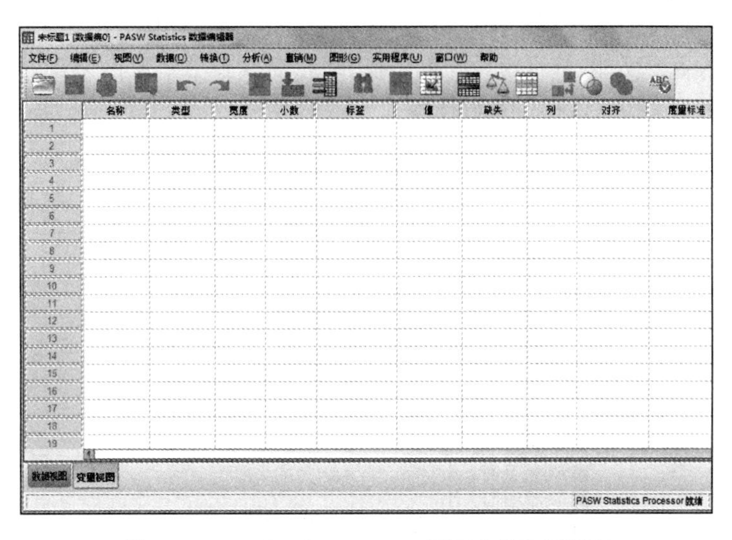

图 1－56　PASW Statistics 18 界面中的变量视图

请用户了解和记忆常用的菜单项和工具的位置，以便在后面的实验中能够快速地找到需要的菜单和工具。例如，经常使用的主菜单中的“分析”菜单下的描述统计、相关、回归、分类、降维等分析工具集(图 1－57)，以及“图形”菜单中的各类制图模板与工具等。

图 1－57　PASW Statistics 18 界面主菜单中的分析菜单

1.5 实验总结

本实验主要介绍了 ArcGIS 10.1 中文桌面版、ERDAS IMAGINE 9.2、PASW Statistics 18 软件的主要功能、基本组件与基本操作，是后继章节实验的基础，也为城市与区域规划中综合使用这些软件提供基础支撑。

表 1-10 本次实验主要内容一览

软件/程序	具体操作	页码
ArcMap	(1) 打开地图文档	P3
	(2) 创建一个新的地图文档并加载与调整数据图层	P9
	■ 加载数据图层文件 ■ 调整要素数据图层的顺序与显示 ■ 调整要素数据图层的透明度	P10 P12 P14
	(3) 专题地图的制作与输出	P17
	■ 调整页面大小 ■ 调整图面大小 ■ 添加指北针、比例尺、图例等构图要素 ■ 专题地图的导出	P17 P17 P19 P20
	(4) 数据图层属性表中字段的修改与统计	P21
	■ 打开属性表 ■ 在属性表中添加字段并移动字段位置 ■ 在属性表中删除字段 ■ 字段计算(字段计算器、几何计算)与字段统计 ■ 数据图层属性表的导出	P21 P21 P22 P22 P23
ArcCatalog	(1) 打开 ArcCatalog 界面并进行文件夹连接	P25
	(2) 创建新的 Shapefile 文件	P26
	(3) 创建新的地理数据库文件	P28
	(4) 地理数据的输出	P29
ArcToolbox	(1) 启动 ArcToolbox 并激活扩展工具	P31
	(2) ArcToolbox 环境设置	P32
ERDAS IMAGINE 9.2	ERDAS IMAGINE 9.2 窗口简介	P37
PASW Statistics 18	PASW Statistics 18 窗口简介	P40

实验 2　地理数据获取与数据库构建

2.1　实验目的与实验准备

2.1.1　实验目的

通过本实验掌握使用 GIS 与 RS 技术获取规划研究区基础地理数据和构建规划研究区数据库的主要过程与基本操作，为后面的实验提供数据分析的基础和支撑。

具体内容见表 2－1。

表 2－1　本次实验主要内容一览

<table>
<tr><th>主要内容</th><th>具体内容</th></tr>
<tr><td rowspan="2">TM/ETM 数据获取与预处理</td><td>(1) TM/ETM 数据获取</td></tr>
<tr><td>(2) TM/ETM 数据预处理</td></tr>
<tr><td rowspan="3">地图数据的配准</td><td>(1) 影像图的配准</td></tr>
<tr><td>(2) CAD 图的配准</td></tr>
<tr><td>(3) 扫描图件的配准</td></tr>
<tr><td rowspan="2">DEM 数据获取与预处理</td><td>(1) DEM 数据获取</td></tr>
<tr><td>(2) DEM 数据预处理</td></tr>
<tr><td rowspan="2">地图数据的数字化</td><td>(1) 要素分层数字化</td></tr>
<tr><td>(2) 区域整体数字化</td></tr>
<tr><td rowspan="2">TM/ETM 数据的解译</td><td>(1) TM/ETM 遥感数据增强处理</td></tr>
<tr><td>(2) TM/ETM 遥感数据解译</td></tr>
<tr><td>地理数据库构建</td><td>创建新的地理数据库文件</td></tr>
</table>

2.1.2　实验准备

(1) 计算机已经预装了 ArcGIS 10.1 中文桌面版、ERDAS 9.2 或更高版本的软件。

(2) 通过现状调研，已经获取了规划研究区的基础数据资料(例如规划研究区上杭县的乡镇边界图、行政区划图、县城中心城区的 CAD 地形图以及规划局、国土局等相关局室提供的纸质资料等)。本实验以福建省上杭县作为规划研究区，主要现状资料存放在光盘中的 data\shiyan02 中，请将 shiyan02 文件夹复制到电脑的 D:\data\目录下。

2.2 TM/ETM 数据获取与预处理

2.2.1 TM/ETM 数据获取

1) 免费 TM/ETM 数据获取

➢ 步骤 1:登陆“地理空间数据云”服务平台网站,注册用户。

登陆中国科学院计算机网络信息中心“地理空间数据云”网站(图 2-1),网址:http://www.gscloud.cn/,按照要求免费注册用户。该网站提供包括 9 种 LANDSAT 系列数据的检索和查询(图 2-2),同时还提供 MODIS 陆地标准产品、DEM 数字高程数据、高分一号免费数据等多类数据产品,能够满足大中尺度城市与区域规划的数据需要。

有关 TM/ETM 等美国陆地资源卫星数据的相关介绍参见说明 2-1 和说明之后的补充说明。

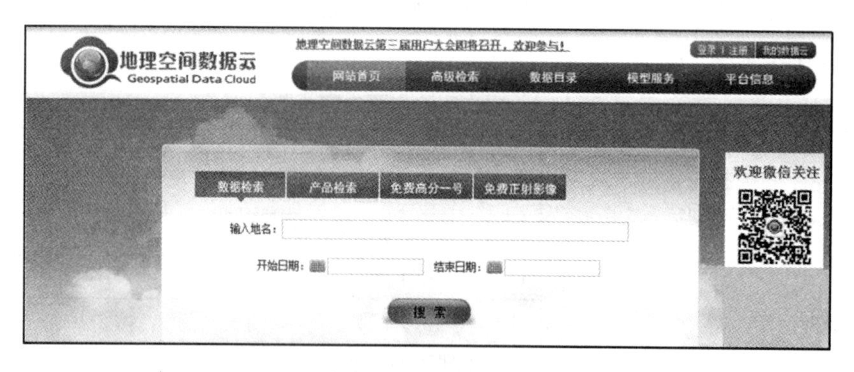

图 2-1 地理空间数据云平台网站网页

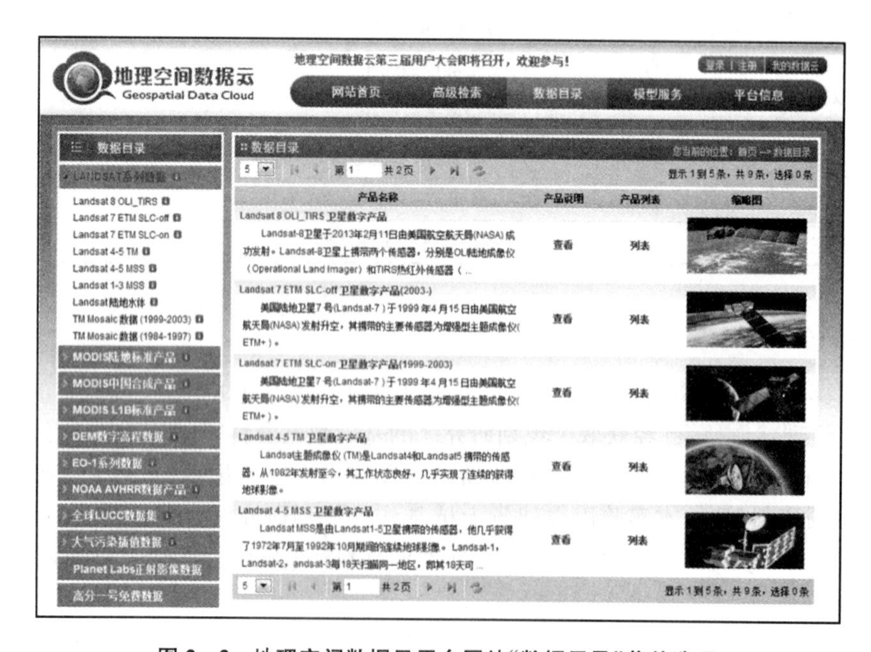

图 2-2 地理空间数据云平台网站“数据目录”菜单选项

✍ 说明 2-1:TM/ETM 遥感影像数据简介

TM/ETM 遥感影像数据是美国陆地卫星(Landsat)计划发射的卫星(4、5、7 号星)收集的多波段扫描影像,空间最高分辨率为 15 m 或 30 m,可用于中尺度以上的城市与区域规划研究。

TM 影像共有 7 个波段,影像空间分辨率除热红外波段为 120 m 外,其余均为 30 m,可满足农、林、土、地质、地理、测绘、区域规划、环境监测等专题分析和编制 1∶25 万或更小比例尺专题图的要求。对于城市与区域规划来讲,该数据尺度基本满足大中尺度的规划研究。

ETM 影像比 TM 影像增加了一个全色波段,共 8 个波段,全色波段分辨率为 15 m,热红外波段的分辨率为 60 m,其他波段分辨率均为 30 m。2003 年,Landsat-7 尾箱发生故障,导致了 2003 年以后的 ETM 影像产生条带。该数据能够满足中尺度及以上的城市与区域规划研究。

说明 2-1 中对 TM/ETM 遥感影像数据做了简要介绍,下面再做一些补充解释。

美国 NASA 的陆地卫星(Landsat)计划(1975 年前称为地球资源技术卫星 ERTS),从 1972 年 7 月 23 日以来,已发射 8 颗卫星(第 6 颗发射失败,第 8 颗于 2013 年发射)。目前 Landsat-1~4 均相继失效,Landsat-5 仍在超期运行(从 1984 年 3 月 1 日发射至今)。Landsat-7 于 1999 年 4 月 15 日发射升空,传感器分别是 MSS、TM、ETM+,2003 年之后卫星失效。Landsat-8 于 2013 年 2 月 11 日发射升空,传感器分别是 OLI(Operational Land Imager,运营性陆地成像仪)和 TIRS(Thermal Infrared Sensor,热红外传感器),共 11 个波段,与之前的陆地资源卫星相比,Landsat-8 的光线、热量感应器精准度更高,性能更好(表 2-2、表 2-4、表 2-5)。

TM 影像是指美国陆地卫星 4~5 号专题制图仪(Thematic Mapper,TM)所获取的多波段扫描影像,共有 7 个波段(波谱范围参见表 2-3、表 2-4),每波段像元数达 61 662 个(TM-6 为 15 422 个),一景 TM 影像总信息量约为 230 兆字节,相当于 MSS 影像的 7 倍。

因 TM 影像具有较高的空间分辨率、波谱分辨率、极为丰富的信息量和较高定位精度,成为 20 世纪 80 年代中后期世界各国广泛应用的重要的地球资源与环境遥感数据源,能够满足有关农、林、水、土、地质、地理、测绘、区域规划、环境监测等专题分析和编制 1∶25 万或更小比例尺专题图的要求。

ETM(Enhanced Thematic Mapper)是增强型专题绘图仪,美国陆地卫星 6(Landsat-6)搭载的一种成像仪,8 个波段(7 个多光谱,+1 个全色波段),15 m 的分辨率,扫描带宽 185 km。Landsat-6 发射失败。Landsat-7 卫星的主要有效载荷为增强型专题测绘仪(Enhanced Thematic Mapper Plus,ETM+)。ETM+是在 Landsat-4 和 Landsat-5 卫星的主要有效载荷专题测绘仪(Thematic Mapper)的基础上改进的。ETM+相对 TM 的主要不同之处在于:它增加了 1 个全色谱段(15 m 分辨率)和两个增益区域,增加了太阳定标器,并提高了红外谱段的分辨率。

表 2-2　美国 Landsat-1～7 号卫星参数一览表

卫星参数	Landsat-1	Landsat-2	Landsat-3	Landsat-4	Landsat-5	Landsat-6	Landsat-7
发射时间	1972. 7. 23	1975. 1. 12	1978. 3. 5	1982. 7. 16	1984. 3	1993. 1	1999. 4. 15
卫星高度(m)	920	920	920	705	705	发射失败	705
半主轴(km)	7 285. 438	7 285. 989	7 285. 776	7 083. 465	7 285. 438		7 285. 438
倾角(度)	103. 143	103. 155	103. 115	98. 9	98. 2		98. 2
经过赤道的时间	8:50 a. m.	9:03 a. m.	6:31 a. m.	9:45 a. m.	9:30 a. m.		10:00 a. m.
覆盖周期(天)	18	18	18	16	16		16
扫幅宽度(km)	185	185	185	185	185		185
波段数	4	4	4	7	7		8
机载传感器	MSS	MSS	MSS	MSS、TM	MSS、TM		ETM+
运行情况	1978 年退役	1982 年退役	1983 年退役	1983 年退役	在役服务		2003 年 5 月出现故障

表 2-3　美国 Landsat 卫星 MSS 波段编号和波长范围

Landsat-1～3	Landsat-4～5	波长范围(μm)	分辨率(m)
MSS-4	MSS-1	0. 5～0. 6	78
MSS-5	MSS-2	0. 6～0. 7	78
MSS-6	MSS-3	0. 7～0. 8	78
MSS-7	MSS-4	0. 8～1. 1	78

表 2-4　美国 Landsat 卫星 TM、ETM+、OLI 波段、波长范围及分辨率

波段	波长范围(μm)			分辨率(m)		
	TM	ETM+	OLI	TM	ETM+	OLI
			0. 433～0. 453			30
1	0. 45～0. 53	0. 45～0. 515	0. 450～0. 515	30	30	30
2	0. 52～0. 60	0. 525～0. 605	0. 525～0. 600	30	30	30
3	0. 63～0. 69	0. 63～0. 690	0. 630～0. 680	30	30	30
4	0. 76～0. 90	0. 75～0. 90	0. 845～0. 885	30	30	30
5	1. 55～1. 75	1. 55～1. 75	1. 560～1. 660	30	30	30
6	10. 40～12. 50	10. 40～12. 50	—	120	60	—
7	2. 08～2. 35	2. 09～2. 35	2. 100～2. 300	30	30	30
8		0. 52～0. 90	0. 500～0. 680		15	15
9			1. 360～1. 390			

表 2-5　美国 Landsat-8 卫星 TIRS 载荷参数

波段	中心波长(μm)	最小波段边界(μm)	最大波段边界(μm)	空间分辨率(m)
10	10. 9	10. 6	11. 2	100
11	12. 0	11. 5	12. 5	100

✍ 说明 2 - 2：其他常用的遥感影像数据简介

遥感技术在城市规划实践中，主要针对具体应用需求，通过卫星地面站获取合适的覆盖范围的最新的城市卫星地图影像数据，利用遥感图像专业处理软件对数据进行辐射校正、增强、融合、镶嵌等处理。同时，借助城市应用区域现有较大比例尺的地形数据，对影像数据进行投影变换和几何精校正，并从地形图上获得境界、城市、居民点、山脉、河流、湖泊以及铁路、公路等典型地貌地物信息，制作城市数字正射影像图和各类专题图，为决策部门提供现实有效的支持资料。与城市与区域规划密切相关的常用遥感影像数据还有：中巴陆地资源卫星数据、高分一号、高分二号、SPOT、IKONOS、QuickBird、航片等。

中巴陆地资源卫星携有不同空间分辨率的三种遥感器：20 m 分辨率的五谱段 CCD 相机、80 m 和 160 m 分辨率的四谱段红外多光谱扫描仪、256 m 分辨率的两谱段宽视场成像仪，可用于监测国土资源的变化，为城市建设和区域发展提供动态信息。

高分一号卫星，是我国于 2013 年 4 月发射的第一颗高分辨率对地观测卫星，配置有 2 米分辨率全色、8 米分辨率多光谱相机和 16 米分辨率幅宽 800 公里的多光谱宽幅相机，重复周期为 4 天，能够为国土资源、规划建设、交通运输、农业、林业、环境保护等部门提供高精度、宽幅度的空间观测服务，可用于中小尺度的城市与区域规划研究。

高分二号卫星，是我国于 2014 年 8 月发射的第二颗高分辨率对地观测卫星，也是我国首颗亚米级高分辨率卫星，配置有优于 1 米分辨率全色、优于 4 米分辨率的多光谱相机(幅宽 45 公里)，可用于小尺度的城市与区域规划研究。

法国 SPOT 卫星影像共 5 个波段，包括 3 个可见光波段、1 个短波红外波段和 1 个全色波段，具有较高的地面分辨率，全色图像地面分辨率有 2.5 m、5 m 或 10 m，多光谱波段地面分辨率为 10 m 或 20 m，可用于中小尺度的城市与区域规划研究。

美国 IKONOS 卫星是世界上第一颗提供高分辨率卫星影像的商业遥感卫星，影像具有 5 个波段，包括 1 个具有 1 m 分辨率的全色波段和 4 m 分辨率多光谱波段，可用于小尺度的城市与区域规划研究。

美国 QuickBird 卫星是目前世界上最先提供亚米级分辨率的商业卫星，包含 4 个分辨率为 2.44 m 的多光谱波段和 1 个分辨率为 0.61 m 的全色波段，广泛应用于测绘、规划、国土、农业、林业、政府管理等各个方面，可以用于小尺度的城市与区域规划研究。

航片是采用航空摄影获取的数据产品，多为彩色相片，分辨率通常为亚米级，一般在 30 cm 左右，可用于小尺度的城市与区域规划研究。

➢ 步骤 2：TM/ETM 数据检索。

点击“地理空间数据云”服务平台网站页面菜单中的“高级检索”，打开数据检索窗口(图 2 - 3)。网站提供地名、经纬度和行政区查询三种检索方式，可供检索的数据集主要包括 LANDSAT 系列数据、MODIS 陆地标准产品、DEM 数字高程数据等多类数据产品(图 2 - 3)。

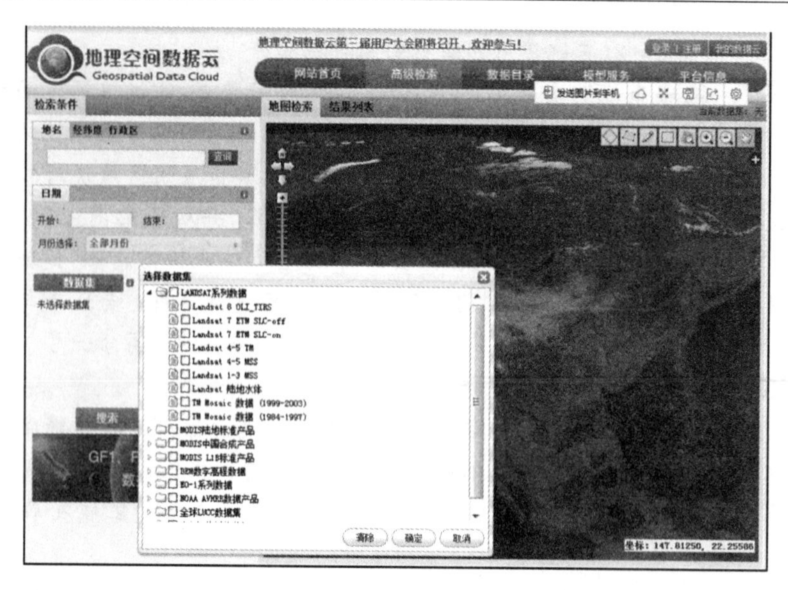

图 2－3　数据检索窗口

下面对 LANDSAT 系列数据中的前六类数据加以简要介绍：

(1) Landsat-8 OLI-TRIS(2013 年至今)，为 Landsat 8 号资源卫星采集的数据产品，数据共包含 11 个波段，最高空间分辨率为 15 m(全色波段)，能够满足中尺度及以上规划的精度需要，能够满足1∶10万比例尺的制图工作需要。

(2) Landsat-7 ETM SLC-off(2003 年至今)，该数据因 Landsat-7 资源卫星 2003 年后出现问题，数据出现条带状缺失，建议最好不要下载，却有需要且无替代数据可用时，可通过数据差值等方法进行数据修复后再使用。

(3) Landsat 7 ETM SLC-on(1999—2003)，为 Landsat-7 资源卫星出现问题之前的数据，最高空间分辨率为 15 m，能够满足城市与区域规划中尺度及以上规划的精度需要。

(4) Landsat-4、5 TM，为 Landsat 4 和 5 号资源卫星采集的数据产品，数据的最高空间分辨率为 30 m，能够满足城市与区域规划大尺度规划的精度需要，例如城市群、城市区域的规划与研究等。

(5) Landsat-4、5 MSS(1982—1992)，为 20 世纪 80 年代美国发射的第二代试验型地球资源卫星(Landsat-4、5)所采集的数据产品。卫星在技术上比第一代试验型地球资源卫星(Landsat-1、2、3)有了较大改进，平台采用新设计的多任务模块，增加了新型的专题绘图仪 TM，可通过中继卫星传送数据。TM 的波谱范围比 MSS 大，每个波段范围较窄，因而波谱分辨率比 MSS 图像高，其地面分辨率为 30 m(TM6 的地面分辨率为 120 m)。

(6) Landsat-1,2,3 MSS(1972—1983)，为 20 世纪 70 年代美国在气象卫星基础上研制发射的第一代试验型地球资源卫星(Landsat－1、2、3)所采集的数据产品。这三颗卫星上装有返束光导摄像机和多光谱扫描仪 MSS，分别有 3 个和 4 个谱段，分辨率为 78 m。

用户可根据规划研究需要，选择合适的遥感影像数据进行下载。本次实验以上杭县县域 TM/ETM 数据下载为例，对数据的获取做简单介绍。

首先，选择行政区查询方式，指定上杭县作为数据查询范围，此时会在右侧地图检索窗口中显示出上杭县的行政区划范围(图 2－4)。然后，接着选择要检索的数据日期，如果不输入则默认所有数据，本例选择 2000 年 1 月 1 日以来所有月份的影像数据(图 2－4)。再次，定义要检索的数据集，本例选择 Landsat-8 OLI-TRIS、Landsat 7 ETM SLC-on 和 Landsat-4、5 TM 三类数据(图 2－4)。最后，点击搜索按钮，输出设定条件下的不同数据集的检索结果列表，列表中包含数据标识、条带号、行编号、日期、经度、纬度、云量、数据和缩略图等信息(图 2－5)。由于 Landsat 卫星数据的高重合率，以上杭县边界作为查询条件的检索结果可能会包括邻近区域的影像数据。例如，使用条带号、行编号为 120/42 和 120/43 的两景数据就能够覆盖整个上杭县，但通过行政区范围查询的数据中还包括了条带号、行编号为 121/42 和 121/43 的数据(图 2－5)。

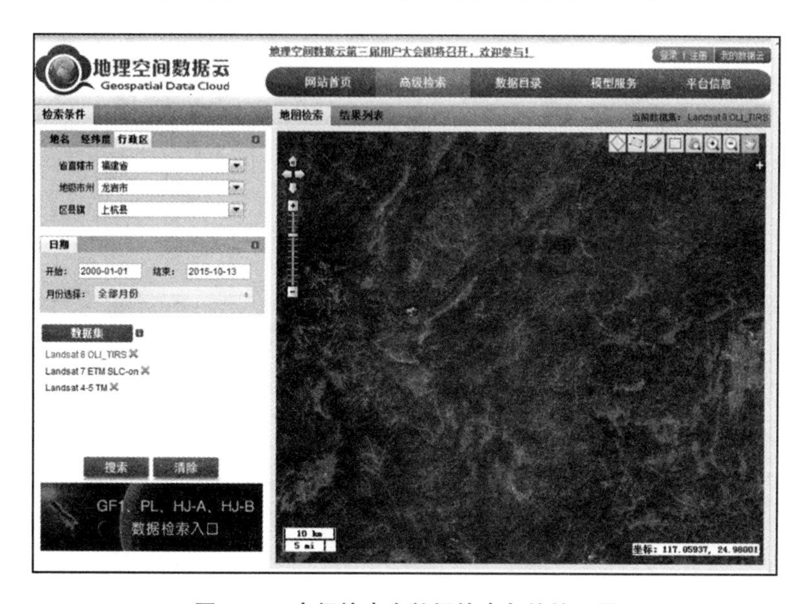

图 2－4　高级检索中数据检索条件的设置

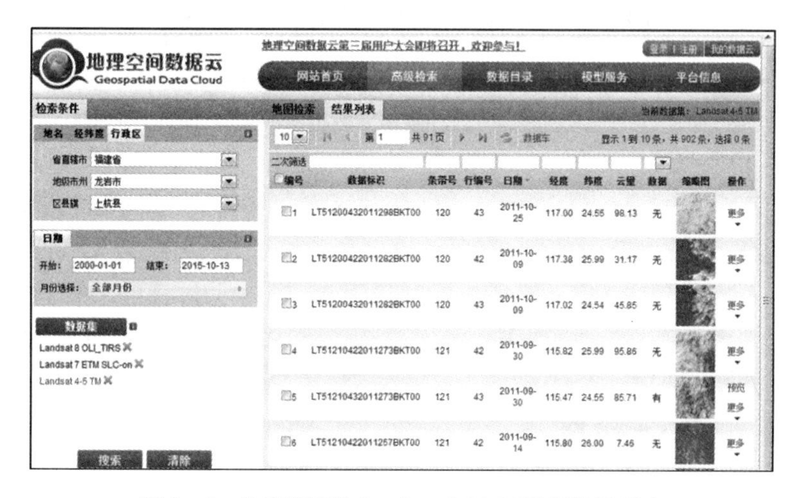

图 2－5　检索得到的 Landsat-4、5 TM 数据结果列表

➢　步骤 3：TM/ETM 数据择选。

选择遥感影像数据主要从两个方面来判别，一是成像时间，年份可以根据研究需要和数据情况综合确定，但最好选择 5～10 月份成像的数据(视各地气候条件而定)，这样

有利于后期数据的解译(林地等信息便于识别与提取);二是要注意成像质量,核心指标就是云量的多少,为了保证质量,应选择无云或少云的影像数据,云量最好低于10%。云量有两个常用指标,一个是平均云量,一个是四角云量。

假定我们需要获取上杭县2014年以来的Landsat卫星遥感数据来制作规划研究区的土地利用现状图,那么通过前面的检索结果可以发现符合条件的数据仅在Landsat-8 OLI-TRIS数据中选取。本例在结果列表中进一步进行二次筛选,条带号设定为120,云量设置为低于15%,结果符合条件的数据有12条(图2-6)。根据二次检索结果,基于数据的时效性和数据质量,我们选择2014年10月17日成像的两景数据进行下载(图2-7)。

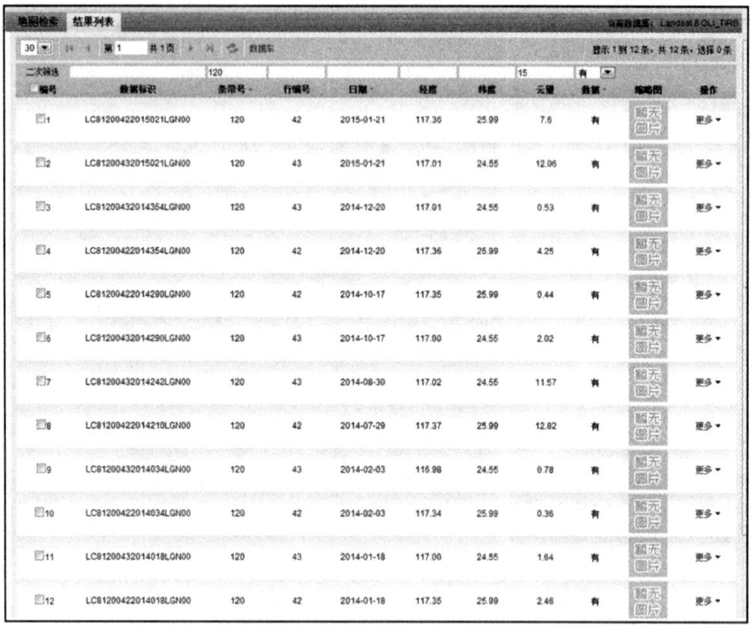

地图检索　结果列表　当前数据集：Landsat8 OLI_TIRS

30　第1　共1页　数据车　显示1到12条，共12条，选择0条

二次筛选　120　15　有

编号	数据标识	条带号	行编号	日期	经度	纬度	云量	数据	缩略图	操作
1	LC81200422015021LGN00	120	42	2015-01-21	117.36	25.99	7.6	有	暂无图片	更多
2	LC81200432015021LGN00	120	43	2015-01-21	117.01	24.55	12.06	有	暂无图片	更多
3	LC81200432014354LGN00	120	43	2014-12-20	117.01	24.55	0.53	有	暂无图片	更多
4	LC81200422014354LGN00	120	42	2014-12-20	117.36	25.99	4.25	有	暂无图片	更多
5	LC81200422014290LGN00	120	42	2014-10-17	117.35	25.99	0.44	有	暂无图片	更多
6	LC81200432014290LGN00	120	43	2014-10-17	117.00	24.55	2.02	有	暂无图片	更多
7	LC81200432014242LGN00	120	43	2014-08-30	117.02	24.55	11.57	有	暂无图片	更多
8	LC81200422014210LGN00	120	42	2014-07-29	117.37	25.99	12.82	有	暂无图片	更多
9	LC81200432014034LGN00	120	43	2014-02-03	116.98	24.55	0.78	有	暂无图片	更多
10	LC81200422014034LGN00	120	42	2014-02-03	117.34	25.99	0.36	有	暂无图片	更多
11	LC81200432014018LGN00	120	43	2014-01-18	117.00	24.55	1.64	有	暂无图片	更多
12	LC81200422014018LGN00	120	42	2014-01-18	117.35	25.99	2.46	有	暂无图片	更多

图2-6　二次检索后符合条件的上杭县数据结果列表

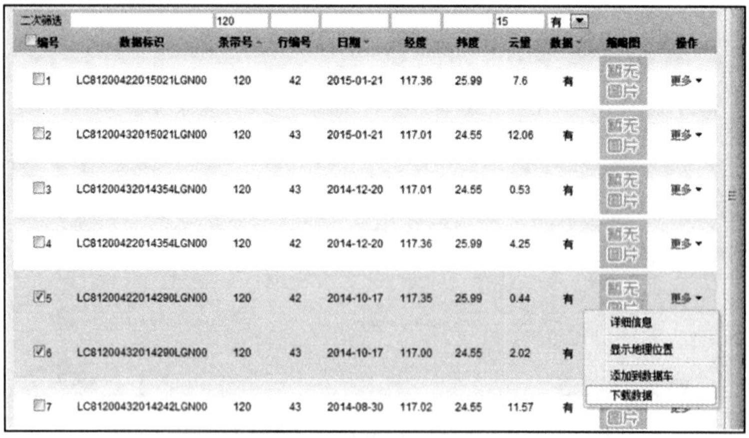

二次筛选　120　15　有

编号	数据标识	条带号	行编号	日期	经度	纬度	云量	数据	缩略图	操作
1	LC81200422015021LGN00	120	42	2015-01-21	117.36	25.99	7.6	有	暂无图片	更多
2	LC81200432015021LGN00	120	43	2015-01-21	117.01	24.55	12.06	有	暂无图片	更多
3	LC81200432014354LGN00	120	43	2014-12-20	117.01	24.55	0.53	有	暂无图片	更多
4	LC81200422014354LGN00	120	42	2014-12-20	117.36	25.99	4.25	有	暂无图片	更多
☑5	LC81200422014290LGN00	120	42	2014-10-17	117.35	25.99	0.44	有	暂无图片	更多
☑6	LC81200432014290LGN00	120	43	2014-10-17	117.00	24.55	2.02	有		
7	LC81200432014242LGN00	120	43	2014-08-30	117.02	24.55	11.57	有		

详细信息
显示地理位置
添加到数据车
下载数据

图2-7　最终选择的符合条件的两景上杭县数据

另外,美国地质勘探局(United States Geological Survey,USGS),或称为美国地质调查局网站上也有大量的免费遥感影像数据供用户下载。用户可以登陆http://

www. usgs. gov/ 查找需要的遥感数据，也可以直接登陆 Landsat 卫星数据的网页 http://landsatlook. usgs. gov/直接查看或下载规划研究区的数据(图 2－8)。通常，USGS 网站上的数据要比较新一些，且可以检索 Landsat-8 的数据。从检索结果的数据表中可以看出，比 2004 年新的数据的云量和影像质量均不高。如果确有需要(用 2013 年6～9月份的影像数据作为规划研究区的现状)，可以向北京遥感地面站查询和购买符合要求的存档数据。

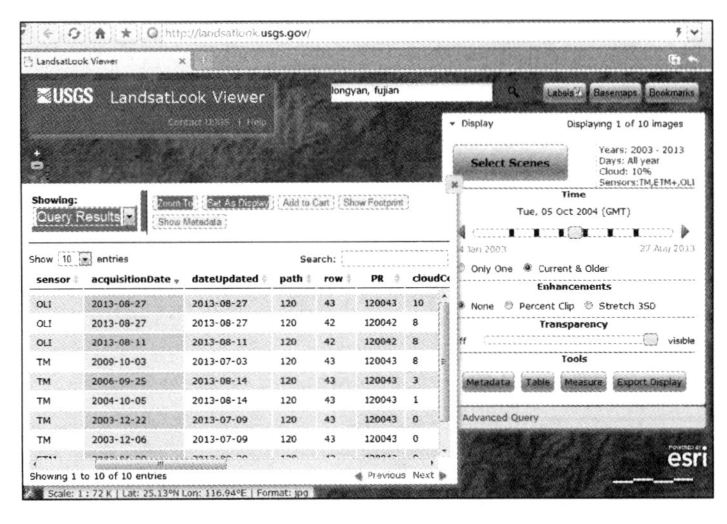

图 2－8　美国地质勘探局(USGS)网站上的 Landsat 数据检索结果

2.2.2　TM/ETM 数据预处理

TM/ETM 数据预处理主要包括遥感数据的多波段融合、数据裁剪、数据拼接等。在进行预处理之前，先将从中国科学院计算机网络信息中心“地理空间数据云”网站上下载的两景规划研究区的数据(压缩文件)进行解压缩。

1) TM/ETM 数据多波段融合

➢　步骤 1：打开 ERDAS IMAGINE 9.2，设置“layer Selection and Stacking”对话框。

首先，打开 ERDAS IMAGINE 9.2 软件，在 ERDAS IMAGINE 9.2 主界面的“图标面板”中，点击“Image Interpreter(图像解译模块图标)”，弹出“Image Interpreter”菜单，点击菜单中的“Utilities”，弹出“Utilities”菜单，再点击菜单中的“layer Stack”，弹出“layer Selection and Stacking”对话框(图 2－9)。

在“layer Selection and Stacking”对话框中，首先设置“Input File”栏，点击

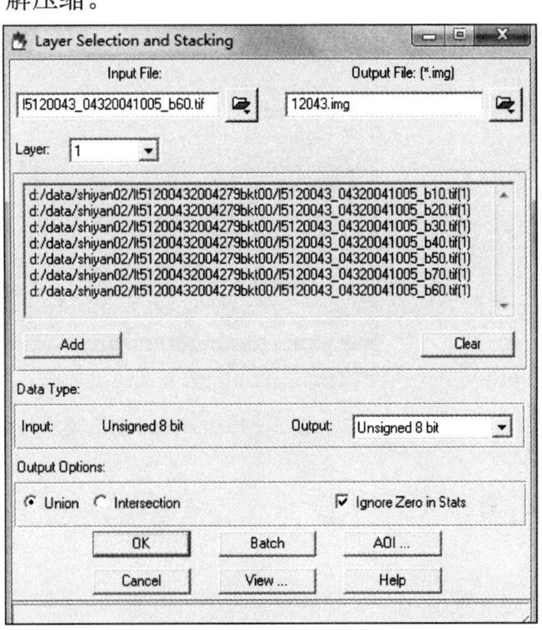

图 2－9　“layer Selection and Stacking”对话框

下拉文件夹菜单，出现"Input File"对话框，找到存放 TM/ETM 遥感卫星影像的文件夹(D:\data\shiyan02)，在"Input File"对话框中的"Files of type"中选择 TIFF 格式(用户从"地理空间数据云"网站上下载的数据格式为 TIFF)，然后选中第一个数据文件(TM/ETM 数据的第一波段，本例中文件名称为 * _B10. TIF)，点击"Input File"对话框中的"OK"按钮，然后点击"layer Selection and Stacking"对话框中的"Add"按钮将第一波段数据加载。

重复以上 TM/ETM 数据波段加载的步骤，直至所有波段 TIFF 文件加载完毕(因为第 6 波段为近红外波段，用户可以选择不加载，但该波段可以进行规划研究区地面温度的遥感反演，感兴趣的用户可以查阅相关文献资料了解具体温度反演的过程和具体应用)；然后在"Output File"栏中选择保存的路径和文件名(保存在解压后的遥感数据文件夹中，文件名以行列号命名，以便于识别)，保存格式选择. img 格式。勾选"Ignore Zero in Stats"(忽略零值)选项。点击"OK"按钮，开始进行数据波段的融合。

➢　步骤 2：在 Viewer 窗口中打开融合后的影像文件。

将规划研究区的 120/43、120/42 两景 TM 影像多波段融合后，用户可以使用"视图窗口(Viewer 窗口)"打开刚才融合后的影像文件。

首先，在 Viewer 窗口中，点击菜单条中的"File"—"Open"—"Raster Layer"选项(图 2－10)，弹出"Select Layer To Add"对话框(图 2－11)，找到融合后的文件 12043. img，然后点击"OK"按钮，文件 12043. img 加载进入 Viewer 窗口中。当然，用户也可以通过点击 Viewer 窗口中工具条上的"打开文件(open layer)"按钮，弹出"Select Layer To Add"对话框并进行文件的加载。

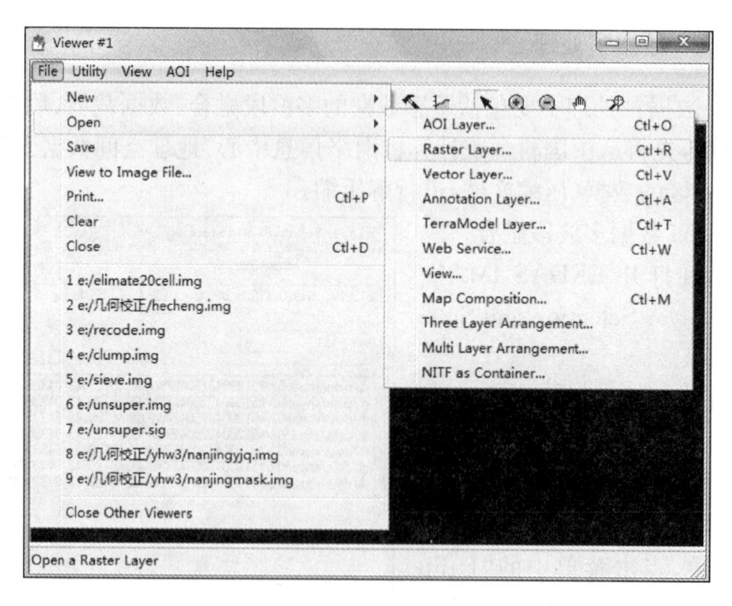

图 2－10　Viewer 窗口菜单条中的"Raster Layer"选项卡

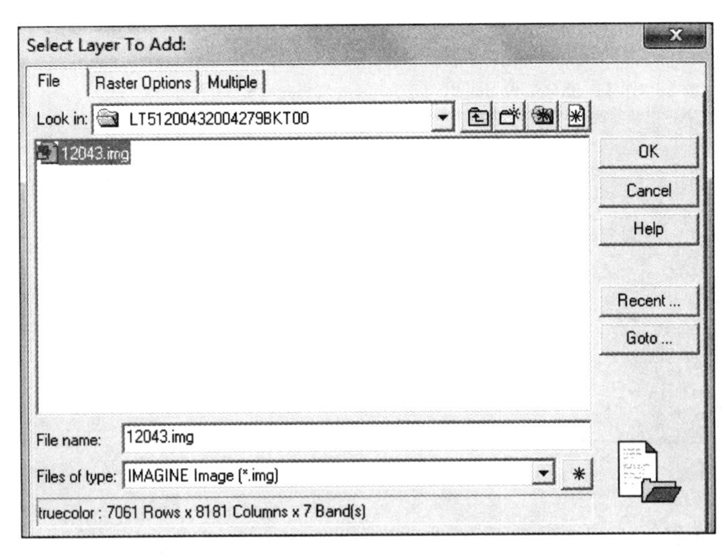

图 2 - 11　“Select Layer To Add”对话框

数据加载后，默认的波段组合为 432，且可能由于图像显示范围问题使用户无法在窗口中看到图像。用户可以通过点击“View”菜单中的“Scale”—“Image To Window”按钮(图 2 - 12)，当然也可以直接在 Viewer 窗口中的图像显示框内右击鼠标弹出视图文件显示快捷菜单(图 2 - 12)，然后点击“Image To Window”选项，使影像适合窗口尺寸进行显示(图 2 - 13)。

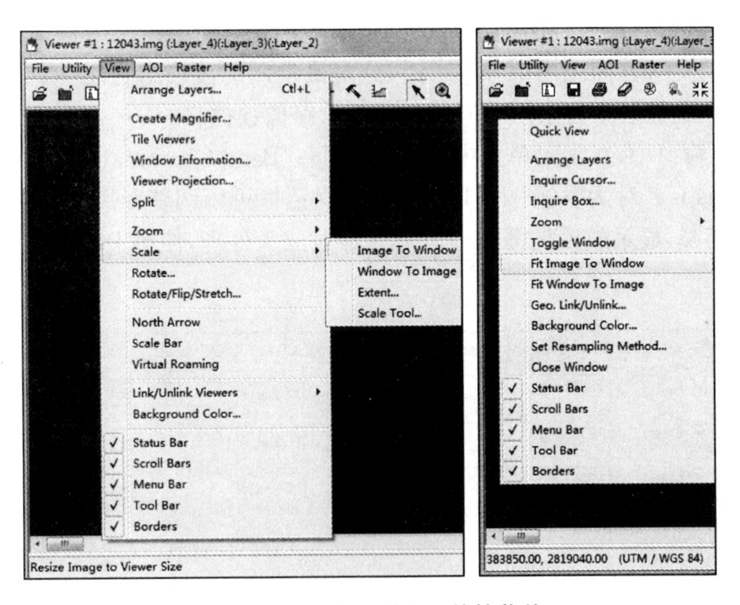

图 2 - 12　视图文件显示快捷菜单

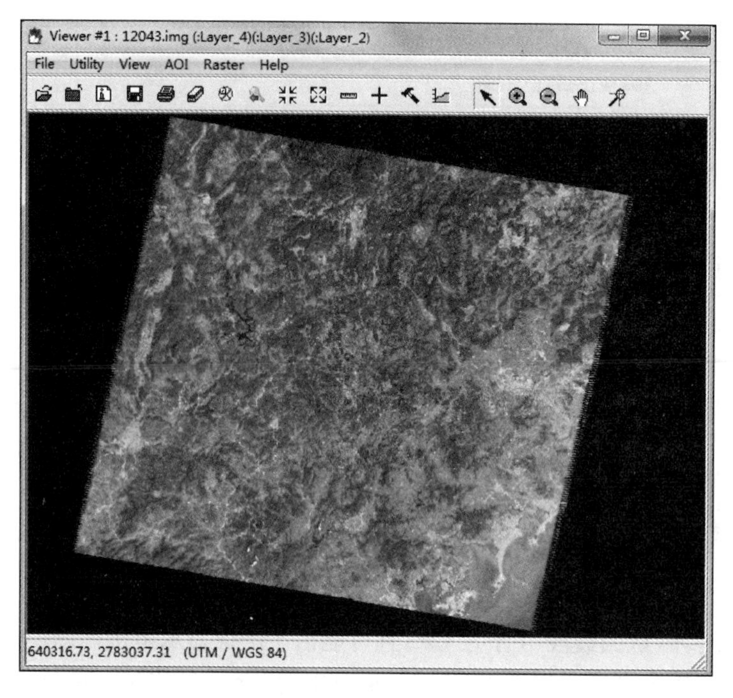

图 2-13　经"Image To Window"调整后的数据文件显示

➢　步骤 3:调整影像的波段组合。

ERDAS IMAGINE 软件默认的波段组合为 432(图 2-13 文件标题栏所示),获得的图像植被呈红色,即通常所说的标准假彩色,由于突出表现了植被的特征,在植被、农作物、湿地、蓝藻监测等方面应用十分的广泛,这是最常用的波段组合之一。用户可以通过调整融合后数据的波段组合来用不同的色调显示影像数据。

在 Viewer 窗口中,点击菜单条中的"Raster"—"Band Combinations",弹出"Set Layer Combinations for"对话框(图 2-14),通过该对话框可以调整影像显示的波段组合,本例中可调整为 543,显示效果见图 2-15(图像经过放大处理,使得上杭县城和汀江明显可见)。

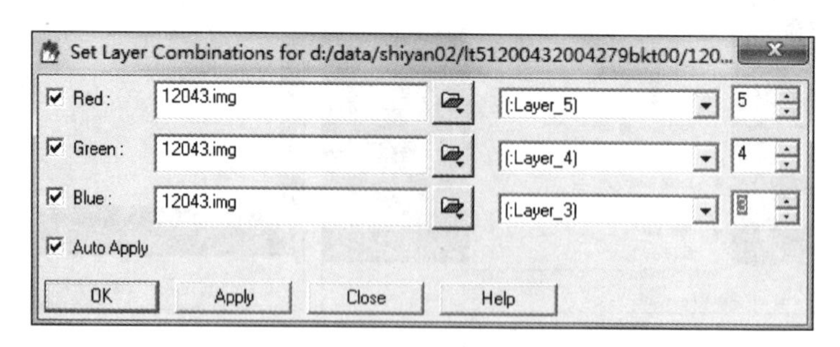

图 2-14　"Set Layer Combinations for"对话框

图 2-15　543 波段组合显示效果

另外，请用户尝试不同的波段组合(参见说明 2-3)，了解不同波段组合反映的地物特征的差异。

✍ 说明 2-3：TM/ETM 波段融合后常用的波段显示组合

432：ERDAS IMAGINE 软件默认的波段组合，获得的图像植被为红色，即通常所说的标准假彩色。

543：合成图像不仅类似于自然色，较为符合人们的视觉习惯，而且由于信息量丰富，能充分显示各种地物影像特征的差别，非常适合于非遥感应用专业人员使用。可用于城镇和农村土地利用的区分，陆地和水体边界的确定等。

321：真彩色合成，获得自然彩色合成图像，图像的色彩与原地区或景物的实际色彩基本一致，适合于非遥感应用专业人员判读使用。

451：信息量最丰富的组合。计算各种组合的熵值的结果表明，由一个可见光波段、一个中红外波段及第 4 波段组合而成的彩色合成图像一般具有最丰富的地物信息，其中又常以 451 或 453 波段的组合为最佳。453 波段分别赋红、绿、蓝色合成的图像，色彩反差明显，层次丰富，而且各类地物的色彩显示规律与常规合成片相似，图上山地、丘陵、平原台地等喀斯特地貌景观及各类用地影像特征分异清晰。可以用于土壤湿度和植被状况的分析，也可用于内陆水体和陆地/水体边界的确定，以及水田旱地的区分等。

741：图面色彩丰富，层次感好，具有极为丰富的地质信息和地表环境信息；而且清晰度高,干扰信息少,地质可解译程度高,各种构造形迹(褶皱及断裂)显示清楚,不同类型的岩石区边界清晰,岩石地层单元的边界、特殊岩性的展布以及火山机构也显示清楚。

742:主要用于土壤和植被湿度的分析,内陆水体的定位等。

743:可用于监测林火及灾后变化。这是因为7波段对温度变化敏感;43波段是反映植被的最佳波段,并有减少烟雾影响的功能。

754:适宜于湿润地区,可监测不同时期湖泊水位的变化。

另外,如果用户采用目视判读方法识别地物信息,一些土地利用类型可采用波段处理的方式使地物凸显。具体操作可使用Index命令工具进行波段加权求和。在ERDAS IMAGINE 9.2主窗口中,点击图标面板中的“Interpreter”图标—“GIS Analysis”—“Index”命令,在打开的“Index”对话框中进行图层(波段)的叠加运算,在此不再展开加以说明。

(1) 城市与乡镇的提取:TM1+TM7+TM3+TM5+TM6+TM2−TM4

(2) 乡镇与村落的提取:TM1+TM2+TM3+TM6+TM7−TM4−TM5

(3) 河流的提取:TM5+TM6+TM7−TM1−TM2−TM4

(4) 道路的提取:TM6−(TM1+TM2+TM3+TM4+TM5+TM7)

2) TM/ETM融合数据的裁剪

由于波段融合后的TM/ETM影像数据的边缘存在锯齿(图2-15),即边缘数据不完整,这并不影响影像数据的使用,因为TM/ETM影像数据相邻两景数据之间的重叠率很高,通常在30%左右。用户可以根据研究区的位置和实际需要将其裁剪掉(如果规划研究区需要由两景及以上的影像拼接而成),也可以在多波段融合时就选择AOI区域将其直接裁减掉(如果研究区全部在一景影像上,则无需裁剪数据边缘的锯齿)。本例中上杭县跨两景影像,因此可以首先进行数据边缘锯齿的裁剪,然后再进行数据的拼接。

➢ 步骤1:在ERDAS IMAGINE视图窗口中,打开12043. img。

在Viewer窗口中,打开融合后的遥感影像文件12043. img。

➢ 步骤2:绘制AOI(感兴趣区域)。

首先,点击Viewer窗口中菜单条上的“AOI”—“Tools”,弹出“AOI”工具集;也可通过直接点击Viewer窗口中工具条上的“工具按钮”打开“Raster”工具集,该工具集要比“AOI”工具集要素多(图2-16)。

然后,使用工具集中的“多边形工具(正、长方形或任意多边形)”在Viewer窗口中画出裁剪后想要留下的区域,即感兴趣区(AOI,Area of Interest)(图2-17),并将AOI区域保存,点击“File”—“Save”—“Save AOI as”,弹出“Save AOI as”对话框,选择shiyan02文件夹路径和文件名(aoi12043. aoi),如果将来不再需要用到此AOI多边形的话,也可不进行AOI文件的保存。

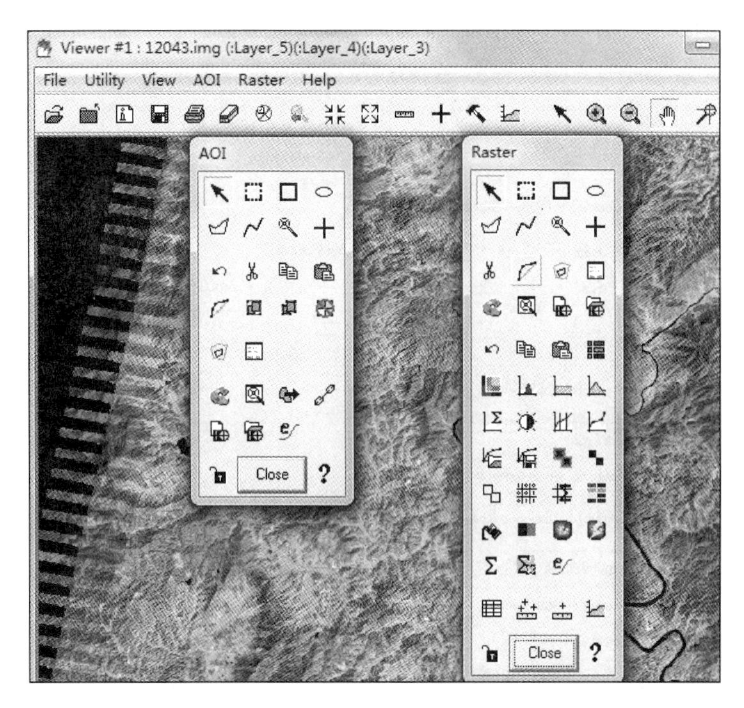

图 2-16　“AOI”工具集与“Raster”工具集

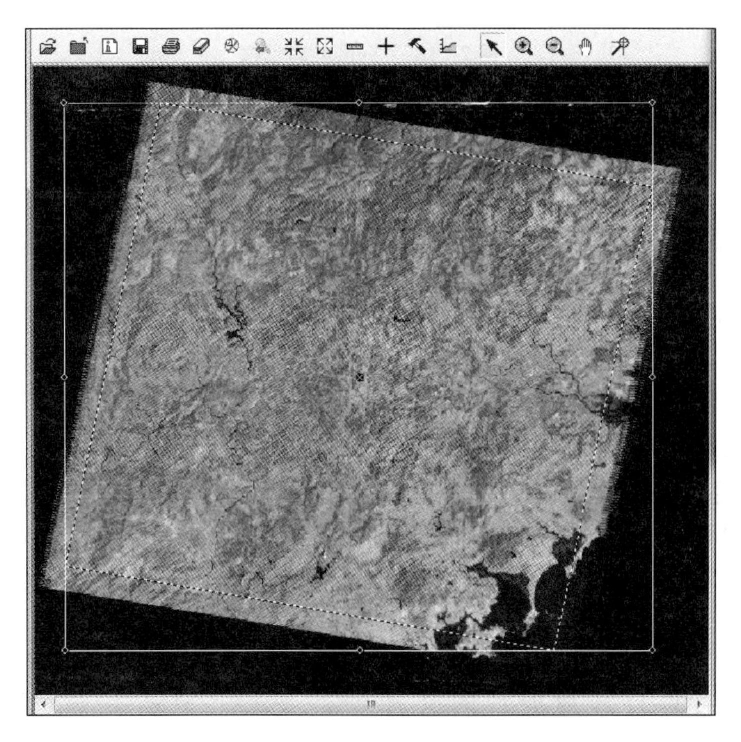

图 2-17　AOI 区域制作

➢　步骤 3:使用 AOI(感兴趣区域)进行数据裁剪。

点击 ERDAS IMAGINE 主窗口(面板窗口)中的“Interpreter”图标按钮—“Utilities”—“Subset Image”，弹出“Subset”对话框(图 2 - 18)。

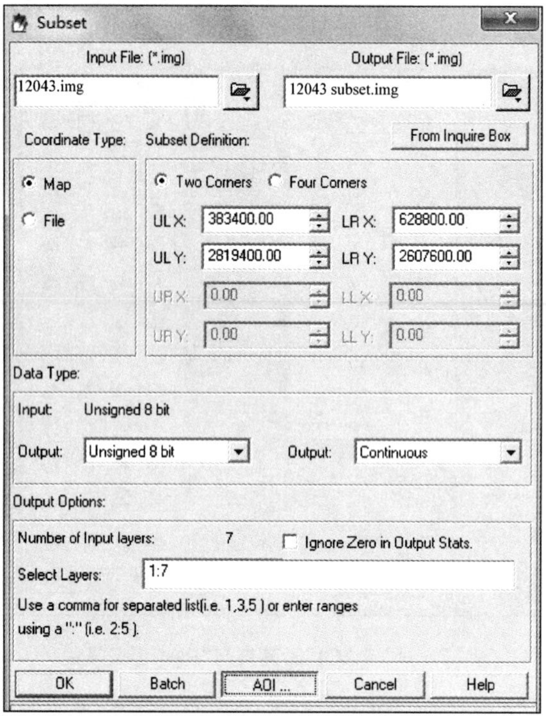

图 2 - 18　“Subset”对话框

首先，在“Input File”栏中选择波段融合后的数据文件 12043. img，在“Output File”中选择输出文件的路径(与 12043. img 文件放在同一个路径下)和文件名(12043subset. img)。

然后，点击对话框下方的“AOI”按钮，弹出“Choose AOI”对话框(图 2 - 19)，选择“AOI File”，在弹出的“Select the AOI File”对话框中找到刚才保存的 AOI 文件(aoi12043. aoi)点击“OK”按钮加载；也可选择“Viewer”选项，即将 Viewer 窗口中制作的 AOI 多边形作为裁剪区域(此时，Viewer 窗口中的 AOI 多边形应是活动的，不要关闭 Viewer 窗口)。

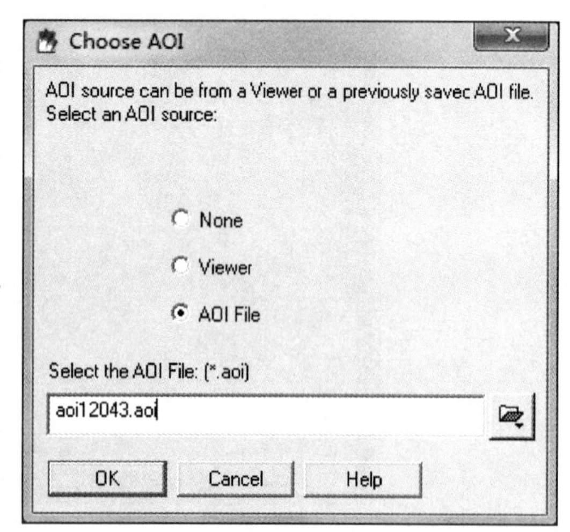

图 2 - 19　“Choose AOI”对话框

最后，勾选“Ignore Zero in Output Stats”选项。点击“OK”按钮，执行 Subset 命令。用户可以打开裁剪后的文件 12043subset. img，查看裁剪的结果(图 2 - 20)。

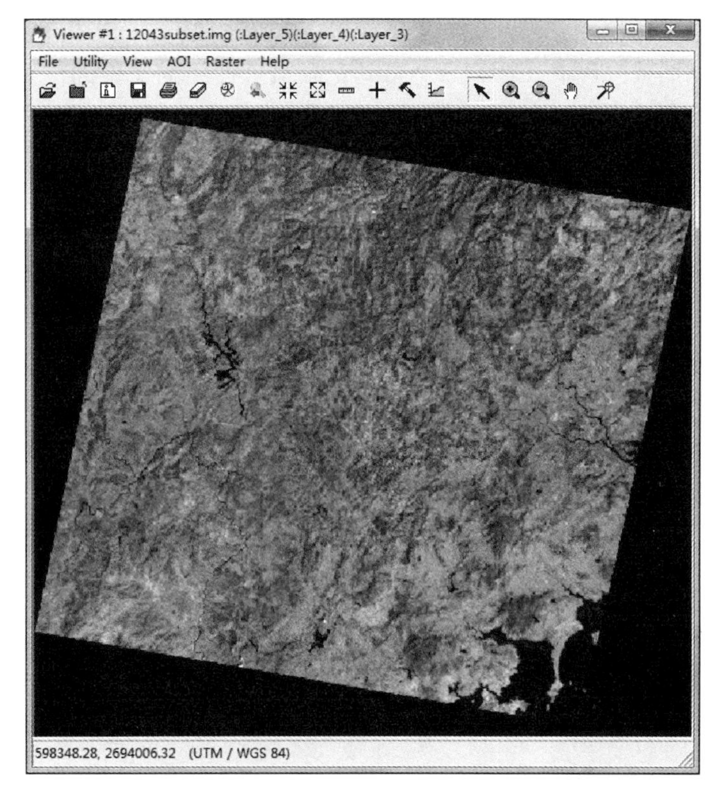

图 2－20　使用 Subset 命令裁剪后的研究区. img 文件

按照同样的步骤，用户可以将波段融合后的另一景 TM 遥感数据 12042. img 进行边缘裁剪，以符合两景影像拼接的需要。

3) TM/ETM 多景遥感影像的拼接

影像拼接(Mosaic Image)就是将具有地理参考的若干幅互为邻接(时相往往可能不同)的遥感数据图合并成一幅统一的新数字图像的过程。输入图像时必须经过几何校正处理或者进行过校正标定。要想制作好一幅总体上比较均衡的拼接图像，一般需要做到：①拼接时应尽可能选择成像时间和成像条件接近的遥感图像，以减轻后续的色调调整工作；②图像应先进行辐射校正、几何校正，并去条带和斑点；③确定标准像幅，一般位于研究区的中央，并确定拼接顺序；④合理确定重叠区和进行色调调整。

本例中上杭县跨两景影像，因此需要将上面经过裁剪的数据进行拼接。

➢　步骤 1：在 ERDAS IMAGINE 视图窗口中，打开“Mosaic Tool”命令对话框。

点击 ERDAS IMAGINE 主窗口(面板窗口)中的“Data Preparation”图标按钮或主菜单中的“Main”菜单—“Mosaic Images”—“Mosaic Tool”(图 2－21)，弹出“Mosaic Tool”对话框。

➢　步骤 2：加载需要拼接的图像。

用户下载的上杭县 TM 遥感数据已经经过辐射校正和几何校正的处理，且两景影像的成像时间一致，成像条件也基本一致。

首先，在“Mosaic Tool”对话框中，点击“Add Images”按钮，打开“Add Images”对话框(图 2－22)，或者在菜单栏中，选择“Edit”—“Add Images”，打开“Add Images”对话框

(图2－22)。通过路径查找找到12043subset.img和12042subset.img两个文件,分别将其加载。在数据加载过程中,ERDAS会自动记录最近使用的文件的位置,因此,有时用户只需点击对话框中的“Resent”按钮,弹出“List of Recent Filenames”对话框(图2－23),从中选择最近使用的数据即可。

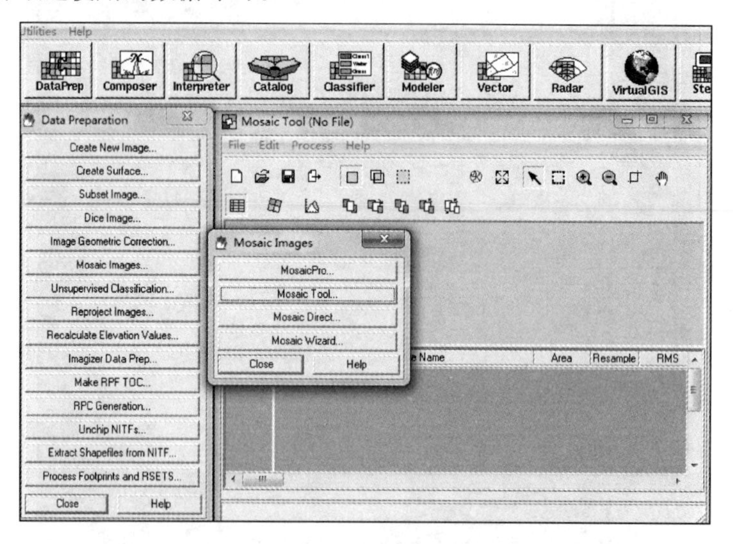

图2－21　“Data Preparation”模块与“Mosaic Tool”按钮

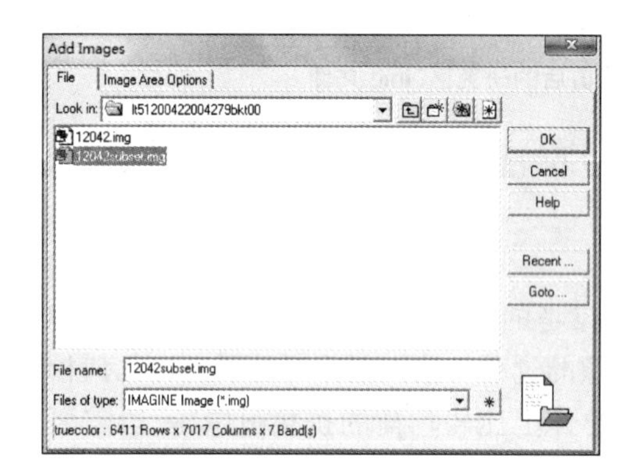

图2－22　“Add Images”对话框

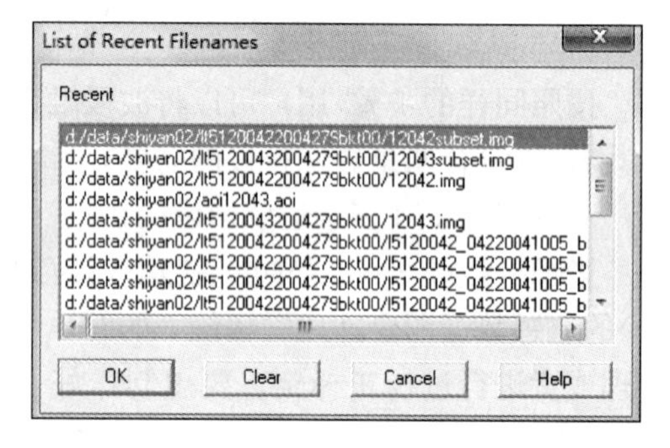

图2－23　“List of Recent Filenames”对话框

在“Add Images”对话框中进行数据加载时,可点击对话框上方的“Image Area Options”标签,进入“Image Area Options”选项页面(图2－24),进行数据拼接影像范围的选择。共有5种选择,默认设置为Use Entire Image,即使用整幅图像进行拼接;Crop Area,裁剪区域,选择此项将出现裁剪比例(Crop Percentage)选项,即将每幅图像的矩形图幅范围按一定的百分比进行四周裁剪后再拼接;Compute Active Area计

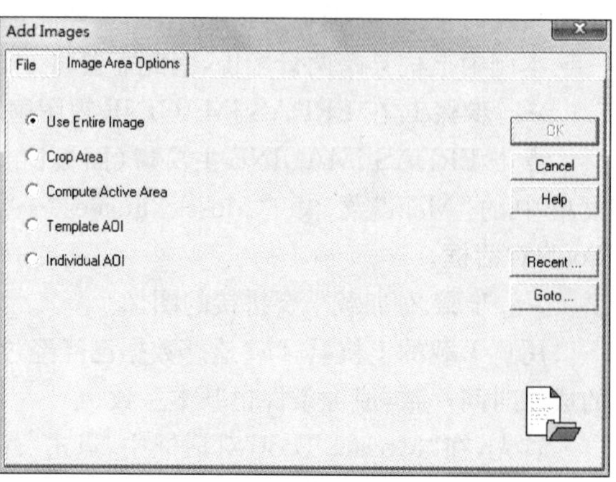

图2－24　“Add Images”对话框中的“Image Area Options”选项页面

算活动区,即只利用每幅图像中的有效数据覆盖范围进行拼接;Template AOI,模板AOI,即在一幅待拼接影像中利用 AOI 工具绘制用于拼接的图幅范围,该功能适合对研究区范围比较熟悉时使用,可有效降低数据冗余;Individual AOI,单一 AOI,即利用人为指定的 AOI 从输入图像中裁剪感兴趣区域进行拼接。本例中,前面已经进行了数据边缘锯齿的裁剪工作,所以此处选用默认设置 Use Entire Image。

最后,在"Add Images"对话框(图 2 - 22)中,点击"OK"按钮,加载规划研究区的两景裁剪后的影像数据(图 2 - 25)。

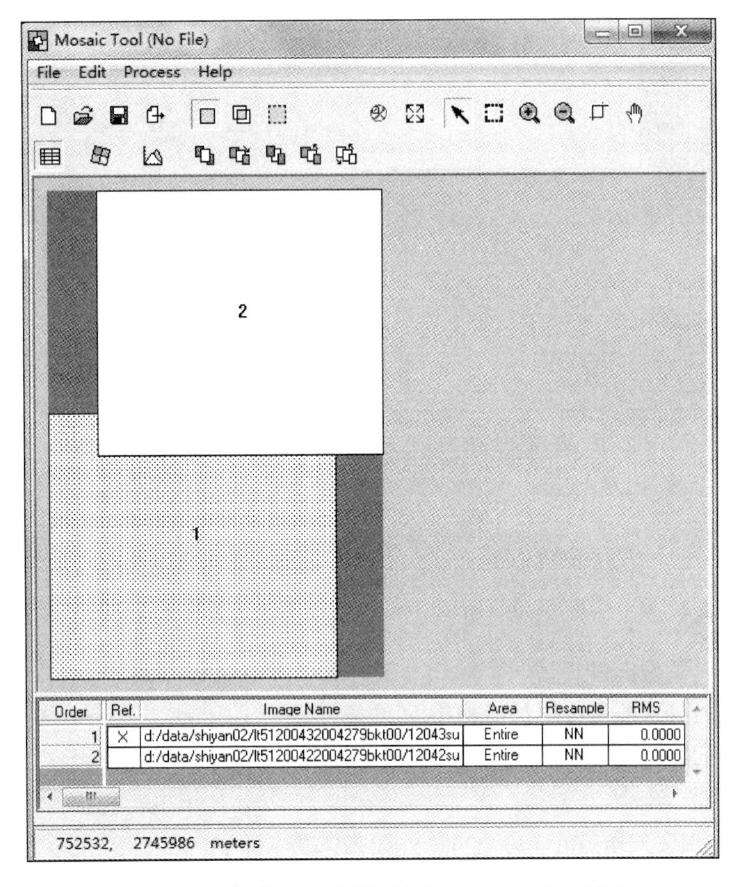

图 2 - 25　加载影像数据后的"Mosaic Tool"对话框

➢　步骤 3:加载图像的叠置组合设置。

本例中只有两景数据,其重叠区是固定的,不需要调整数据的叠置顺序,而当有三幅及以上数据需要拼接时,则需要进行图像组合顺序的调整,以获取较好的拼接方案和效果。

本例中将 12043 作为标准像幅(上杭县域大部分在此景中),放置在最上层,以示范图像顺序的调整。首先,选中 12043subset. img 图像,文件将会高亮显示(图 2 - 26),点击"Mosaic Tool"对话框中的"图像顺序调整",选用"Send Selected Image(s) up one"(上移一层),或者"Send Selected Image(s) to Top"(移至顶部)工具按钮(图 2 - 26),12043subset. img 图像将被移至最上层。

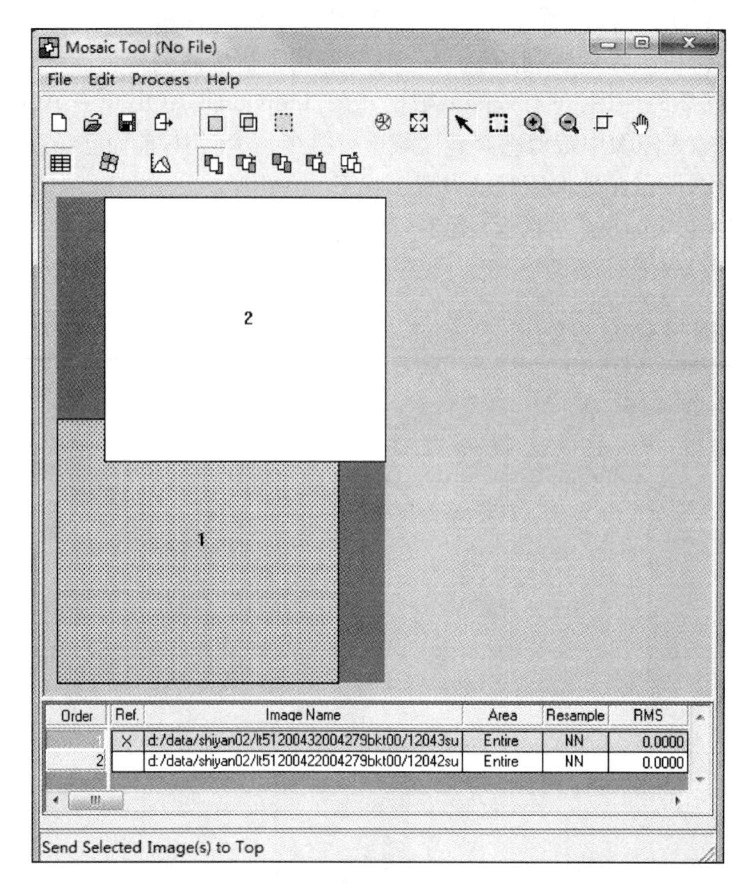

图 2-26　使用"Send Selected Image(s) to Top"工具按钮调整图像顺序

➢　步骤4:图像匹配设置。

首先,点击"Mosaic Tool"对话框中菜单条"Edit"—"Set Overlap Function",打开"Set Overlap Function"对话框(图2-27)。

然后,设置相交关系(Intersection Type)为无剪切线(No Cutline Exists),设置重叠图像元 Select Function(灰度计算)为均值(Average),即叠加区各个波段的灰度值是所覆盖该区域图像灰度的均值。

最后,点击"Apply"按钮,再点击"Close"按钮关闭"Set Overlap Function"对话框,完成设置。

➢　步骤5:进行图像拼接。

首先,点击 Mosaic Tool 对话框中菜单条"Process"—"Run Mosaic",打开"Output File Name"对话框(图2-28)。然后,设置确定输出文件名(shanghangmosaic. img),文件存放在 shiyan02 文件夹下(图2-28),点击"OK"按钮,执行 Mosaic 命令,进行图像拼接。最后,Mosaic 命令运行完后,

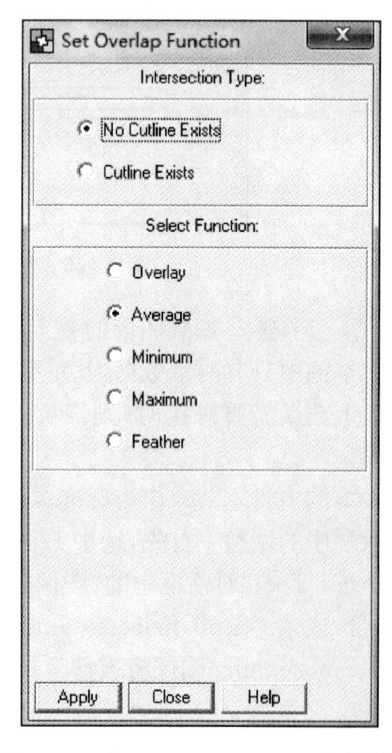

图 2-27　"Set Overlap Function"对话框

点击“OK”按钮，关闭 Mosaic 命令对话框，完成图像拼接。用户可以使用 Viewer 窗口打开拼接后的数据文件 shanghangmosaic.img，然后将两景影像的拼接处放大(图 2－29)，可以发现两景数据的接缝几乎看不出来，主要原因是两景影像的成像时间和成像质量几乎没有差异。如果两景数据的成像时间和成像质量差异明显，则需要进行色彩(灰度)调整(点击“Edit”—“Color Corrections”，弹出“Color Corrections”对话框进行相关设置，见图 2－30)，否则很难获得很好的拼接效果。

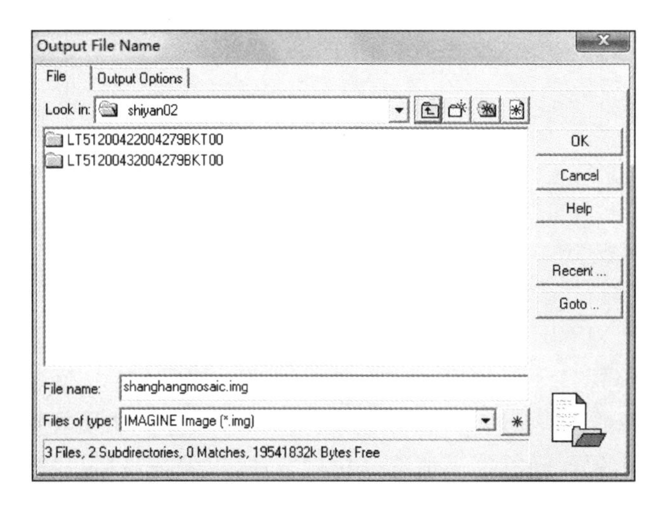

图 2－28　“Output File Name”对话框

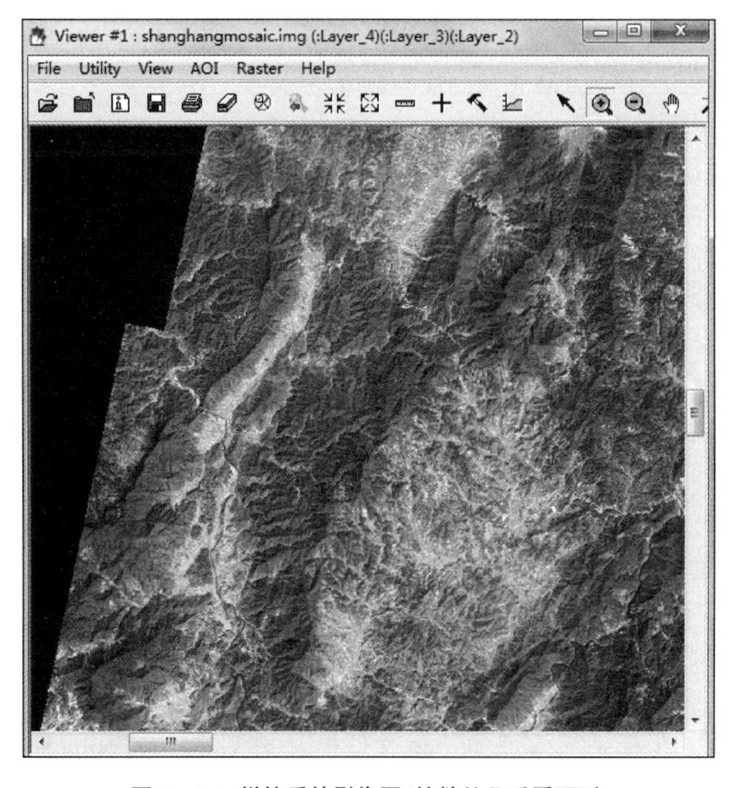

图 2－29　拼接后的影像图(接缝处几乎看不到)

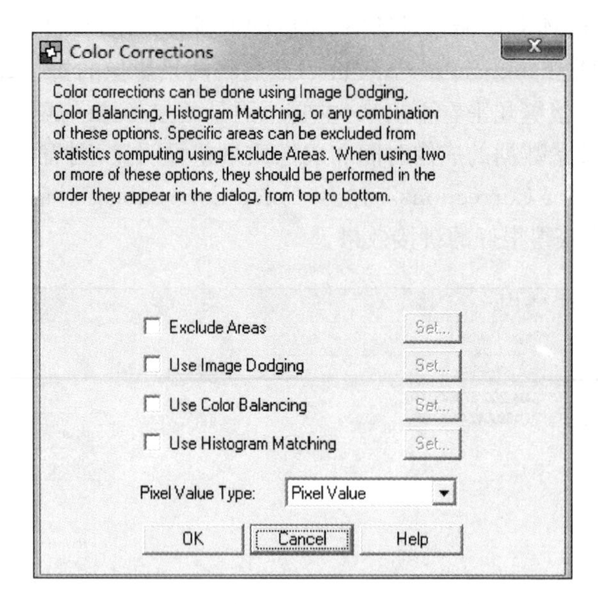

图 2－30 “Color Correction”对话框

TM/ETM 影像数据拼接时请用户注意数据的成像时间，如果规划研究区的数据有很多景，且成像时间各异，则需要谨慎选择拼接方法，以保证最后拼接的影像数据质量。基本原则是尽量保持高质量数据的亮度、色调等，可以将这些高质量的数据调整到上层，作为“标准像幅”，然后选择 Overlay 的方法进行拼接，这样重叠的部分将保留高质量数据的信息。但该方法也有缺点，那就是接缝处将比用 Average 方法拼接的明显。

4) 规划研究区 TM/ETM 遥感影像的裁剪/提取

在实际的研究中，用户经常需要用研究区的边界进行 TM/ETM 遥感影像的裁剪/提取，本例中使用上杭县各乡镇的界限文件(乡镇界限. shp)作为研究区边界对拼接后的 TM 数据文件 shanghangmosaic. img 进行裁剪，并使用 ERDAS 的图像掩膜(Mask)工具。图像掩膜分析就是按照一幅图像所确定的区域以及区域编码，借助掩膜方法，从相应图像中提取或裁剪出一定区域的图像，这些图像可以组成一幅或多幅图像，其经典应用就是用研究区或行政区边界裁剪影像，得到研究区或各个行政区内的图像。

首先，需要在 ArcMap 中使用数据转换工具箱将“乡镇界限. shp”文件转换成栅格文件(GRID 格式)，因为 ERDAS IMAGINE 软件的 Mask 文件格式中并不支持 Shapefile 格式的文件。

具体步骤为：①启动 ArcMap，在视图窗口中加载“乡镇界限. shp”数据图层文件；②打开该文件的属性表，添加一个名称为“studyarea”的字段，字段为短整型即可，在“studyarea”的字段处右击鼠标弹出快捷菜单(图 2－31)，点击“字段计算器”，弹出“字段计算器”对话框(图 2－32)，在公式编辑窗口区域中直接输入 10，点击“确定”按钮，将该字段被赋值为 10；③在 ArcMap 窗口中打开 ArcToolbox，启动 ArcToolbox 环境设置(图 1－53)，并将“输出坐标系”设置为同 img 文件相同，然后在 ArcToolbox 工具箱中点击“转换工具”工具箱—“转为栅格”—“面转栅格”，弹出“面转栅格”对话框(图 2－33)，设置输入要素为“乡镇界限. shp”数据文件，值字段设为用户创建并赋值为 10 的“studyarea”字段，输出栅格数据集名称设为 boundary，位置在 shiyan02 文件夹下，像元大小设置为 30 m，使其与 TM 遥感影像的分辨率一致；④单击“确定”按钮，执行“面转栅格”命令，得到研究区边界栅格数据文件 boundary，该文件会自动加载在 ArcMap 的内容列表和视图窗口中。

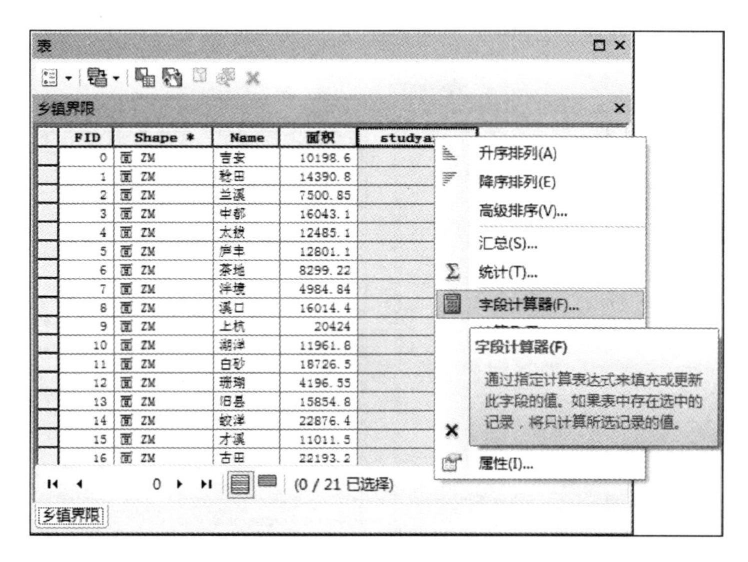

图 2 - 31　字段快捷菜单

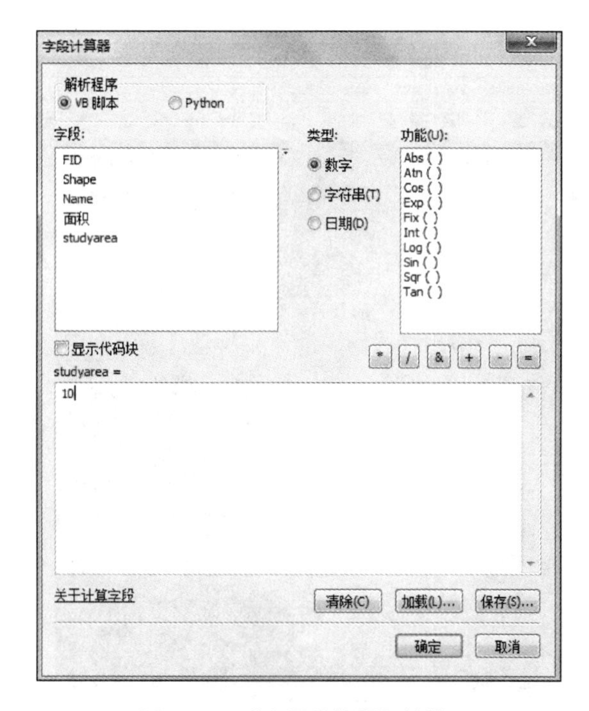

图 2 - 32　“字段计算器”对话框

然后，点击 ERDAS IMAGINE 软件主窗口(面板窗口)中的“Interpreter”图标按钮—“Utilities”—“Mask”，弹出“Mask”对话框(图 2 - 34)。在“Input File”中找到并加载数据文件 shanghangmosaic. img，在“Input Mask File”中找到并加载栅格数据文件“boundary”作为掩膜文件，并设置“Output File”的文件名称为“shanghang. img”，位置放置在shiyan02文件夹下。

最后，点选“Ignore Zero in Output Stats”(忽略零值)选项，点击“OK”按钮，执行Mask命令，对图像进行裁剪，裁剪结果如图2-35所示。

图2-33　“面转栅格”对话框

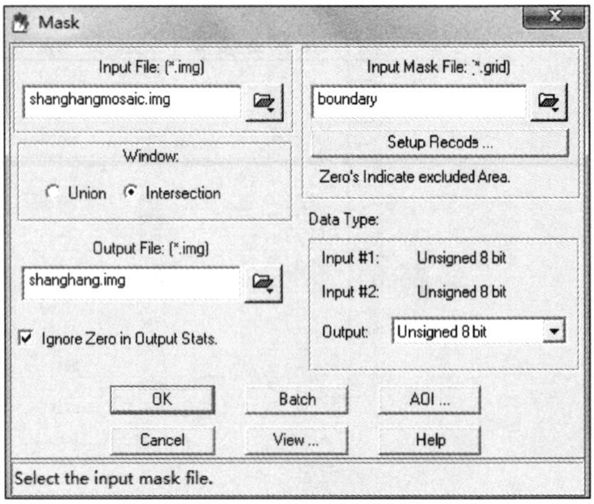

图2-34　“Mask”对话框

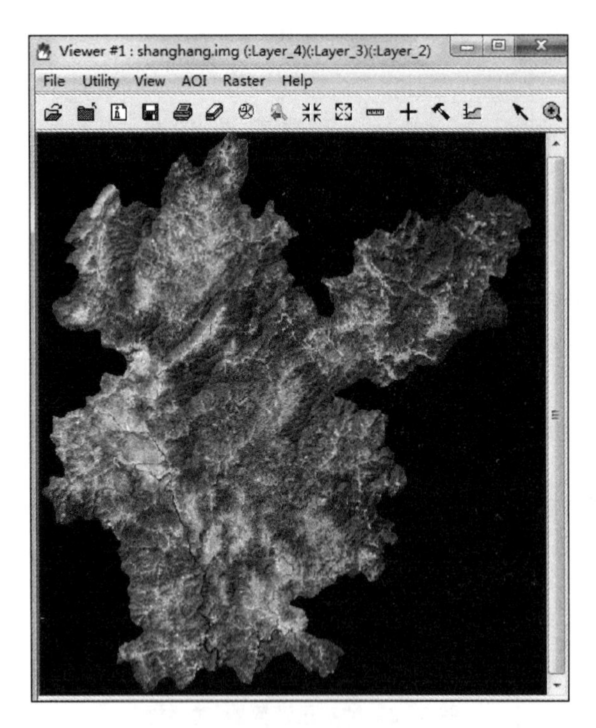

图2-35　用研究区边界裁剪后的TM图像

2.3　地图数据的配准

地理配准是指使用地图坐标为地图要素指定空间位置。地图图层中的所有元素都具有特定的地理位置和范围，这使得它们能够定位到地球表面或靠近地球表面的位置。精确定位地理要素的功能对于制图和GIS来说都至关重要。

要正确地描述地理要素的位置和形状，需要一个用于定义实际位置的坐标框架。地理坐标系统(Geographic Coordinate System)用于将地理位置指定给对象。地理坐标系统，也可称为真实世界的坐标系，是用于确定地物在地球上位置的坐标系。一个特定的地理坐标系是由一个特定的椭球体和一种特定的地图投影构成，其中椭球体是一种对地球形状的数学描述，而地图投影是将球面坐标转换成平面坐标的数学方法。

最常用的地理坐标系是经纬度坐标系，这个坐标系可以确定地球上任何一点的位置，如果将地球看作一个球体，而经纬网就是加在地球表面的地理坐标参照系格网。需要说明的是，经纬度坐标系不是一种平面坐标系，因为度不是标准的长度单位，不可用其量测面积长度。

较为常见的还有一种平面坐标系(又称笛卡儿坐标系)，可量测水平X方向和竖直Y方向的距离，可进行长度、角度和面积的量测，可用不同的数学公式将地球球体表面投影到二维平面上，而每一个平面坐标系都有一特定的地图投影方法。但是任何一种对地球表面的表示方法(即地图投影)都会在形状、面积、距离，或者方向上产生变形，不同的投影产生不同的变形，每一种投影都有其各自的适用方面。例如，墨卡托投影适用于海图，其面积变形随着纬度的增高而加大，但其方向变形很小；横轴墨卡托投影的面积变形随着距中央经线的距离的加大而增大，适用于制作不同的国家地图。

地图投影是把地球表面的任意点，利用一定的数学法则，转换到地图平面上的理论和方法。地图投影就是指建立地球表面(或其他星球表面或天球面)上的点与投影平面(即地图平面)上点之间的一一对应关系的方法。它将作为一个不可展平的曲面即地球表面投影到一个平面的基本方法，保证了空间信息在区域上的联系与完整。这个投影过程将产生投影变形，而且不同的投影方法具有不同性质和大小的投影变形。

投影的分类：①按变形方式，可分为等角投影、等(面)积投影和任意投影三类。等角投影无形状变形(也只是在小范围内没有)，但面积变形较大；等积投影反之；而任意投影两种变形都较小。任意投影为既不等角也不等积的投影，其中还有一类“等距(离)投影”，在标准经纬线上无长度变形，多用于中小学教学图。②按转换法则，分为几何投影和条件投影。前者又分为方位投影、圆柱投影、圆锥投影和多圆锥投影；后者则包括伪方位投影、伪圆柱投影和伪圆锥投影。③按投影轴与地轴的关系，分为正轴(重合)、斜轴(斜交)和横轴(垂直)三种。④几何投影中根据投影面与地球表面的关系分为切投影和割投影。

目前常用的投影方法有墨卡托投影(正轴等角圆柱投影)、高斯-克吕格投影等。

墨卡托投影：又称正轴等角圆柱投影，是圆柱投影的一种，由荷兰地图学家墨卡托(G. Mercator)于1569年创拟，设想一个与地轴方向一致的圆柱切于或割于地球，按等角条件将经纬网投影到圆柱面上，将圆柱面展为平面后，得到平面经纬线网。一点上任何方向的长度比均相等,即没有角度变形,而面积变形显著,随远离标准纬线而增大。该投影具有等角航线被表示成直线的特性,保持了方向和相互位置关系的正确,故广泛用于编制航海图和航空图等。主要参数有:投影代号(Type),基准面(Datum),单位(Unit),原点经度(OriginLongitude),原点纬度(OriginLatitude),标准纬度(StandardParallelOne)。

高斯-克吕格(Gauss-Kruger projection)投影:由高斯拟定后经克吕格补充、完善,是等角横切椭圆柱投影(transverse conformal cylinder projection)。设想一个椭圆柱(底面为椭圆的圆柱)横切于地球椭球某一经线(称"中央子午线"),根据等角条件,用解析法将中央经线两侧一定经差范围内地球椭球体面上的经纬网投影到椭圆柱面上,并将此椭圆柱面展为平面所得到的一种等角投影。该投影主要特性:①中央子午线是直线,其长度不变形,离开中央子午线的其他子午线是弧形,凹向中央子午线。离开中央子午线越远,变形越大。②投影后赤道是一条直线,赤道与中央子午线保持正交。③离开赤道的纬线是弧线,凸向赤道。通常其按经差6°或3°分为六度带或三度带。六度带自本初子午线起每隔经差6°自西向东分带,带号依次编为第1,2,…,60带。三度带是在六度带的基础上分成的,它的中央子午线与六度带的中央子午线和分带子午线重合,即自1.5°子午线起每隔经差3°自西向东分带,带号依次编为第1,2,…,120带。我国的经度范围西起73°东至135°,可分成六度带11个,各带中央经线依次为75°,81°,87°,…,117°,123°,129°,135°,或三度带22个。主要投影参数有:投影代号(Type),基准面(Datum),单位(Unit),中央经度(OriginLongitude),原点纬度(OriginLatitude),比例系数(ScaleFactor),东伪偏移(FalseEasting),北伪偏移(FalseNorthing)。

UTM投影,全称为"通用横轴墨卡托投影(Universal Transverse Mercator)",是一种"等角横轴割圆柱投影",椭圆柱割地球于南纬80°、北纬84°两条等高圈,投影后两条相割的经线上没有变形,而中央经线上长度比为0.999 6。UTM投影是为了全球战争需要创建的,美国于1948年完成了这种通用投影系统的计算。与高斯-克吕格投影相似,该投影角度没有变形,中央经线为直线,且为投影的对称轴,中央经线的比例因子取0.999 6是为了保证离中央经线左右约330 km处有两条不失真的标准经线。UTM投影分带方法与高斯-克吕格投影相似,是自西经180°起每隔经差6°自西向东分带,将地球划分为60个投影带。我国的卫星影像资料常采用UTM投影。

高斯-克吕格投影与UTM投影都是横轴墨卡托投影的变种,但从投影几何方式看,高斯-克吕格投影是"等角横切椭圆柱投影",投影后中央经线保持长度不变,即比例系数为1;UTM投影是"等角横轴割圆柱投影",投影后两条割线上没有变形,中央经线上长度比为0.999 6。高斯-克吕格投影与UTM投影可近似采用X[UTM]=0.999 6 * X[高斯],Y[UTM]=0.999 6 * Y[高斯],进行坐标转换(注意:如坐标纵轴西移了500 000 m,转换时必须将Y值减去500 000乘上比例因子后再加500 000)。从分带方式看,两者的分带起点不同,高斯-克吕格投影自0°子午线起每隔经差6°自西向东分带,第1带的中央经度为3°;UTM投影自西经180°起每隔经差6°自西向东分带,第1带的中央经度为-177°,因此高斯-克吕格投影的第1带是UTM的第31带。此外,两投影的东伪偏移都是500 km,高斯-克吕格投影北伪偏移为零,UTM北半球投影北伪偏移为零,南半球则为10 000 km。

ArcMap中的动态投影:是指改变ArcMap中的Data Frame(工作区)的空间参考或

是对后加入到 ArcMap 工作区中数据的投影变换。ArcMap 的 Data Frame(工作区)的坐标系统默认为第一个加载到当前 Data Frame(工作区)的那个文件的坐标系统,后加入的数据,如果和当前工作区坐标系统不同,则 ArcMap 会自动做投影变换,把后加入的数据投影变换到当前坐标系统下显示,但此时数据文件所存储的实际数据坐标值并没有改变,只是显示形态上的变化。因此称之为动态投影。表现这一点最明显的例子就是在导出数据(Export Data)时,用户可以选择是按数据源的坐标系统导出(this layer's source data),还是按照当前工作区的坐标系统(the Data Frame)导出数据。

当数据没有任何空间参考信息时,在 ArcCatalog 的坐标系统描述(XY Coordinate System)选项卡中会显示为 Unknown。这时如果要对数据进行投影变换就要先利用 Define Projection 工具来给数据定义一个 Coordinate System,然后再利用 Feature\Project 或 Raster\Project Raster 工具来对数据进行投影变换。

每一个 ArcGIS 数据图层文件(无论是 Shapefile、Coverage 格式,还是栅格数据格式),都需要指定地理坐标系统和投影系统。用户在构建 GIS 数据库时,必须使用统一的地理坐标系统和投影系统,以便于数据的各种空间分析。本例中由于上杭县数据资料来源多样,例如来源于国际科学数据服务平台网站的 TM、ETM、DEM,上杭县国土局的县城高分辨率影像图,上杭县规划局的县城城区周边的 CAD 格式地形图,以及其他一些 jpg 图和经扫描的专题地图数据文件等。本例中以 TM 数据的地理坐标系统和地图投影(首先,启动 ArcMap,加载 shanghang. img;然后,在内容列表中鼠标右击图层,打开"图层属性"对话框,点击对话框中的"源"选项卡,可以查看数据的空间参考信息,其基本信息见图 2-36)作为构建的规划研究区数据库的地理坐标系统和地图投影,其他数据均与之相匹配。

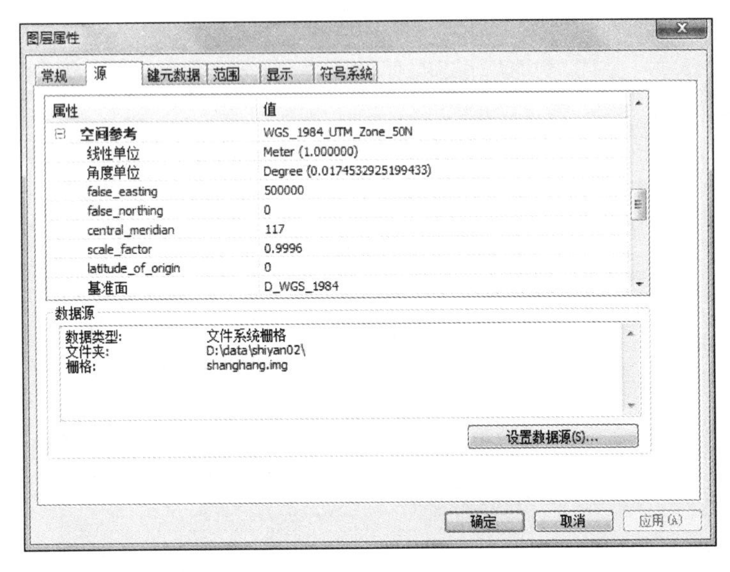

图 2-36　上杭县 TM 数据的空间参考(地理坐标与投影系统)信息

2.3.1　影像图的配准

以上杭县城高分辨率影像图(shiyan02\shanghangxiancheng. tif)为例来说明演示在

ArcGIS 软件中如何进行影像图与 TM 数据的空间匹配。用户通常购买的影像图都是经过初步校正的数据产品,已经包含空间参考信息。

➢ 步骤 1:启动 ArcMap,加载县城影像图和 TM 数据。

启动 ArcMap,分别加载上杭县城高分辨影像图(shanghangxiancheng.tif)和上杭县域 TM 影像图(shanghang.img),当加载 TM 影像数据时,ArcMap 弹出“地理坐标系警告”对话框(图 2-37),提示是否自动将“GCS_WGS_1984”坐标系转换为已经在视图中打开的县城高分辨影像图的坐标系,点击“关闭”按钮,关闭该对话框,ArcMap 将使用动态投影方式,将 TM 影像数据加入 ArcMap。

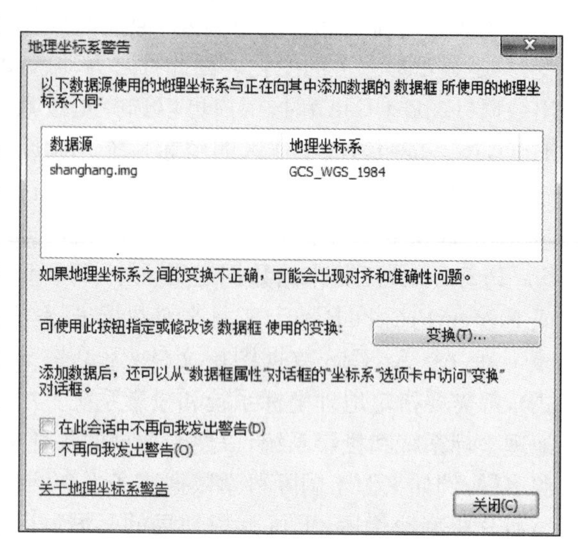

图 2-37　“地理坐标系警告”对话框

两幅图像存在较为明显的错位(图 2-38),打开图层的属性窗口,可以发现 shanghangxiancheng.tif 数据的空间参考信息与 TM 数据的不同,应首先将该数据进行投影变换,使其空间参考一致。

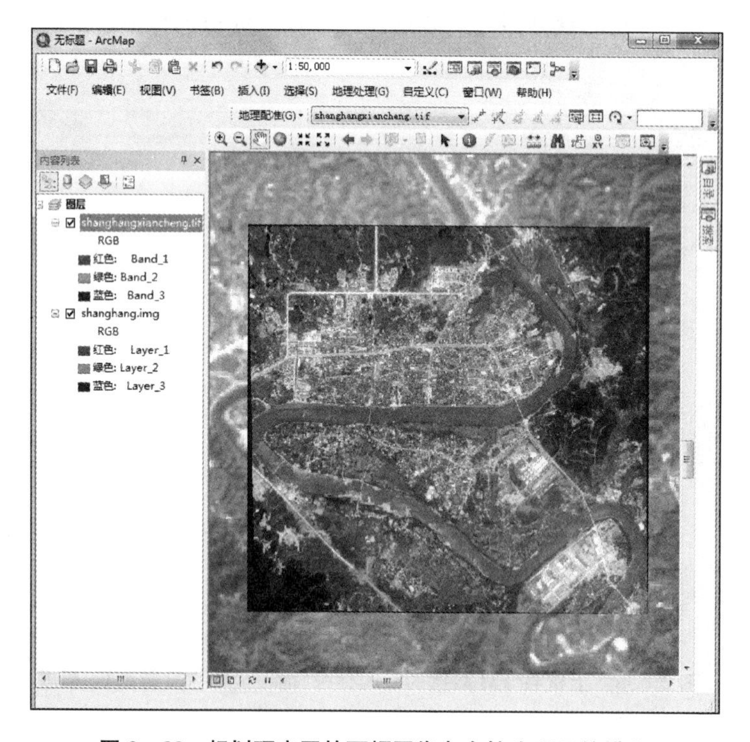

图 2-38　规划研究区的两幅图像存在较为明显的错位

➢ 步骤 2:启动 ArcToolbox,进行栅格数据的投影变换。

在 ArcMap 视窗中启动 ArcToolbox,鼠标双击“数据管理工具”—“投影和变换”—“栅格”—“投影栅格”,弹出“投影栅格”工具对话框(图 2 - 39)。

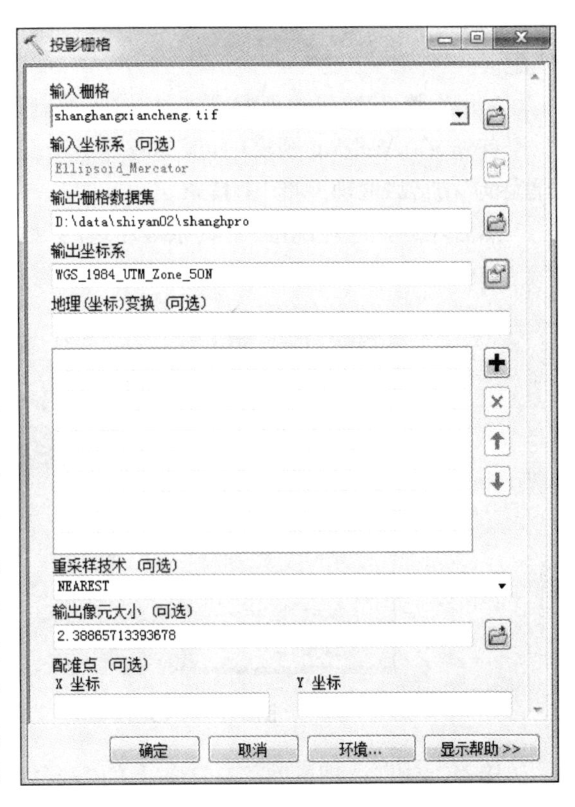

图 2 - 39　“投影栅格”工具对话框

在对话框中,首先设置“输入栅格”栏,输入 shanghangxiancheng. tif,该文件的坐标系将直接进入“输入坐标系(可选)”栏中;然后,在“输出栅格数据集”中定义输出的路径(shiyan02 文件夹下)和文件名(shanghpro);在“输出坐标系”栏中设置输出文件的空间参考,点击“输出坐标系”栏后面的图标,弹出“空间参考属性”对话框(图 2 - 40),点击“图层”前面的“田”字形按钮,展开显示 ArcMap 中已经加载的图层坐标投影信息,点击选择“WGS_1984”坐标投影,该坐标投影的信息将显示在该窗口的下面,点击“确定”按钮,选择的坐标投影信息加载到“投影栅格”工具对话框的“输出坐标系”栏中。其他保留默认设置,例如重采样采用默认的最小邻近法,输出像元大小采用默认的 2.388 657 133 936 78 m。最后,点击“确定”按钮,执行“投影栅格”命令,输出投影坐标转换后的数据会自动加载在 ArcMap 视窗中。

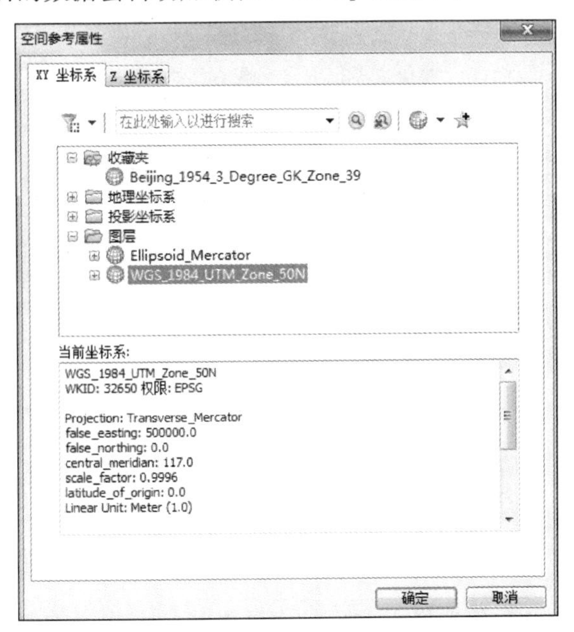

图 2 - 40　“空间参考属性”对话框

虽然转换了高分辨影像图的空间参考，但是影像图与TM数据仍然存在着数据空间错位与不匹配问题。用户还需要使用"地理配准(Georeferencing)"工具进行数据的空间匹配。

➢ 步骤3:加载地理配准工具，输入控制点。

首先，在ArcMap视窗中，鼠标右键点击工具条空白处，弹出快捷菜单，点击选择"地理配准"，加载"地理配准"工具条。

然后，点击"地理配准"工具条最左边的"地理配准"，在下拉菜单中将"自动校正"(图2-41)前面的对号取消，即禁止自动校正功能。

图2-41 "地理配准"工具条与自动校正功能

接着，点击"地理配准"工具条上的"选择地理配准图层"，选择需要配准的影像图shanghpro，并点击工具条上的"查看链接表"按钮，打开链接表(图2-42)，再点击工具条上的"添加控制点"图标按钮，进行控制点的输入，注意控制点的输入应首先在要进行配准的图层上选择，然后再在被参考(即已经配准好的)的图层上选择。

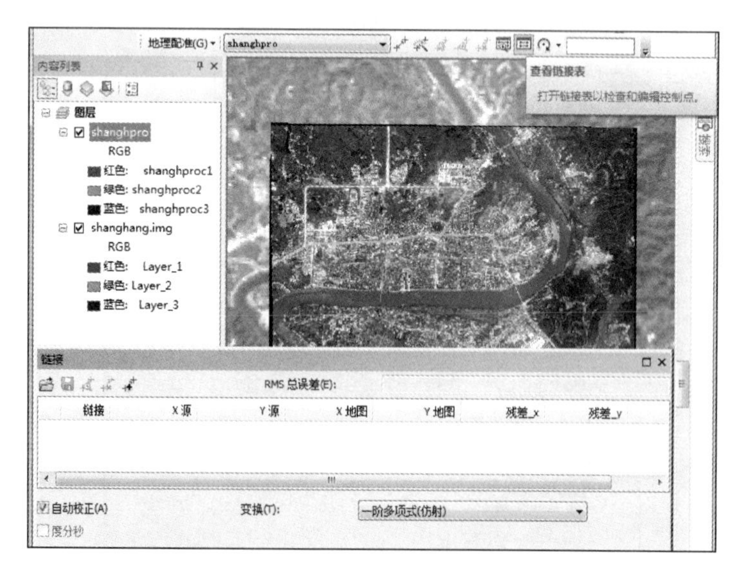

图2-42 "地理配准"工具条上的"查看链接表"按钮与打开的链接表

在配准过程中，用户最好选择一些比较容易查找的点作为控制点，例如公里网格的交点，道路的交叉点，桥与河流的交点等，否则会因为数据的分辨率差异较大（TM 数据分辨率为 30 m，影像图数据分辨率小于 2.5 m），很可能很难找准控制点在两幅图中的准确位置，从而造成较大的误差。在实际配准时，控制点最好能够均匀分布在图像中，以有效控制图像在各个方向的变形情况。

一个样条函数或一阶多项式至少需要 3 个控制点连接，二阶多项式至少需要 6 个控制点连接，三阶多项式至少需要 10 个控制点连接。本例仅为演示，只选取 6 个控制点，采用一阶多项式进行变换（图 2－43）。

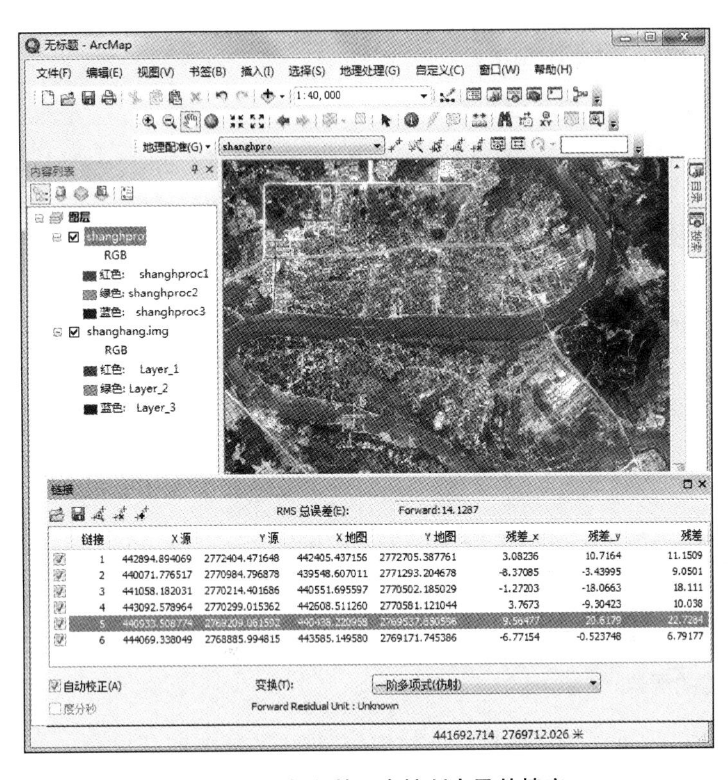

图 2－43　加入的 6 个控制点及其精度

点击选择链接表中的“自动校正”功能，影像图与 TM 图进行了匹配，虽然控制点的残差较大，5 号控制点达到 22.7 m，其结果可以接受，但最好小于半个像元以内（TM 数据分辨率 30 m，最好能够控制在 15 m 以内）。把 5 号控制点删除，重新选择一个控制点，直到满足空间匹配的精度要求后，再进行数据的空间匹配变换操作。用户可以通过单击链接表工具条上的“保存”按钮将输入的控制点信息保存到文件中，以便下次再使用这些控制点时直接点击“加载”按钮从文件中加载这些控制点坐标。

➢　步骤 4：进行影像图的校正与空间匹配。

在地理配准工具条中，点选最左侧的“地理配准”菜单，弹出下拉菜单，点击选择“校正”菜单工具，弹出“另存为”对话框（图 2－44），设置数据的输出位置为 shiyan02 文件夹下，数据名称为 shhjiao，数据格式为 GRID 格式，其他采用默认设置。最后，点击“保存”按钮，执行数据校正与重采样工作，生成新的栅格文件 shhjiao.grid。

“重采样类型”中有三种选项：最邻近（用于离散数据）、双线性（用于连续数据）、双三次卷积（用于连续数据）。最邻近插值方法是将最邻近像元的值直接赋给输出像元，该方法简单,最大的优点是保持像元值不变,但校正后的图像可能具有不连续性,会影响制图效果,当相邻像元的灰度值差异较大时,可能产生比较大的误差。双线性插值法使用双线性方程和2×2窗口计算输出像元值,该方法简单且具有一定的精度,一般能够得到满意的插值效果,缺点是该方法具有低通滤波的效果,会损失图像中的一些边缘或线性信息,导致图像模糊。双三次卷积插值法是用三次方程和4×4窗口计算输出像元值,该方法产生的图像比较平滑,缺点是计算量较大。

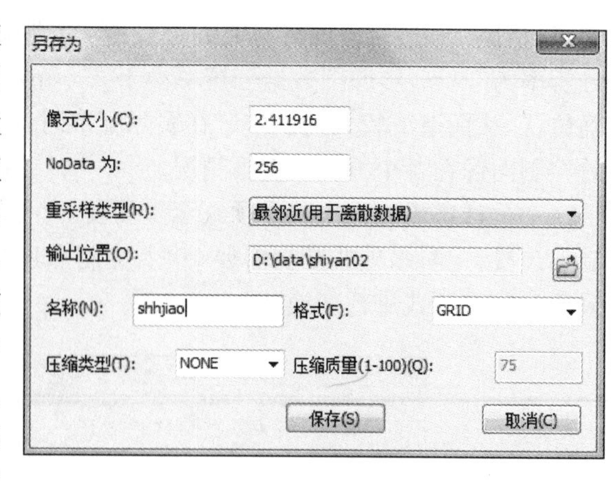

图2-44 数据校正时弹出的"另存为"对话框

用户可以将校正生成的文件加载进ArcMap视图窗口中,可以发现校正后的影像图与TM数据基本上能够很好的吻合,说明数据匹配结果较好,能够满足规划研究的需要。

虽然校正的结果误差控制得较好,但具体在校正时最好能够使用规划研究区的地形图(1∶50 000,1∶10 000,1∶5 000等比例尺,本例分辨率在2.5 m左右,使用1∶10 000能够满足校正需要)进行高分辨影像图和TM数据的精校正工作,本例中地形图数据仅有城区部分且地形图多为保密数据,案例中将不再单独加以演示和说明,但校正过程基本一致。

另外,影像图的校正也可以使用ERDAS IMAGINE进行(Data Preparation—Image Geometric Correction),其基本思路和过程与GIS中的非常相似,在此不再展开说明,可参见其他ERDAS的教程。

2.3.2 CAD图的配准

用户在进行中小尺度的城市与区域规划时,收集的地形图数据多为CAD格式,而通常CAD数据格式的地形图多为笛卡儿坐标系,没有带投影信息,与GIS数据的空间参照并不匹配。因此,需要进行CAD数据与规划研究区其他数据的空间匹配。本实验以上杭县城CAD格式的地形图(shanghangcity. dwg,此数据未加入附赠光盘中,用户可以使用自己获取的地形图数据进行练习)为例,演示说明CAD格式地形图与已有GIS数据(校正后的影像图shhjiao. grid)的空间匹配。

➢ 步骤1:在ArcMap中加载CAD地形图数据。

在ArcMap中加载CAD地形图数据shanghangcity. dwg,通过数据内容列表可以发现该文件共包含Annotation、Multipatch、Point、Polygon、Polyline等5个要素(图2-45),在加载过程中,会弹出"未知的空间参考"提示框,说明该数据没有空间参考信息。

➢ 步骤2:在ArcMap中设置CAD地形图数据的单位。

加载CAD数据后,ArcMap视图窗口信息条中显示的坐标为未知单位,需要进行设置。在ArcMap主菜单中,点击"视图"—"数据框属性",弹出"数据框 属性"对话框(图2-46),选择"常规"选项卡,将"单位"栏中的"地图"后面的"未知单位"更改为CAD中的单位,即"米";接着将"显示"后面的单位也改为"米"。然后,点击"确定"按钮。这时Arc-

Map 状态条中显示了数据的单位“米”。

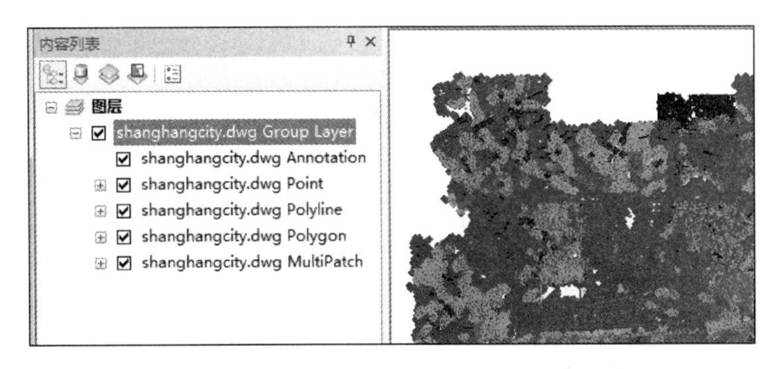

图 2-45　在 ArcMap 中加载 CAD 数据后的数据与图层显示

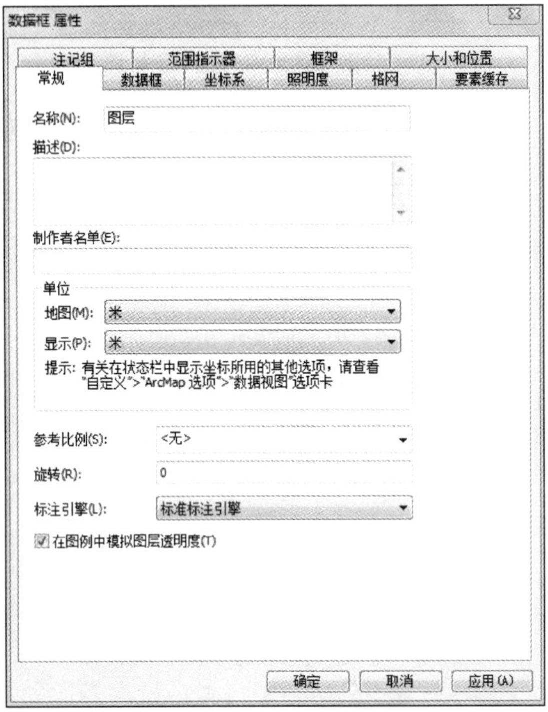

数据框 属性
注记组　范围指示器　框架　大小和位置
常规　数据框　坐标系　照明度　格网　要素缓存
名称(N):　图层
描述(D):
制作者名单(E):
单位
地图(M):　米
显示(P):　米
提示：有关在状态栏中显示坐标所用的其他选项，请查看“自定义”>“ArcMap 选项”>“数据视图”选项卡
参考比例(S):　<无>
旋转(R):　0
标注引擎(L):　标准标注引擎
在图例中模拟图层透明度(T)
确定　取消　应用(A)

图 2-46　“数据框 属性”对话框

➢　步骤 3：在 ArcMap 中加载配准后的高分辨率影像图。

在 ArcMap 中加载配准后的高分辨率影像图 shhjiao. grid，该数据与规划研究区 GIS 数据采用的坐标投影系统一致。点击工具条上的“全图”按钮来显示整个研究区域，用户会发现，两个数据图层根本不在一起，坐标相差甚远。

➢　步骤 4：坐标控制点数据文件(shanghangcity. wld)构建。

首先，在 ArcMap 中，定义两个转换的参照点。通常，这两个点需要相距较远，一般分布在数据范围的对角上，比如一个在 CAD 文件的西北角，另一个就需要在东南角。

其次，在内容列表中，鼠标右键点击 shanghangcity. dwg Group Layer 文件弹出快捷菜单，选择并点击“缩放至图层”，视图窗口中全图显示 shanghangcity. dwg 文件。接着，从西北角选择运动场的一个角作为第一个转换点。用放大工具将这个点的区域放大到不能再放大为止,通常这时的比例尺显示为1∶0.01,甚至更大,例如1∶0.00。此时,点击窗口菜单栏中的空白处,在弹出的快捷菜单中,选择“绘图”工具,将绘图工具条加载进窗口中,点击绘图工具条上的“绘制矩形”工具后方的小三角按钮,弹出下拉菜单,点击绘制点工具(图2-47),在选择的运动场的一角处点击,创建一个点。双击这个点,弹出“属性”对话框(图2-48),点击“位置”选项,可以看到该点在CAD文件中的X、Y坐标值。

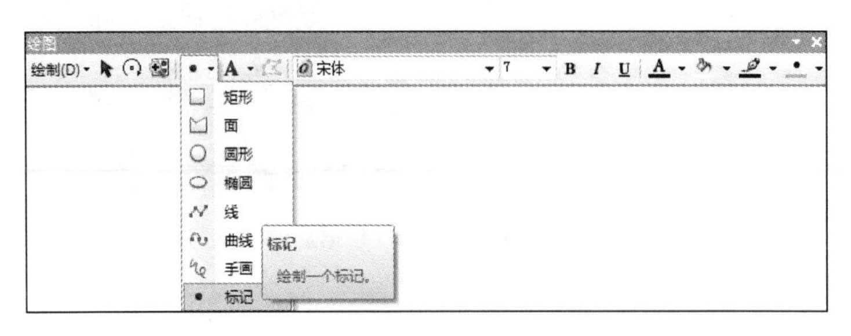

图2-47　绘图工具条中的绘制点标记工具

图2-48　绘制的点的“属性”对话框

然后,建立一个记事本文件,在ArcMap中将该点在CAD文件中的X、Y坐标值复制粘贴到记事本中。注意只复制数值,不复制数值后面的空格和单位,例如39440114.274292 2773078.658081米,则只复制39440114.274292 2773078.658081即可;在X坐标后加一个英文字符逗号,并在Y坐标的最后面加入一个空格。最后,记事本中的第一行为:

39440114.2745,2773078.6583

在ArcMap中,使用“缩放至图层”功能,显示CAD文件,按照以上步骤,建立第二个控制点,复制其坐标值到记事本文件中。第二个控制点选择了东南方向一所学校操场跑道的一角。记事本中的前二行为:

39440114.2745,2773078.6583

39442823.2499,2772180.9581

同样方式和步骤,使用“缩放至图层”功能,显示高分辨影像数据文件,用放大工具在影像图中分别找到与 CAD 中匹配的两个控制点的位置信息，并在原来的两个点的坐标后面列出，创建的记事本文件的内容如下：

39440114.2745,2773078.6583 440176.8567,2771920.2103

39442823.2499,2772180.9581 442911.6833,2771004.4183

最后，将记事本文件另存到与 CAD 文件相同的文件夹(shiyan02)下，在“另存为”窗口中将默认的保存类型.txt 改为“所有文件 *.*”，编码方式仍为 ANSI 不变(图 2-49)，名称为原来 txt 文件的名称后面加一个.wld 的扩展名/后缀。本例保存为 shanghangcity.wld。

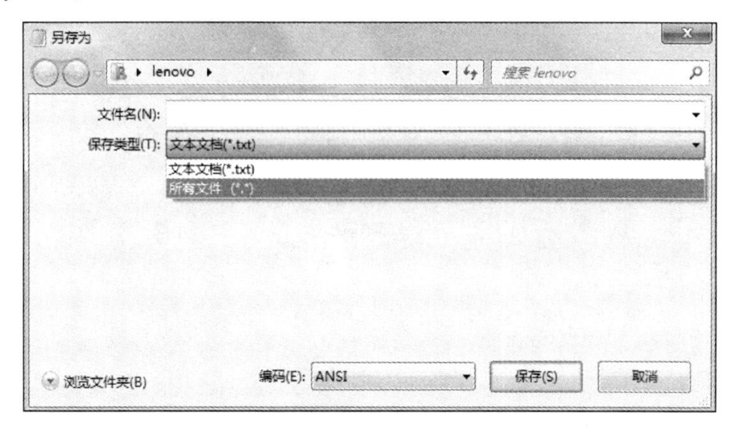

图 2-49　坐标数据另存为后缀为.wld 的文件

➢ 步骤 5:地形图数据与高分辨率影像图的匹配。

通过构建的 shanghangcity.wld 文件进行数据的空间匹配。在内容列表中鼠标右击需要转换的数据图层文件(shanghangcity.dwg Polyline)，在弹出的快捷菜单中点击选择“属性”，弹出“图层属性”对话框(图 2-50)，点选“变换”选项卡，选中“启用变换”选项，在“坐标文件名称”中通过文件夹浏览找到 shanghangcity.wld 文件，“变换方式”选择“坐标文件”。最后，点击“确定”按钮，执行坐标变换。这时，用户可以看到 CAD 文件数据集将与参考数据(高分辨率影像图)叠置在一起进行显示(图 2-51)，且从叠置的结果来看，数据匹配的精度较好，达到数据精度的要求。

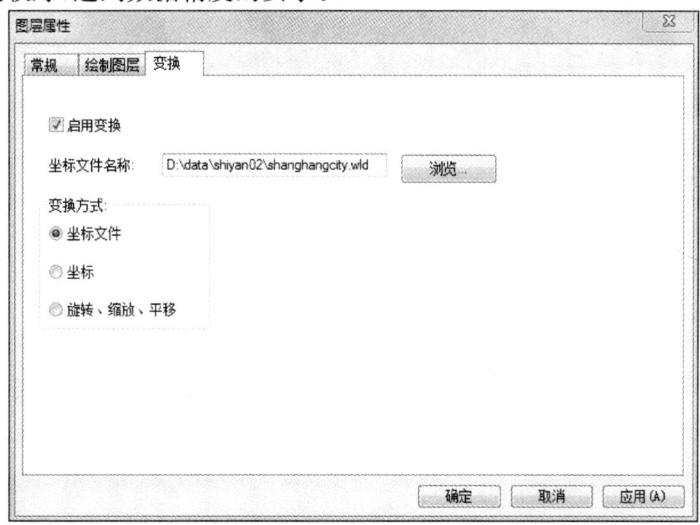

图 2-50　“图层属性”对话框中的“变换”选项卡

该匹配只是将CAD数据图层通过两点坐标对应转换的方式匹配到参考数据上，CAD数据的原始坐标投影系统并未修改，用户需要将经过坐标变化的CAD文件格式转换为GIS的数据文件，以便后面在进行空间分析时使用。

另外，还可以使用ArcMap中的“地理配准”工具进行CAD及其他JPG等格式数据的空间匹配。这里不再阐述，在后面部分我们将介绍JPG图片配准的过程，与CAD格式的数据匹配过程基本一致。

图2-51　CAD地形图文件经坐标变换后与高分辨影像图叠置结果

➢　步骤6:坐标变换后的地形图数据格式的转换。

ArcGIS软件支持对CAD格式数据的读取，但是用户通常需要对数据进行编辑、加工、分析等，就必须将它转换成GIS的数据格式(shapefile、coverage、geodatabase)。由于CAD格式只是对数据进行逻辑分层，在物理存储上与几种数据的要素类结构不同，所以要在转换时将CAD的各层元素独立地识别和存储。

在步骤5数据坐标变换结果的基础上，鼠标右键点击ArcMap内容列表栏中的shanghangcity. dwg. polyline要素类，弹出图层快捷菜单，点击“数据”—“导出数据”，弹出“导出数据”对话框(图2-52)。选择导出“所有要素”，选择与此图层源数据相同的坐标系，并定义输出的位置(shiyan02文件夹下)、文件名称(chengquline)和文件类型(shapefile)。最后，点击“确定”按钮，执行导出数据命令。

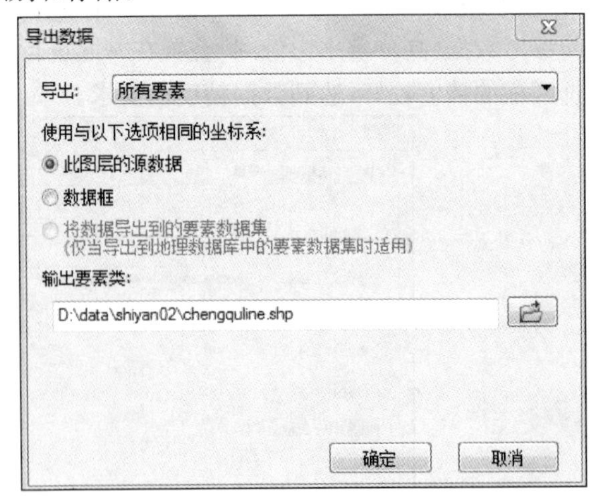

图2-52　“导出数据”对话框

当然，用户也可以使有ArcToolbox中的“转换工具”箱，找到“转出至地理数据库”—“CAD至地理数据库”(图2-53)，将CAD文件中的Annotation、Polyline、Polygon、Point 和 Multipach 等 5 类要素批处理转换导入到一个地理数据库中。

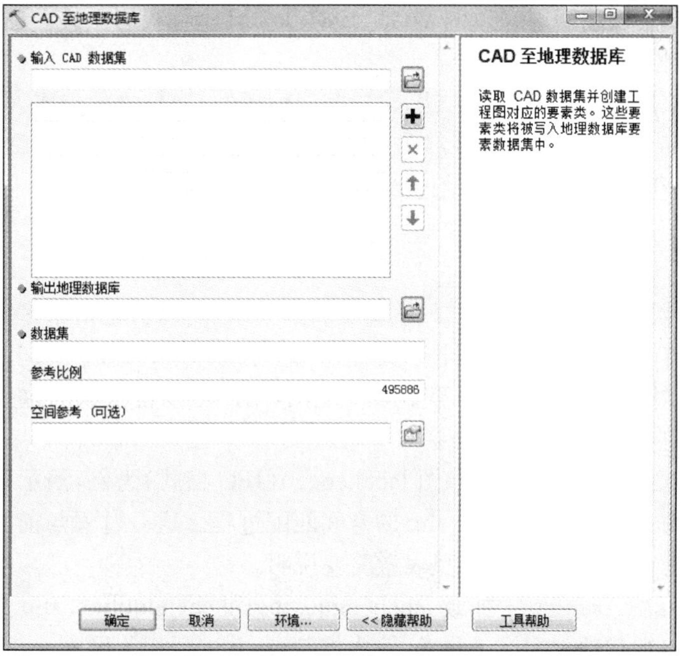

图 2－53　"CAD 至地理数据库"对话框

➢　步骤 7：定义转换后的 GIS 数据投影坐标系统。

在 ArcMap 内容列表栏中鼠标右击 chengquline. shp 文件，查看图层属性中的"源"选项卡，可以发现该数据文件的坐标系为"未定义"。用户需要赋给该文件以坐标投影系统，以便使其与 TM 数据保持空间匹配。

首先，点击 ArcTookbox 图标，打开 ArcTookbox 工具箱，点击选择"数据管理工具"—"投影和变换"—"定义投影"工具，打开"定义投影"对话框(图 2－54)。

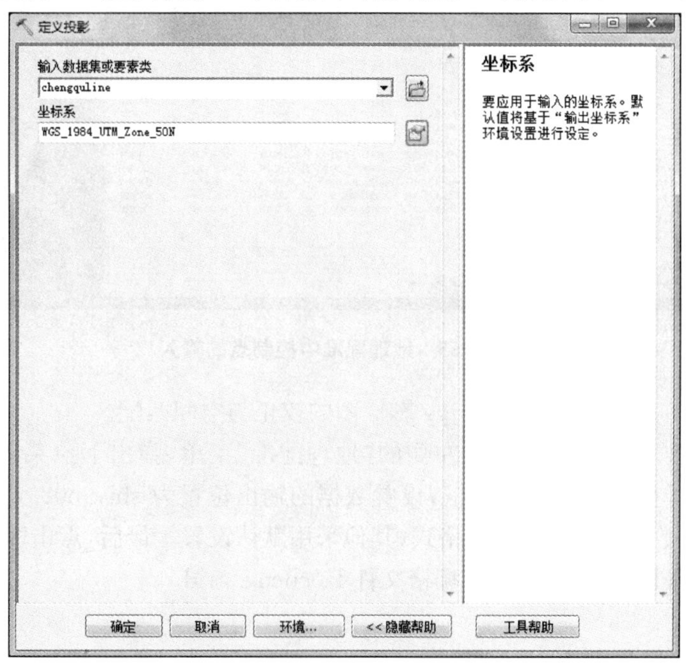

图 2－54　"定义投影"对话框

然后,在对话框中的“输入数据集或要素类”中选择 chengquline. shp 文件,“坐标系”选择与高分辨率影像图图层一致的 WGS_1984_UTM 坐标投影系统。然后,点击“确定”按钮,进行坐标投影系统定义。

用户可以采用相同的步骤和方法,将空间匹配后的 CAD 中的点要素 Point 数据文件导出为 chengqupoint. shp 文件,并定义文件投影,我们将在后面的“DEM 数据获取与预处理”部分讲解利用由 CAD 获取的地形数据来制作 DEM 的过程。

2.3.3 扫描图件的配准

城市与区域规划现状调研获取的数据资料多为纸质资料,包括很多大幅面的专题地图(多为纸质,有时是 JPG 格式的电子文档)。这时候,如果需要获取土地利用图、水系图、土壤图、地质图、自然保护区等等 GIS 专题图,用户可以将获取的这些纸质地图进行扫描,然后进行空间匹配。

本例以上杭县城老城区的影像图 laochengqu(JPG 格式)为例,演示说明扫描后的电子文件与地形图文件 chengquline. shp 的空间匹配过程。这一过程与前面带坐标系统的影像图的配准有很多相同之处,这里仅做简要说明。

➢ 步骤 1:在 ArcMap 中加载 laochengqu. jpg 和 chengquline. shp 文件。

➢ 步骤 2:加载地理配准工具条,输入控制点,并进行相关设置。

为了获取较高的数据匹配精度与质量,在影像图中选择 9 个道路交叉点等易于识别的控制点,选择一阶或二阶多项式变换方法(图 2-55,控制点应大致均匀分布,如果可能可以多选择一些控制点,误差最好控制在 2 m 以内)。

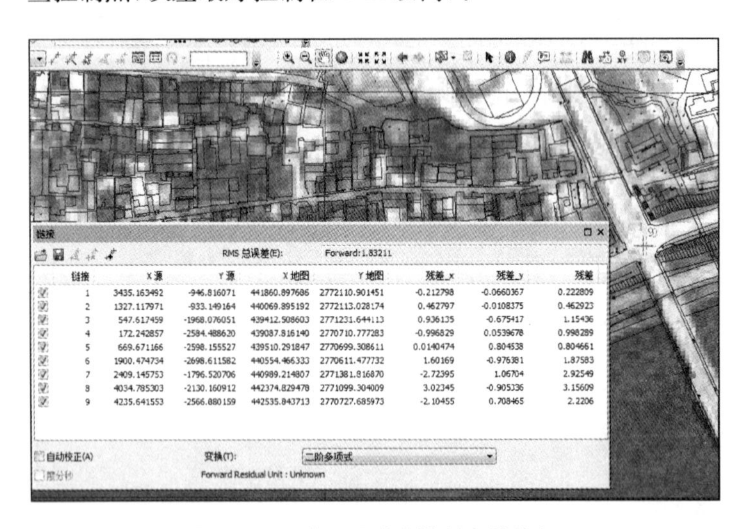

图 2-55　地理配准中控制点的输入

➢ 步骤 3:进行 laochengqu. jpg 影像图的校正与空间匹配。

在地理配准工具条中,点选最左侧的“地理配准”菜单,弹出下拉菜单,点击选择“校正”菜单工具,弹出“另存为”对话框,设置数据的输出位置为 shiyan02 文件夹下,数据名称为 laocheng,数据格式为 GRID 格式,其他采用默认设置。最后,点击“保存”按钮,执行数据校正与重采样工作,生成新的栅格文件 laocheng. grid。

➢ 步骤4:定义校正后的 laocheng. grid 数据的投影坐标系统。

首先,点击 ArcTookbox 图标,打开 ArcTookbox 工具箱,点击选择"数据管理工具"—"投影和变换"—"定义投影"工具,打开"定义投影"对话框。

然后,在对话框中的"输入数据集或要素类"选择 laocheng. grid 文件,"坐标系"通过选择与 chengquline. shp 图层一致的 WGS_1984_UTM 坐标投影系统。然后,点击"确定"按钮,进行坐标投影系统定义。

2.4 DEM 数据获取与预处理

2.4.1 DEM 数据获取

DEM(Digital Elevation Model,数字高程模型)是地球表面在特定投影平面上按照一定的水平间隔选择地面点的三维坐标集合,是零阶单纯的单项数字地貌模型,其他如坡度、坡向及坡度变化率等地貌特性可在 DEM 的基础上派生。

DEM 有规则网络结构和不规则三角网(Triangular Irregular Network,TIN)两种算法。目前常用的算法是 TIN,然后在 TIN 基础上通过线性和双线性内插可以构建 DEM。用规则方格网高程数据记录地表起伏的主要优点是(X,Y)位置信息可隐含,无需全部作为原始数据存储,且数据处理比较容易,但缺点是数据采集较麻烦,且因网格点不是特征点,一些微地形可能没有记录。TIN 结构数据的主要优点是能以不同层次的分辨率来描述地表形态,与格网数据模型相比,TIN 模型在某一特定分辨率下能用更少的空间和时间更精确地表示更加复杂的表面,特别当地形包含有大量特征如断裂线、构造线时,TIN 模型能更好地顾及这些特征,但其缺点也比较明显,就是数据结构复杂,不便于规范化管理,难以与矢量和栅格数据进行联合分析。

✍ 说明 2-3:建立 DEM 的主要方法简介

建立 DEM 的方法有多种。从数据源及采集方式角度来看主要有:

(1) 直接从地面测量,例如用 GPS、全站仪、野外测量等。

(2) 根据航空或航天影像,获取同一地区的立体像对,通过影像匹配,自动相关运算识别同名像点得其像点坐标,再经过摄影测量解算得到地面物体的空间三维坐标,从而获得 DEM 数据。

(3) 从现有地形图上采集,即将现有地形图扫描矢量化等高线,经过扫描、自动矢量化、内插 DEM 等一系列处理,以得到 DEM 数据。DEM 内插方法很多,主要有整体内插、分块内插和逐点内插三种。

DEM 应用可转换为等高线图、坡度图、坡向图、透视图、断面图以及其他专题图等表现地形特征的数字产品,也可以按照用户的需求计算出体积、空间距离、表面覆盖面积等工程数据和统计数据。

尽管 DEM 是为了模拟地面起伏而开始发展起来的,但也可以用于模拟其他二维表面的连续高度变化,如气温、降水量等。对于一些不具有三维空间连续分布特征的地理现象,如 GDP、投资强度、人口密度等,从宏观上讲,也可以用 DEM 来进行表示、分析和计算,这为城市与区域规划中的社会经济空间的分析提供了良好的分析平台和表现形式,我们会在后面的规划研究区经济地理空间格局分析的实验中演示与体会这一具体应用。

对于城市与区域规划而言,通常会采用获取免费 DEM 数据和获取研究区地形图并加以内插获取 DEM 两种方式。受规划研究区尺度差异的影响,用户通常获取的大比例尺地形图(例如 1∶5 000、1∶2 000 等)多为 CAD 格式,而小比例尺地形图(例如 1∶50 000、1∶250 000 等)则多为 ArcGIS 的 Shapefile 格式。

1) 免费 DEM 数据获取

➢ 步骤 1:登陆“地理空间数据云”服务平台网站。

与前面 TM/ETM 免费数据的获取方式基本一致,首先登陆中国科学院计算机网络信息中心“地理空间数据云”网站(图 2-1,图 2-2),网址:http://www.gscloud.cn/,该网站提供 SRTM、GDEM 两种 DEM 数据的检索查询和下载(图 2-56)。

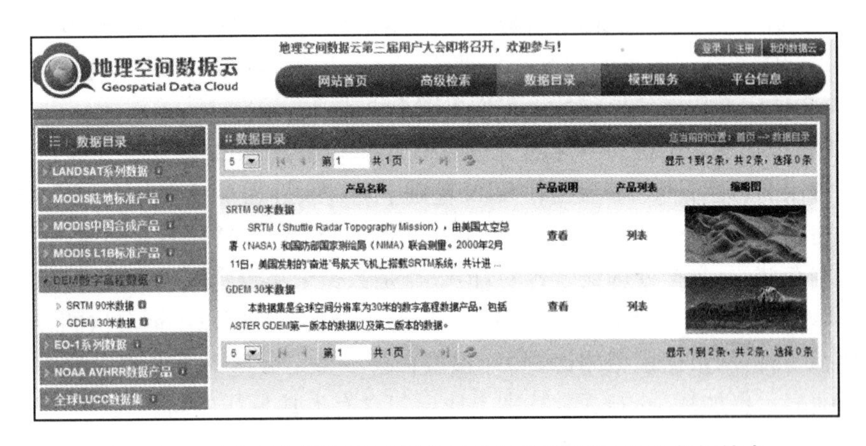

图 2-56　“地理空间数据云”平台网站提供的两种 DEM 数据检索

✍ 说明 2-4:全球两种免费 DEM 数据简介

(1) GDEM:利用 ASTER GDEM 第一版本(V1)数据加工得到的全球空间分辨率为 30 m 的数字高程数据产品。由于云覆盖,边界堆叠产生的直线、坑、隆起、大坝或其他异常等的影响,ASTER GDEM 第一版本原始数据局部地区存在异常,所以由 ASTER GDEM V1 加工的数字高程数据产品存在个别区域的数据异常现象,用户在使用过程中需要注意。该全球 30 m 的数字高程数据产品可以和全球 90 m 分辨率数字高程数据产品 SRTM 互相补充使用。数据时期:2009 年;数据格式:IMG;投影:UTM/WGS84。

(2) SRTM(Shuttle Radar Topography Mission):由美国太空总署(NASA)和国防部国家测绘局(NIMA)联合测量。2000 年 2 月 11 日,美国发射的“奋进”号航天飞机上搭载了 SRTM 系统,获取了北纬 60°至南纬 60°之间的雷达影像数据,覆盖地球 80%以上的陆地表面,制成了 SRTM 数字地形高程数据产品。此数据产品 2003 年开始公开发布,经历多次修订,数据按精度可以分为 SRTM1 和 SRTM3,分别对应的分辨率精度为 30 m 和 90 m(目前公开数据为 90 m 分辨率)。

➢ 步骤 2:进行数据检索与下载。

检索过程与 TM/ETM 数据检索类似。只需点击网站菜单条上的“高级检索”,选择上杭县范围后，在数据集中勾选“DEM 数字高程数据”，并可从中选择“GDEM DEM”、“SRTM DEM”等多类数据进行检索(图 2－57)。无论是哪一个数据集，都只有两景数据符合检索条件。本实验中，选择检索到的“GDEM DEM”两景数据进行下载(路径为 shiyan02 文件夹下)。

下载后，解压缩 DEM 数据文件，数据文件的格式为 IMG 文件格式。

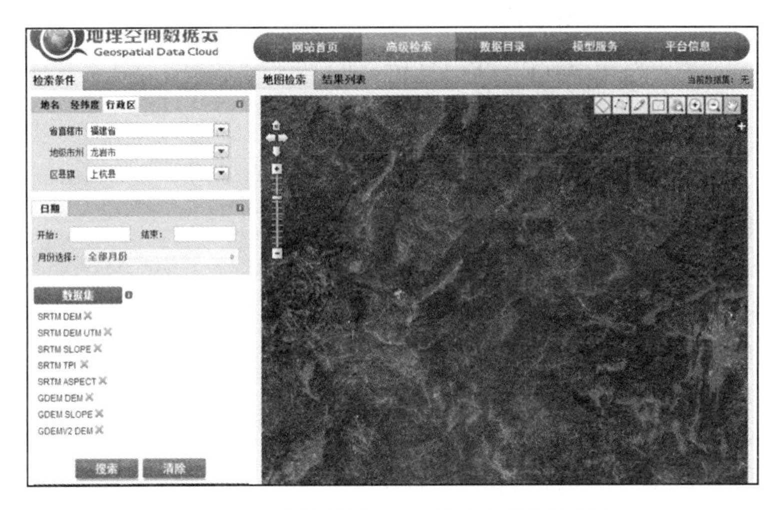

图 2－57　上杭县域 DEM 检索条件与数据集

2) 用 CAD 格式地形图数据制作 DEM

本实验仅以上杭县城 CAD 地形图(shanghangcity. dwg)为例来说明当用户现状调研获取 CAD 格式的地形图时，如何进行高分辨率 DEM 的制作。另外，通常 CAD 数据格式与 GIS 数据的空间参照并不匹配，因此，需要首先进行 CAD 数据与规划研究区 GIS 数据的匹配，并进行数据格式的转换等(参见 2.3 节中的相关介绍)。本例直接使用已经配准、格式转换和定义投影后的 chengquline. shp 和 chengqupoint. shp 数据文件。

➢　步骤 1：打开 ArcMap，加载 CAD 地形图数据文件，提取等高线和高程点文件。

由于 CAD 数据存储时可能有错分层、数据输入等错误，用户首先需要对 chengquline. shp 和 chengqupoint. shp 数据的准确性进行检查。通过打开图层的属性表并按照“Elevation”字段进行排序，可以发现该字段中有很多 0 值和奇异值，通过该字段大致可以判断规划研究区域内的海拔在[173～422 m]，且图层 DGX 为等高线图层。

图 2－58　“按属性选择”对话框

在 ArcMap 窗口中，点击菜单栏上的“选择”—“按属性选择”，弹出“按属性选择”对话框(图 2－58)。图层栏为“chengquline”，方法为“创建新选择内容”，在其下方的字段显示窗口中，双击选择“Elevation”字段，该字段将放置在下方的窗口栏中，再选择输入“"Elevation">173 AND"Elevation"<422 AND"Layer"='DGX'”。然后，点击“验证”按钮，已成功验证表达式，说明表达式正确，最后点击“确定”按钮，执行按属性选择工具。这时所选要素(规划研究区的等高线)在视图窗口中高亮显示。

然后，鼠标右键点击内容列表中的 chengquline 数据图层，弹出图层快捷菜单，点击选择“数据”—“导出数据”，弹出“导出数据”对话框(图 2-59)，将所选要素导出为 denggaoxian. shp 文件(文件存放在 shiyan02 文件夹下)。

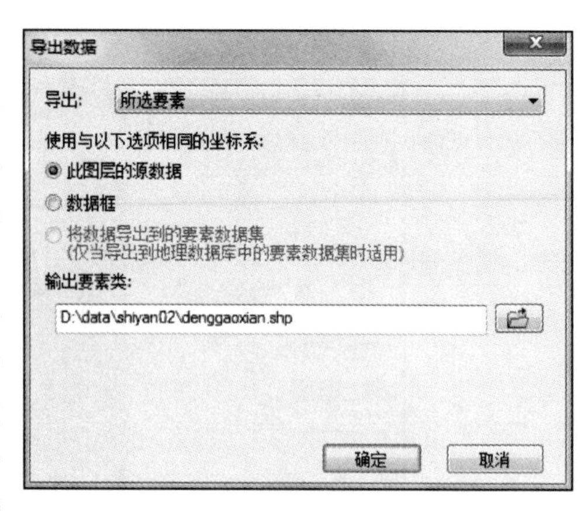

图 2-59　“导出数据”对话框

另外，使用同样的方法和步骤，将 chengqupoint. shp 数据文件中的高程点数据选取并导出，得到 gaochengdian. shp 数据文件。按属性选择时，输入的检索条件为“"Elevation">184 AND"Elevation"<487 AND "Layer"='GCD'”。

➢　步骤 2：由等高线、高程点数据文件生成 TIN。

首先，在 ArcMap 中查看“3D Analyst”扩展模块是否激活。如果没有激活，点击菜单栏中的“自定义”—“扩展模块”，弹出“扩展模块”对话框，选中“3D Analyst”模块；在工具栏空白区域鼠标右键点击打开快捷菜单，点击选择“3D Analyst”工具，将 3D Analyst 工具条加载到窗口中。

然后，点击打开 ArcToolbox 工具箱，点击“3D Analyst 工具”—“数据管理”—“TIN”—“创建 TIN”，弹出“创建 TIN”对话框(图 2-60)。在“输出 TIN”栏中设置输出 TIN 文件的名称(chengqutin)和路径(shiyan02 文件夹下)，“坐标系”通过图层中查找到与 gaochengdian. shp 或 denggaoxian. shp 文件一致的空间参考即可，“输入要素类”中将 gaochengdian. shp 或 denggaoxian. shp 文件分别加入，并将“高度字段”设置为“Elevation”。设定三角网特征输入方式(SF type)，有三种可供选择：mass point，hard line，soft line。mass point(采样点)：不规则分布的采样点，由 X、Y、Z 值表示，它是建立三角网的基本单位，在定义三角网面时，每一个 mass point 都非常重要。每一个 mass point 的

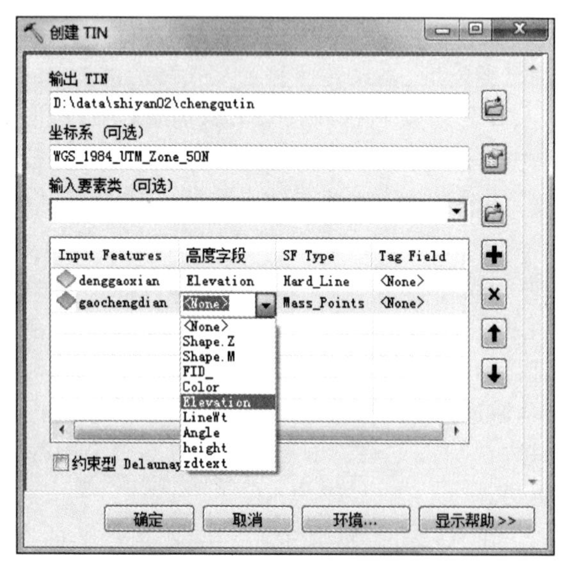

图 2-60　“创建 TIN”对话框

位置都是仔细选择以获得表面形态的重要参数。hard line(硬断线)：表示表面上突然变化的特征线，如山脊线、悬崖及河道等。在创建 TIN 时，硬断线限制了插值计算，它使得计算只能在线的两侧各自进行，而落在隔断线上的点同时参与线两侧的计算，从而改变 TIN 表面的形状。soft line(软断线)：添加在 TIN 表面上用以表示线性要素但并不改变表面形状的线，它不参与创建 TIN。本例选择 hard line，其他参数使用默认值。

最后，点击“确定”按钮，执行创建 TIN 命令，生成 chengqutin 文件(图 2 - 61)。

另外，还可以打开 TIN 文件的“图层属性”对话框，选择“符号系统”选项(图 2 - 62)，并将“边类型”和“高程”前面复选框中的对号去掉；然后，点击“添加”按钮，弹出“添加渲染器”对话框(图 2 - 62)，可以编辑增加 TIN 的渲染方式，来显示坡度、坡向、三角网等，这里分别选择“具有相同符号的边”和“具有相同符号的结点”，点击“添加”按钮，该渲染要素加入“显示”栏中；最后，在“图层属性”对话框中点击“确定”按钮，TIN 文件的渲染方式已经改变。在 ArcMap 的内容列表中，将 TIN 图层局部放大，可以帮助用户理解 TIN 的存储模式及显示方式(图 2 - 63)。

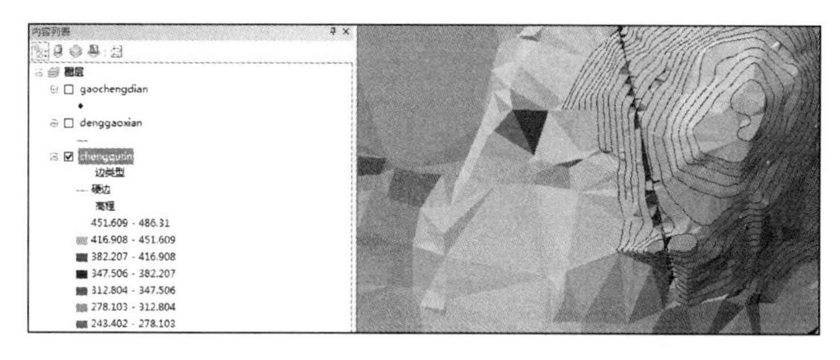

图 2 - 61　创建的 TIN 文件

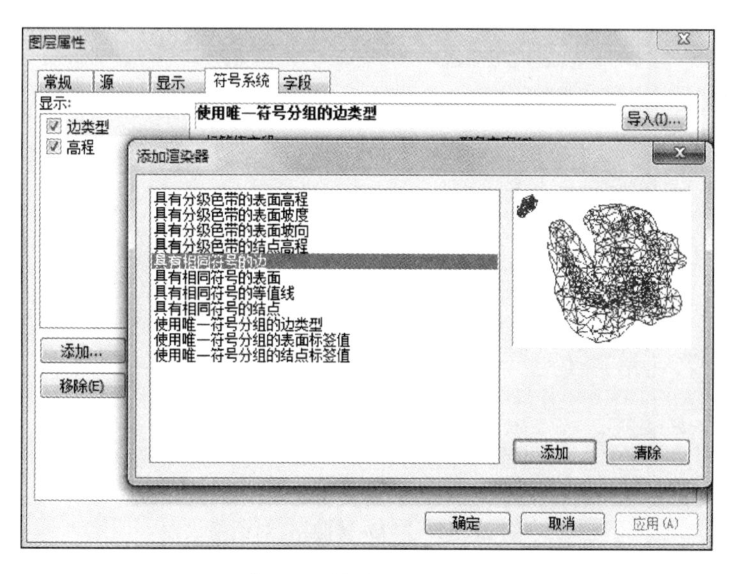

图 2 - 62　“图层属性”与“添加渲染器”对话框

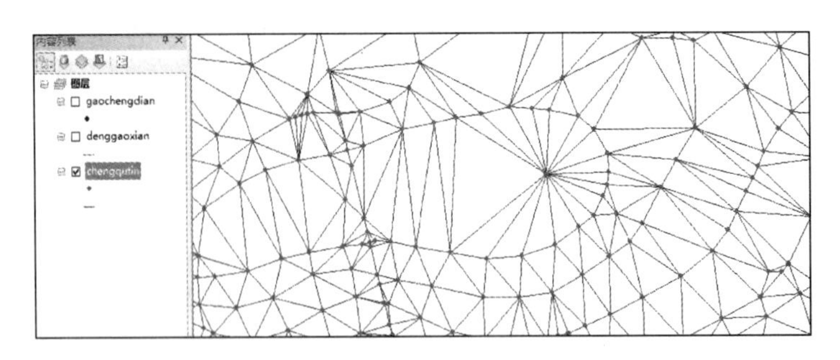

图 2-63 调整渲染方式后 TIN 的显示方式

➢ 步骤 3:由 TIN 生成 DEM 数据。

首先,点击打开 ArcToolbox 工具箱,点击“3D Analyst 工具”—“转换”—“由 TIN 转出”—“TIN 转栅格”,弹出“TIN 转栅格”对话框(图 2-64)。选择“输入 TIN”文件为 chengqutin;确定“输出栅格”的路径(shiyan02 文件夹下)和名称(dem2m);“输出数据类型(可选)”有浮点型和整型两种,默认为“FLOAT 浮点型”;“方法(可选)”有两种,LINEAR 是通过使用 TIN 三角形的线性插值法计算像元值,NATURAL-NEIGHBORS 是通过使用 TIN 三角形的自然邻域插值法计算像元值,LINEAR 是默认情况;“采样距离(可选)”有两种方法,OBSERVATIONS 250 是输出栅格的最长尺寸上的像元数,将对像元大小产生影响,像元数越多,像元越小,CELLSIZE 是直接定义输出栅格的大小,本例中设置为 2 m,其他设置采用默认设置。

图 2-64 “TIN 转栅格”对话框

最后,点击“TIN 转栅格”对话框中的“确定”按钮,执行 TIN 转栅格命令,生成 dem2m 文件(GRID 格式)。

TIN 数据转换为 GRID 数据后,数据文件明显变小,这使得进行地形相关分析更为便捷。

2.4.2　DEM 数据预处理

DEM 数据的预处理主要包括数据的拼接、裁剪以及极值与奇异值的处理等。此处分别以从“地理空间数据云”网站下载的 DEM 数据和由 CAD 地形图生成的 DEM 数据为例，演示说明 DEM 数据的拼接、裁剪和极值处理。

➢　步骤 1：多景 DEM 数据的拼接。

首先，在 ArcMap 中加载从“地理空间数据云”网站上下载的两景 DEM (ASTGTM_N25E116U_DEM_UTM.img 和 ASTGTM_N24E116C_DEM_UTM.img)数据文件。

然后，点击打开 ArcToolbox 工具箱，点击“数据管理工具”—“栅格”—“栅格数据集”—“镶嵌至新栅格”，打开“镶嵌至新栅格”对话框(图 2-65)。

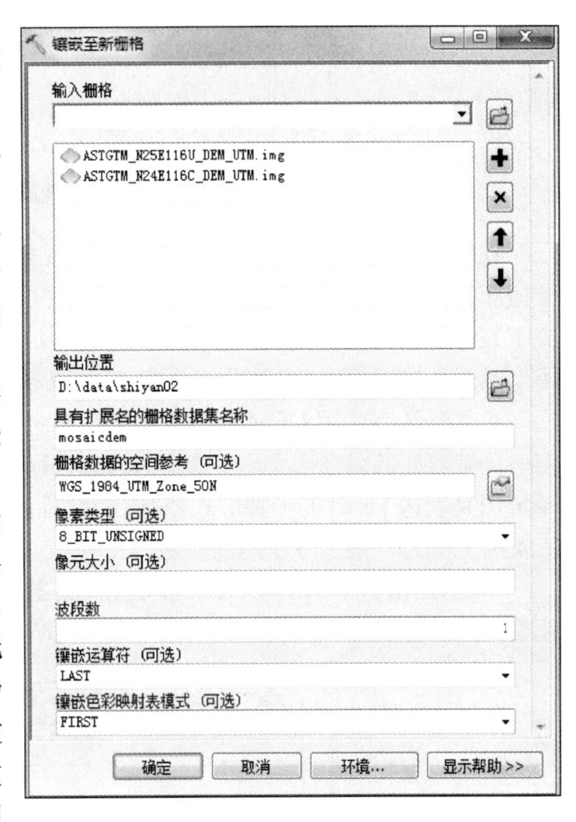

图 2-65　“镶嵌至新栅格”对话框。

在“输入栅格”中将两景 DEM 数据文件加入；定义“输出位置”为 shiyan02 文件夹；“具有扩展名的栅格数据集名称”设置为 mosaicdem；在“栅格数据的空间参考(可选)”中可以定义输出栅格文件的空间参考，如果不选则默认与已输入栅格文件一致；“像素类型”与“像元大小”均选用默认设置；“波段数”设置为 1，用户下载的 DEM 数据仅有 1 个波段；“镶嵌运算符(可选)”是确定镶嵌重叠部分的方法，默认状态为 LAST，即重叠部分取值为输入栅格窗口列表中的最后一个数据文件的栅格值；“镶嵌色彩映射表模式(可选)”是确定输出数据的色彩模式，默认状态下各输入数据的色彩将保持不变。

最后，在“镶嵌至新栅格”对话框中，点击“确定”按钮，执行镶嵌至新栅格命令，完成数据的拼接。

➢　步骤 2：DEM 数据的裁剪。

用规划研究区边界(乡镇边界.shp)将已经拼接好的 DEM 数据(mosaicdem)进行裁剪。ArcToolbox 中的 Spatial Analyst 工具箱中提供了多种对栅格数据的提取方法，提取分析工具集中包括值提取至点、多值提取至点、按圆提取、按多边形提取、按掩模提取、按点提取、按矩形提取等，其中按掩模提取功能可以通过不规则边界例如规划研究区边界来截取需要的栅格数据。

首先，点击打开 ArcToolbox 工具箱，点击“Spatial Analyst 工具”—“提取分析”—

“按掩膜提取”工具,打开“按掩膜提取”对话框(图 2－66)。

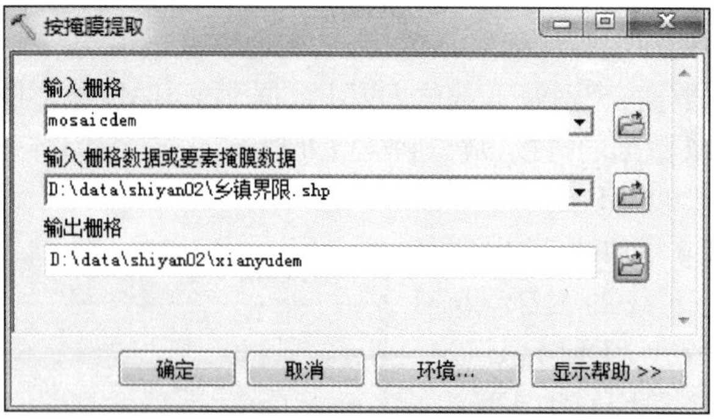

图 2－66　“按掩膜提取”对话框

在“输入栅格”中选择需要裁剪的栅格数据 mosaicdem 文件;在“输入栅格数据或要素掩膜数据”中选择矢量数据乡镇界限.shp 文件;定义“输出栅格”的路径(shiyan02 文件夹下)和文件名称(xianyudem)。

然后,点击“确定”按钮,执行按掩膜提取命令,得到 xianyudem 栅格数据文件。

➢ 步骤 3:使用 DEM 数据进行 Hillshade 与晕渲图制作。

用裁剪好的研究区 DEM 数据(xianyudem)制作 Hillshade 文件,进而制作晕渲图。晕渲图是表达 DEM 的一种形式,它通过设置光源的高度角和方位角更形象或者更符合人类视觉的方式展示一个地区的地形。

首先,点击打开 ArcToolbox 工具箱,点击“3D Analyst 工具”—“栅格表面”—“山体阴影”工具,打开“山体阴影”对话框(图 2－67)。

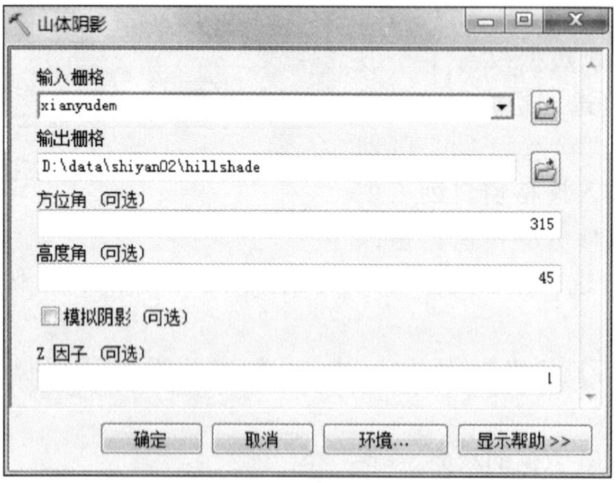

图 2－67　“山体阴影”对话框

设置“输入栅格”为研究区 DEM 文件 xianyudem;定义“输出栅格”的路径(shiyan02 文件夹下)和文件名称(hillshade);确定光源方向,默认值“方位角(可选)”为 315 度(从西北照向东南);确定光源“高度角(可选)”,默认值为 45 度;通过“模拟阴影(可选)”来设置要生成的地貌晕渲类型,选中表示输出晕渲栅格会同时考虑本地光照入射角度和阴影,输出值的范围从 0 到 255,0 表示阴影区域,255 表示最亮区域,取消选中表示输出栅格只会考虑本地光照入射角度而不会考虑阴影的影响，输出值的范围从 0 到 255，0 表示最暗区域，255 表示最亮区域；“Z 因子(可选)”表示一个表面 z 单位中地面 x、y 单位的数量，如果 z 单位与输入表面的 x、y 采用不同的测量单位，则必须将 z 因子设置为适当的因子，否则会得到错误的结果，例如，如果 z 单位是英尺而 x、y 单位是米，则应使用 z 因子 0.304 8 将 z 单位从英尺转换为米(1 英尺＝0.304 8 米)。如果 x、y 单位和 z 单位采用相同的测量单位，则 z 因子为 1，这是默认值。本例中只定义输入输出栅格，其他采用默认值即可。

最后，点击“确定”按钮，执行山体阴影命令，得到研究区的山体阴影文件 hillshade，默认为灰度图(图 2－68)。

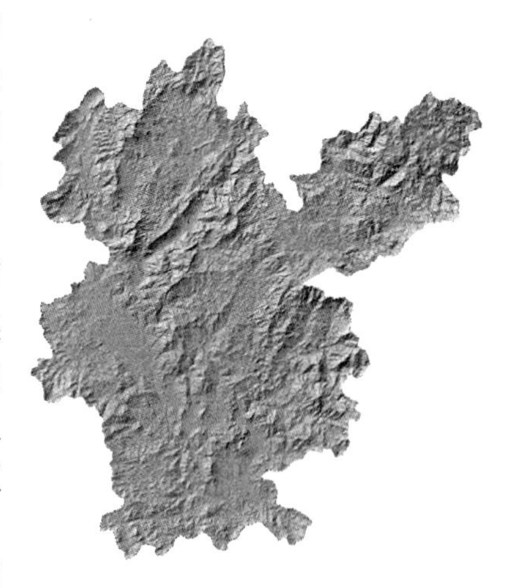

图 2－68　规划研究区山体阴影图

➢　步骤 4：使用 DEM 与 Hillshade 制作研究区工作底图。

城市与区域规划中经常会使用 DEM 和 Hillshade 来直观地表征规划研究区的基础地形地貌等信息，作为工作的基础底图(彩色晕渲图)，比在 CAD 中按照等高线进行分层设色要直观和有效。

首先，在 ArcMap 中加载裁剪好的研究区 DEM 数据(xianyudem)和 Hillshade 文件(hillshade)，并调整图层顺序，使 DEM 数据在上，山体阴影文件在下。

然后，打开 DEM 数据的“图层属性”对话框，选择“显示”选项卡，设置图层透明度为 50%，当然也可设置图层的对比度和亮度；再选择“符号系统”选项卡(图 2－69)，将“色带”颜色进行调整，选择通常海拔的显示色带，即随着海拔的升高颜色由绿变红。如果色带颜色是反置的话，可以在 ArcMap 的内容列表中点击图层下面的色带，在弹出的“选择色带”对话框中，点击选择“反向”，使色彩反置即可。

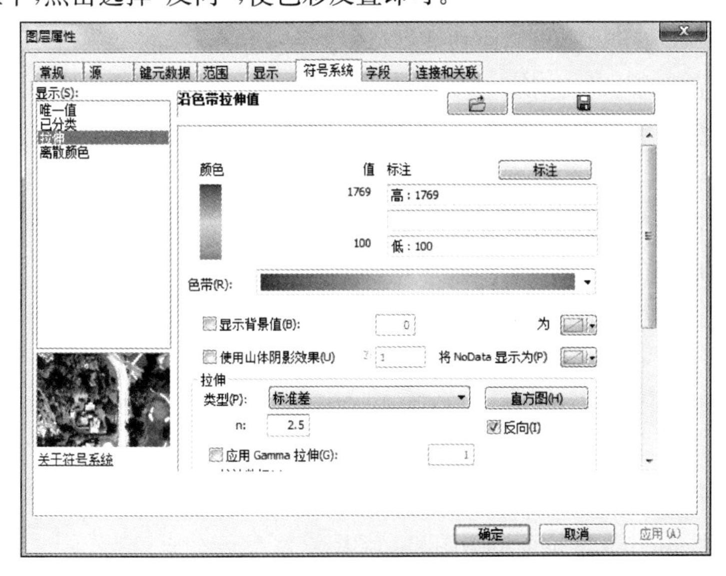

图 2－69　“图层属性”对话框中的“符号系统”选项卡

在 ArcMap 中通过对 DEM 数据设定颜色来实现彩色晕渲,并通过透明度设置使底层的表征地表起伏的山体阴影得到适当的显示,通过不断调整色彩和透明度直到获得的彩色晕渲图满意为止,这样一幅带有基础地形地貌特征的工作底图就做好了(图 2-70)。用户可以将现状水系、道路、行政区划边界等要素数据图层加载到 ArcMap 视图中,进一步丰富工作底图的要素与内容。

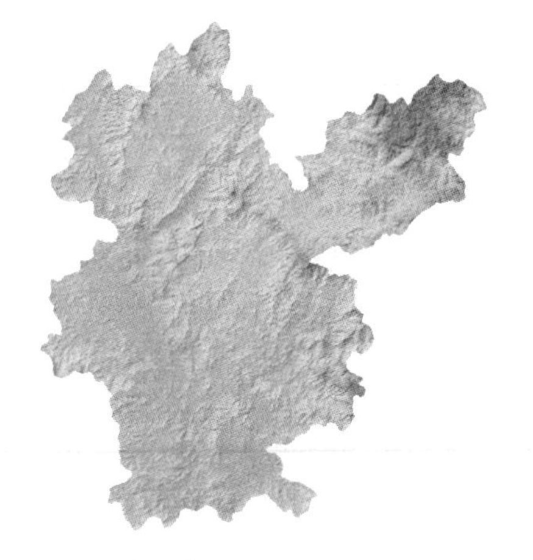

图 2-70 带有基础地形地貌特征的工作底图

2.5 地图数据的数字化

通过数字化工作获取规划研究区土地利用现状图、各类专题 GIS 数据图(水系图、道路图等)是 GIS 数据库构建的一项重要的基础性工作,也是获取规划研究区空间数据信息的重要途径。

上杭县域范围内采取分层数字化的方式,上杭县城内则采用整体数字化的方式。所谓分层数字化是指按照要数字化的区域内的地物类型分别进行数字化工作,这种方式适合一些在规划区基本不重合的地物类型。例如,数字化研究区扫描的地形图中的等高线、高程点,就可以分层数字化,先建立一个线要素的文件、数字化等高线,然后再建立一个点要素的文件、数字化高程点;再如,数字化上杭县县域范围内的道路和河流,也可采取分层数字化的方式进行。但当用户需要在一个研究区内数字化所有地物类型时,这些地物类型多有公共边界,这时最好使用整体数字化的方式。例如,想通过数字化县城高分辨影像数据获取上杭县城区的土地利用现状图,这时可以首先建立一个线要素的文件,数字化所有的地物类型(都是线 polyline),数字化后将其转换为多边形 polygon,然后将每个多边形 polygon 赋上土地利用的类型代码,这种数字化方式将有效解决因分层数字化产生的公共边不重合问题,并且可以提高数字化的效率。当然,用户也可以建立一个多边形文件,使用绘制多边形工具进行高分辨率影像图的数字化工作,具体采取哪种方式数字化需要从工作量、数字化习惯等方面综合考量。

本例以上杭县城区道路与水系数字化(分别获取道路图和水系图,采用分层数字化方式)和县城某片区数字化(获取土地利用现状图,采用整体数字化方式)为例加以演示说明。

2.5.1 要素分层数字化

本例以配准的上杭县城影像图 shhjiao. grid 为底图,进行分层数字化,分别数字化道路和水系两个要素,获取上杭县道路图和水系图。

➢ 步骤 1:创建一个新的线要素 Shapefile 文件。

根据个人数字化习惯和工作量,这里选用创建一个线要素(polyline)文件。在 ArcMap 中,点击右侧 ArcCatalog 浮动窗口工具"目录",在弹出的浮动窗口中右击弹出快捷菜单,点击"新建"—"Shapefile",弹出"创建新 Shapefile"对话框(图 2 - 71),通过设置文件"名称"、"要素类型"和"空间参考"(与 TM 遥感数据一致),在 shiyan02 文件夹下创建了一个新的 Shapefile 线要素文件(road. shp)。

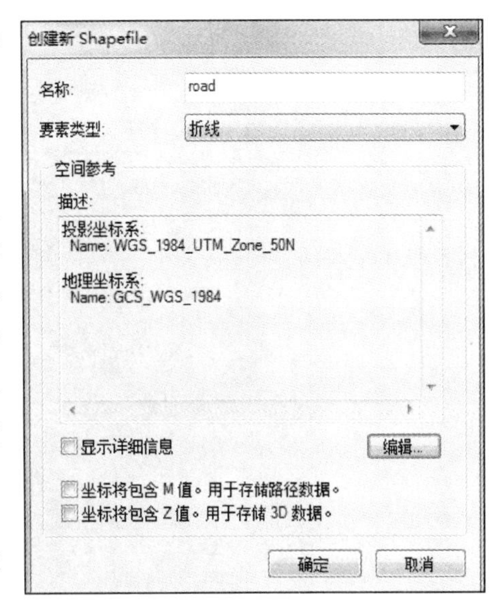

图 2 - 71　"创建新 Shapefile"对话框

➢ 步骤 2:打开并编辑 road. shp 文件。

首先,在 ArcMap 中,添加新建的 road 线要素文件和上杭县城影像图 shhjiao。

然后,在 ArcMap 的工具条空白处鼠标右击,弹出工具快捷菜单,点击"编辑器"工具,把该工具加载进来,或者直接点击工具条上的"编辑器工具条"按钮,显示编辑器工具条(图 2 - 72)。

最后,点击编辑器工具条上最左边的"编辑器(R) ▾ "下拉菜单,选择"开始编辑",弹出"开始编辑"对话框(如果可编辑数据只有一个文件,则直接进入编辑状态),选择要编辑的图层文件"road",点击"确定"按钮,此时 road 图层进入可编辑状态。

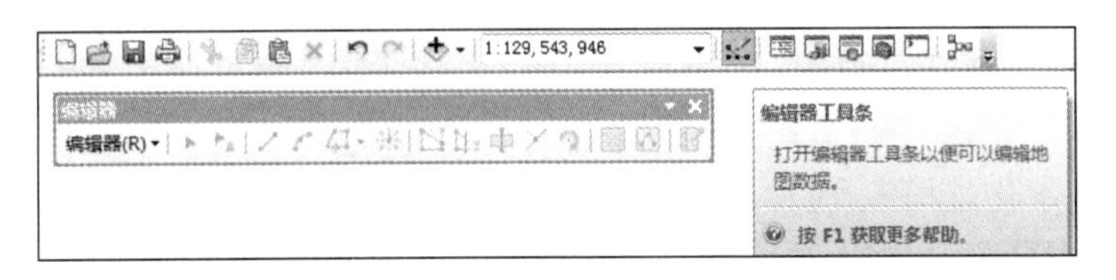

图 2 - 72　编辑器工具条

➢ 步骤 3:使用绘图工具进行数字化。

首先,点击编辑器工具条最右侧的"创建要素"工具,在主界面的右侧会显示"创建要素"面板(图 2 - 73)。面板上部分显示了可以编辑的要素类的绘图模板,点击相应模板后,面板下部分会显示对应的构造工具,选择"线"工具,这时编辑器面板上的绘制线的工具已经可以使用了(由原来的灰色变为正常颜色)。

然后,使用 ArcMap 工具条中的放大工具,将 shhjiao. grid 底图放大到一定程度后,能够辨识道路的边界,单击鼠标确定线的起点,然后移动鼠标到合适位置(线的拐点处)再单击鼠标添加一个线的拐点,依次操作沿道路边界方向描线,最后双击鼠标完成一条线的创建,按照此方法依次进行屏幕跟踪数字化,直到用户需要数字化的道路全部数字化完成。如果需要用 ArcMap 工具条中的平移工具移动视图,则点击平移工具移动完成后,再点击构图工具中的"线"工具,则可以接着前面数字化的线继续进行数字化。

图2-73　“创建要素”面板与数字化道路的过程

数字化过程中要及时保存,防止数据丢失。点击编辑器工具条上最左边的“编辑器(R)▾”下拉菜单,选择“保存编辑内容”,这时用户数字化的道路将被保存。本例仅为演示,用户数字化一部分道路后,点击“保存编辑内容”将数字化的道路保存。如果已经数字化完成,可以点击编辑器工具条上最左边的“编辑器(R)▾”下拉菜单,选择“停止编辑”,则停止编辑会话,此时窗口右侧的“创建要素”和“构造工具”面板变为灰色,表示不可用状态。

另外,在数字化过程中,应尽量将地图放大,这样能够减少数字化误差,同时在道路拐弯处应尽量多画节点,如果道路弯道比较符合弧段特征,可以使用编辑器上的“端点弧段”工具来绘制弧段,也可以提高数据的精度。

在数字化过程中需特别注意两条线的交点,最好可以稍微多画出一点(图2-74),但不要不及,因为不及会产生悬挂点,在后面由线生成面的过程中会造成道路的丢失,从而增加不必要的工作量。GIS通常提供自动抓取结点的功能,在该功能开启状态下(会有一定的容限值,在该值内,能够自动捕捉到结点),如果数字化到两条道路线的交汇处,会自动捕捉到道路结点,这时直接双击结束线段数字化即可,能够保证两条线是无缝衔接的,不会产生悬挂点。

请用户练习数字化的过程以及熟悉主要画图工具的使用技巧。

图 2-74　数字化线段的交汇处的处理方式

➢　步骤 4:将线要素文件转换为多边形要素文件。

首先,点击 ArcToolbox 图标,弹出 ArcToolbox 工具箱,点击“数据管理工具”—“要素”—“要素转面”工具,弹出“要素转面”对话框(图 2-75)。在“输入要素”栏中输入线要素文件 road;在“输出要素类”中设置输出的文件名称(roadpoly. shp)和路径(shiyan02 文件夹下);“XY 容差(可选)”是进行空间计算时所有要素坐标之间的最小距离以及坐标可以沿 X 或 Y 方向移动的距离,默认 XY 容差设定值为 0.001 米,或者为其等效值(以要素单位表示);“保留属性(可选)”是在输出要素类中保留(或忽略)标注要素的输入属性模式或属性,默认为选中;“标注要素(可选)”是指保存可传递到输出面要素的属性的可选输入点要素。本例中只定义输入要素和输出要素类,其他选用默认设置。

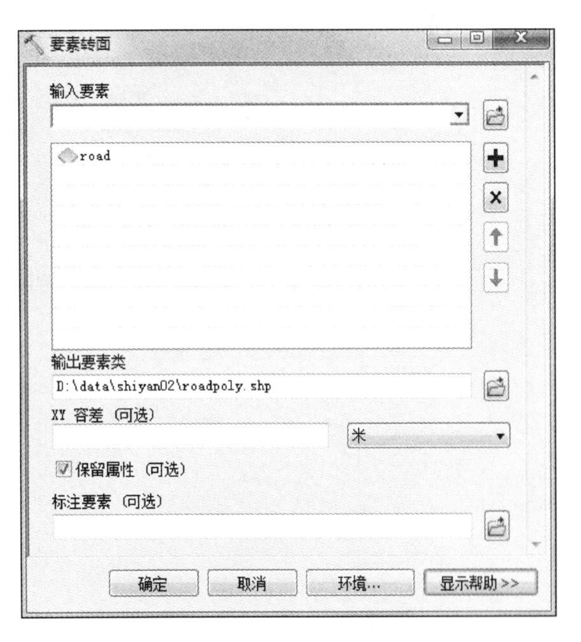

图 2-75　“要素转面”对话框

然后,点击“确定”按钮,执行要素转面命令,得到面要素文件 roadpoly. shp。

➢　步骤 5:面状道路数据的属性编辑与输入。

首先,打开转换后的面要素文件 roadpoly. shp 的属性表(图 2-76),可以发现表中只有 FID、Shape * 和 Id 三个字段,用户可以增加“道路名称(文本型)”和“道路等级(短整型)”两个字段存储道路的名称和等级信息。另外,被道路围合的区域也转换成为一个多边形(FID 为 1 的多边形,即线转面形成的“岛”),它不属于道路,在下面输入道路等级时,不输入属性信息,保持默认值 0 即可(图 2-77)。

然后，点击“编辑器”工具条上最左边的“编辑器(R) ▾ ”下拉菜单，选择“开始编辑”，使 roadpoly. shp 文件进入可编辑状态。这时，用户可以点击道路等级和名称输入相关属性信息(图 2－77)，输入完毕后点击“保存编辑内容”，并选择“停止编辑”。

如果用户在规划研究中只需区分道路等级(1—主干路，2—次干路，3—支路)而无需知道道路名称，那么用户只需新建道路等级字段来存储道路等级信息即可。如果发现数字化的道路有些需要在某一路口分成两段，则可以在数字化时就在路口使线段闭合，或者使用“裁剪面工具”(图 2－78)将一个多边形分成两个或多个(图 2－79)。

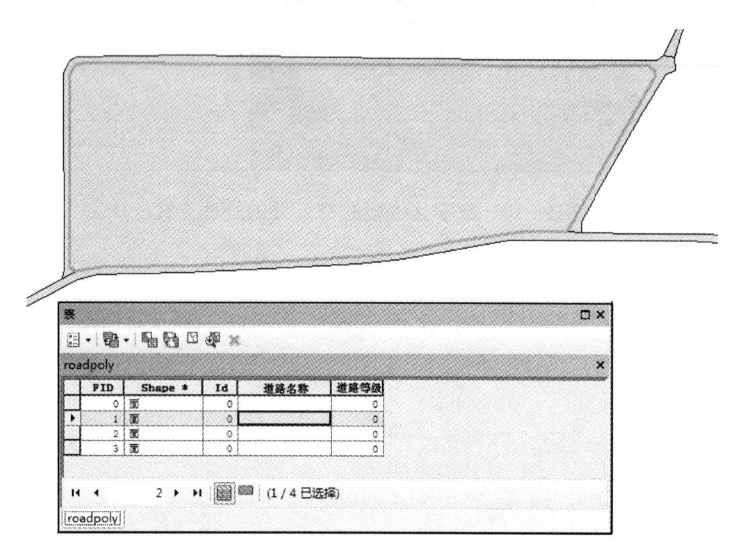

图 2－76　在面要素文件 roadpoly. shp 属性表中添加字段

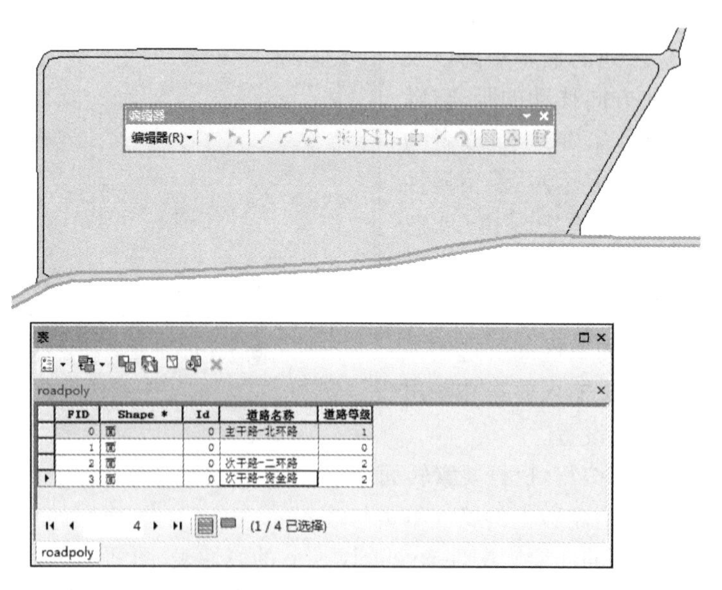

图 2－77　道路属性输入完成后的属性表(FID 为 1 的多边形没有输入)

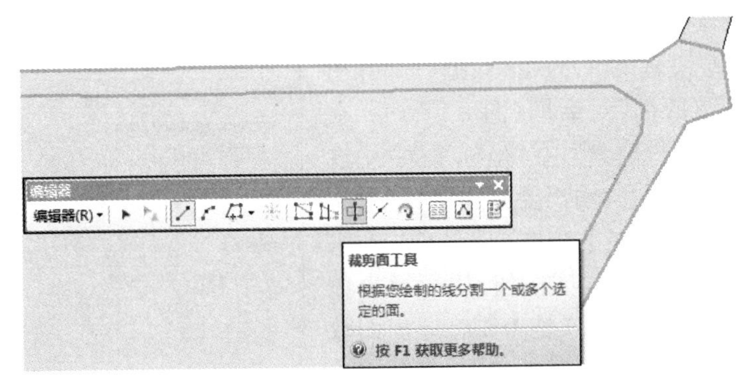

图 2 - 78　“裁剪面工具”按钮

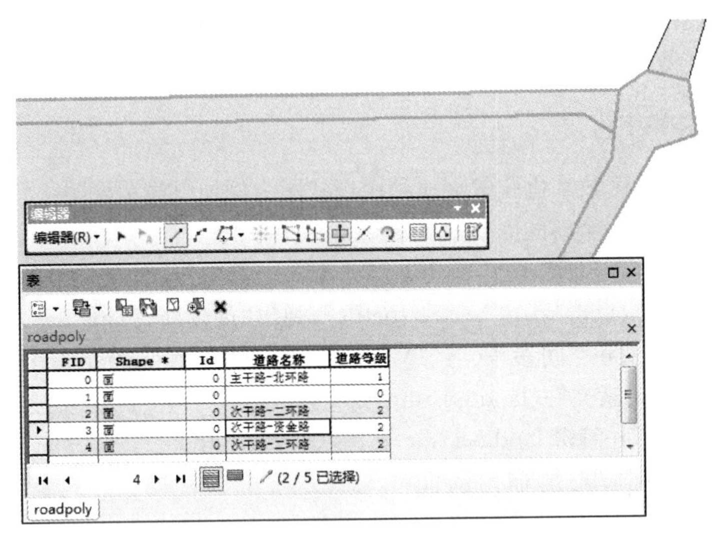

图 2 - 79　使用“裁剪面工具”将二环路分成两段

使用“裁剪面工具”将二环路在一个交叉路口分成两段，即属性表中高亮显示的两个多边形，其属性值完全一致，将其中南北向的一段改为紫金路，点击“保存编辑内容”保存所做的修改。

➢　步骤 6：面状道路数据选取与导出。

在 ArcMap 界面中，点击主菜单中的“选择”—“按属性选择”，弹出“按属性选择”对话框(图 2 - 80)。在“图层”栏中选择 roadpoly；在“方法”栏中选择“道路等级”字段，并点击“获取唯一值”按钮，可以看到只有“0，1，2”三个唯一值，在选择条件中通过点击输入“"道路等级"<>0”，点击“验证”按钮检查检索条件是否正确；最后，点击“确定”按钮，执行按属性选择命令，可以看到除了道路围合的“岛”外，所有道路都已经选择上。

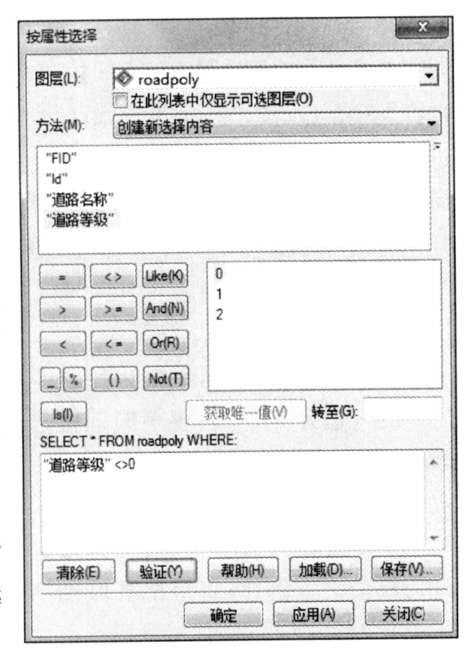

图 2 - 80　“按属性选择”对话框

然后，在内容列表中的roadpoly图层上用鼠标右击，弹出图层快捷菜单，点击“数据”—“导出数据”，弹出“导出数据”对话框(图2-81)。在“导出”栏中选择“所选要素”；在“坐标系”栏中选择“此图层的源数据”；在“输出要素类”中定义文件路径(shiyan02文件夹下)和文件名称(roadend.shp)。最后，点击“确定”按钮，执行导出数据命令。在弹出的“ArcMap(是否要将导出的数据添加到地图图层中)”提示框中点击“是”，将导出的数据图层文件roadend.shp加载到地图图层中，此时可以看到该道路图层已经符合用户的要求，不再包含“岛”等非道路区域。

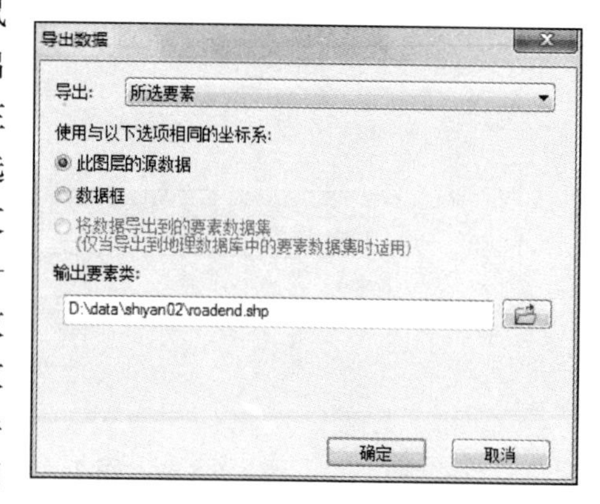

图2-81　“导出数据”对话框

2.5.2　区域整体数字化

下面以县城某片区数字化获取土地利用现状图为例加以演示说明。

➢　步骤1:创建一个新的面要素Shapefile文件。

在ArcMap中，点击右侧ArcCatalog浮动窗口工具“目录”，在弹出的浮动窗口中鼠标右击弹出快捷菜单，点击“新建”—“Shapefile”，弹出“创建新Shapefile”对话框，通过设置文件名称、要素类型和空间参考(与TM遥感数据一致)，在shiyan02文件夹下创建一个新的Shapefile面要素文件(landuse.shp)。

➢　步骤2:打开并编辑landuse.shp文件，进行数字化。

首先，在ArcMap中，添加新建的landuse面要素文件和上杭县影像图shhjiao。

然后，打开“编辑器”工具，点击编辑器工具条上的“编辑器(R)▾”下拉菜单，选择“开始编辑”，使landuse图层文件进入可编辑状态。如果此时“创建要素”窗口没有自动弹出，可以点击编辑器工具条上的“编辑器(R)▾”下拉菜单，点击“编辑窗口”—“创建要素”(图2-82)，弹出“创建要素”悬挂窗口。

在数字化过程中，最好采用从一个区域的一边开始，然后逐渐向前推进的渐进式、地毯式数字化方式，这样可以有效避免出现数字化遗漏的问题。如果数字化工作量较大，还可以按照区域分组进行数字化。例如，将上杭县城的遥感影像分为4～6个区域(最好以道路中心

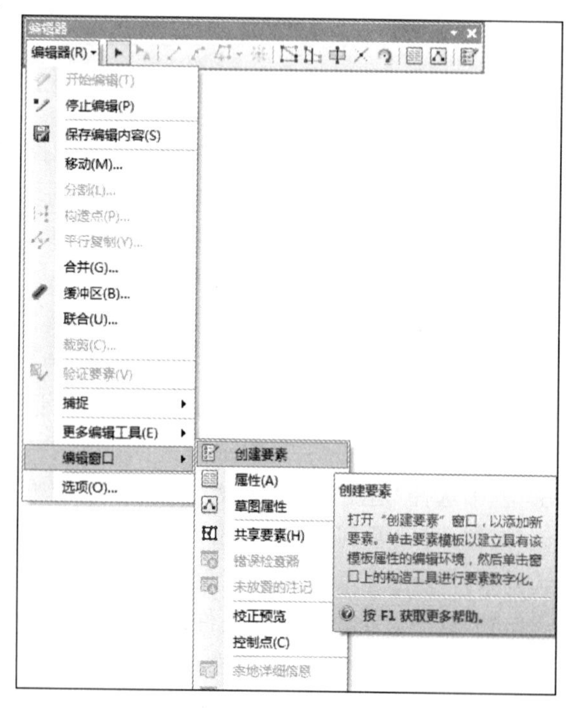

图2-82　“创建要素”悬挂窗口

为界），小组成员可以每人分一部分进行数字化。数字化完成后再进行拼接。

为了演示方便，只选取一小片区域来演示。

点击“创建要素”面板中的 landuse 绘图模板，这时默认的“构造工具”为面，把鼠标移至绘图区域，图标呈“十”字，表示可以开始绘制多边形了。在视图中依次点击产生多边形的顶点，双击完成多边形绘制。

先数字化一条道路，然后再使用构造工具中的“自动完成面”工具（图 2 - 83）绘制与之相邻的多边形，该工具可以不用重复绘制相邻多边形的公共边，既可以提高制图效率，又避免了因绘制公共边容易产生的不重合问题（产生狭长破碎多边形）。

用户可以在数字化多边形的同时打开图层属性表，进行多边形属性的输入，也可待一个片区数字化完成后，统一输入多边形的属性值。

图 2 - 83　用“自动完成面”工具来创建具有公共边的多边形

如果已经数字化完成，点击“保存编辑内容”将数字化的内容保存，并点击“停止编辑”，则停止编辑会话。数字化过程中要及时保存，防止数据丢失。

➢　步骤 3：进行 landuse. shp 文件属性的输入和计算。

首先，打开 landuse. shp 的属性表，增加“用地性质（文本型）”和“面积（浮点型）”两个字段存储地块的用地性质和面积信息。

然后，点击“编辑器”工具条上的“**编辑器(R)** ▾”下拉菜单，选择“开始编辑”，使 landuse. shp 文件进入可编辑状态。这时，用户可以点击地块的用地性质输入相关属性信息（图2 - 84），输入完毕后点击“保存编辑内容”，并选择“停止编辑”。

最后，点击选中属性表中的“面积”字段，右击鼠标弹出快捷菜单，点击“计算几何”按钮，弹出“计算几何”提示框，点击“是”按钮，弹出“计算几何”对话框，在“属性”栏中选择计算“面积”，坐标系保持默认设置“使用数据源的坐标系”，“单位”栏中通过下拉列表选择“平方米”，点击“确定”按钮，弹出“字段计算器”提示框，点击“是”按钮，面积被自动计算赋值在“面积”字段上。

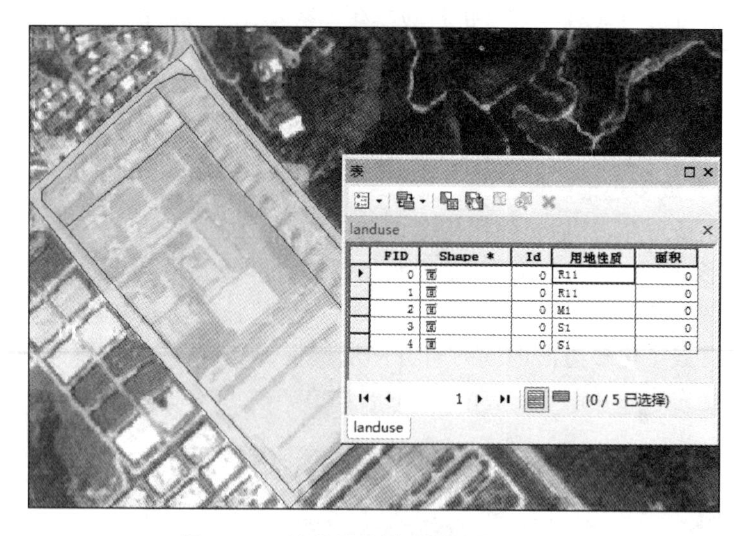

图 2-84　地块用地性质属性值的输入

➢ 步骤 4:土地利用图的制作与面积汇总统计。

在 ArcMap 布局视图窗口中,制作土地利用类型图,直到符合规范,满足要求为止。在实验 1 第 3 节中已经介绍过 ArcMap 中专题地图的制作,这里不再赘述。此处仅就面积分类汇总统计加以说明。

首先,点击 landuse 属性表中" ▾ "表选项下拉菜单,点击选择"导出",弹出"导出数据"对话框(图 2-85)。在"导出"栏中选择所有记录;在"输出表"中定义文件存放路径(shiyan02 文件夹下)和名称(土地分类统计. dbf);点击"确定"按钮,导出属性数据表。

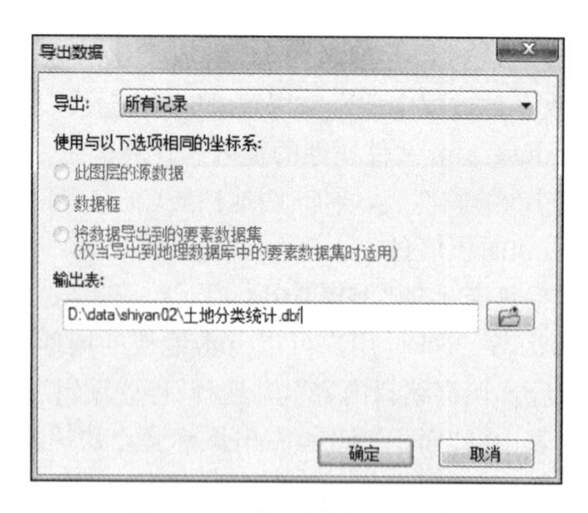

图 2-85　"导出数据"对话框

然后,用 Excel 打开"土地分类统计. dbf"文件,点击主菜单上的"插入"—"数据透视表"按钮(图 2-86),选择"数据透视表",弹出"创建数据透视表"对话框,选择"用地性质"和"面积"两个字段作为数据透视表的数据区域,并点击选择"新工作表",使生成的透视表放在新工作表中;点击"确定"按钮,进入"数据透视表"字段列表窗口(图 2-87),将"用地性质"字段拖放入"行标签"中,将"面积"字段拖放入"数值求和项"中,新工作表中自动完成按照用地性质进行面积汇总求和计算(图 2-87)。

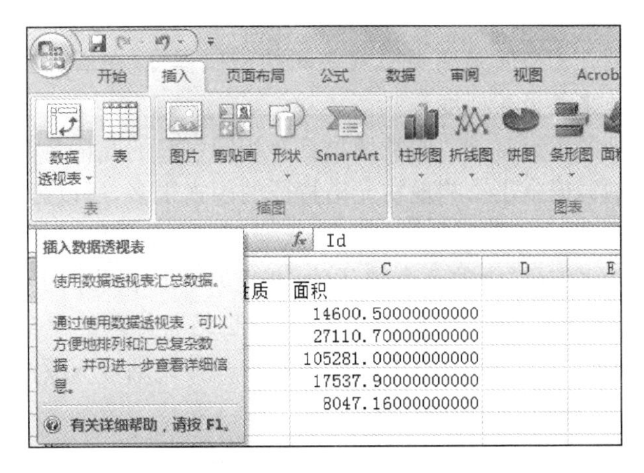

图 2 - 86　“数据透视表”按钮

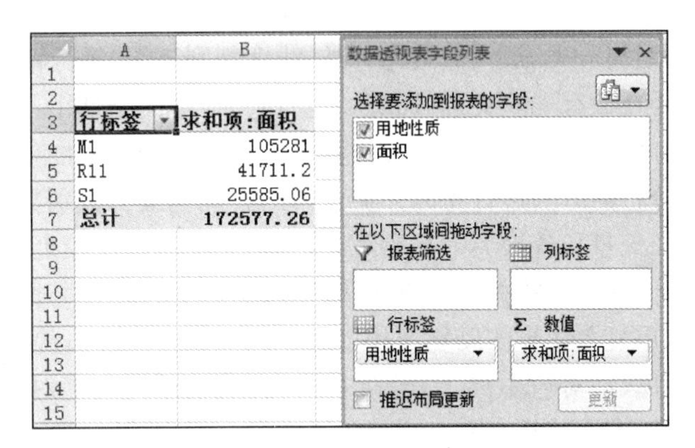

图 2 - 87　“数据透视表”字段列表窗口与字段设置

2.6　TM/ETM 数据的解译

TM/ETM 数据的解译通常可分为目视解译和计算机解译(包括监督分类和非监督分类)。目视解译就是通过专业人员的判读进行数字化解译，这种方式耗时，但对于专业人员来说精度一般较好。通过 ERDAS 软件进行计算机解译，有两种方式，一种是非监督分类方法，就是计算机根据影像的特征值进行的自动解译分类，是指人们事先对分类过程不施加任何的先验知识，仅凭据遥感影像地物的光谱特征的分布规律，随其自然地进行盲目的分类；一种是监督分类方法，是用户首先设定地类的模板，然后计算机软件再根据模板进行解译分类，监督分类是以建立统计识别函数为理论基础，依据典型样本训练方法进行分类的技术，即根据已知样本，求出特征参数作为决策规则，以建立判别准则，由计算机实现图像分类。

遥感图像分类的主要依据是地物的光谱特征，即地物电磁波辐射的多波段测量值，由于同物异谱和同谱异物现象的普遍存在，原始亮度值并不能很好地表达类别特征，需要对数字图像进行运算处理，以寻找能有效描述地物类别特征的模式变量，然后利用这些特征变量对数字图像进行分类。分类是对图像上每个像素按照亮度接近程度给出对应类别,以达到大致区分遥感图像中多种地物的目的。遥感图像计算机分类的依据是遥感图像像素的相似度。相似度是两类模式之间的相似程度,在遥感图像分类过程中,常使用距离和相关系数来衡量相似度。

计算机分类实现的思想基础:"同类地物具有相同(似)的光谱特征,不同地物的光谱特征具有明显的差别",但由于影响地物光谱特征的因素很多,所以影像的判读分类都是建立在统计分析的基础上的;同类地物的图像灰度概率在单波段(一维空间)符合正态分布规律;多维图像(即多波段)中的一个像元值(灰度)向量,在几何上相当于多维空间中的一个点,而同类地物的像元值,既不集中于一点,也绝非是杂乱无章的分布,而是相对地密集在一起,形成一个点群(一个点群就是地物的一种类别),一般情况下,点群的边界不是截然的,有少部分重叠和交错的情况。

因此,监督分类是从研究区域选取有代表性的训练场地作为样本,根据已知训练区提供的样本,通过选择特征参数(如像素亮度均值、方差等),建立判别函数,据此对数字图像待分像元进行分类,依据样本类别的特征来识别非样本像元的归属类别。监督分类的主要方法有:最小距离分类、最大似然比分类、线性判别分类、平行管道分类等。

而非监督分类是在没有先验类别(训练场地)作为样本的条件下,即事先不知道类别特征,主要根据像元间相似度的大小进行归类合并(将相似度大的像元归为一类)的方法。主要采用聚类分析的方法进行图像分类,过程为:确定最初类别数和类别中心;计算每个像元对应的特征矢量与各聚类中心的距离;选与其中心距离最近的类别作为这一矢量(像元)的所属类别;计算新的类别均值向量;比较新的类别均值与原中心位置的变化,形成新的聚类中心;重复上述步骤反复迭代;如聚类中心不再变化,停止计算。常用的距离判别函数:欧氏距离、绝对值距离、明考斯基距离(欧氏距离和绝对距离的统一)、Mahalanobis 距离(考虑了特征参数间的相关性)。

在遥感数据日益成为城市与区域规划主要数据源的背景下,遥感数据的解译与处理已经成为城市与区域规划中获取规划研究区信息的重要技术手段。本例中以上杭县 TM 数据解译获取县域土地利用现状图为例来说明遥感数据的处理过程。从数据精度要求的角度来讲,上杭县域使用 SPOT 数据(全色 5 m,多光谱 10 m)会更好。我们在湖南省"3+5"城市群规划、湖北省城镇化发展战略规划、青海省东部城市群城镇体系规划、昆明城市区域发展战略规划、冀中南空间发展战略规划等区域规划中均使用的是 TM/ETM 遥感数据,能够满足规划研究区的数据精度要求。

2.6.1 TM/ETM 遥感数据增强处理

本实验第二节中,已经介绍了 TM/ETM 遥感数据的获取与预处理(波段融合、拼接、裁剪等)。在遥感数据解译之前,用户还需要进行数据的精校正和图像增强等数据处理工作,这时可以使用研究区大比例尺的地形图对 TM/ETM 遥感数据进行精校正,并控制 RMS 误差在半个像元内。由于从网站上获取的数据是经过大气辐射校正、空间校正后的产品,所以本例仅就图像增强的方法以及模块的功能等加以说明。

➢ 步骤 1:打开 ERDAS,启动 Interpreter 模块。

利用 ERDAS 进行图像增强,主要采用 ERDAS 的 Interpreter(图像解译器)模块,该模块包含了 50 多个用于遥感图像处理的功能模块,这些功能模块在执行过程中都需要通过各种按键或对话框定义参数。

打开 ERDAS，点击 Interpreter 图标，启动 Interpreter 模块（图 2-88）。该模块包含了 9 个方面的功能：Spatial Enhancement（遥感图像的空间增强）、Radiometric Enhancement（辐射增强）、Spectral Enhancement（光谱增强）、Basic HyperSpectral Tools（基础高光谱工具）、Advanced HyperSpectral Tools（高阶高光谱工具）、Fourier Analysis（傅立叶交换）、Topographic Analysis（地形分析）、GIS Analysis（地理信息系统分析）以及 Utilities（其他实用功能）。每一项功能菜单中又包含若干具体的遥感图像处理功能。

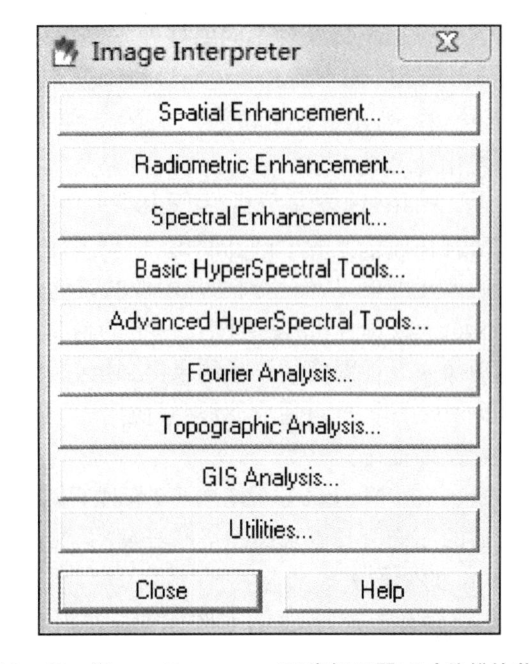

图 2-88　“Image Interpreter（图像解译器）”功能模块菜单

➢　步骤 2：进行 TM 图像空间增强（Spatial Enhancement）处理。

空间增强技术是利用像元自身及其周围像元的灰度值进行运算，达到增强整个图像之目的。

首先，点击 Image Interpreter 中的“Spatial Enhancement”图标，启动 Spatial Enhancement（空间增强处理）功能菜单（图 2-89）。空间增强处理功能菜单有 Convolution（卷积增强）、Non-directional Edge（非定向边缘增强）、Focal Analysis（聚集分析）、Texture（纹理分析）、Adaptive Filter（自适应滤波）、Resolution Merge（分辨率融合）、Crisp（锐化处理）等 12 项。

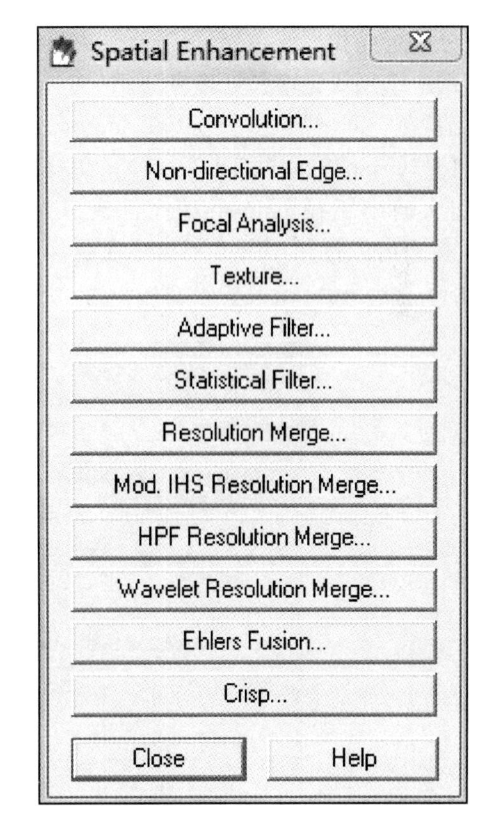

图 2-89　“Spatial Enhancement（空间增强）”功能菜单

Convolution（卷积增强）是用一个系数矩阵对图像进行分块平均处理，可以改变图像的空间频率特征。其处理的关键是卷积算子即系数矩阵的选择。ERDAS 将常用的卷积算子放在 default. klb 的文件中，分为 3×3、5×5、7×7 三组，每组又包括 edge Detect/edge enhance/low pass/Highpass/Horizontal/

vertical/ summary 等 7 种不同的处理方式。

Non-directional Edge(非定向边缘增强)是应用 Sobel 滤波器或 Prewitt 滤波器，通过两个正交算子(水平算子和垂直算子)分别对遥感图像进行边缘检测，然后将两个结果进行平均化处理。

Focal Analysis(聚集分析)是采用类似卷积滤波的方法对像元属性值进行多种分析，基本算法是在所选择的窗口范围内，根据所定义的函数，应用窗口范围内的像元值计算窗口中心像元的值，从而达到增强图像的目的。

Texture(纹理分析)是通过在一定的窗口内进行二次变异分析或三次非对称分析，使雷达图像或其他图像的纹理结果得到增强。

Adaptive Filter(自适应滤波)是应用 Wallis Adaptive Filter 对图像的感兴趣区域进行对比度拉伸处理。

Resolution Merge(分辨率融合)是对不同空间分辨率的遥感图像进行融合处理，使得融合后的图像既具有较高的空间分辨率，又具有多光谱特征。例如可以将 TM30m 和 SPOT10m 的影像进行融合。

Crisp(锐化处理)是通过对图像进行卷积滤波处理，使整景图像的亮度得到增强而不使其专题内容发生变化。分为两种方法：其一是根据用户定义的矩阵直接对图像进行卷积处理(空间模型为 Crisp-greyscale. gmd)；其二是首先对图像进行主成分变换，并对第一主成分进行卷积滤波，然后再进行主成分逆变换(空间模型为 Crisp-Minmax. gmd)。

本例中选用锐化增强处理方法。

然后，在空间增强处理 Spatial Enhancement 功能菜单中，点击 Crisp(锐化处理)工具按钮，打开“Crisp”对话框(图 2－90)。在“输入文件”中输入 shanghang. img；在“输出文件”中定义输出路径(shiyan02 文件夹下)和文件名称(crisp. img)；点击窗口下方的“View”按钮可以打开 Model Maker 视窗，可浏览 Crisp 功能的空间模型；点击选择忽略 0 值(Ignore Zero in Stats)。

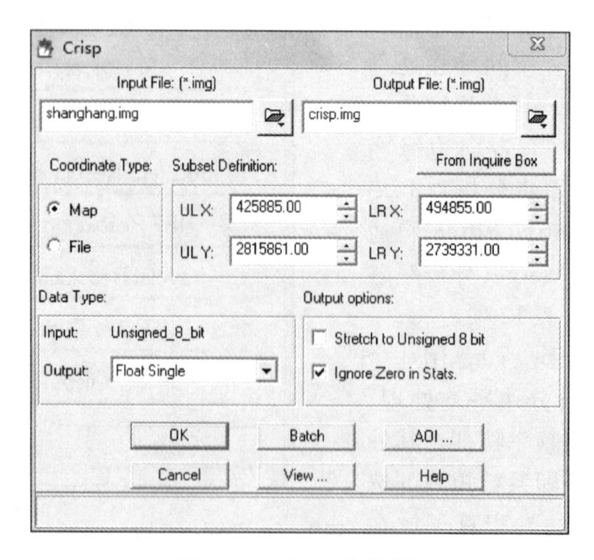

图 2－90　“Crisp”对话框

最后，点击“OK”按钮，关闭 Crisp 对话框，执行锐化增强处理命令。经过 Crisp 处理后的影像数据的亮度对比度发生了变化，但变化不大(图2-91)。

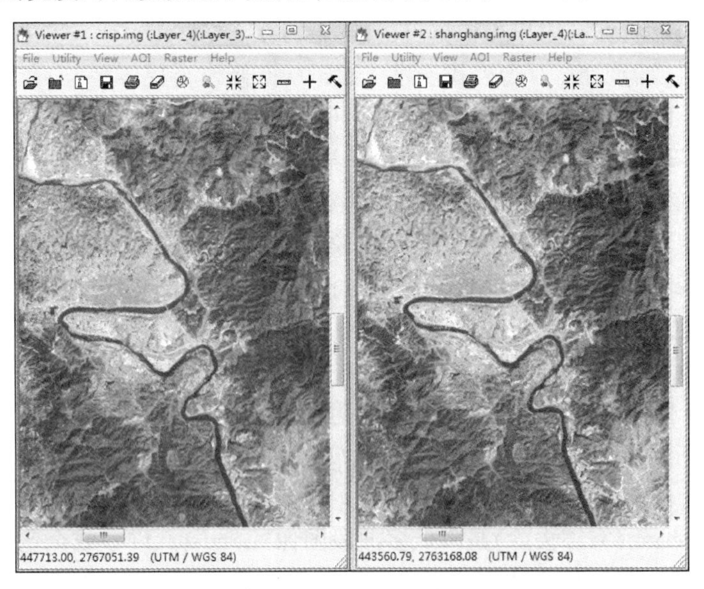

图2-91　锐化增强处理前后对比

➢ 步骤3：进行TM图像辐射增强(Radiometric Enhancement)处理。

辐射增强是通过直接改变图像中像元的灰度值来改变图像的对比度，从而改善图像质量的图像增强方法。

首先，点击Image Interpreter中的“Radiometric Enhancement”图标，启动Radiometric Enhancement(辐射增强处理)功能菜单(图2-92)。该菜单主要有LUT Stretch(查找表拉伸)、Histogram Equalization(直方图均衡化)、Histogram Match(直方图匹配)、Brightness Inversion(亮度反转)、Haze Reduction(雾霾去除)、Noise Reduction(降噪处理)、Destripe TM Data(去条带处理)7项。

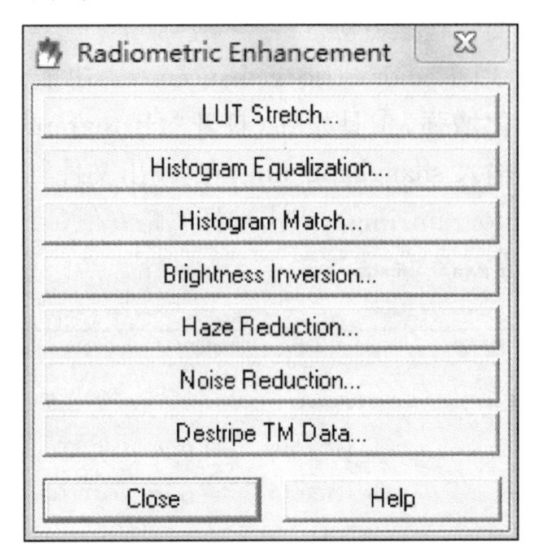

图2-92　“Radiometric Enhancement(辐射增强处理)”功能菜单

LUT Stretch(查找表拉伸)是遥感图像对比度拉伸的总合，通过修改图像查找表Lookup Table使输出图像值发生变化。根据用户对查找表的定义，可以实现线性拉伸、分段线性拉伸、非线性拉伸等处理。菜单中的查找表拉伸功能是由空间模块 LUT_stretch. gmd 支持运行的,用户可根据自己的需要,在 LUT stretch 对话框中点击“View”按钮进入模型生成器视窗,双击查找表进入编辑状态修改查找表。

Histogram Equalization(直方图均衡化)是对图像进行非线性拉伸,重新分配图像像元值,使一定灰度范围内像元的数目大致相等,原来直方图中间的峰顶部分对比度得到增强,而两侧的谷底部分对比度降低,输出图像的直方图是一较平的分段直方图。

Histogram Match(直方图匹配)是对图像查找表进行数学变换,使一幅图像的直方图与另一幅图像类似。直方图匹配经常作为相邻图像拼接或应用多时相遥感图像进行动态变化研究的预处理工具,通过直方图匹配可以部分消除由于太阳高度角或大气影响造成的相邻图像的效果差异。

Brightness Inversion(亮度反转)是对图像亮度范围进行线性或非线性取反,产生一幅与输入图像亮度相反的图像。包含两个反转算法:其一是条件反转 Inverse,强调输入图像中亮度较暗的部分;其二是简单反转 Reverse,简单取反。

Haze Reduction(雾霾去除)是降低多波段图像(Landsat TM)或全色图像的模糊度,对于 Landsat TM 图像,该方法实质上是基于缨帽变换法,首先对图像作主成分变换,找出与模糊度相关的成分并剔除,然后再进行主成分逆变换回到 RGB 彩色空间。对于全色图像,该方法采用点扩展卷积反转(Inverse Point Spread Convolution)进行处理,并根据情况选择 3×3 或 5×5 的卷积分别用于高频模糊度或低频模糊度的去除。

Noise Reduction(降噪处理)是利用自适应滤波方法去除图像中的噪声,该方法沿着边缘或平坦区域去除噪声的同时,可以很好地保持图像中一些微小的细节。

Destripe TM Data(去条带处理)是针对 TM 图像的扫描特点对其原始数据进行三次卷积处理,以达到去除扫描条带之目的。操作中边缘处理方法需要选定:反射 Reflection 是应用图像边缘灰度值的镜面反射值作为图像边缘以外的像元值,这样可以避免出现晕轮(Halo);而填充 Fill 则是统一将图像边缘以外的像元以 0 值填充,呈黑色背景。

本例中选用直方图均衡化增强方法。

然后,在辐射增强处理 Radiometric Enhancement 功能菜单中,点击 Histogram Equalization(直方图均衡化增强)工具按钮,打开“Histogram Equalization”对话框(图 2-93)。在“输入文件”中输入 shanghang. img;在“输出文件”中定义输出路径(shiyan02 文件夹下)和文件名称(histogram. img);点击选择忽略 0 值(Ignore Zero in Stats)。

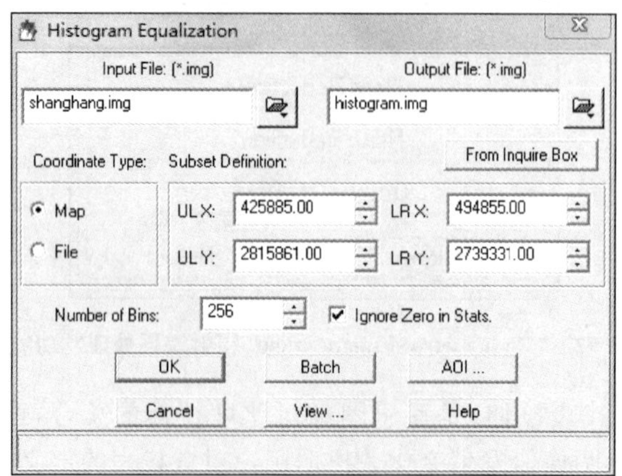

图 2-93 “Histogram Equalization(直方图均衡化处理)”对话框

最后，点击“OK”按钮，关闭“Histogram Equalization”对话框，执行直方图均衡化命令。处理后的影像数据的亮度对比度发生了较大变化(图 2－94)。

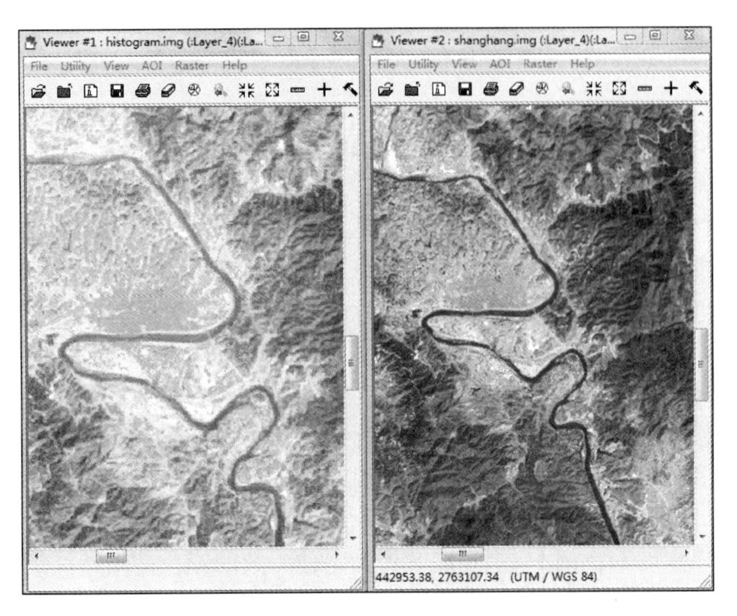

图 2－94　直方图均衡化前后的影像数据对比

➢　步骤 4：进行 TM 图像光谱增强(Spectral Enhancement)处理。

光谱增强是基于多波段数据对每个像元的灰度值进行变换，达到图像增强的目的。

首先，点击 Image Interpreter 中的“Spectral Enhancement”图标，启动 Spectral Enhancement(图像光谱增强)功能菜单(图 2－95)。该菜单主要包括 Principal Components(主成分变换)、Inverse Principal Components(主成分逆变换)、Decorrelation Stretch(去相关拉伸)、Tasseled Cap(缨帽变换)、RGB to IHS(彩色变换)、IHS to RGB(彩色逆变换)、Indices(指数运算)、Natural Color(自然色彩变换)等功能。

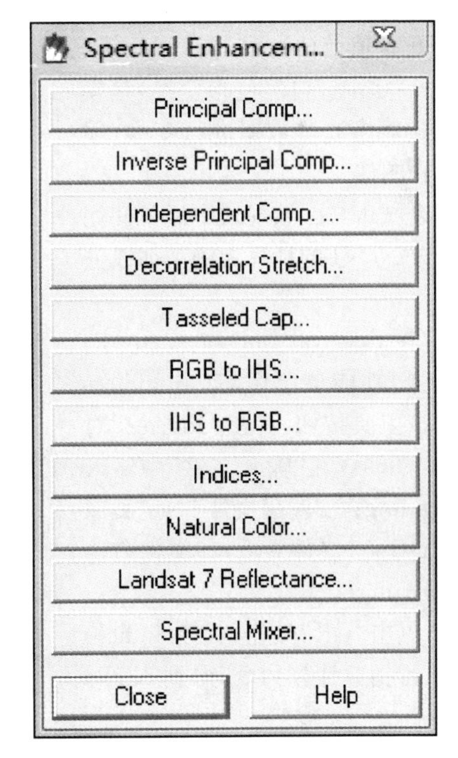

图 2－95　“Spectral Enhancement(图像光谱增强)”功能菜单

ERDAS 提供的 Principal Components(主成分变换)功能最多可以对含有 256 个波段的图像进行转换压缩。Inverse Principal

Components(主成分逆变换)是将经主成分变换获得的图像重新恢复到RGB彩色空间,应用时输入的图像必须是由主成分变换获得的图像,而且必须有当时的特征矩阵参与变换。

Decorrelation Stretch(去相关拉伸)是对图像的主成分进行对比度拉伸处理,达到图像增强的目的。

Tasseled Cap(缨帽变换)是针对植物学家所关心的植被图像特征,在植被研究中将原始图像数据结构轴进行旋转,优化图像数据显示效果。基本思想是:多波段(N个波段)图像可以看作是N维空间,每个像元都是N维空间中的一个点,其位置取决于像元在各个波段上的灰度值。研究表明,植被信息可以通过三个数据轴(亮度、绿度、湿度)来确定,而这三个轴的信息可以通过简单的线性计算和数据空间旋转获得;同时,这种旋转与传感器有关。

RGB to IHS(彩色变换)是将遥感图像从RGB(红绿蓝)组成的彩色空间转换到以亮度I、色调H、饱和度S作为定位参数的彩色空间,以便使图像的颜色与人眼看到的更为接近。其中,亮度表示整个图像的明亮程度,取值范围是0～1;色调代表像元的颜色,取值范围是0～360;饱和度代表颜色的纯度,取值范围是0～1。IHS to RGB(彩色逆变换)是将遥感图像以亮度I、色调H、饱和度S作为定位参数的彩色空间转换到RGB(红绿蓝)组成的彩色空间。

Indices(指数运算)是应用一定的数学方法,将遥感图像中不同波段的灰度值进行各种组合运算,计算反映矿物及植被的常用比率和指数。ERDAS集成的指数主要有:①比值植被指数IR/R(infrared/red);②平方根植被指数SQRT(IR/R);③差值植被指数IR-R;④归一化差值植被指数;⑤NDVI等多种。

Natural Color(自然色彩变换)是模拟自然色彩对多波段数据进行变换,输出自然色彩图像。

本例以城市与区域规划中经常使用的植被指数NDVI的计算为例来加以演示说明。

然后,在Spectral Enhancement(图像光谱增强)功能菜单中,点击Indices(指数运算)工具按钮,弹出"Indices"对话框(图2-96)。在"输入文件"中输入shanghang.img;在"输出文件"中定义输出路径(shiyan02文件夹下)和文件名称(indicendvi.img)。

最后,点击"OK"按钮,关闭Indices对话框,执行指数计算命令,得到NDVI植被指数(图2-97)。

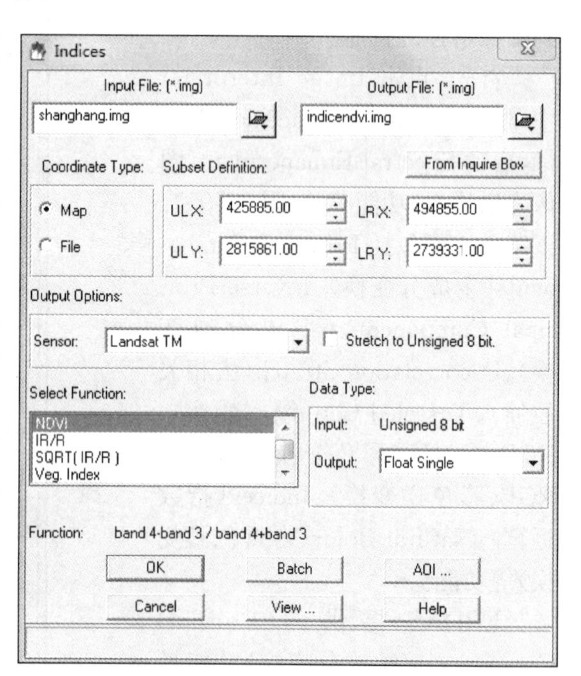

图2-96　"Indices"对话框

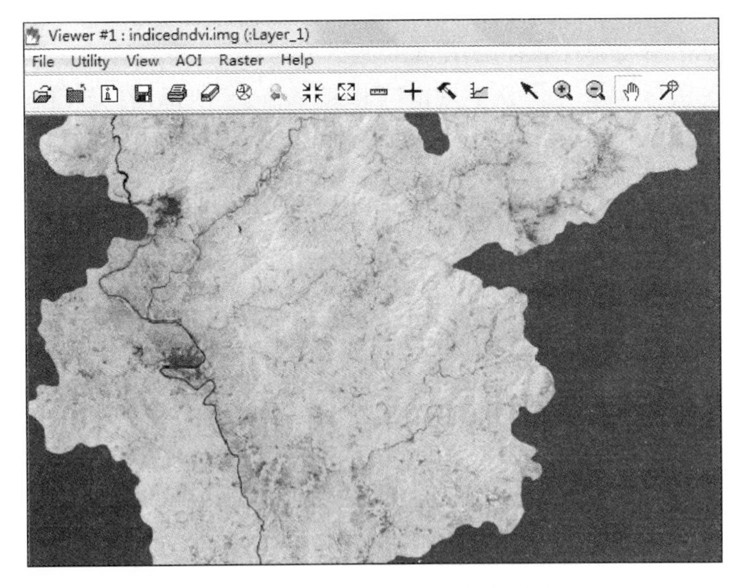

图 2－97　上杭县县域 NDVI 指数分布图

当遥感数字图像存在目视效果较差，对比度不够、图像模糊、边缘部分或现状地物不够突出，以及波段多，数据量大，各波段的信息量存在相关性，数据冗余大等问题时，图像空间增强是非常必要的。图像增强的目的就是要改变图像的灰度等级，提高图像对比度；或消除边缘和噪声，平滑图像；或突出边缘或线状地物，锐化图像；或压缩图像数据量，突出主要信息。

本例中的上杭县域 TM 遥感影像数据质量较好、地物清晰，已经经过初期的校正和图像处理，所以可以不用再进行相关增强处理。但是，如果遥感数据的成像质量一般，且多景数据的成像日期不一致，光谱特征不明显时，需要首先进行每景图像的增强处理，以使图像的亮度、对比度等提高，以及多景图像差异变小等。

2.6.2　TM/ETM 遥感数据解译

1）非监督分类

非监督分类运用 ISODATA（Iterative Self-Organizing Data Analysis Technique）算法，完全按照像元的光谱特性进行统计分类，常常用于对分类区没有什么了解的情况。使用该方法时，原始图像的所有波段都参与分类运算，分类结果往往是各类像元数大体等比例。由于人为干预较少，非监督分类过程的自动化程度较高。

非监督分类的大致步骤为：初始分类、专题判别、分类合并、色彩确定、分类后处理、色彩重定义、栅格矢量转换、统计分析。

ERDAS 中的 ISODATA 算法是基于最小光谱距离来进行的非监督分类，聚类过程始于任意聚类平均值或一个已有分类模板的平均值（初始类别中心）；聚类每重复一次，聚类的平均值就更新一次，新聚类的均值再用于下次聚类循环。这个过程不断重复，直到最大的循环次数已达到设定阈值或者两次聚类结果相比有达到要求百分比的像元类别已经不再发生变化。ISODATA 算法的优点是人为干预少，不用考虑初始类别中心，只要迭代时间足够，分类的成功率很高；常用于监督分类前符号模板的生成；缺点是时间耗费较长,且没有考虑像元之间的同谱异物现象。

➢ 步骤1:打开分类(Classification)模块。

在ERDAS图标面板工具条中点击“Classification”图标,打开Classification功能菜单。

➢ 步骤2:打开非监督分类(Unsupervised Classification)工具进行分类。

首先,在Classification功能菜单中点击“Unsupervised Classification”按钮,弹出“Unsupervised Classification(Isodata)”对话框(图2-98)。

在“输入栅格文件”中输入shanghang.img;在“输出文件”中定义输出文件路径(shiyan02文件夹下)和文件名称(unsupervisedclass.img);在“Output Signature Set(生成分类模板文件)”中定义产生一个名称为unsupervisedclass.sig的模板文件。

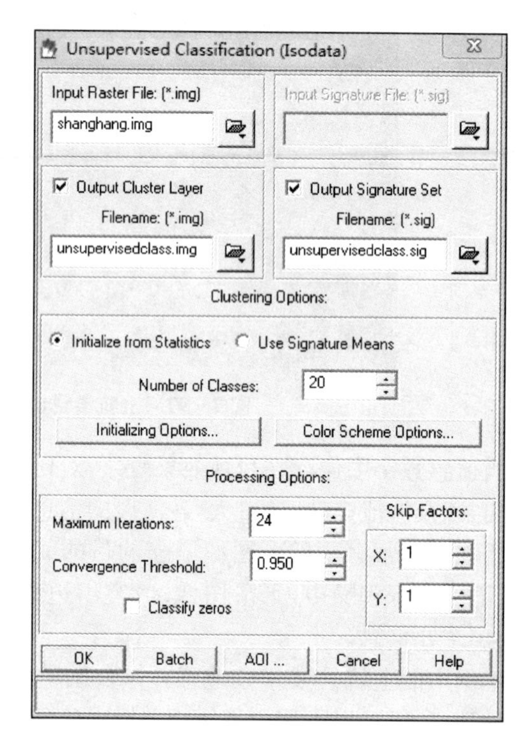

图2-98　“Unsupervised Classification(Isodata)”对话框

在Clustering Options(聚类选项)中,点击选择Initialize from Statistics单选框(Initialize from Statistics指由图像文件整体或AOI的统计值产生自由聚类,分出类别的数目由用户自己决定;而Use Signature Means是基于选定的模板文件进行非监督分类,类别的数目由模板文件决定);点击“Initializing Options”按钮可以调出“File Statistics Options”对话框以设置ISODATA的一些统计参数;点击“Color Scheme Options”按钮可以调出“Output color Scheme Options”对话框以决定输出的分类图像是彩色的还是黑白的。本例中这两个设置项使用缺省值。

在“Number of Classes(初始分类类别数)”中定义为20(通常取最终分类数的2倍以上,估计规划研究区的分类数在6～8类,因而设置为20);在“Maximum Iterations(最大循环次数)”中设置为24(最大循环次数是指重新聚类的最多次数,是为了避免程序运行时间太长或由于没有达到聚类标准而导致的死循环,一般取6次以上);在“Convergence Threshold(设置循环收敛阈值)”中设置为0.950(设置循环收敛阈值指两次分类结果相比保持不变的像元占所有像元的百分比,此值同样可以避免ISODATA无限循环下去)。

最后,点击“OK”按钮,关闭“Unsupervised Classification”对话框,执行非监督分类命令。

➢ 步骤3:调整分类图像的属性。

在获得一个初步分类结果以后,可以应用分类叠加(Classification overlay)方法来评价检查分类精度。

首先，在同一个视窗中打开 shanghang. img 和 unsupervisedclass. img 两个文件，即在同一视窗中同时显示原图像与非监督分类图像。

具体操作步骤为：(1) 在视窗中打开 shanghang. img，默认波段组合为 432 假彩色；(2) 点击视窗菜单中的“Raster”—“Band Combinations”，弹出“Set Layer Combinations for ”对话框，将组合方式改为红(5)、绿(4)、蓝(3)，以便于地物对比；(3) 点击视窗菜单中的“file”—“open”—“multi layer arrangement”，弹出“open multi layer”对话框，查找到文件 unsupervisedclass. img 后，点击“OK”按钮，该文件与 shanghang. img 文件在同一个视窗中打开(shanghang. img 在下层，unsupervisedclass. img 在上层)。

然后，打开分类图像属性并调整字段显示顺序。

具体操作步骤为：(1) 在视窗工具条中，点击栅格工具面板图标，弹出 Raster 工具面板，或者选择 Raster 菜单项，在下拉菜单中选择“Tools”菜单，打开工具面板。(2) 点击 Raster 工具面板上的属性表图标，打开“Raster Attribute Editor”对话框(图 2 - 99)，或者在视窗菜单条中选择点击“Rster”—“Attributes”，打开“Raster Attribute Editor”对话框(unsupervisedclass. img 的属性表)。用户可以看到属性表中的 21 个记录分别对应产生的 20 个类以及 1 个 Unclassified 类(通常是 0 值的 1 个类)，每个记录都有一系列的字段。如果想看到所有字段，需要用鼠标拖动浏览条，为了方便看到关心的重要字段，需要调整窗口大小或者改变字段显示顺序。(3) 在“Raster Attribute Editor”对话框菜单条中，点击“Edit”—“Column Properties”，弹出“Column Properties”对话框(图 2 - 100)，在 Columns 中选择要调整显示顺序的字段，通过 Up、Down、Top、Bottom 等几个按钮调整其合适的位置，通过选择 Display Width 调整其显示宽度，通过 Alignment 调整其对齐方式。如果点击勾选 Editable 复选框，则可以在 Title 中修改各个字段的名字及其他内容。本例中只将 Class_Names 字段调整在最上端，在属性表最前面一列中显示。最后点击“OK”按钮，返回“Raster Attribute Editor”对话框。

Raster Attribute Editor - unsupervisedclass.img(:Layer_1)

File Edit Help

Layer Number: 1

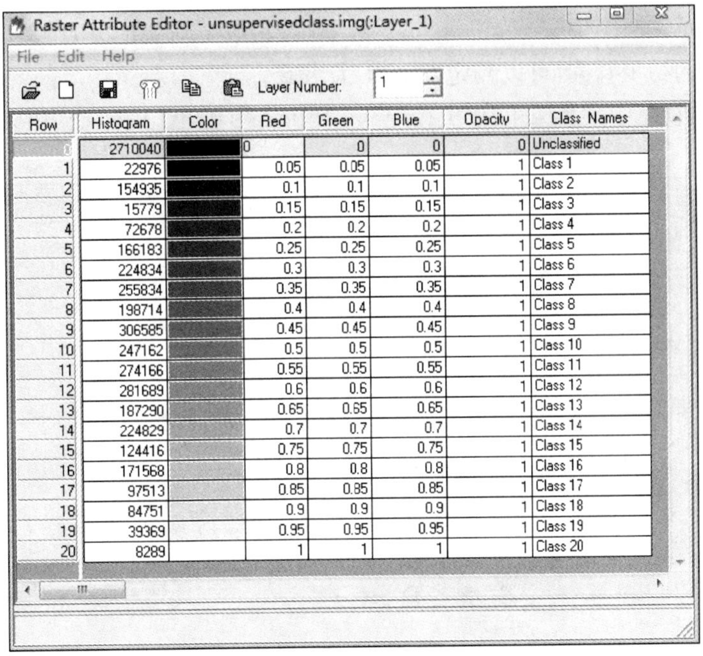

Row	Histogram	Color	Red	Green	Blue	Opacity	Class Names
0	2710040		0	0	0	0	Unclassified
1	22976		0.05	0.05	0.05	1	Class 1
2	154935		0.1	0.1	0.1	1	Class 2
3	15779		0.15	0.15	0.15	1	Class 3
4	72678		0.2	0.2	0.2	1	Class 4
5	166183		0.25	0.25	0.25	1	Class 5
6	224834		0.3	0.3	0.3	1	Class 6
7	255834		0.35	0.35	0.35	1	Class 7
8	198714		0.4	0.4	0.4	1	Class 8
9	306585		0.45	0.45	0.45	1	Class 9
10	247162		0.5	0.5	0.5	1	Class 10
11	274166		0.55	0.55	0.55	1	Class 11
12	281689		0.6	0.6	0.6	1	Class 12
13	187290		0.65	0.65	0.65	1	Class 13
14	224829		0.7	0.7	0.7	1	Class 14
15	124416		0.75	0.75	0.75	1	Class 15
16	171568		0.8	0.8	0.8	1	Class 16
17	97513		0.85	0.85	0.85	1	Class 17
18	84751		0.9	0.9	0.9	1	Class 18
19	39369		0.95	0.95	0.95	1	Class 19
20	8289		1	1	1	1	Class 20

图 2 - 99　“Raster Attribute Editor”对话框

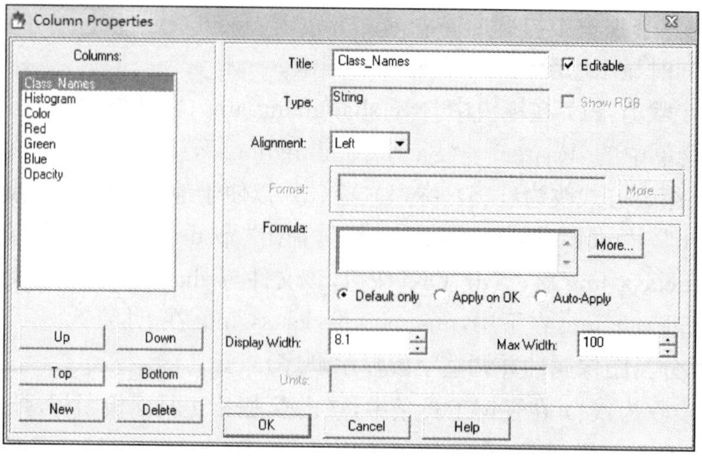

图 2-100　"Column Properties"对话框

最后,调整每一个类别的颜色。由于前面进行非监督分类时,选择的是默认值,生成的分类图是灰度图,如果需要将其改为彩色,则需要对每一类进行颜色设置。

具体操作步骤为:

(1) 在"Raster Attribute Editor"对话框中,点击 Row 字段下的一个类别,该类别被选中而高亮显示。

(2) 鼠标右键点击该类别在 Color 字段下方的颜色显示区,弹出颜色选择对话框,在对话框中点击选择一种颜色,该类别的显示颜色被改变;重复以上步骤直到给需要更改颜色的类别都赋予合适的颜色为止。

➢ 步骤 4:确定类别的专题意义和评价检查分类精度。

首先,在"Raster Attribute Editor"对话框中,设置 Class1 的 Opacity(不透明程度)为 1,即不透明,而将其他类别的 Opacity 设为 0,即改为透明。此时,在视窗中只有要分析类别的颜色显示在原图像 shanghang. img 的上面,其他类别都是透明的。

通过叠置的初步判读,可以判定 Class1 为水域。

然后,点击视窗中菜单条上的"Utility"—"Flicke",弹出"Viewer Flicker"对话框(图 2-101)。

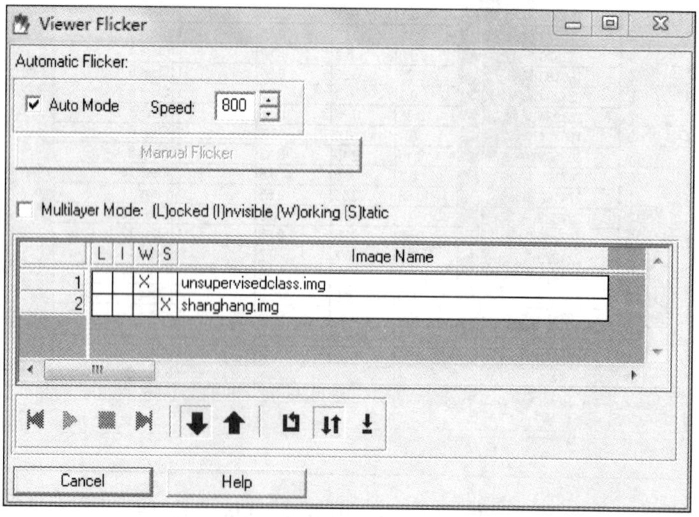

图 2-101　"Viewer Flicker"对话框

点击勾选“Auto Mode”功能，使得分类图像在原图像背景上自动闪烁，并将 Speed 调整为 800(视个人情况确定闪烁的时间间隔)，观察它与背景图像之间的关系，从而判定该类别的专题意义，并分析其分类准确与否。通过判读，可以判定 Class1 为水域，且精度较高。

最后，在“Raster Attribute Editor”对话框中，点击 Class Names 字段下的 Class1，使其进入可编辑状态，在该类别的名称改为“水域 1”，并将 Class1 的显示颜色改为蓝色(图 2 - 102)。

重复以上步骤，直到对所有 20 个类别都进行了专题意义的判读分析与类别名称以及颜色的修改处理，最后将所有类别设为不透明，在视窗中可以看到解译的结果图(图 2 - 103)。

Raster Attribute Editor - unsupervisedclass.img(:Layer_1)

File　Edit　Help

Layer Number: 1

Row	Class Names	Histogram	Color	Red	Green	Blue	Opacity
0	Unclassified	2710040		0	0	0	0
1	水域1	22976		0	0	1	1
2	Class 2	154935		0.1	0.1	0.1	0
3	Class 3	15779		0.15	0.15	0.15	0
4	Class 4	72678		0.2	0.2	0.2	0
5	Class 5	166183		0.25	0.25	0.25	0

图 2 - 102　将 Class1 改为水域 1，并设置为蓝色

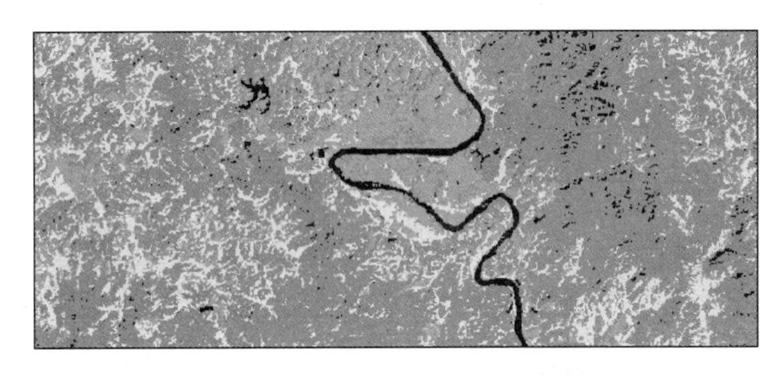

图 2 - 103　非监督分类类别判读完成后的解译结果

➢　步骤 5：数据重编码。

由于非监督分类一般要定义比最终分类多一定数量的类别数，在完全按照像元灰度值通过 ISODATA 聚类获得分类方案，并通过将专题分类图像与原始图像对照，判断每个分类的专题属性，然后需要对相近或类似的分类通过图像重编码进行合并，并定义新的类别名称和颜色。

具体操作过程如下：

(1) 在 ERDAS 中，点击“Interpreter”图标，启动 Image Interpreter 模块，点击“GIS Analysis”，弹出“GIS Analysis”菜单，再点击菜单中的“Recode”按钮，弹出“Recode”对话框(图 2 - 104)。

(2) 在“Recode”对话框中，输入文

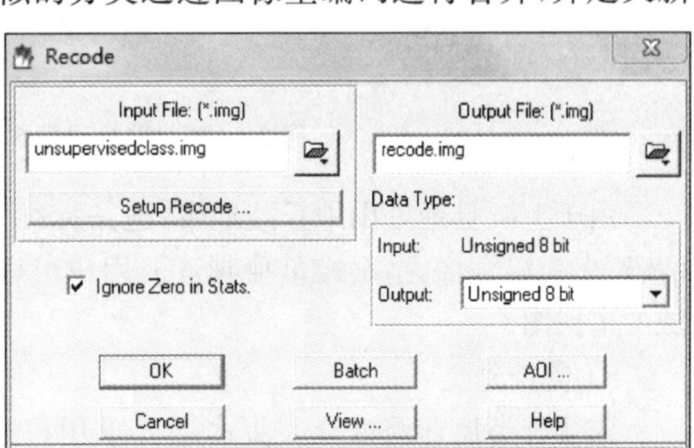

图 2 - 104　“Recode”对话框

件设置为 unsupervisedclass. img；定义输出文件路径(shiyan02 文件夹下)和文件名称(recode. img)；点击“Setup Recode”按钮，打开“Thematic Recode”表格(图 2 - 105)，根据需要改变 New Value 字段的取值(直接输入)，设置新的类别编码，例如将所有的建设用地赋值为 1，林地赋值为 2，农田赋值为 3，水域赋值为 4，其他赋值为 5；点击“OK”按钮，关闭“Thematic Recode”表格，返回“Recode”对话框；在“Recode”对话框中确定输出数据类型为 Unsigned 8 bit，并点选“Ignore Zero in Stats(忽略 0 值)”。

(3) 在“Recode”对话框中点击“OK”按钮，关闭 Recode 对话框，执行重编码处理命令，得到 recode. img 文件，打开属性表调整类型颜色(图 2 - 106)。

Thematic Recode

Value	New Value	Histogram	Red	Green	Blue	Class Name:
0	0	0.0	1.0	1.000	1.0	Unclassified
1	5	2710040.0	1.0	1.000	1.0	未知
2	5	154956.0	1.0	1.000	1.0	未知
3	2	424267.0	0.0	1.000	0.0	林地
4	2	402191.0	0.0	1.000	0.0	林地
5	5	15803.0	1.0	1.000	1.0	未知
6	4	105975.0	0.0	0.000	1.0	水域
7	2	120409.0	0.0	1.000	0.0	林地
8	2	106058.0	0.0	1.000	0.0	林地
9	2	251535.0	0.0	1.000	0.0	林地
10	1	83025.0	1.0	0.647	0.0	建设用地
11	5	0.0	1.0	1.000	1.0	未知
12	2	225703.0	0.0	1.000	0.0	林地

New Value: 1　　Change Selected Rows

OK　　Cancel　　Help

图 2 - 105　“Thematic Recode”表格中 New Value 字段值输入

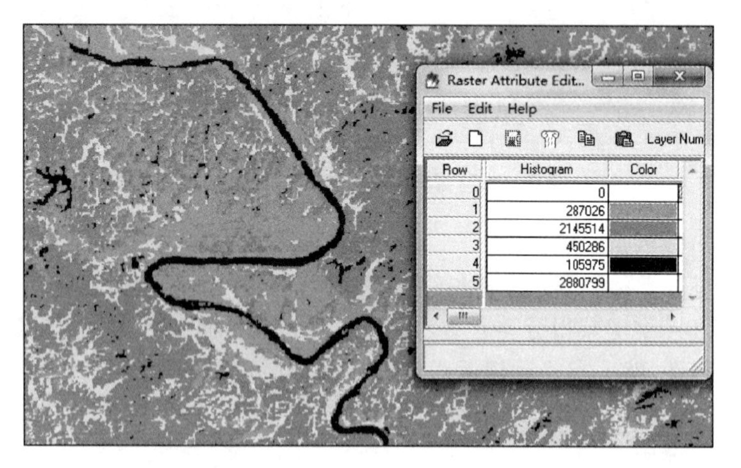

图 2 - 106　重编码后 5 个类别的分类结果

由于上杭县地处山地丘陵地带，道路标准与等级较低，道路用地在 TM 影像中不够清晰，多为混合像元，很难单独判读。用户可以使用高分辨影像图进行数字化来获取县域的道路图。

2) 监督分类

监督分类比非监督分类更多地要求用户来控制，常用于对研究区域比较了解的情况。在监督分类过程中，首先选择可以识别或者借助其他信息可以判定其类型的像元建立模板，然后基于该模板使计算机系统自动识别具有相同特性的像元。对分类结果进行评价后再对模板进行修改，多次反复后建立一个比较准确的模板，并在此基础上最终进行分类和分类后的处理。

➢ 步骤 1：定义分类模板。

ERDAS IMAGINE 的监督分类是基于分类模板来进行的，而分类模板的生成、评价、管理和编辑等功能是由分类模板编辑器来负责的。

定义分类模板的主要操作如下：

(1) 在视窗中加载需要进行分类的图像 shanghang. img 文件，并调整显示的波段组合为 543。

(2) 打开 Signature Editor(模板编辑器)并调整显示字段。

首先，在 ERDAS 图标面板工具条中点击“Classification”图标，打开“Classification”菜单，在“Classification”菜单中点击“Signature Editor”菜单项，打开“Signature Editor(模板编辑器)”对话框(图 2 - 107)。

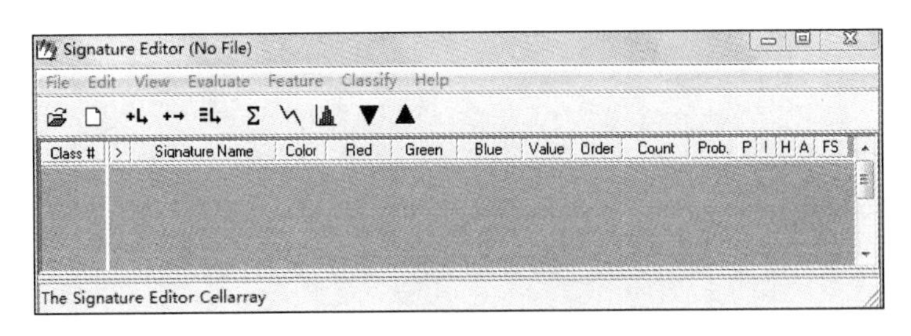

图 2 - 107　“Signature Editor(模板编辑器)”对话框

在该对话框有很多字段，有些字段对分类的意义不大，所以需要进行调整使不太需要的字段暂不显示。点击“Signature Editor”对话框菜单条中的“View”—“Columns”，打开“View Signature Columns”对话框(图 2 - 108)，按住左键不放，从 Column 字段下的数字 1 向下拖拉直到最后的数字 14 后松开鼠标(此时，所有字段都被选上，并用黄色缺省色高亮标示出来)，然后在按住 Shift 键的同时分别点击 Red、Green、Blue 三个字段(这三个字段将从选择集中清除)，点击“Apply”按钮，再点击“Close”按钮，关闭“View Signature Columns”对话框。

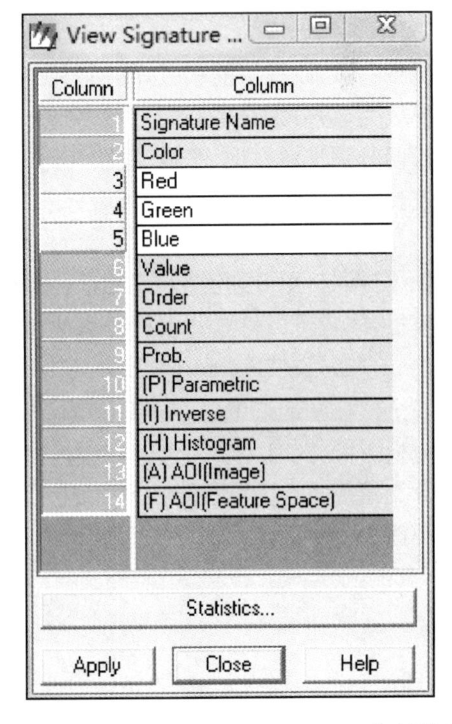

图 2 - 108　“View Signature Columns”对话框

(3) 使用 AOI 绘图工具获取分类模板信息。

首先，在视窗的菜单项中点击

"AOI"—"Tools",打开 AOI 工具面板,或者直接点击工具条中的栅格工具图标,打开 Raster(栅格)工具面板。然后,点击工具面板中的任意多边形图标,在视图窗口中选择一片林地区域,绘制一个多边形 AOI(图 2-109)。最后,切换到"Signature Editor"对话框,点击创建新分类模板图标,将刚才绘制的多边形 AOI 加载到 Signature 分类模板中(图 2-106),并修改模板的 Signature Name 和 Color 分别为林地 1 和 Green。

重复上述操作过程多选择构建几个林地区域 AOI,并将其作为新的分类模板加入到 Signature Editor 中,同时修改模板的名称和颜色。

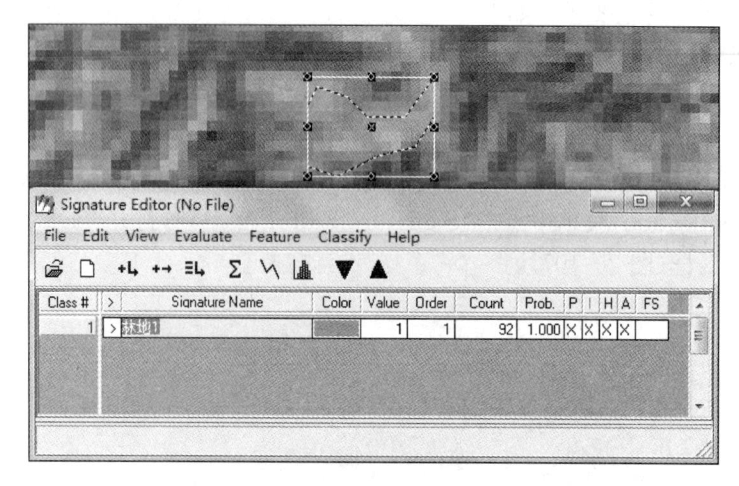

图 2-109 林地 AOI 绘制与新分类模板(林地 1)创建

定义模板原则:①必须在分类之前就知道研究区域的森林类型、覆盖范围以及图像的叠合现象,以保证输出分类的连续性。②当创建训练区时,对于每一个类别都有一些子类,每个子类选择的 AOI 区域应该不少于 5 个,并且每个 AOI 区域内像素的颜色类型尽量保持一致,跳跃不能很大,即不要出现杂色。例如,林地在山坡阳面和阴面呈现的色调差异较大,应分别在不同的区域多选一些模板。

我们分别提取林地、水域、建设用地、农田用地类型的分类模板,为了简便演示,每一类别选择 5～10 个子类来定义模板(图 2-110)。最后的模板保存为 supervisedclass. sig 文件。

如果对同一个专题类型(如林地、水域、建设用地等)采集了多个 AOI 并分别生成了分类模板,用户可以将这些模板合并生成一个新的模板,以使该分类模板具有区域的综合特性。方法是在"Signature Editor"对话框中,将该类的分类模板全部选中,例如将农田的 6 个模板全部选中,然后点击"Signature Editor"对话框工具条上的合并选择的分类模板图标,这时一个综合的新模板将产生,原来的多个 Signature 同时存在。将新生成的分类模板改名为"农田综合",颜色设置为黄色。最后,点击"File"—"Save"按钮,保持分类面板文件的修改。

Signature Editor (supervisedclass.sig)

File　Edit　View　Evaluate　Feature　Classify　Help

Class #	Signature Name	Color	Value	Order	Count	Prob.	P	I	H	A	FS
1	林地1		1	1	92	1.000	X	X	X	X	
2	林地2		2	2	58	1.000	X	X	X	X	
3	林地3		3	3	95	1.000	X	X	X	X	
4	林地4		4	4	123	1.000	X	X	X	X	
5	林地5		5	5	439	1.000	X	X	X	X	
6	林地6		6	6	489	1.000	X	X	X	X	
7	林地7		7	7	511	1.000	X	X	X	X	
8	建设用地1		8	8	100	1.000	X	X	X	X	
9	建设用地2		9	9	156	1.000	X	X	X	X	
10	建设用地3		10	10	112	1.000	X	X	X	X	
11	建设用地4		11	11	166	1.000	X	X	X	X	
12	建设用地5		12	12	7	1.000	X		X	X	
13	建设用地6		13	13	154	1.000	X	X	X	X	
14	水域1		14	14	74	1.000	X	X	X	X	
15	水域2		15	15	50	1.000	X	X	X	X	
16	水域3		16	16	168	1.000	X	X	X	X	
17	水域4		17	17	75	1.000	X	X	X	X	
18	水域5		18	18	47	1.000	X	X	X	X	
19	农田1		19	19	218	1.000	X	X	X	X	
20	农田2		20	20	48	1.000	X	X	X	X	
21	农田3		21	21	201	1.000	X	X	X	X	
22	农田4		22	22	88	1.000	X	X	X	X	
23	林地8		23	23	73	1.000	X	X	X	X	
24	林地9		24	24	102	1.000	X	X	X	X	
25	农田5		25	25	58	1.000	X	X	X	X	
26	农田6		26	26	26	1.000	X	X	X	X	

图 2－110　定义的分类模板(林地、建设用地、农田、水域共 26 个)

➤　步骤 2:进行监督分类。

在监督分类过程中用于分类决策的规则是多层次的,如对非参数模板有特征空间、平行管道等方法,对参数模板有最大似然法、Mahalanobis 距离法、最小距离法等方法。非参数规则和参数规则可以同时使用,但要注意非参数规则只能应用于非参数模板,参数模板要使用参数规则。另外,如果使用非参数模板,还要确定叠加规则和未分类规则。

首先,在 ERDAS 图标面板工具条中点击“Classification”图标,打开 Classification 功能菜单,再点击“Supervised Classification”按钮,弹出“Supervised Classification”对话框(图 2－111)。

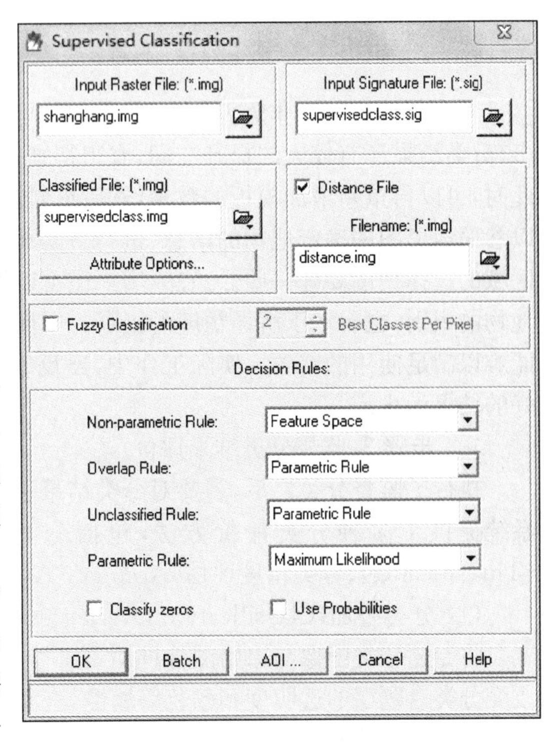

图 2－111　“Supervised Classification”对话框

然后,在“Supervised Classification”对话框中做如下设置:输入栅格文件为 shanghang. img;定义输出的分类文件路径(shiyan02 文件夹下)和文件名称(supervisedclass. img);设置输入的分类模板文件为 supervisedclass. sig;点击勾选"Distance File" 复选框,选择输出分类距离文件(用于分类结果进行阈值处理)的路径(shiyan02 文件夹下)和文件名称(distance. img);选择 Non-parametric Rule(非参数规则)为 Feature Space,进而选择 Overlay Rule(叠加规则)为 Parametric Rule(选择 Feature Space 后的默认值),选择 Unclassified Rule(未分类规则)为 Parametric Rule;选择 Parametric Rule(参数规则)为 Maximum Likelihood(即最大似然法);不选择 Classify zeros(即分类过程中不包括 0 值)。

最后,点击"OK"按钮,执行监督分类,得到分类结果 supervisedclass. img(图 2 - 112)。

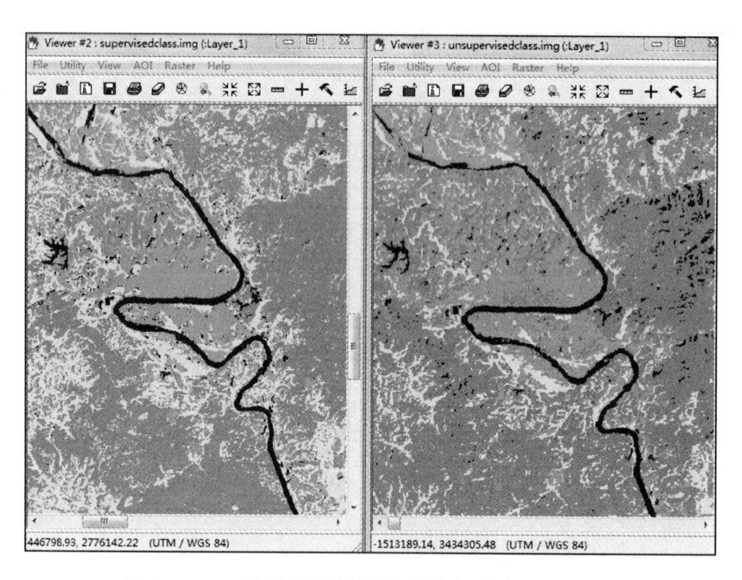

图 2 - 112　监督分类结果与非监督分类结果对比

监督分类相对于非监督分类,解译的效果比较好。但是由于分类模板选择的不是太多,分类结果还有较大的提升空间,农田特别是梯田,还可以与裸地、林地等分得更清楚。此时,可以再重新增加模板的数量,然后重新进行监督分类。如果有研究区的地形图,可以参照地形图中确定地物的信息,进行分类模板的制作,比单纯依靠 TM 数据进行 AOI 区域的选择精度要好一些。当然,用户还可以结合规划研究区的高分辨率影像图来进行地物的识别,也有利于解译精度的提高。本例中,不再调整分类模板,所以输出的结果可能难以满足使用的需要。实际工作中,要反复的训练样本(分类模板),直至得到质量较好的结果为止。

➢ 步骤 3:监督分类结果评价。

执行了监督分类之后,需要对分类结果进行评价(Evaluate Classification)。ERDAS 系统提供了多种分类评价方法,包括分类叠加(Classification Overlay)、阈值处理(Thresholding)、分类精度评估(Accuracy Assessment)等。

(1) 分类叠加(Classification Overlay)

将专题分类图像与原始图像同时在一个视窗中打开,将分类专题图置于上层,通过改变分类专题层的透明度和颜色等属性,查看分类专题与原始图像之间的关系。本方法具体操作参见非监督分类中的分类方案调整部分。

(2) 阈值处理(Thresholding)

阈值处理方法可以确定哪些像元最可能没有被正确分类，可将其从监督分类的初步结果中剔除，从而对解译结果进行优化。用户可以对每个类别设置一个距离阈值，将可能不属于它的像元(在距离文件中的值大于设定阈值的像元)筛选出去，赋予另一个分类值。

具体操作步骤为：

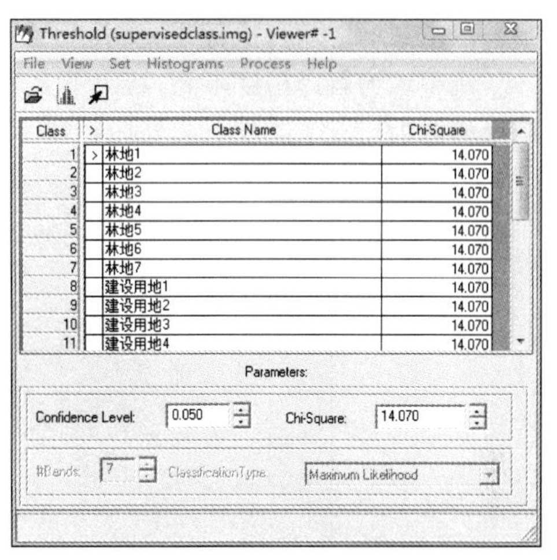

图 2－113　"Threshold"对话框

首先，在视图窗口中打开分类后的图像 supervisedclass. img。

然后，在 ERDAS 图标面板工具条中点击"Classification"图标，打开 Classification 功能菜单，再点击"Threshold"选项，打开"Threshold"对话框(图 2－113)，启动阈值处理功能。在"Threshold"对话框菜单条中点击"File"—"Open"，或者直接点击 Open Files 图标，打开"Open Files"对话框(图 2－114)，输入分类图像文件为 supervisedclass. img 和距离图像文件 distance. img，点击"OK"按钮，返回"Threshold"对话框(图 2－113)。

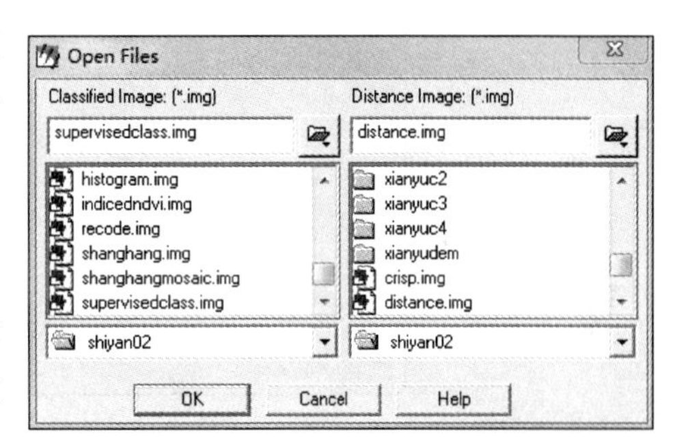

图 2－114　"Open Files"对话框

再次，进行视图选择及直方图计算。在"Threshold"对话框菜单条中点击"View"—"Select Viewer"，并点击显示监督分类结果图像的视窗；并在"Threshold"对话框的菜单条中点击"Histograms"—"Compute"(计算各类别的距离直方图)，此时 显示距离直方图图标由灰色变为黑色，表明可以使用该功能；通过点击"File"—"Save Table"，将文件保存。

接着，选择类别并确定阈值。在"Threshold"对话框的分类属性表格中，点击选择专题类别 Class1(即林地 1)，该类别高亮显示，这时点击 Histograms 图标，选定类别的"Distance Histogram"被显示出来(图 2－115)；拖动 Histogram X 轴上的箭头到需要设置为阈值的位置，"Threshold"对话框中的 Chi-Square 自动发生变化，表明该类别的阈值设置完毕。然后重复上述步骤，依次设置每一个类别的阈值，直到分类结果得到优化。

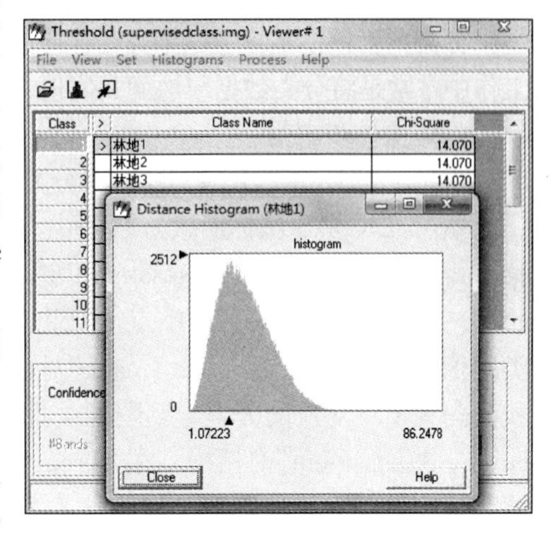

图 2－115　林地 1 的"Distance Histogram"

最后，显示并观察阈值处理图像结果。

在"Threshold"对话框菜单条中点击"View"—"View Colors"—"Default Colors"

(环境设置,将阈值以外的像元显示为黑色,之内的像元以分类色显示);在“Threshold”对话框菜单条中点击“Process”—“To Viewer”,阈值处理图像将显示在分类图像之上,形成一个阈值掩膜(Threshold Mask)(图2-116);将阈值处理图像设置为Flicker闪烁状态,观察处理前后的变化;然后点击“Process”—“To File”,打开“Threshold to File”对话框,设置要生成的文件名称为supervisedclasslindiadjust. img和路径(shiyan02文件夹下);点击“OK”按钮,执行Threshold命令。

调整认为解译精度不高,结果不太理想的土地利用类型,分别调整其阈值,直至调整结果满意为止。

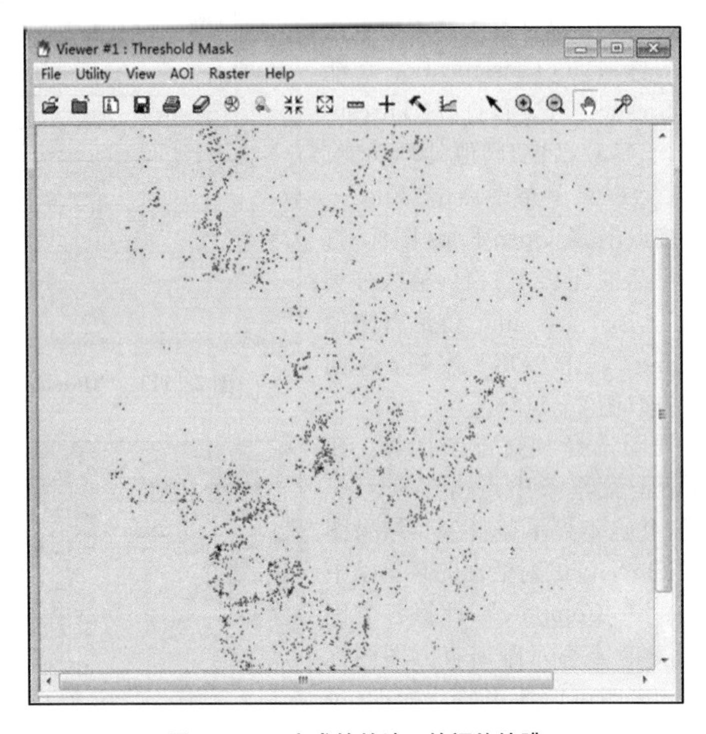

图2-116 生成的林地1的阈值掩膜

(3) 分类精度评估

分类精度评估是将专题分类图像中的特定像元与已知分类的参考像元进行比较,实际工作中常常是将分类数据与地面真实值、先前的试验地图、航空相片或其他数据进行对比。

具体操作步骤为:

首先,在Viewer视图窗口中打开分类前的原始图像shanghang. img,以便进行精度评估。

然后,ERDAS图标面板工具条中点击“Classification”图标,打开Classification功能菜单,再点击“Accuracy Assessment”选项,打开“Accuracy Assessment”对话框。在“Accuracy Assessment”对话框中点击“File”—“Open”,或者直接点击工具条上的打开分类图像图标,打开“Classified Image”对话框(图2-117)。在“Classified Image”对话框中找到与视窗中对应的分类专题图像文件supervisedclass. img,点击“OK”按钮,返回“Accuracy Assessment”对话框。在“Accuracy Assessment”对话框的工具条中点击图标,将光标在显示有原始图像的视窗中点击一下,这时原始图像视窗与精度评估视窗相连接;接着点击“View”—“Change Colors”,打开“Change colors”面板(图2-118)。在该面板中定义下列参数：在 Points with no reference（确定没有真实参考值的点的颜色）：白色，在 Points with reference（确定有真实参考值的点的颜色）：黄色，点击“OK”按钮，返回“Accuracy Assessment”对话框。

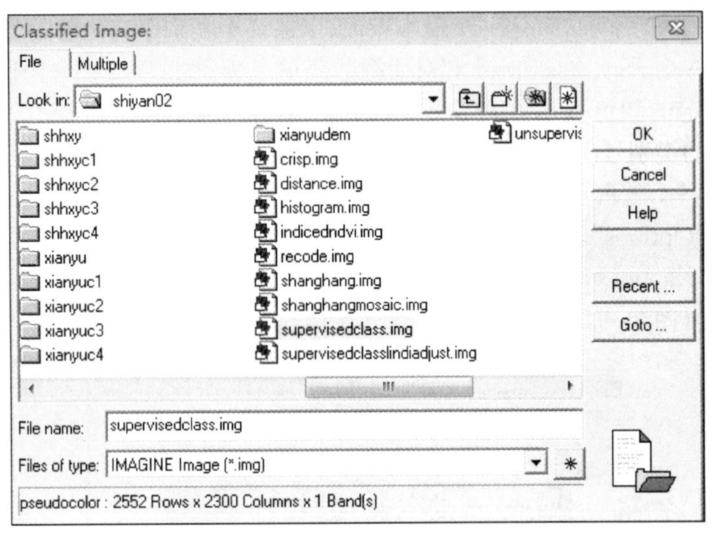

图 2 - 117　“Classified Image”对话框

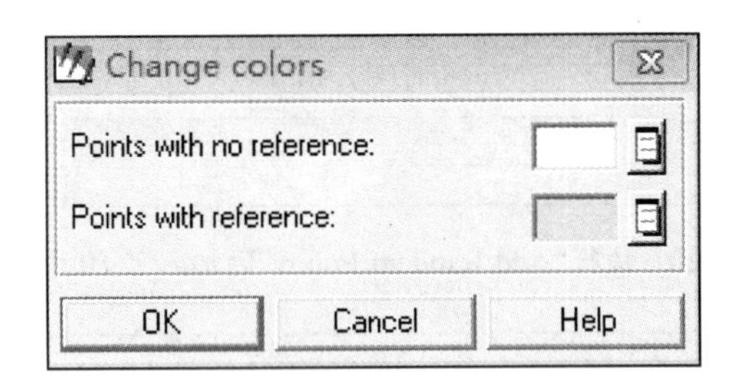

图 2 - 118　“Change colors”面板

再次，在分类图像中产生一些随机点，需要用户给出随机点的实际类别，以便与分类图像的类别进行比较。在“Accuracy Assessment”对话框中点击“Edit”—“Create/Add Random Points”，打开“Add Random Points”对话框（图 2 - 119）。在该对话框中定义下列参数：在“Search Count”中输入 1024，在“Number of Points”中输入 10，在“Distribution Parameters”选择“Random”单选框，点击“OK”按钮，返回“Accuracy Assessment”对话框。这时，在“Accuracy Assessment”对话框的数据表中列出了 10 个比较点，每个点都有点号、X/Y 坐标值、Class、Reference 等字段（图 2 - 120）。

在“Add Random Points”对话框中，“Search Count”是指确定随机点过程中使用的最多分析像元数；“Number of Points”设为 10 说明是产生 10

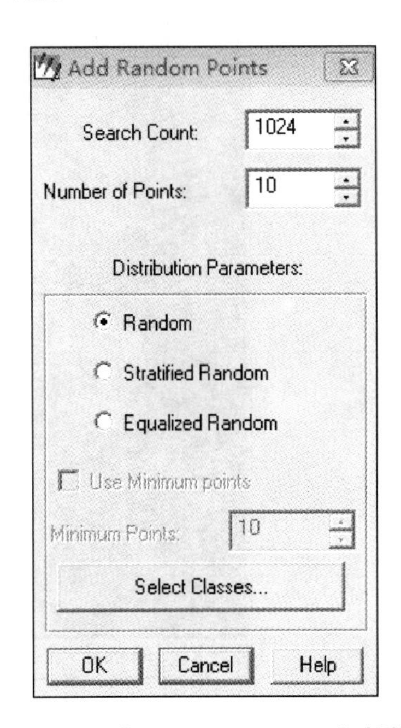

图 2 - 119　“Add Random Points”对话框

个随机点,如果是做一个正式的分类评价,必须产生250个以上的随机点;选择“Random”意味着将产生绝对随机的点,而不使用任何强制性规则;“Equalizes Random”是指每个类将具有同等数目的比较点;“Stratified Random”是指点数与类别涉及的像元数成比例,选择该复选框后可以确定一个最小点数,以保证小类别也有足够的分析点。

最后,在“Accuracy Assessment”对话框的菜单条中点击“View”—“Show All”(所有随机点均以设定的颜色显示在视窗中,见图2-121);接着点击“Edit”—“Show Class Values”(各点的类别号出现在数据表的Class字段中,见图2-122);在数据表的Reference字段输入各个随机点的实际类别值。然后,在“Accuracy Assessment”对话框中点击“Report”—“Options”,通过点击确定分类评价报告的参数:选择Error Matrix、Accuracy Totals和Kappa Statistics(图2-123);再点击“Report”—“Accuracy Report”(产生分类精度报告)(图2-124)。

Accuracy Assessment (supervisedclass.img) - Viewer# 1

File　Edit　View　Report　Help

Point #	Name	X	Y	Class	Reference
1	ID#1	432665.000	2751841.000		
2	ID#2	442415.000	2801161.000		
3	ID#3	433595.000	2788561.000		
4	ID#4	436355.000	2796931.000		
5	ID#5	428555.000	2810791.000		
6	ID#6	471875.000	2813311.000		
7	ID#7	435695.000	2802361.000		
8	ID#8	439565.000	2758681.000		
9	ID#9	494225.000	2815441.000		
10	ID#10	478565.000	2767771.000		

图2-120　执行“Add Random Points”后加入了10个随机点

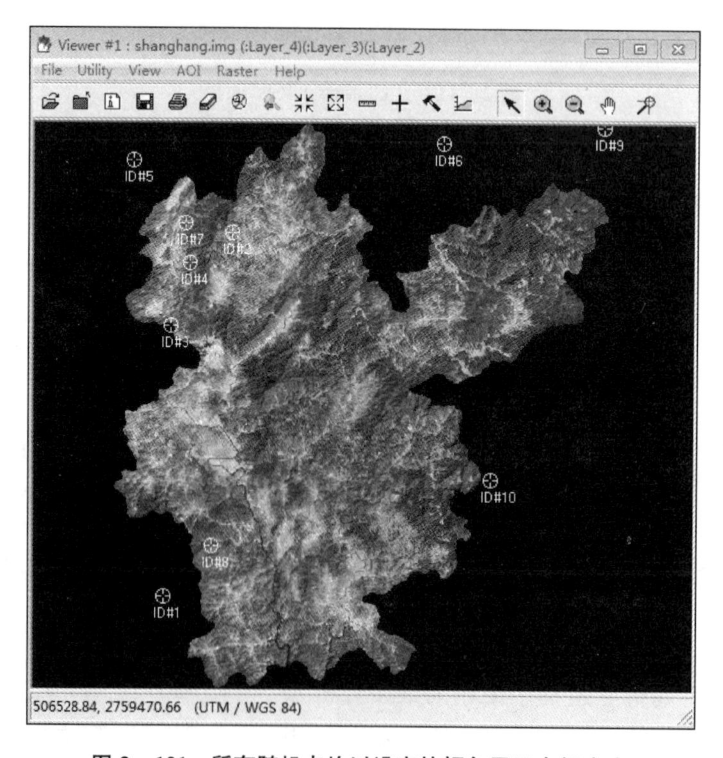

图2-121　所有随机点均以设定的颜色显示在视窗中

Accuracy Assessment (supervisedclass.img) - Viewer# 1

File　Edit　View　Report　Help

Point #	Name	X	Y	Class	Reference
1	ID#1	432665.000	2751841.000	0	
2	ID#2	442415.000	2801161.000	25	
3	ID#3	433595.000	2788561.000	0	
4	ID#4	436355.000	2796931.000	2	
5	ID#5	428555.000	2810791.000	0	
6	ID#6	471875.000	2813311.000	0	
7	ID#7	435695.000	2802361.000	4	
8	ID#8	439565.000	2758681.000	2	
9	ID#9	494225.000	2815441.000	0	
10	ID#10	478565.000	2767771.000	0	

图 2-122　各点的类别号出现在数据表的 Class 字段中

Accuracy Assessment (supervisedclass.img) - Viewer# 1

File　Edit　View　Report　Help

Options　▸　✓ Error Matrix　✓ Accuracy Totals　✓ Kappa Statistics

Accuracy Report...　Ctl+R

Cell Report...

Point #	Name	X	Y	Class	Reference
1	ID#1				
2	ID#2	442415.000	2801161.000	25	25
3	ID#3	433595.000	2788561.000	0	0
4	ID#4	436355.000	2796931.000	2	2
5	ID#5	428555.000	2810791.000	0	0
6	ID#6	471875.000	2813311.000	0	0
7	ID#7	435695.000	2802361.000	4	4
8	ID#8	439565.000	2758681.000	2	1
9	ID#9	494225.000	2815441.000	0	0
10	ID#10	478565.000	2767771.000	0	0

Generate error matrix

图 2-123　通过“Options”选择分类评价报告中的参数

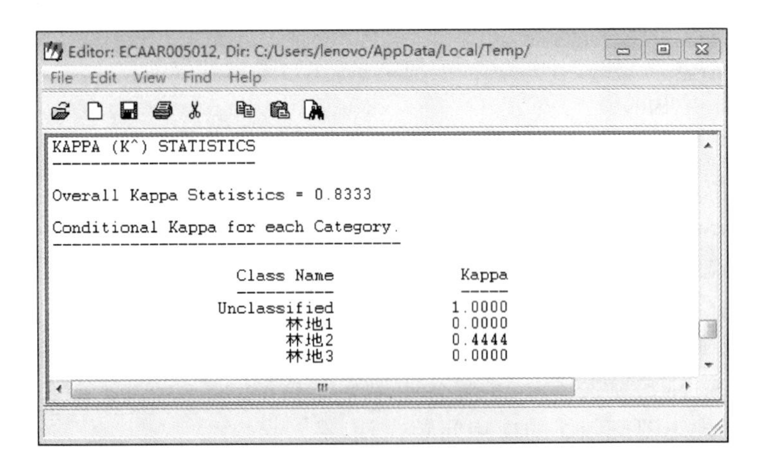
Editor: ECAAR005012, Dir: C:/Users/lenovo/AppData/Local/Temp/

File　Edit　View　Find　Help

```
KAPPA (K^) STATISTICS
---------------------

Overall Kappa Statistics = 0.8333

Conditional Kappa for each Category.
------------------------------------

          Class Name          Kappa
          ----------          -----
        Unclassified         1.0000
                林地1         0.0000
                林地2         0.4444
                林地3         0.0000
```

图 2-124　分类精度报告

在总报告中，总正确率 Accuracy Totals＝(正确分类样本数/总样本数)×100%；Kappa Coefficient：分类过程中错误的减少与完全随机分类错误产生的比率。

➢　步骤 4：分类后处理。

无论监督分类还是非监督分类，都是按照图像光谱特征进行聚类分析的，因此都带有一定的盲目性。所以，对获得的分类结果需要再进行一些处理工作，才能得到最终相对理想的分类结果,这些操作统称为分类后处理。ERDAS系统提供了多种方法,包括重编码(Recode)、集聚处理(Clump)、滤网分析(Sieve)和去除分析(Eliminate)等。

(1) 重编码(Recode)

用户可以将我们定义的20多个分类模板得到的分类结果进行重编码,将同一类地物进行合并赋统一的类别代码,生成新的IMG格式文件supervisedrecode. img。前面非监督分类小节中已经介绍过,在此不再赘述。

(2) 集聚处理(Clump)

无论监督分类还是非监督分类,分类结果中都会产生一些面积很小的图斑,有必要进行剔除。集聚处理是通过分类专题图像计算每个分类图斑的面积,记录相邻区域中最大图斑面积的分类值等操作,产生一个Clump类组输出图像,其中每个图斑都包含Clump类组属性;该图像是一个中间文件,用于进行下一步处理。

具体操作过程如下:

首先,在ERDAS图标面板中点击“Interpreter”按钮,弹出Image Interpreter功能菜单,点击“GIS Analysis”按钮,弹出GIS Analysis功能菜单,再点击“Clump”工具,打开“Clump”对话框(图2-125)。

然后,在“Clump”对话框确定下列参数。输入文件:重编码后的supervisedrecode. img;输出文件:clump. img;文件坐标类型Coordinate Type:Map;确定集聚处理邻域Connected Neighbors:8(统计分析将对每个像元周围的8个相邻像元进行,为默认选项);点击勾选忽略0值选项。

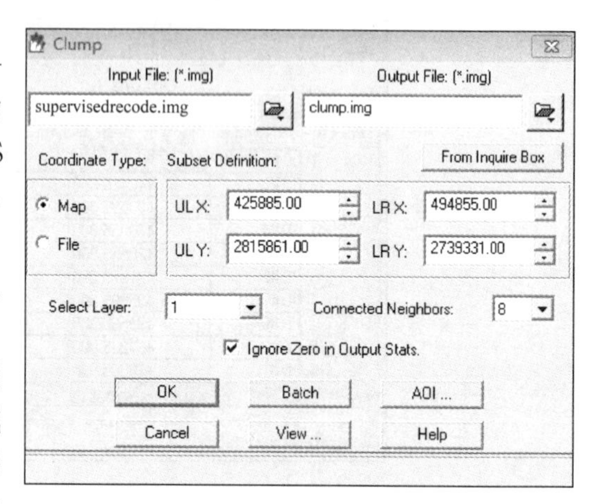

图2-125　“Clump”对话框

最后,点击“OK”按钮,关闭“Clump”对话框,执行集聚处理命令。

(3) 滤网分析(Sieve)

滤网功能是对经Clump处理后的Clump类组图像进行处理,按照定义的数值大小,删除Clump图像中较小的类组图斑,并给所有小图斑赋予新的属性。小图斑的属性可以与原分类图对比确定,也可以通过空间建模方法,调用Delerows或Zonel工具进行处理。Sieve经常与Clump配合使用,对于无需考虑小图斑归属的应用问题,有很好的作用。

具体操作过程如下:

首先,在ERDAS中点击“Interpreter”—“GIS Analysis”—“Sieve”按钮,弹出“Sieve”对话框(图2-126)。

图2-126　“Sieve”对话框

然后,在“Sieve”对话框中确定下列参数。输入文件：clump. img；输出文件：sieve. img；确定最小图斑大小 Minimum size：8 pixels；点击勾选忽略 0 值。

最后，点击“OK”按钮，关闭“Sieve”对话框，执行滤网分析命令。

(4) 去除分析(Eliminate)

去除分析是用于删除原始分类图像中的小图斑或 Clump 类组图像中的小 Clump 类组，与 Sieve 命令不同，Eliminate 将删除的小图斑合并到相邻的最大的分类当中。而且，如果输入图像是 Clump 类组图像的话，经过 Eliminate 处理后，分类图斑的属性值将自动恢复为 Clump 处理前的原始分类编码。可以说，Eliminate 处理后的输出图像是简化了的分类图像。

具体操作过程如下：

首先，在 ERDAS 中在 ERDAS 中点击“Interpreter”—“GIS Analysis”—“Eliminate”按钮，弹出“Eliminate”对话框(图 2-127)。

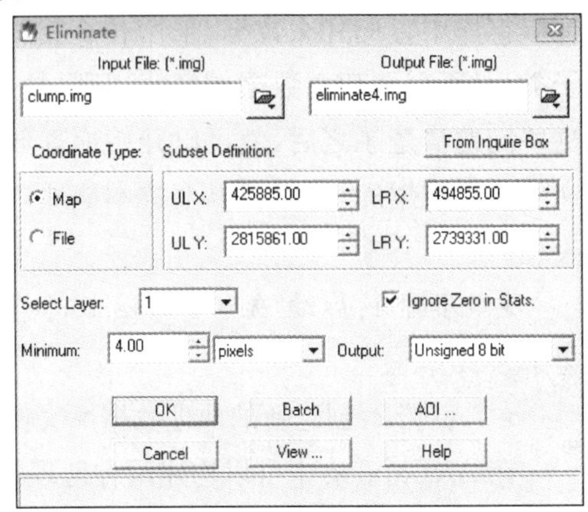

图 2-127　“Eliminate”对话框

然后，在“Eliminate”对话框中确定下列参数。输入文件：clump. img；输出文件：eliminate4. img；确定最小图斑大小 Minimum size：4 pixels；确定输出数据类型：Unsigned 8 bit；点击勾选忽略 0 值选项。

最后，点击“OK”按钮，关闭“Eliminate”对话框，执行去除分析命令。

注意：最小图斑的大小设置必须结合图像的实际用途、图像的信息量、分类图像的可分性等来确定。大家可以试着做几个不同的设置，看结果的差异，然后选择既能减少小图斑又能保持解译精度的最优图斑大小。本例中综合各方面因素，将其设置为 8 pixels。

ERDAS 中需要先进行聚类分析(Clump)，再进行去除分析(Eliminate)，得出的结果图像是按灰度显示，可修改为彩色。利用聚类分析得到的 climp. img 文件，分别进行 4 pixels、8 pixels、16 pixels、32 pixels 的去除分析，得到 4 个结果(图 2-128)，通过比较 8 pixels 的去除分析比较合适，既减少了破碎多边形，又能够保持较高的数据解译精度。

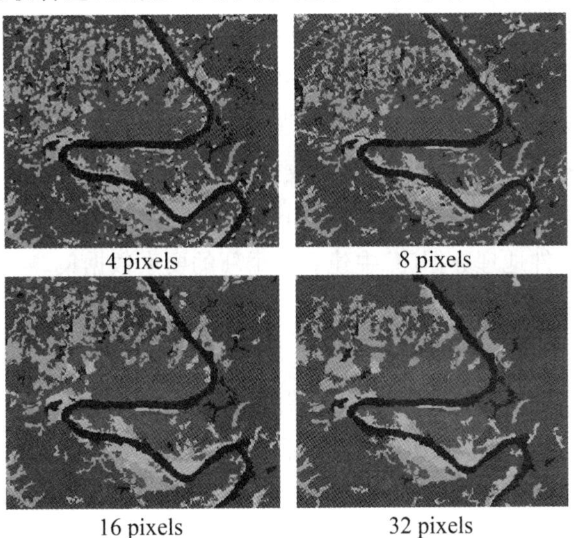

图 2-128　不同 pixels 设置下的去除分析结果

2.7 地理数据库构建

为了便于数据的组织、存储与管理,可以创建一个属于上杭项目的地理数据库文件,并将获取和收集的上杭的地理数据移植到该地理数据库中。

建立地理数据库之前,应先进行地理数据库的设计。地理数据库设计是地理数据库构建的重要过程,应该根据项目的需要进行规划和不断调整。设计之前,需要考虑在数据库中存储什么数据、采用什么空间参考(坐标与投影系统)、如何组织对象类和子类、是否需要建立数据的修改规则、是否需要在不同类型对象间维护特殊的关系等。这些问题清楚了之后,就可以开始地理数据库的构建了。通常使用的方法是创建本地文件地理数据库,这里就以上杭本地地理数据库的构建为例来说明地理数据库的构建过程。

➢ 步骤1:启动 ArcCatalog 10.1,并将 shiyan01 和 shiyan02 文件夹关联到目录树中。

➢ 步骤2:创建新的地理数据库文件。

在 ArcCatalog 中可以构建两种地理数据库,本地地理数据库(个人地理数据库和文件地理数据库)和 ArcSDE 地理数据库(空间数据库连接)。本地数据库可以直接在 ArcCatalog 环境中创建,而 ArcSDE 地理数据库必须首先在网络服务器上安装数据库管理系统(DBMS)和 ArcSDE,然后才能建立从 ArcCatalog 到 ArcSDE 地理数据库的连接。这里只介绍本地数据库的构建过程,另外在实验1中已经介绍过个人地理数据库的构建和要素数据图层的导入,此处以创建一个新的文件地理数据库(File Geodatabase)为例加以说明。

在 ArcCatalog 界面中,点击主菜单上的"文件"—"新建"—"文件地理数据库"按钮,或者在目录树中,右键点击存放新地理数据库文件的文件夹,在快捷菜单中点击"新建"—"文件地理数据库"按钮,一个名称为"新建文件地理数据库.mdb"的个人地理数据库加载进入目录树中,且文件名称处于可修改状态,将文件名改为"上杭文件地理数据库"。这时,该数据库是不包含任何数据内容的空的地理数据库。

➢ 步骤3:建立"上杭文件地理数据库"中的基本组成项。

地理数据库中的基本组成项包括要素数据集、要素类和对象类。当在数据库中创建了这些项目后,还可以创建一些子项目,例如子类、几何网络类和注释类。

首先,在"上杭文件地理数据库"中建立一个新的要素数据集。

具体步骤为:

(1) 鼠标右击"上杭文件地理数据库"文件,在弹出的快捷菜单中选择并点击"新建"—"要素数据集",弹出"新建要素数据集"对话框(图2-129),并定义要素数据集的名称(上杭县域),点击"下一步"按钮,弹出"空间参考属性"对话框(图2-130)。(2) 可以选择系统提供的某一坐标系统,也可以点击"导入"按钮,将已有要素的空间参考读进来,或者点击“新建”按钮，自己定义一个空间参考。本例中将TM遥感数据的坐标系统读进来。点击“下一步”按钮，弹出“选择Z坐标的坐标系”对话框，再点击“下一步”，弹出“容差设置属性”对话框(图2-131)。(3) 使用默认设置，点击“完成”按钮，完成要素数据集的创建。

用户可以采用同样的过程创建一个名称为“上杭县城”的要素数据集。

然后，将已经收集的或数字化获取的要素类数据图层文件分类直接导入到“上杭文件地理数据库”中的上杭县域和上杭县城两个数据要素集中。

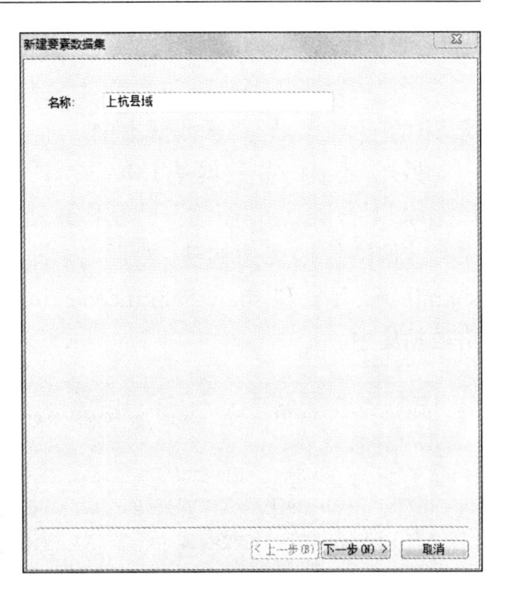

图2-129 “新建要素数据集”对话框

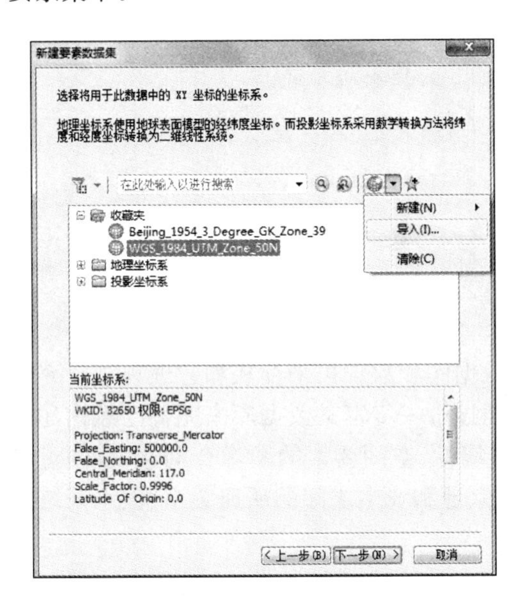

图2-130 “空间参考属性”对话框

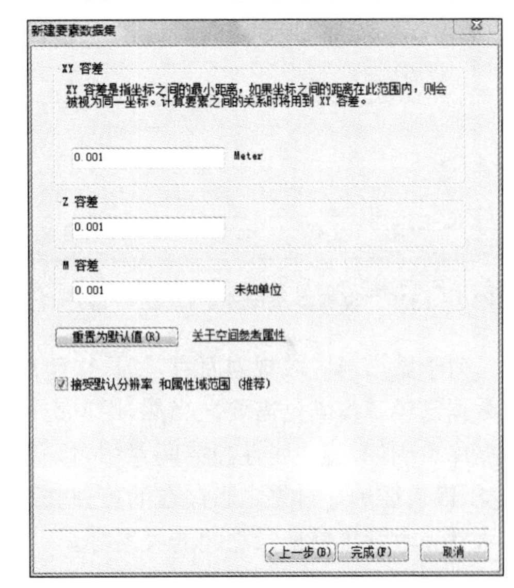

图2-131 “容差设置属性”对话框

地理数据库中主要支持Shapefile、Coverage、INFO表和dBASE表、CAD、Raster等类型，如果已经收集的数据不是上述数据格式，可以使用ArcToolbox中的转换工具进行数据格式的转换，然后再加载到地理数据库中。

要素数据图层导入地理数据库要素数据集的具体步骤为：

(1) 鼠标右击“上杭个人地理数据库”下的“上杭县域”要素数据集，在弹出的快捷菜单中选择并点击“导入”—“要素类(多个)”按钮(也可导入单个要素图层，单击“要素类(单个)”)，弹出“要素类至地理数据库(批量)”对话框(图2-132)。

(2) 然后，查找到shiyan01和shiyan02文件下已有的需要导入的要素类数据图层文件(图2-132)，点击“确定”按钮，将它们都导入到“上杭文件地理数据库”下的“上杭县域"要素数据集中。

用户可以采用同样的过程将上杭县城的要素图层文件导入到"上杭文件地理数据库"下的"上杭县城"要素数据集中。

另外,还有一些数据是IMG或GRID格式的栅格数据,可以通过在"上杭文件地理数据库"下右键点击"新建"—"栅格数据集",弹出"创建栅格数据集"对话框(图2-133),来完成栅格数据集的构建;然后,同前面导入要素数据图层的过程,将栅格数据例如shanghang.img和shanghangmosaic.img等具有相同波段数的栅格数据导入到构建的栅格数据集中。

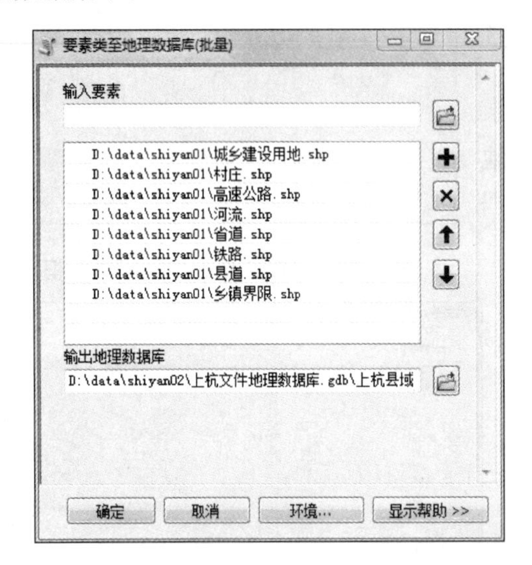

图2-132　"要素类至地理数据库(批量)"对话框

图2-133　"创建栅格数据集"对话框

对于城市与区域规划而言,用户构建地理数据库和数据集来存放和管理规划研究区的数据已经基本满足需要。当然,用户也可以通过进一步定义数据库来完善已经构建的数据库。例如,建立属性和空间索引,以提高对属性、空间要素的图像查询速度;创建关系类,以表征地理对象之间存在的各种关系,如宗地和业主之间的所属关系、供水系统中的水管和水管维修记录之间的关系等。

当用户将规划研究区的各类数据数字化、解译转换成GIS数据,并构建完成规划研究区的地理数据库后,用户规划分析研究之前的数据处理工作也已经基本完成。该过程通常时间长、任务重,且数据质量直接关乎最后的分析结果质量,因此,需要认真对待,并把握任务时间要求和数据精度之间的最佳切合点。

2.8　实验总结

通过本实验掌握使用GIS与RS技术获取规划研究区基础地理数据和构建规划研究区数据库的主要过程与基本操作,为后面的实验提供数据分析的基础和支撑。

具体内容见表2-6。

表 2-6　本次实验主要内容一览

主要内容	具体内容	页码
TM/ETM 数据获取与预处理	(1) TM/ETM 数据获取	P44
	■ TM/ETM 数据检索	P47
	■ TM/ETM 数据择选	P49
	(2) TM/ETM 数据预处理	P51
	■ TM/ETM 数据多波段融合	P51
	■ TM/ETM 融合数据的裁剪	P56
	■ TM/ETM 多景遥感影像的拼接	P59
	■ 规划研究区 TM/ETM 遥感影像的提取	P64
地图数据的配准	(1) 影像图的配准	P69
	(2) CAD 图的配准	P74
	(3) 扫描图件的配准	P80
DEM 数据获取与预处理	(1) DEM 数据获取	P81
	■ 免费 DEM 数据获取	P82
	■ 用 CAD 格式地形图数据制作 DEM	P83
	(2) DEM 数据预处理	P87
	■ 多景 DEM 数据的拼接	P87
	■ DEM 数据的裁剪	P87
	■ Hillshade 与晕渲图制作	P88
	■ 规划研究区工作底图制作	P89
地图数据的数字化	(1) 要素分层数字化	P90
	(2) 区域整体数字化	P96
TM/ETM 数据的解译	(1) TM/ETM 遥感数据增强处理	P100
	■ 图像空间增强处理	P101
	■ 图像辐射增强处理	P103
	■ 图像光谱增强处理	P105
	■ 植被指数 NDVI 的获取	P106
	(2) TM/ETM 遥感数据解译	P107
	■ 非监督分类	P107
	■ 监督分类	P112
	■ 监督分类结果评价	P116
	■ 分类后处理	P121
地理数据库构建	创建新的地理数据库文件	P124

实验3　地形制图与分析

3.1　实验目的与实验准备

3.1.1　实验目的

通过本实验掌握基础地形分析(海拔、坡度、坡向等的计算与分类)和延伸地形分析(地形起伏度、地表粗糙度、表面曲率、山脊线与山谷线的提取、地形鞍部点的提取、沟谷网络提取与沟壑密度计算、水文分析与流域划分、可视性分析等)的基本操作,能够制作规划研究区的三维视图与动画,并能够结合城市与区域规划中的具体规划需求选择合适的地形制图与分析方法。

具体内容见表3-1。

表3-1　本次实验主要内容一览

内容框架	具体内容
基于DEM的基础地形分析	(1) 高程分析与分类
	(2) 坡度计算与分类
	(3) 坡向计算与分类
基于DEM的延伸地形分析	(1) 地形起伏度
	(2) 地表粗糙度计算
	(3) 表面曲率分析
	(4) 山脊线与山谷线的提取
	(5) 地形鞍部点的提取
	(6) 沟谷网络提取与沟壑密度计算
	(7) 水文分析与流域划分
	(8) 可视性分析
基于ArcScene的三维地形可视化	(1) 三维可视化分析
	(2) 三维飞行动画制作

3.1.2　实验准备

(1) 计算机已经预装了ArcGIS 10.1中文桌面版或更高版本的软件。

(2) 本实验以福建省上杭县作为规划研究区,数据存放在光盘中的data\shiyan03文件夹中,请将shiyan03文件夹复制到电脑的D:\data\目录下。

3.2　基于DEM的基础地形分析

地形分析是城市规划中的重要内容,是城市规划的基础分析之一。地形地貌分析在城市规划的不同时期不同深度中都有非常广泛的应用，从宏观尺度的城市选址、城市布局、功能区组织到微观尺度的道路管网、景观组织无一不受地形地貌的影响。因此，地形分析对城市规划的影响无处不在。

长时间以来，城市规划的基础数据通常是平面的地形图数据，可以在其基础上进行简单的地形分析、等高线色彩渲染。近年来随着信息技术尤其是 GIS 技术的发展，各种新方法和应用模型不断融入城市规划领域，传统的地形分析由二维平面分析发展到了新的三维地形分析和三维透视图，从而帮助规划人员根据地形特征进行合理科学的城市规划。

从地形分析的复杂性角度，可以将地形分析分为两类：一类是基本地形分析，包括海拔、坡度、坡向等的计算与分类；另一类是衍生出的其他地形分析，包括地形量算、通视分析、地形特征提取等。这些分析都通过对 DEM 进行数据计算和分析来实现。

城市规划中经常使用的基础地形分析有：高程分析、坡度分析和坡向分析。这三个分析涵盖了地形的三个基础要素：高程、坡度和坡向。基础地形分析可以用于辅助划分城市用地布局和建筑格局。

用户可以使用 TIN 和 DEM 进行基础地形分析，但一般 TIN 数据较大，本实验使用实验 2 中处理得到的 DEM 数据进行过程演示。

3.2.1 高程分析与分类

➢ 步骤 1：启动 ArcMap，加载上杭县域 DEM 文件 xianyudem. grid。

➢ 步骤 2：在 xianyudem 的图层属性对话框中进行高程分类。

首先，在 xianyudem 图层上鼠标右击，弹出图层快捷菜单，点击“属性”，弹出“图层属性”对话框。

然后，点击“符号系统”选项卡（图 3－1），在窗口左侧的“显示”栏中点击选择“已分类”，“分类”栏中默认为采用“自然间断点分级法（Jenks）”将高程分为 5 类。如果需要更改分类方法和分类数，可以点击“分类”按钮，弹出“分类”对话框（图 3－2）。

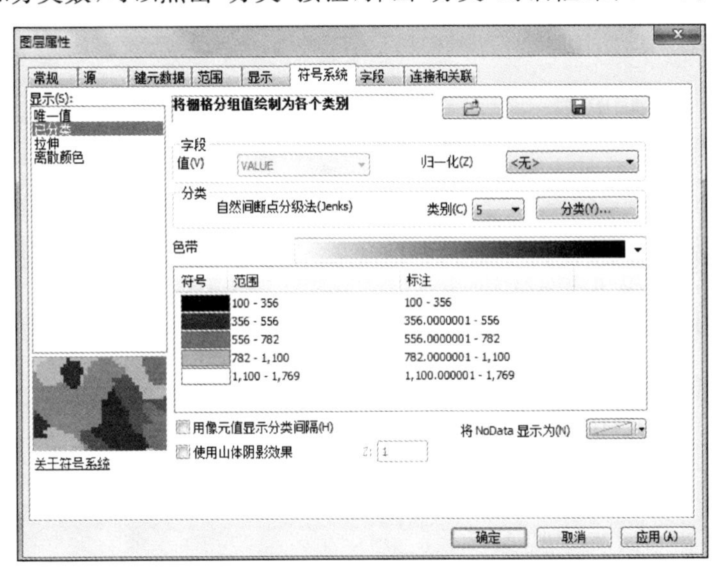

图 3－1 “图层属性”对话框中的“符合系统”选项卡

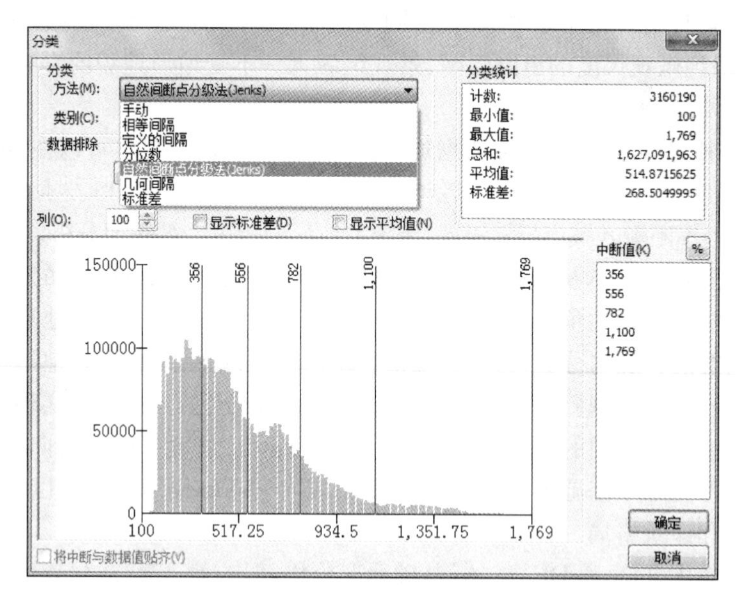

图 3-2　“分类”对话框

“分类”对话框的“方法”栏中提供了 7 种分类方法，自然间断点分级法(Jenks)为默认设置，其他分类方法还有：手动、相等间隔、定义的间隔、分位数、几何间隔和标准差。本例中采用默认分类方法，但将规划研究区的高程分为 7 类。另外，“分类”对话框中提供了“分类统计”相关信息，如计数、最小值、最大值、总和、平均值和标准差，供分类时参考。同时，在窗口中提供了高程分布的柱状图供分类参考；在柱状图上方提供了“显示标准差”和“显示平均值”两个复选框，点击勾选后将标准差和平均值线加入柱状图中(图 3-3)。

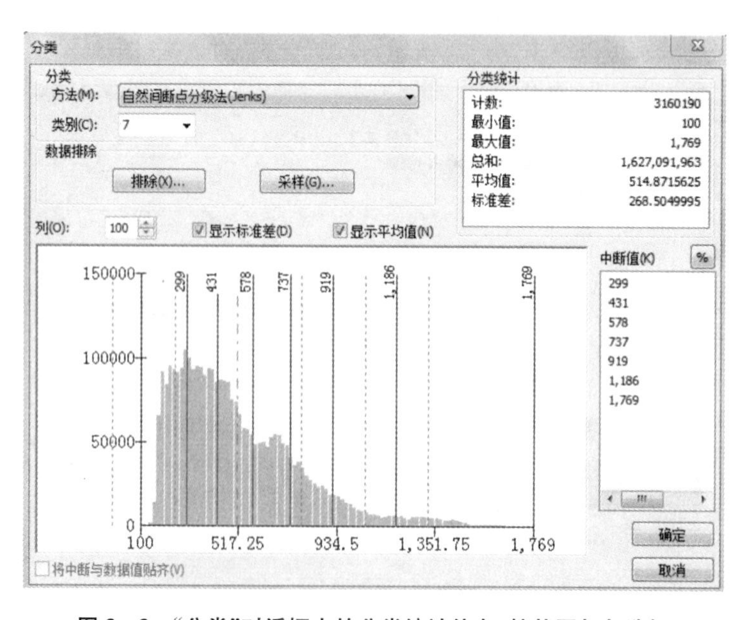

图 3-3　“分类”对话框中的分类统计信息、柱状图与复选框

最后，点击“确定”按钮，保存分类设置，返回“图层属性”对话框中的“符号系统”选项卡。再点击“色带”后方的下拉箭头，选择通常的高程色带，即随海拔从低到高由绿到红，还可以点击勾选“使用山体阴影效果”，使高程显示更为逼真。点击“确定”按钮，完成高程分级和颜色设置(图 3 - 4)。

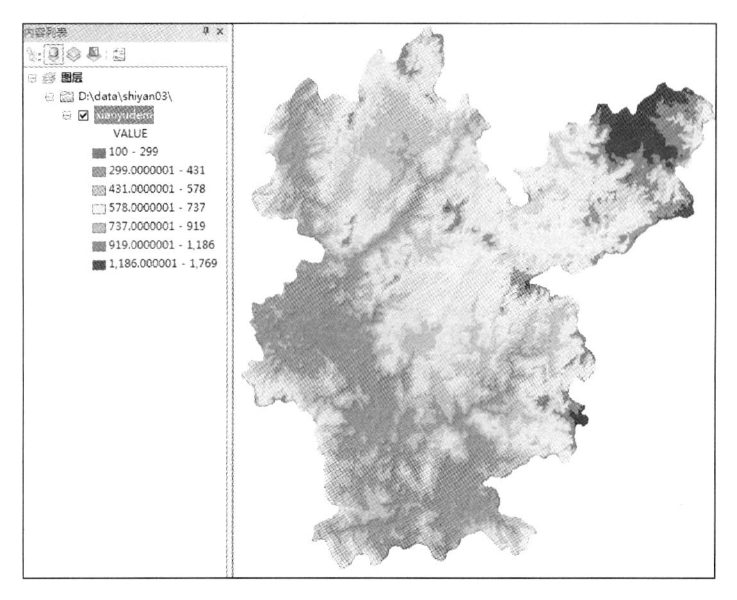

图 3 - 4　完成高程分级和颜色设置后的视图窗口

如果根据研究区的具体情况，需要手动输入分类数和分类“中断值”(即界值或阈值)，则可在“分类”窗口中，选择“手动”分类方法，输入分类类别数后，在“中断值”栏中手动输入分类界值即可。

完成高程分级和颜色设置后，原始的 DEM 数据文件并未改变，而仅是显示方式的改变。为了分析研究的需要，通常将分类好的数据进行“重分类”，获取一个新的栅格文件。

➢　步骤 3：xianyudem 数据的重分类。

首先，在 ArcMap 中点击 ArcToolbox 图标，启动 ArcToolbox 窗口。

然后，点击“3D Analyst 工具”—“栅格重分类”—“重分类”，弹出“重分类”对话框(图 3 - 5)。定义“输入栅格”为 xianyudem，“重分类字段”自动默认为栅格文件的 VALUE 字段，“重分类”中的“旧值”和对应的“新值”也将自动默认为用户前面一步中设置的 7 个类别；在“输出栅格”中定义输出文件的路径(shiyan03 文件夹下)和文件名称(haibareclass)。

最后，点击“确定”按钮，执行重分类，得到 haibareclass 文件(图 3 - 6)。

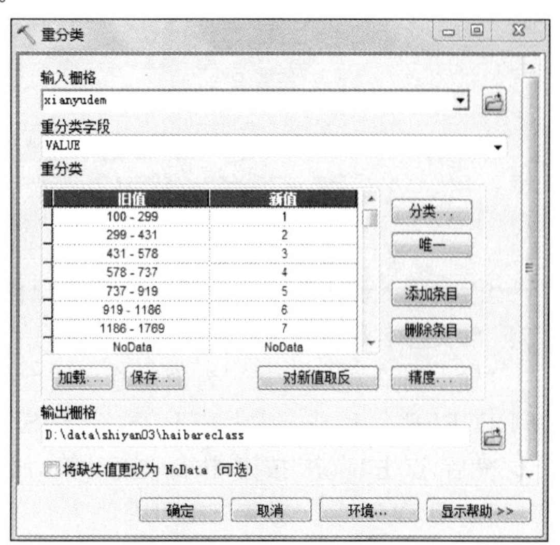

图 3 - 5　“重分类”对话框

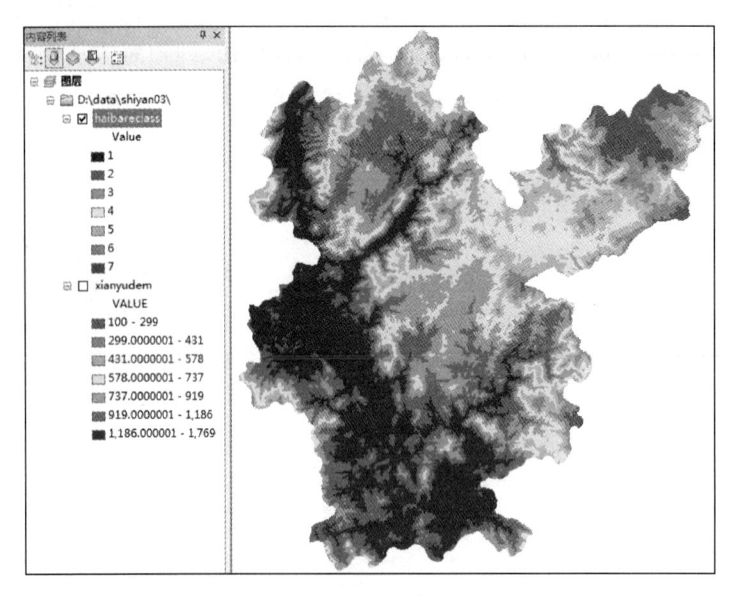

图 3-6　高程重分类后的数据视图

3.2.2　坡度计算与分类

➢　步骤 1:启动 ArcMap,加载上杭县域 DEM 文件 xianyudem. grid。

➢　步骤 2:基于 xianyudem 数据进行坡度计算。

首先,点击“3D Analyst 工具”—“栅格表面”—“坡度”,弹出“坡度”对话框(图 3-7)。

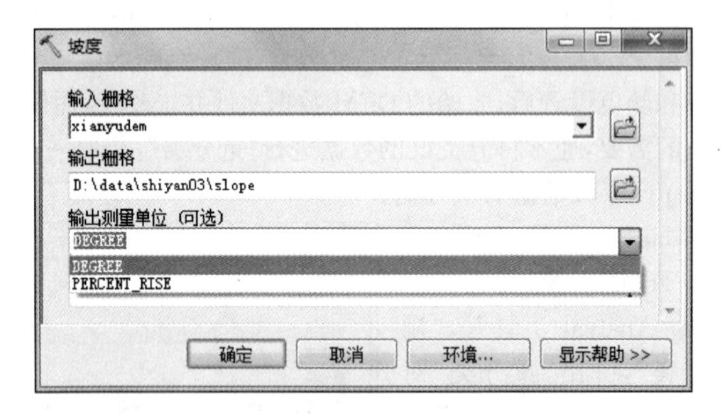

图 3-7　“坡度”对话框

定义“输入栅格”为 xianyudem;在“输出栅格”中定义输出文件的路径(shiyan03 文件夹下)和文件名称(slope)。

“输出测量单位(可选)”为确定输出坡度数据的测量单位,计算单位有两种,一种是度 DEGREE,一种是百分比 PERCENT_RISE。本例中选用度作为计算坡度的单位。

然后,点击“确定”按钮,执行坡度计算命令,生成 slope 文件。

➢　步骤 3:slope 数据的重分类。

根据规划研究区的地形特点,进行坡度的重分类。本例中按照小于 5 度、5~10 度、10~15 度、15~25 度、大于 25 度分为 5 类(图 3-8、图 3-9)。

具体操作过程同高程的重分类过程。

图 3－8　“重分类”对话框

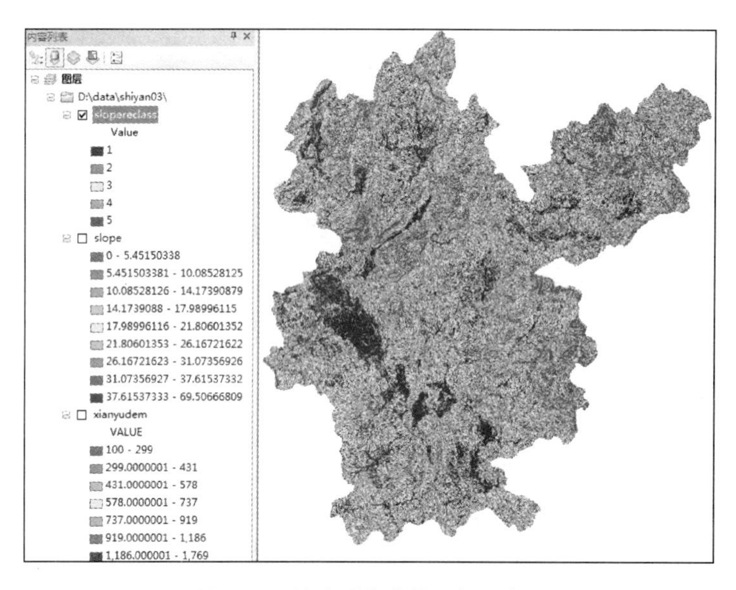

图 3－9　坡度重分类结果视图窗口

3.2.3　坡向计算与分类

➢　步骤 1：启动 ArcMap，加载上杭县域 DEM 文件 xianyudem.grid。

➢　步骤 2：基于 xianyudem 数据进行坡向计算。

首先，点击“3D Analyst 工具”—“栅格表面”—“坡向”，弹出“坡向”对话框（图 3－10）。定义“输入栅格”为 xianyudem；在“输出栅格”中定义输出文件的路径（shiyan03 文件夹下）和文件名称（aspect）。

然后，点击“确定”按钮，执行坡向计算命令，生成 aspect 文件（图 3－11）。

图 3-10　“坡向”对话框

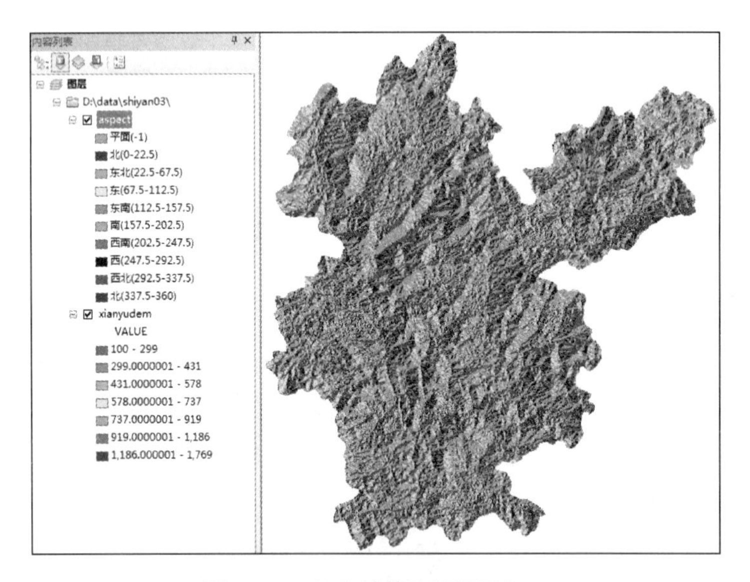

图 3-11　坡向计算结果视图窗口

➢　步骤 3:aspect 数据的重分类。

用户得到的坡向数据中的 VALUE 数值被自动分为 10 类(图 3-11),分别为平面、北、东北、东、东南、南、西南、西、西北、北,用户按照图 3-12 的编码进行重分类(平面重新设置为 9),生成新的坡向分类图 aspectreclass(图 3-13)。

重分类的具体操作过程同高程与坡度的重分类过程。

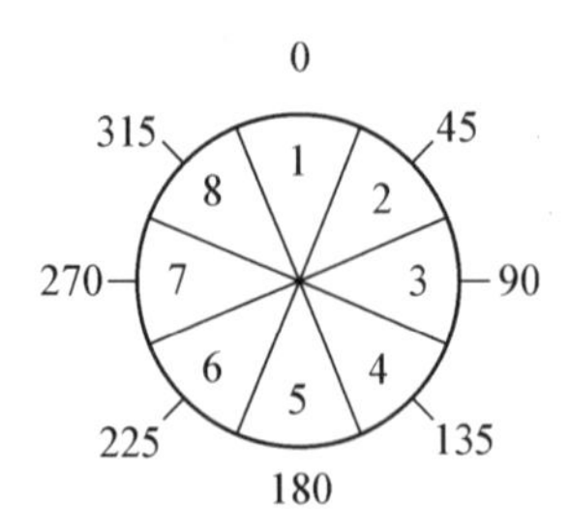

图 3-12　坡向数据重分类编码与界值对照图

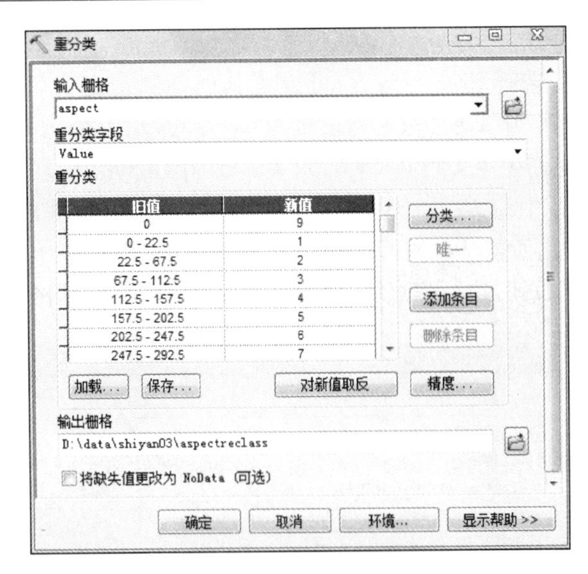

图 3-13 “重分类”对话框

3.3 基于 DEM 的延伸地形分析

延伸的地形分析主要包括地形量算、土方量分析、地形剖面分析、通视分析、光照分析、流域网络与地形特征、洪水淹没分析等。通过对地形的延伸分析，可以制作出不同的专题图，为城市与区域规划的各项背景分析和决策提供参考与依据。

本实验中，仅介绍城市与区域规划经常使用的地形起伏度分析、地表粗糙度计算、表面曲率分析、山脊线与山谷线的提取、地形鞍部点的提取、沟谷网络提取与沟壑密度计算、水文分析与流域划分、可视性分析等。

3.3.1 地形起伏度分析

地形起伏度是指在一个特定的区域内，最高点海拔高度与最低点海拔高度的差值。它是描述某区域地形特征的一个宏观性指标。

从地形起伏度的定义可以看出，求地形起伏度的值，首先要求出一定范围内海拔高度的最大值和最小值，然后，对其求差值即可。

地形起伏度最早源于前苏联科学院地理所提出的地形切割深度，地形起伏度已经成为划分地貌类型的一个重要指标。

地形起伏度的具体提取方法与操作步骤如下：

➢ 步骤 1：启动 ArcMap，加载上杭县域 DEM 数据文件 xianyudem. grid。

➢ 步骤 2：在 ArcToolbox 中启动“焦点统计”工具计算地形起伏度。

首先，在 ArcMap 中点击工具条上的 ArcToolbox 图标，启动 ArcToolbox 浮动窗口。

然后，点击“Spatial Analyst 工具”—“邻域分析”—“焦点统计”，弹出“焦点统计”对话框（图 3-14）。

定义“输入栅格”为 xianyudem；在“输出栅格”中定义输出文件的路径（shiyan03 文件夹下）和文件名称（qifudu）。

定义“邻域分析(可选)”为矩形(默认设置),该设置是指定用于计算统计数据的每个像元周围的区域形状,选择邻域类型后,可设置其他参数来定义邻域的形状、大小和单位。本例中,“邻域设置”中高度、宽度均设置为5,“单位”设置为像元(默认设置)。

在“统计类型(可选)”中定义为RANGE(计算邻域内像元的范围,即最大值和最小值之差)。

点击勾选“在计算中忽略NoData(可选)”,即如果在块邻域内存在NoData值,则NoData值将被忽略(此为默认设置)。

最后,点击“确定”按钮,执行焦点统计命令,生成地形起伏度栅格数据文件qifudu.grid。

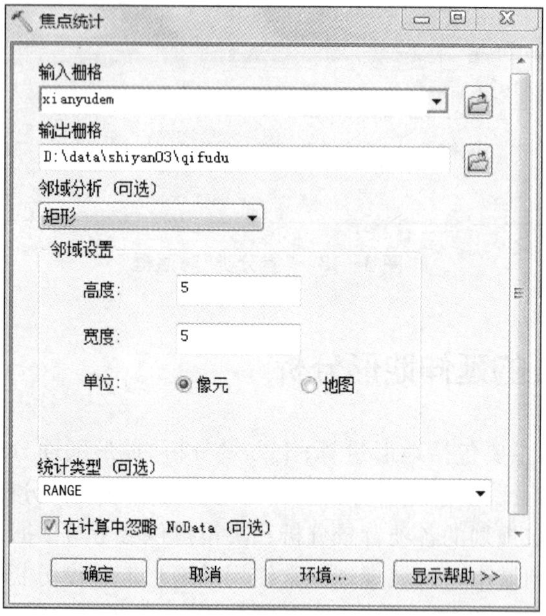

图3-14　“焦点统计”对话框

➢　步骤3:地形起伏度数据(qifudu.grid)的重分类。

根据规划研究区的地形特点,进行起伏度的重分类。本例中按照小于15 m、15～30 m、30～60 m、60～90 m、大于90 m分为5类(图3-15、图3-16)。

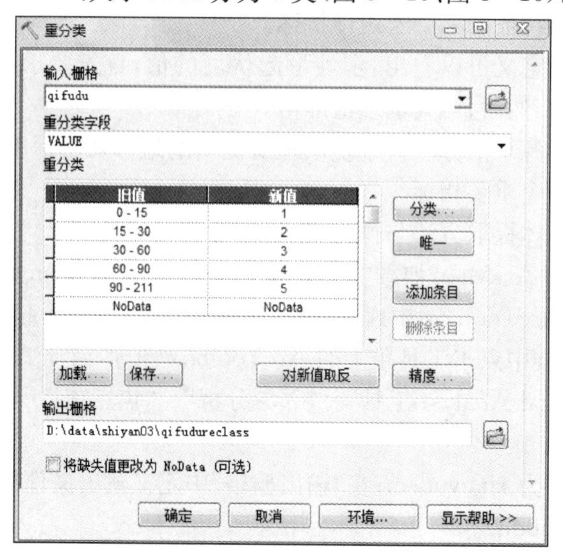

图3-15　“重分类”对话框

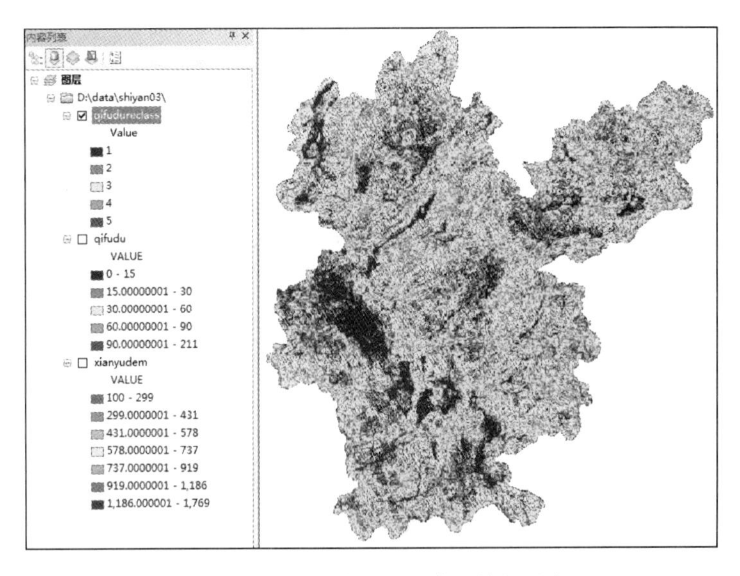

图 3－16　地形起伏度重分类后的视图窗口

具体操作过程同高程的重分类过程。

3.3.2　地表粗糙度计算

地表粗糙度是特定的区域内地球表面与其投影面积之比，是反映地表形态的一个宏观指标，是地面凹凸不平程度的定量表征。

具体计算过程如下：

➢　步骤1：基于原始DEM数据进行坡度的计算，获取坡度图。

➢　步骤2：使用“栅格计算器”工具进行粗糙度的计算。

首先，点击“Spatial Analyst 工具”—“地图代数”—“栅格计算器”工具，弹出“栅格计算器”对话框(图3－17)。

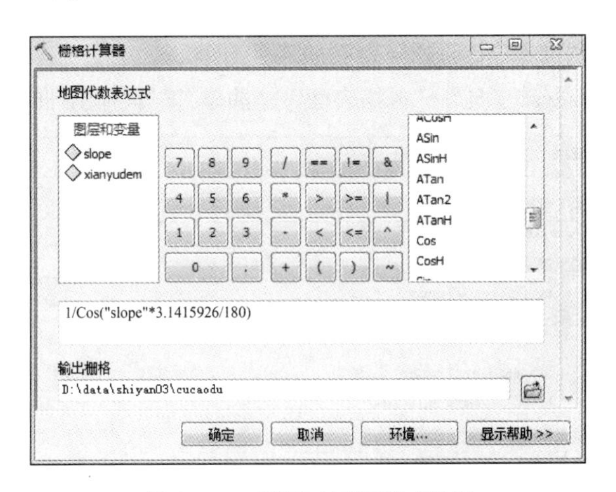

图 3－17　“栅格计算器”对话框

在“栅格计算器”对话框中，定义“地图代数表达式”为“1/Cos("slope" * 3.1415926/180)”；并定义输出栅格的路径(shiyan03文件夹下)与文件名称(cucaodu)。

最后,点击“确定”按钮,执行栅格计算,获取地表粗糙度(图3-18)。

图3-18　地表粗糙度计算结果

3.3.3　表面曲率分析

曲率即坡度的变化率,是地形表面起伏度的综合反映,曲率越大说明地形起伏变化越大。平面曲率是在与坡度变化最大方向成90度的方向上进行曲率计算得到的;剖面曲率是沿坡度变化最大的方向进行曲率计算得到的。曲率是分析流域土壤侵蚀强度与地表径流过程的比较重要的一个因子。剖面曲率的大小决定着径流的速度,从而影响侵蚀和沉积的程度;而平面曲率则影响径流的汇集与发散。

具体计算过程如下:

➢　步骤1:使用“曲率”工具进行表面曲率的计算。

首先,点击“3D Analyst工具”—“栅格表面”—“曲率”工具,弹出“曲率”对话框(图3-19)。

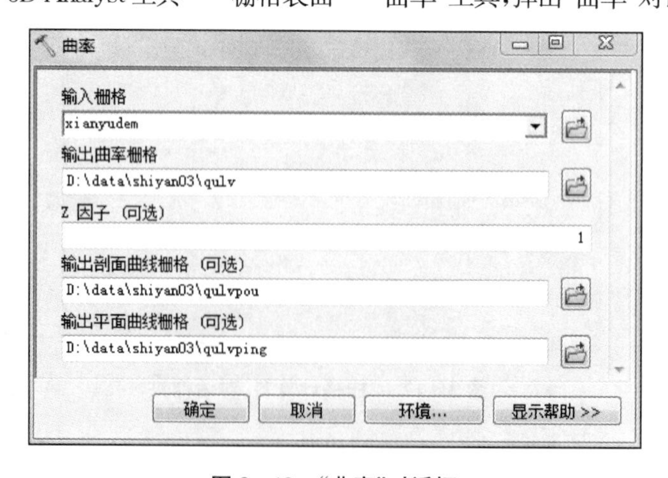

图3-19　“曲率”对话框

在“曲率”对话框中，定义“输入栅格”为 xianyudem；定义“输出曲率栅格”的路径(shiyan03 文件夹下)与文件名称(qulv)；定义“输出剖面曲线栅格(可选)”为 qulvpou，“输出平面曲线栅格(可选)”为 qulvping。

最后，点击“确定”按钮，执行曲率计算，获取表面曲率(图 3 - 20)。曲率为负值表示下凹，正值表示上凸，0 值表示平坦地形。

➢ 步骤 2：曲率数据的重分类。具体操作过程同高程、坡度等的重分类过程。

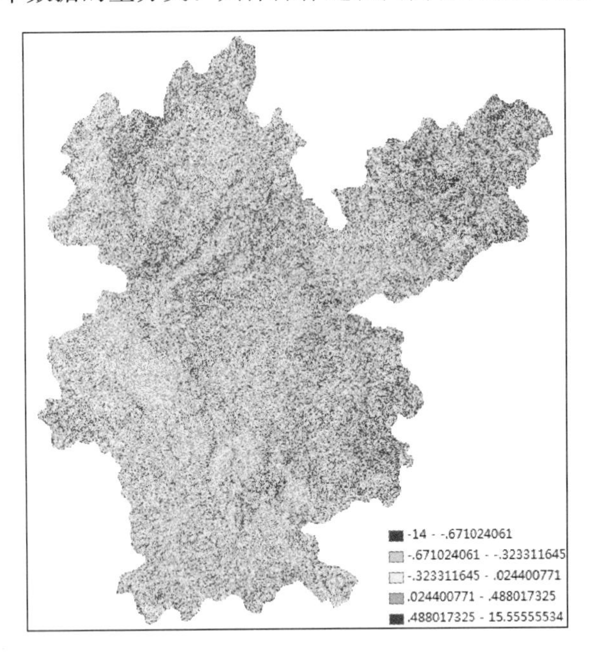

图 3 - 20 表面曲率度计算结果

3.3.4 山脊线与山谷线的提取

作为地形特征线的山脊线、山谷线对地形地貌具有一定的控制作用。它们与山顶点、谷底点以及鞍部等一起构成了地形起伏变化的骨架结构。同时由于山脊线具有分水性，山谷线具有合水特性，使得它们在地形分析中具有特殊的意义。

基于规则格网 DEM 是最主要的自动提取山脊线和山谷线的方法，从算法设计原理上来分，大致可以分为以下 5 种：基于图像处理技术的原理；基于地形表面几何形态分析的原理；基于地形表面流水物理模拟分析的原理；基于地形表面几何形态分析和流水物理模拟分析相结合的原理；平面曲率与坡形组合法。

本案例中以地形表面流水物理模拟分析方法来分别演示山脊线和山谷线的提取过程。使用的数据为上杭县域 DEM 数据(xianyudem)。

具体提取过程如下：

➢ 步骤 1：正负地形的提取。

首先，在 ArcMap 中加载上杭县域 DEM 数据 xianyudem. grid。

然后，点击 ArcToolbox 中的“Spatial Analyst 工具”—“邻域分析”—“焦点统计”，弹出“焦点统计”对话框(图 3 - 21)。在“输入栅格”中输入 xianyudem；在“输出栅格”中定义输出文件的路径(shiyan03 文件夹下)和名称(tongji)；在“邻域分析”中选择“矩形”；

“邻域设置”中高度为11,宽度为11,单位为像元;“统计类型”中选择“MEAN”。点击“确定”按钮,进行均值邻域统计。

其次,使用“栅格计算器”(图3-22),定义“地图代数表达式”为“xianyudem”-“tongji”;定义“输出栅格”的路径(shiyan03文件夹下)与文件名称(zhengfudixing)。点击“确定”按钮,执行栅格计算,得到规划研究区的正负地形的分布区域。

最后,使用“重分类”工具(图3-23)获取正负地形。定义“输入栅格”为zhengfudixing;点击“分类”按钮,弹出“分类”对话框,设置分类类别数为2,并定义中断值为0,点击“确定”按钮返回“重分类”对话框。重新定义“新值”,将大于0的区域赋值为1,小于0的区域赋值为0;在“输出栅格”中定义输出文件的路径(shiyan03文件夹下)和文件名称(zhengdixing)。同样方法,将大于0的区域赋值为0,小于0的区域赋值为1;在“输出栅格”中定义输出文件的路径(shiyan03文件夹下)和文件名称(fudixing)。

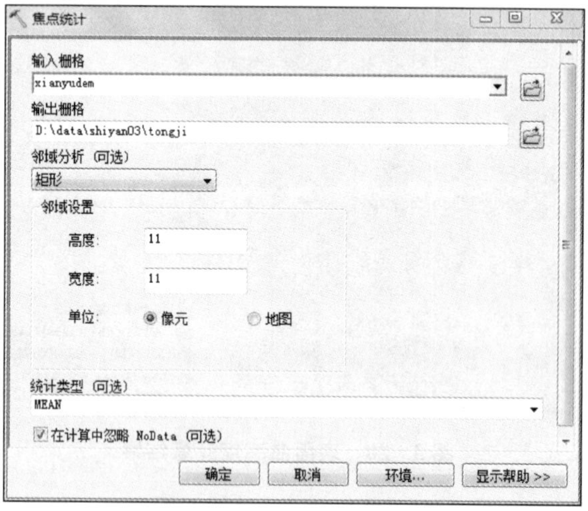

图3-21　“焦点统计”对话框

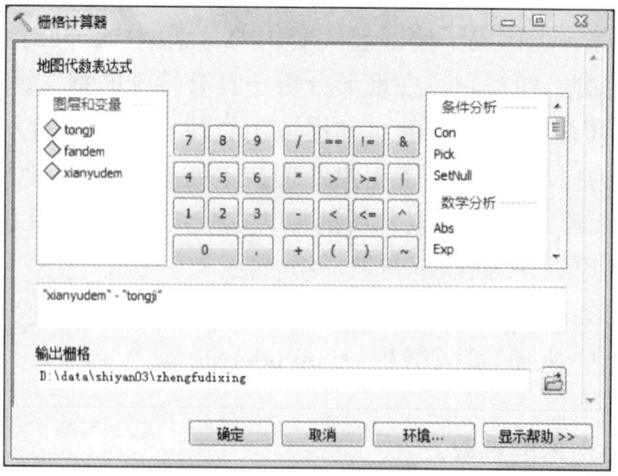

图3-22　“栅格计算器”对话框

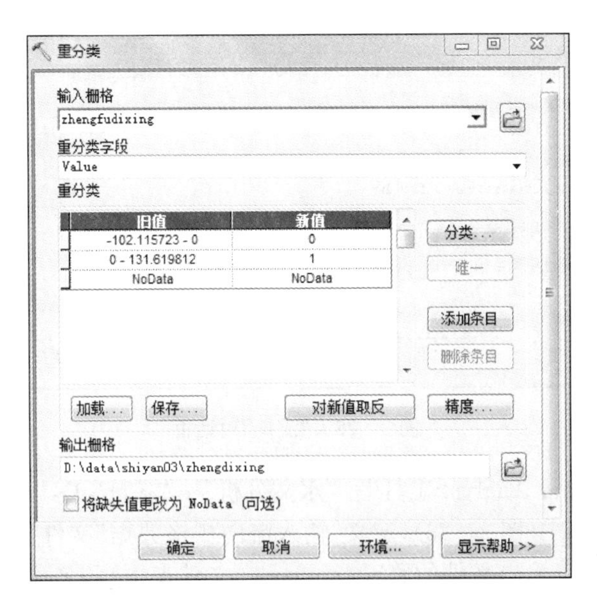

图 3－23　“重分类”对话框(正地形提取)

➢　步骤 2:DEM 数据的填洼、流向与流量分析。

首先,使用“Spatial Analyst 工具”—“水文分析”—“填洼”工具进行原始 DEM 数据的洼地填充。在“填洼”对话框中(图 3－24),定义“输入表面栅格数据”文件为 xianyudem;并在“输出表面栅格”中定义输出文件的路径(shiyan03 文件夹下)和名称(filldem)。“Z 限制(可选)”用以定义要填充的凹陷点与其倾泻点之间的最大高程差。如果凹陷点与其倾泻点之间的 Z 值差大于 Z 限制,则不会填充此凹陷点。默认情况下将填充所有凹陷点(不考虑深度)。本例中采用默认值,即将规划研究区内的所有洼地都进行填充。点击“确定”按钮,执行填洼命令。

然后,使用“Spatial Analyst 工具”—“水文分析”—“流向”工具进行无洼地 DEM 的水流方向计算。在“流向”对话框中(图 3－25),定义“输入表面栅格数据”文件为 filldem;并在“输出流向栅格数据”中定义输出文件的路径(shiyan03 文件夹下)和名称(flowdir)。“输出下降率栅格数据(可选)”用于输出下降率栅格数据。下降率栅格用于显示从沿流向的各像元到像元中心间的路径长度的最大高程变化率,以百分比表示。本例采用默认设置(不选)。点击“确定”按钮,执行流向计算命令。

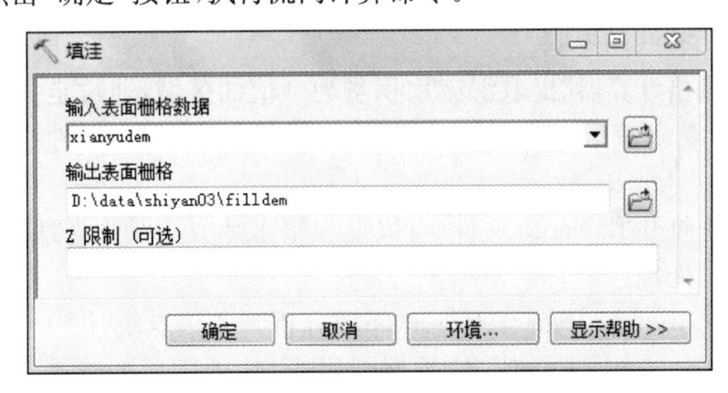

图 3－24　“填洼”对话框

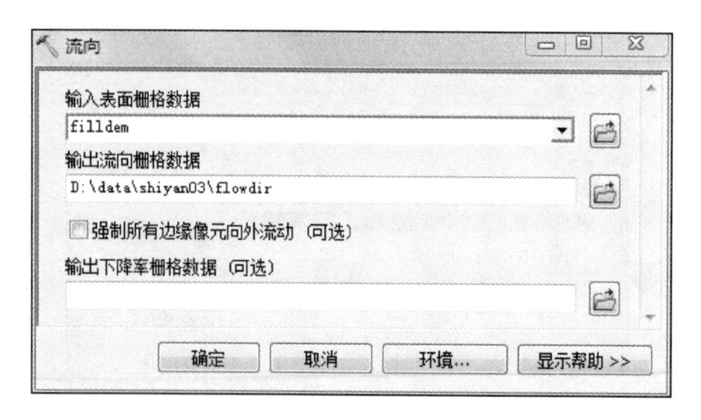

图 3-25 “流向”对话框

最后,使用“Spatial Analyst 工具”—“水文分析”—“流量”工具进行汇流累积量的计算。在“流量”对话框中(图 3-26),定义“输入流向栅格数据”文件为 flowdir;并在“输出蓄积栅格数据”中定义输出文件的路径(shiyan03 文件夹下)和名称(flowacc)。“输入权重栅格数据(可选)”用于对每一像元应用权重的可选输入栅格。配权数据一般是表示降水、土壤以及植被等造成径流分布不平衡的因子。如果未指定权重栅格,则将默认的权重值 1 应用于每个像元,计算出来的汇流累积量的数值就代表着该栅格位置流入的栅格数的多少。“输出数据类型(可选)”中提供了 FLOAT 浮点型(默认设置)或 INTEGER 整型。本例均采用默认设置。点击“确定”按钮,执行流量计算命令。

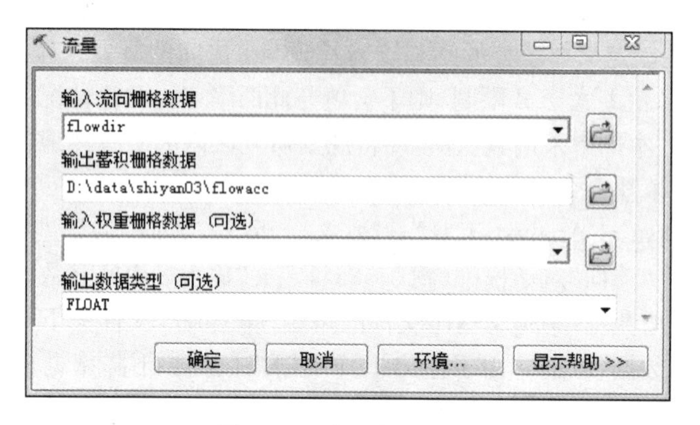

图 3-26 “流量”对话框

➢ 步骤 3:山脊线的提取。

首先,使用“栅格计算器”提取汇流累积量为 0 值的区域,通过定义地图代数表达式为"flowacc"= =0 来获取。定义输出栅格的路径(shiyan03 文件夹下)与文件名称(flowacc0)。

在 ArcMap 中打开 flowacc0 文件,可以发现很多地方不是山脊线,用户还需要对此数据进行进一步的处理。

然后,使用“Spatial Analyst 工具”—“邻域分析”—“焦点统计”工具,对 flowacc0 数据进行 3×3 的邻域分析,求均值,使数据变得光滑,处理后的数据文件名称为 linyu-flowacc0。

其次，使用“Spatial Analyst 工具”—“表面分析”—“等值线”工具和“山体阴影”工具，分别生成原始 DEM 数据的等值线图(dengzhixian)和山体阴影晕渲图(hillshade)。

再次，在“图层属性”对话框中，对 linyuflowacc0 进行重新分级，将数据分为两级，这时需要不断的调整分级临界点(阈值)，并以等值线图(dengzhixian)和山体阴影晕渲图(hillshade)作为辅助判断，最终确定的分界阈值为 0.55。

然后，按照该阈值将 linyuflowacc0 进行重分类，大于 0.55 的重新赋值为 1，其余的赋值为 0，并定义文件名称为 reclassflow。

最后，使用“栅格计算器”将文件 reclassflow 和正地形数据 zhengdixing 相乘，得到 shanjixian 数据文件，这样就消除了那些存在于负地形区域中的错误山脊线。然后，再将 shanjixian 数据进行重分类，将所有属性值不为 1 的栅格重新赋值为 NoData，得到规划研究区的山脊线 reclassshjx(图 3-27、图 3-28)。

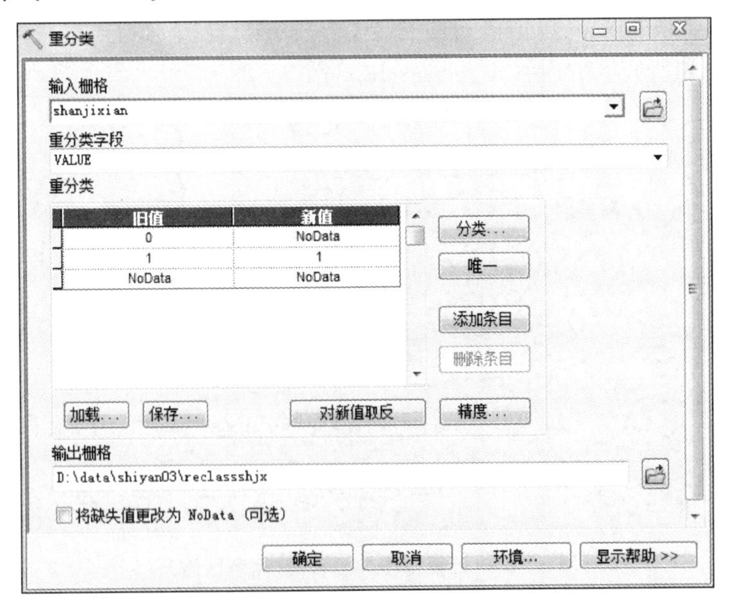

图 3-27　“重分类”对话框

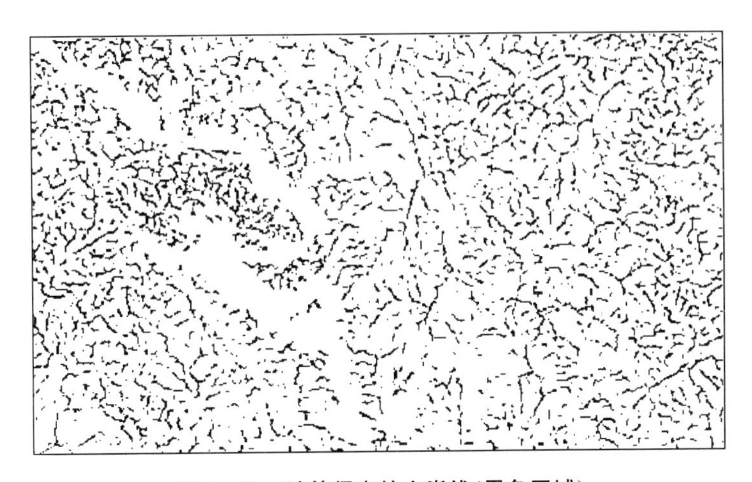

图 3-28　计算得出的山脊线(黑色区域)

➢ 步骤4:山谷线的提取。

首先,使用"栅格计算器"获取规划研究区的反地形。

在"栅格计算器"对话框中,定义地图代数表达式为Abs(1769－"xianyudem")(1769为研究区最高海拔值);定义输出栅格的路径(shiyan03文件夹下)与文件名称(fandixing)。

点击"确定"按钮,执行栅格计算命令,得到反地形DEM数据。

其次,按照前面山脊线提取的步骤,直到得到最终利用重分类方法将重新分级的邻域分析后的结果二值化为止(通过不断调整,最终分级阈值为0.65)。这里不需要对反地形进行DEM的填洼分析。分别定义得到的文件名称为fanflowdir,fanflowacc,fanflowacc0,linyufanacc0,reclassfanf1。

然后,使用"栅格计算器"将文件reclassfanf1和负地形数据fudixing相乘,得到shanguxian数据文件,这样就消除了那些存在于正地形区域中的错误山谷线。

最后,再将shanguxian数据进行重分类,将所有属性值不为1的栅格重新赋值为NoData,得到规划研究区的山谷线reclassshgx(图3-29)。

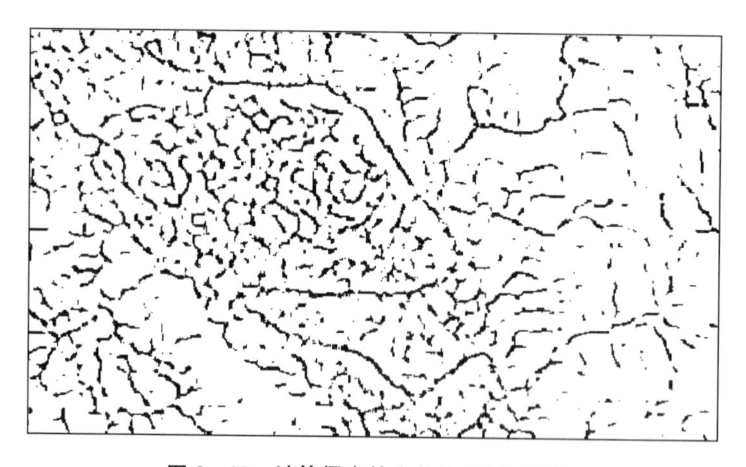

图3-29　计算得出的山谷线(黑色区域)

3.3.5　地形鞍部点的提取

相邻两个山头之间呈马鞍形的低凹部分称为鞍部。鞍部点是一种重要的地形控制点,它和山顶点、谷底点、山脊线、山谷线等构成地形特征点线,对地形具有很强的控制作用。由于鞍部点的特殊地貌形态,使得基于DEM的鞍部点的提取方法比山顶点、谷底点更难,目前还存在一定的技术局限性。

鞍部可被认为是原始地形中的山脊和反地形中的山脊(山谷线)会合的地方,因此可以通过提取正反地形中的山脊线并求其交点,来获取鞍部点。

具体提取过程如下:

➢ 步骤1:正负地形与山脊线、山谷线的提取。

正负地形与山脊线、山谷线的提取同前一小节中的提取方法完全一致,不再赘述。

➢ 步骤2:鞍部点的提取。

首先,使用"栅格计算器"工具,将前面的山脊线数据(flowacc0)和山谷线数据(fanflowacc0)相乘,计算结果命名为anbu。

然后，使用“栅格计算器”工具，将前面的 anbu 数据与正地形文件数据(zhengdixing)相乘，得到鞍部点的栅格数据(anbudian)。

其次，使用“重分类”工具，将 anbudian 数据进行重分类，将所有 0 值重新赋值为 NoData，属性为 1 的值保持不变，仍赋值为 1，得到重分类后的鞍部点栅格文件(reclassanbu)。

最后，使用 ArcToolbox 中的“转换工具”—“由栅格转出”—“栅格转点”工具(图 3-30)，将栅格数据文件 reclassanbu 转换成矢量点数据(anbudian. shp)(图 3-31)。然后，参照等高线数据和山体阴影晕渲图，对矢量鞍部点数据(anbudian. shp)进行编辑，剔除伪鞍部点，注意保存数据的编辑工作，最后得到规划研究区的鞍部点数据。

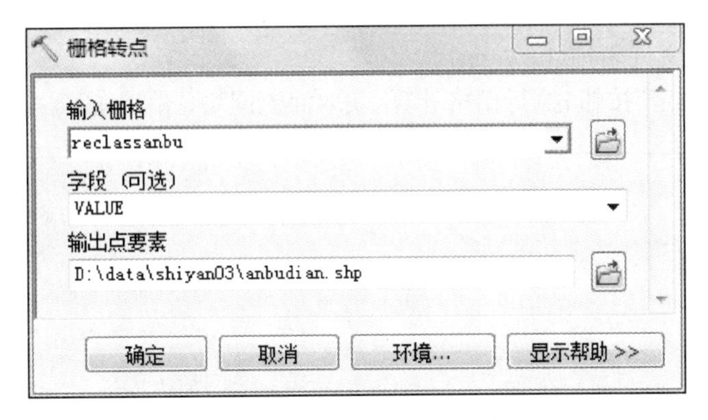

图 3-30　“栅格转点”对话框

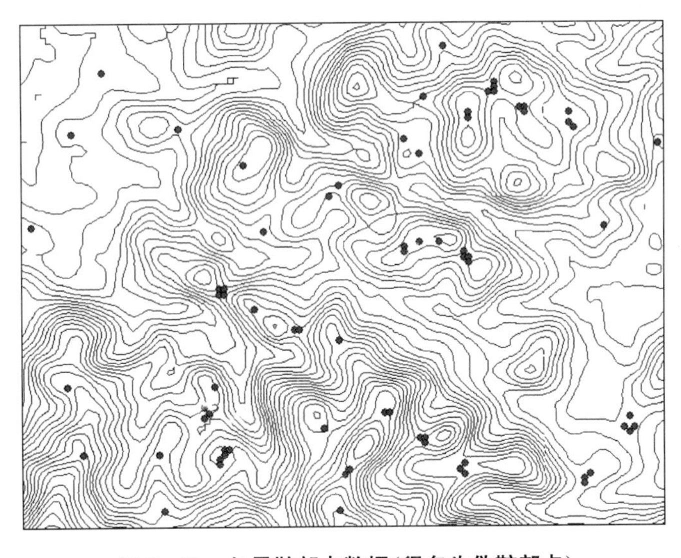

图 3-31　矢量鞍部点数据(很多为伪鞍部点)

3.3.6　沟谷网络提取与沟壑密度计算

沟壑密度是描述地面被水系切割破碎程度的一个指标。沟壑密度是气候、地形、岩石、植被等因素综合影响的反映。沟壑密度越大，地面越破碎，平均坡度增大，地表物质稳定性降低，且易形成地表径流，土壤侵蚀加剧。因此，沟壑密度的测定，对于了解规划研究区地表发育特征、水土流失强度、水土保持能力有着重要意义。

沟壑密度也称沟谷密度,是指单位面积内沟壑的总长度,单位为 km/km^2。

具体提取过程如下:

➢　步骤1:沟谷网络的提取。

首先,对原始DEM数据(xianyudem)进行“填洼”分析,获取无洼地DEM(filldem),然后进行“流向”(flowdir)分析和“流量”(flowacc)分析,获取汇流累积量。该过程与上一小节的山脊线、山谷线的提取中的过程完全一致,不再赘述。

其次,使用“栅格计算器”进行栅格河网的生成。栅格河网的生成需要设置一个汇流累积阈值,超过该阈值则产生地表径流,形成河网水系。本例中设置为1 000。打开“栅格计算器”,在定义地图代数表达式为"flowacc">1 000;并定义输出栅格的路径(shiyan03文件夹下)与文件名称(hewang)。

最后,点击“确定”按钮,执行栅格计算,获取河流网络(图3-32)。

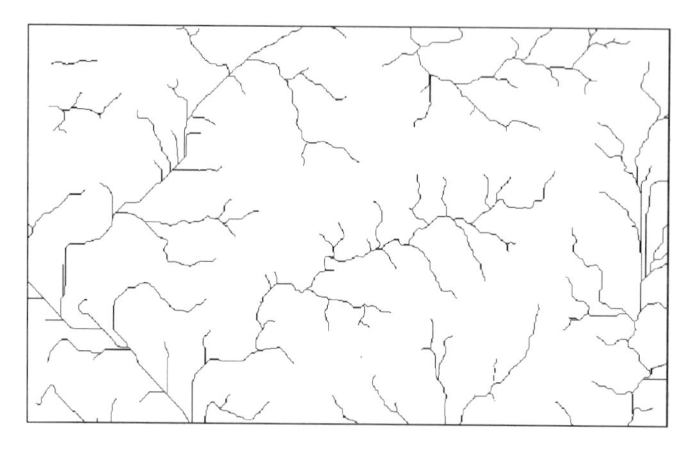

图3-32　提取的河流网络(累积汇流量大于1 000)

➢　步骤2:栅格河网矢量化。

首先,在ArcToolbox中点击“Spatial Analyst工具”—“水文分析”—“栅格河网矢量化”,弹出“栅格河网矢量化”对话框(图3-33)。定义“输入河流栅格数据”为hewang;定义“输入流向栅格数据”为flowdir;定义“输出折线要素”的路径(shiyan03文件夹下)和名称(rivernet)。“简化折线(可选)”默认状态为选中,即对要素进行去点操作以减少折点数。本例采用默认设置。点击“确定”按钮,执行栅格河网矢量化命令,得到rivernet.shp矢量河网文件(图3-34)。

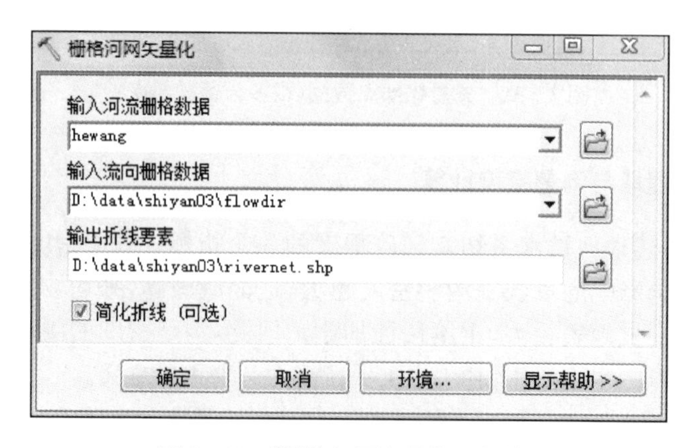

图3-33　“栅格河网矢量化”对话框

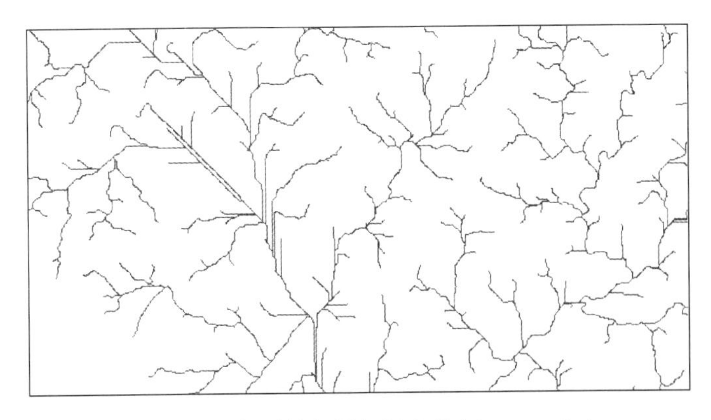

图 3－34 得到的矢量河网文件(rivernet. shp)

由于生成的矢量河网文件中含有非河网的要素，使用“选择”—“按属性选择”工具，将 GRID_CODE 等于 1 的河网线要素选择并导出，生成纯河网线要素组成的文件 rivernetnew. shp。

➢ 步骤 3：伪沟谷的删除。

由于基于 DEM 的河网提取是采用最大坡降方法，在平地区域的水流方向是随机的，因而容易产生平行状河流，这种平行状的沟谷多数为伪河谷，需要借助山体阴影晕渲图、等值线图、真实河流现状图等，以手工编辑方式将伪河谷剔除。

具体操作步骤为：

首先，在 ArcMap 中加载“编辑器”工具条，点击编辑器中的“开始编辑”，弹出“开始编辑”对话框(图 3－35)，选择“rivernetnew”，点击“确定”按钮，rivernetnew 处于可编辑状态。

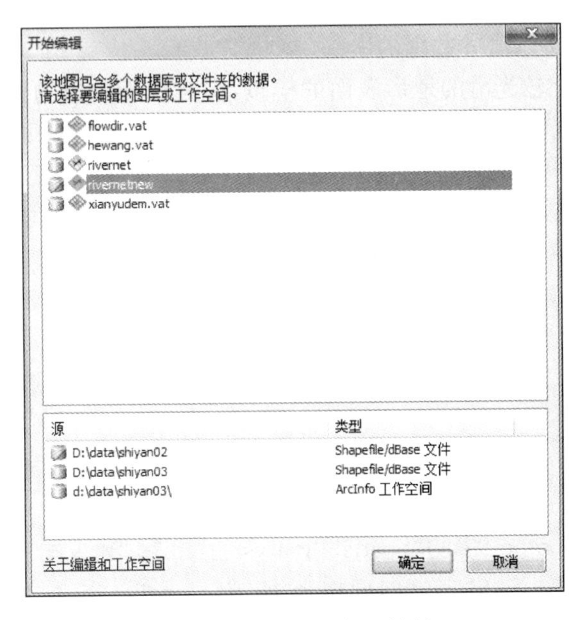

图 3－35 “开始编辑”对话框

然后，点击编辑器工具条中的“编辑工具”，点击选择那些平行状的沟谷，单击鼠标右键,从弹出的快捷菜单中选择“删除”,等所有的伪沟谷删除完之后,点击“编辑器”下拉菜单中的“保存编辑内容”,对所做修改进行保存,并点击“停止编辑”退出编辑状态。

➢　步骤4:计算整个研究区的沟壑密度。

首先,打开rivernetnew数据的属性表,添加一个名称为“Length”的字段,在属性字段“Length”上单击鼠标右键弹出字段快捷菜单,点击选择“几何运算”,弹出“几何运算”对话框。定义计算属性为“长度”;坐标系为“使用数据源的坐标系”;定义单位为“米”(m)。

然后,点击“确定”按钮,执行几何运算命令,该字段被自动赋值。

最后,在属性字段“Length”上单击鼠标右键弹出字段快捷菜单,点击选择“统计”,进行字段“Length”的统计分析,得到规划研究区的沟壑总长度为2 082 284.399 551 m(即约2 082.284 km),由此可以得到整个规划研究区的沟壑密度为2 082.284 km/2 844.171 km^2=0.732 1 km/km^2。

3.3.7　水文分析与流域划分

水文分析是DEM数据应用的一个重要方面。利用DEM生成的集水流域和水流网络,成为大多数地表水文分析模型的主要输入数据。表面水文分析模型应用于研究与地表水流有关的各种自然现象如洪水水位及泛滥情况,或者划定受污染源影响的地区,以及预测当某一地区的地貌改变时对整个地区将造成的影响等,应用在城市与区域规划、农业及森林、交通道路等许多领域。

基于DEM的地表水文分析的主要内容是利用水文分析工具提取地表水流径流模型的水流方向、汇流累积量、水流长度、河流网络(包括河流网络的分级等)以及对研究区的流域进行分割等。通过对这些基本水文因子的提取和基本水文分析,可以在DEM表面之上再现水流的流动过程,最终完成水文分析过程。

本例采用上杭县域DEM数据来演示水文分析与流域划分的过程。

➢　步骤1:无洼地DEM数据的生成。

DEM被认为是比较光滑的地形表面的模拟,但是由于内插的原因以及一些真实地形(如河流湖泊、喀斯特地貌)的存在,使得DEM表面存在着一些凹陷的区域。那么这些区域在进行地表水流模拟时,由于低高程栅格的存在,使得在进行水流流向计算时可能会得到不合理的或错误的水流方向,因此,在进行水流方向的计算之前,应该首先对原始DEM数据进行洼地填充,得到无洼地的DEM。

洼地填充的基本过程是先利用水流方向数据计算出原始DEM数据的洼地区域,并计算其洼地深度,然后依据洼地深度设定填充阈值进行洼地填充。我们在前面山脊线、山谷线、鞍部点的提取过程中已经进行过类似的操作,但没有使用填充阈值,而是选择对全部洼地进行填充。

首先,基于xianyudem数据进行水流方向的提取,生成水流方向文件flowdir(过程同前面的3.3.4,不再赘述)。

然后,点击ArcToolbox中的“Spatial Analyst工具”—“水文分析”—“汇”,弹出“汇”对话框(图3-36)。定义“输入流向栅格数据”为flowdir;定义“输出栅格”文件路径(shiyan03文件夹下)和文件名称(sink)。点击“确定”按钮,执行汇命令,进行洼地提取。

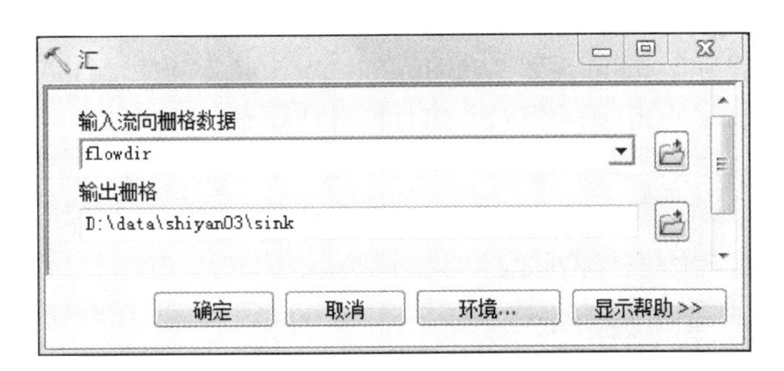

图 3－36　“汇”对话框

洼地区域是水流方向不合理的地方，可以通过水流方向来判断哪些地方是洼地，然后再对洼地进行填充。但并不是所有的洼地区域都是由于数据的误差造成的，有很多洼地区域也是地表形态的真实反映。因此，在进行洼地填充之前，必须计算洼地深度，判断哪些地区是由于数据误差造成的洼地而哪些地区又是真实的地表形态，然后在进行洼地填充的过程中，设置合理的填充阈值。

其次，点击 ArcToolbox 中的“Spatial Analyst 工具”—“水文分析”—“分水岭”，弹出“分水岭”对话框（图 3－37）。定义“输入流向栅格数据”为 flowdir；定义“输入栅格数据或要素倾泻点数据”为 sink；定义“输出栅格”文件路径（shiyan03 文件夹下）和文件名称（sinkarea）。点击“确定”按钮，执行分水岭命令，用来计算洼地的贡献区域。

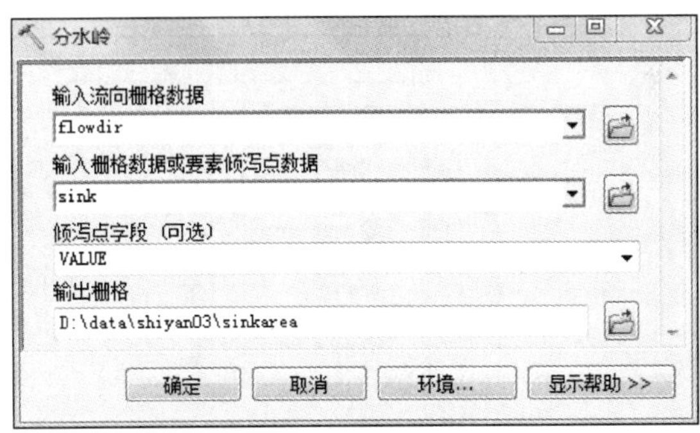

图 3－37　“分水岭”对话框

再次，计算每个洼地所形成的贡献区域的最低高程。点击 ArcToolbox 中的“Spatial Analyst 工具”—“区域分析”—“分区统计”，弹出“分区统计”对话框（图 3－38）。定义“输入栅格数据或要素区域数据”为 sinkarea；定义“输入赋值栅格”为 xianyudem；定义“输出栅格”为 zonalminmum；定义“统计类型”为最小值（MINIMUM）。点击“确定”按钮，执行分区统计命令。

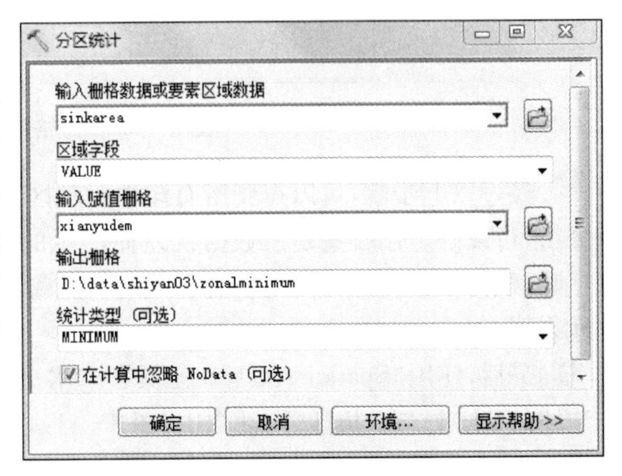

图 3－38　“分区统计”对话框

然后，计算每个洼地贡献区域出口的最低高程即洼地出水口高程。点击“Spatial Analyst 工具”—“区域分析”—“区域填充”，弹出“区域填充”对话框（图 3－39）。定义“输入区域栅格数据”为 sinkarea；定义“输入权重栅格数据”为 xianyudem；定义“输出栅格”为 zonalmax。点击“确定”按钮，执行区域填充命令。

最后,使用“栅格计算器”计算洼地深度。在“栅格计算器”对话框中(图3-40),定义“地图代数表达式”为“zonalmax”-“zonalminimum”;定义“输出栅格”路径(shiyan03)与文件名称(sinkdep)。点击“确定”按钮,执行栅格计算命令。

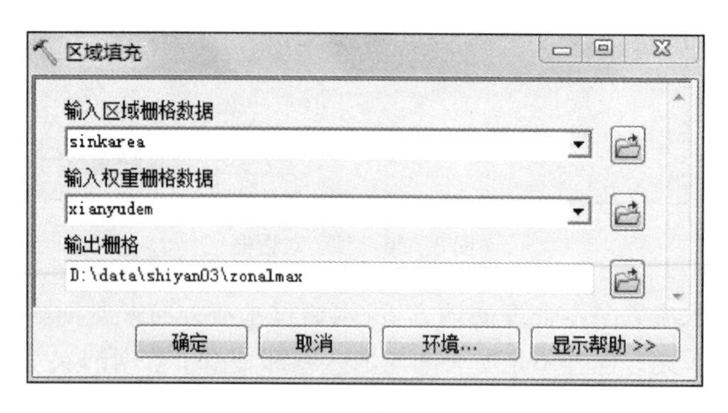

图3-39 “区域填充”对话框

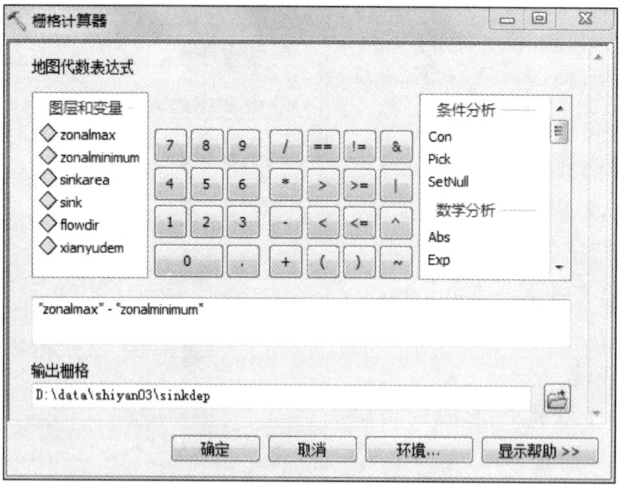

图3-40 “栅格计算器”对话框

经过以上步骤,可以得到所有洼地贡献区域的洼地深度。通过对规划研究区地形的分析,可以确定出哪些是由数据误差而产生的洼地,哪些洼地区域又是真实地表形态的反映,从而根据洼地深度来设置合理的填充阈值,使得生成的无洼地DEM更准确的反映地表形态。

最后,使用“Spatial Analyst 工具”—“水文分析”—“填洼”工具进行洼地填充,生成无洼地的DEM。在“填洼”对话框中(图3-41),定义“输入表面栅格数据”为xianyudem;定义“输出表面栅格”为filldem;根据sinkdep的计算结果,定义“Z限制”为15 m。点击“确定”按钮,执行填洼命令。

洼地填充的过程是一个反复的过程。当一个洼地区域被填平之后,这个区域与附近区域再进行洼地计算,可能又会形成新的洼地,所以洼地填充是一个不断反复的过程,直到最后所有的洼地都被填平,新的洼地不再产生为止。

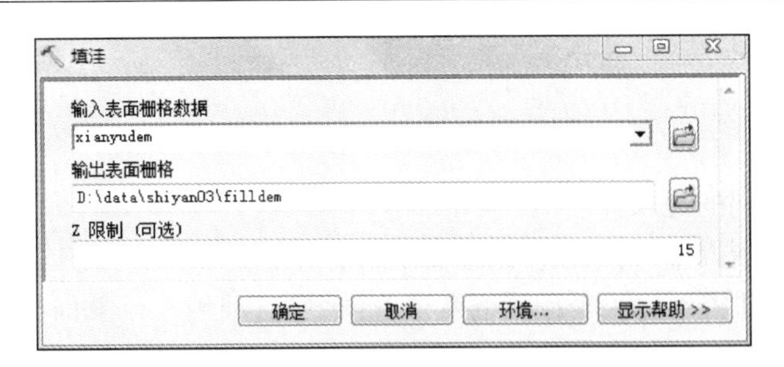

图 3-41 “填洼”对话框

➢ 步骤 2:汇流累积量的计算。

在地表径流模拟过程中,汇流累积量是基于水流方向数据计算而来的。对每一个栅格来说,其汇流累积量的大小代表着其上游有多少个栅格的水流方向最终汇流经过该栅格,汇流累积的数值越大,该区域越易形成地表径流。

具体计算过程如下:

首先,使用经过填洼处理的 DEM(filldem)进行水流方向的分析,得到的水流方向文件命名为 flowdirfill。

然后,使用“水文分析”中的“流量”工具进行汇流累积量的计算。在“流量”对话框中,定义“输入流向栅格数据”文件为 flowdirfill;并在“输出蓄积栅格数据”中定义输出文件的路径(shiyan03 文件夹下)和名称(flowaccfill)。“输入权重栅格数据(可选)”和“输出数据类型(可选)”均采用默认设置。点击“确定”按钮,执行流量计算命令。

➢ 步骤 3:水流长度的计算。

水流长度通常是指在地面上一点沿水流方向到其流向起点(终点)间的最大地面距离在水平面上的投影长度。水流长度是影响水土流失强度的重要因子之一,当其他条件相同时,水力侵蚀的强度依据坡的长度来决定,坡面越长,汇聚的流量越大,其侵蚀力就越强,水流长度直接影响地面径流的速度,从而影响对地面土壤的侵蚀力。

水流长度的提取方式主要有两种,顺流计算和朔流计算。顺流计算是计算地面上每一点沿水流方向到该点所在流域出水口最大地面距离的水平投影;朔流计算是计算地面上每一点沿水流方向到其流向起点间的最大地面距离的水平投影。

具体操作过程如下:

首先,点击“Spatial Analyst 工具”—“水文分析”—“水流长度”,弹出“水流长度”对话框(图 3-42)。定义“输入流向栅格数据”为 flowdirfill;定义“输出栅格”为 flowdown;选择“测量方向”为 DOWNSTREAM(顺流计算)。

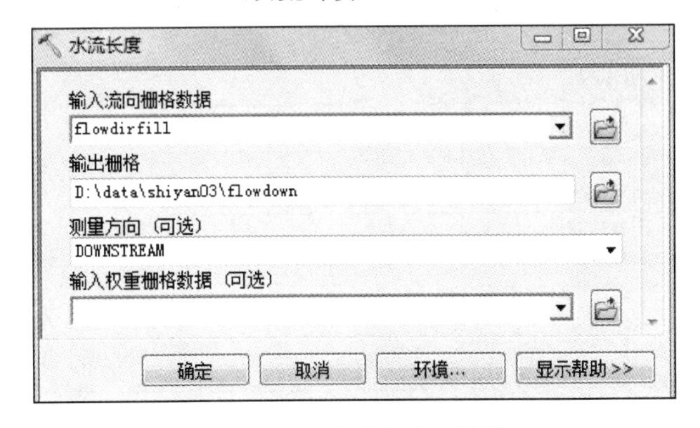

图 3-42 “水流长度”对话框

然后,点击"确定"按钮,计算水流长度。

使用同样工具,选择"测量方向"为 Upstream(朔流计算),定义"输出栅格"为 flow-up,计算得到水流长度。

➢ 步骤 4:河网的提取。

目前常用的河网提取方法是采用地表径流漫流模型计算:首先是在无洼地 DEM 上利用最大坡降的方法得到每一个栅格的水流方向;然后利用水流方向栅格数据计算出每一个栅格在水流方向上累积的栅格数,即汇流累积量,所得到的汇流累积量则代表在一个栅格位置上有多少个栅格的水流方向流经该栅格;假设每一个栅格处携带一份水流,那么栅格的汇流累积量则代表着该栅格的水流量。基于上述思想,当汇流量达到一定值的时候,就会产生地表水流,那么所有那些汇流量大于那个临界数值的栅格就是潜在的水流路径,由这些水流路径构成的网络,就是河网。

在前面的沟谷网络的提取中已经介绍过河网的提取过程,即通过阈值设定获取栅格河网,然后转换成矢量河网,并进行编辑修改等,这里不再赘述,仅说明汇流累积量阈值设定的注意事项。

阈值的设定在河网的提取过程中很重要,直接影响到河网的提取结果。阈值的设定应遵循科学、合理的原则。首先应该考虑到研究的对象,研究对象中的沟谷的最小级别,不同级别的沟谷所对应的不同的阈值;其次考虑到研究区域的状况,不同的研究区域相同级别的沟谷需要的阈值也不同。所以,在设定阈值时,应对研究区域和研究对象进行充分分析,通过不断的实验和利用现有地形图等其他数据辅助检验的方法来确定能满足研究需要并且符合研究区域地形地貌条件的合适的阈值。本例中汇流累积量阈值设定为 1 000,得到的栅格河网文件名称为 hewang。

➢ 步骤 5:河网链接信息的提取。

使用"Spatial Analyst 工具"—"水文分析"—"河流链接"工具可以提取河流的链接信息。"河流链接"工具能够记录河网的结构信息,例如每条弧段连接着两个作为出水点或汇合点的结点,或者连接着作为出水点的结点和河网起始点。因此,使用"河流链接"工具能够得到每一个河网弧段的起始点和终止点,也可以得到该汇水区域的出水点。这些出水点具有很重要的水文作用,对于水量预测、水土流失强度分析等研究具有重要意义。同时,这些出水口点的确定,也为进一步的流域划分与分割准备了数据。

具体操作步骤为:

首先,打开"河流链接"对话框(图 3 - 43),定义"输入河流栅格数据"为 hewang,"输入流向栅格数据"为 flowdirfill,"输出栅格"为 streamlink。

然后,点击"确定"按钮,执行河流链接命令。

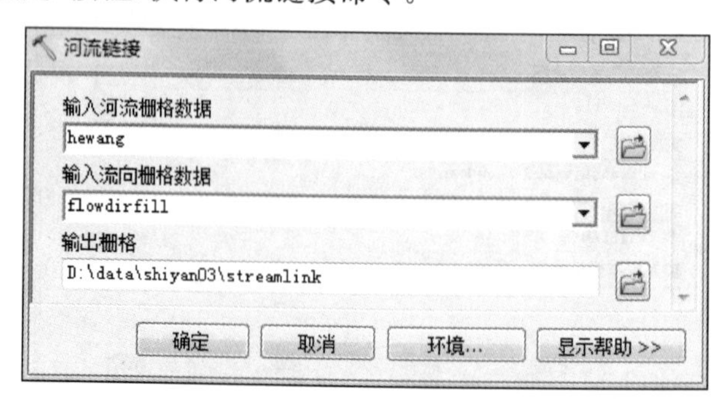

图 3 - 43　"河流链接"对话框

➢　步骤6:河网分级。

河网分级是对一个线性河流网络进行分级别的数字标识。在地貌学中,对河流的分级是根据河流的流量、形态等因素进行的。而基于DEM提取的河网的分支具有一定的水文意义。利用地表径流模拟的思想,不同级别的河网首先是它们所代表的汇流累积量不同,级别越高的河网,其汇流累积量也越大,那么在水文研究中,这些河网往往是主流,而那些级别较低的河网则是支流。

在ArcGIS的水文分析中,提供两种常用的河网分级方法:Strahler分级和Shreve分级。对于Strahler分级来说,它是将所有河网弧段中没有支流河网弧段分为1级,两个1级河网弧段汇流成的河网弧段为2级,如此下去分别为3级、4级,一直到河网出水口。在这种分级中,当且仅当同级别的两条河网弧段汇流成一条河网弧段时,该弧段级别才会增加,对于那些低级弧段汇入高级弧段的情况,高级弧段的级别不会改变,这也是比较常用的一种河网分级方法。对于Shreve分级而言,其1级河网的定义与Strahler分级是相同的,所不同的是以后的分级,两条1级河网弧段汇流而成的河网弧段为2级河网弧段,那么对于以后更高级别的河网弧段,其级别的定义是由其汇入河网弧段的级别之和,如图3-44所示,一条3级河网弧段和一条4级河网弧段汇流而成的新的河网弧段的级别就是7级,那么这种河网分级到最后出水口的位置时,其河网的级别数刚好是该河网中所有的1级河网弧段的个数。

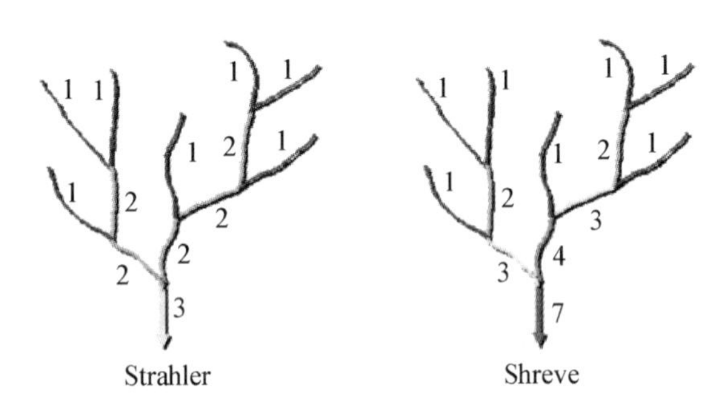

图3-44　Strahler河网分级和Shreve河网分级

河网分级的具体操作过程为:

首先,点击“Spatial Analyst工具”—“水文分析”—“河网分级”,弹出“河网分级”对话框(图3-45)。

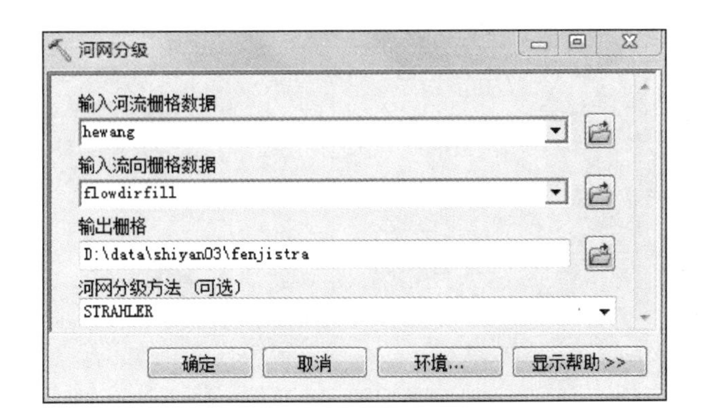

图3-45　“河网分级”对话框

然后,定义“输入河流栅格数据”为 hewang,“输入流向栅格数据”为 flowdirfill,“输出栅格”为 fenjistra;“河网分级方法(可选)”栏中提供 Strahler 分级和 Shreve 分级两种方法,默认为 Strahler 分级方法,本例选择默认设置。

最后,点击“确定”按钮,执行河网分级命令。

➢　步骤 7:流域划分。

流域(Watershed)又称集水区域,是指流经其中的水流和其他物质从一个公共的出水口排出从而形成一个集中的排水区域。用来描述流域的还有流域盆地(Basin)、集水盆地(Catchment)或水流区域(Contributing Area)。流域数据显示了区域内每个流域汇水面积的大小。汇水面积是指从某个出水口(或点)流出的河流的总面积。出水口(或点)即流域内水流的出口,是整个流域的最低处。流域间的分界线即为分水岭。

任何一个天然的河网,都是由大小不等的、各种各样的水系所组成,而每一条水系都有自己的特征,自己的汇水范围(流域面积),较大的流域往往是由若干较小的流域联合组成。

流域划分的具体操作步骤为:

首先,使用“Spatial Analyst 工具”—“水文分析”—“盆域分析”工具,进行流域盆地的获取。

在“盆域分析”对话框中(图 3 - 46),定义“输入流向栅格数据”为 flowdirfill,“输出栅格”为 basin。再点击“确定”按钮,执行盆域分析命令,得到流域盆地栅格数据。

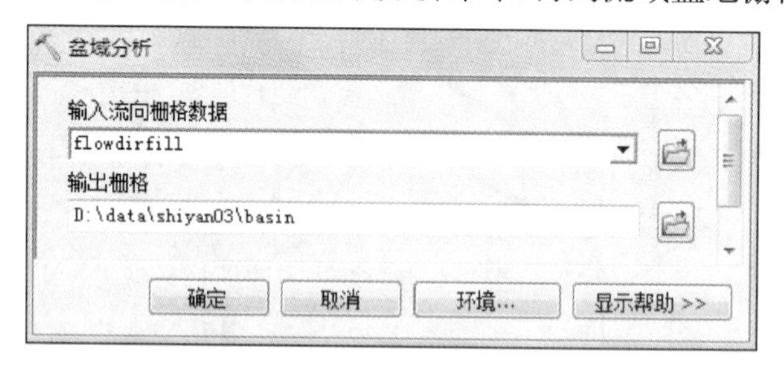

图 3 - 46　“盆域分析”对话框

为了使计算结果更容易理解,可以将前面计算出的河网数据在同一视图窗口中打开,进行辅助分析(图 3 - 47)。可以看到,所有流域盆地的出水口都在研究区域的边界上。使用流域盆地分析,可以将感兴趣的流域划分出来。

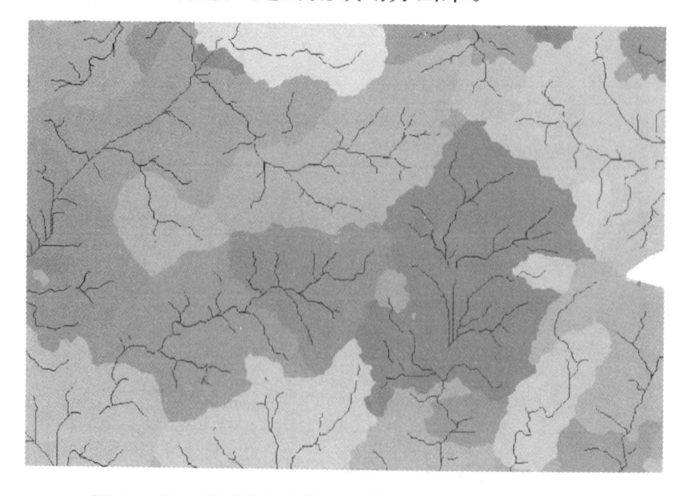

图 3 - 47　“盆域分析”计算结果(叠置了河网数据)

然后，使用“Spatial Analyst 工具”—“水文分析”—“捕捉倾泻点”工具(图 3－48)，进行流域出水口的获取。

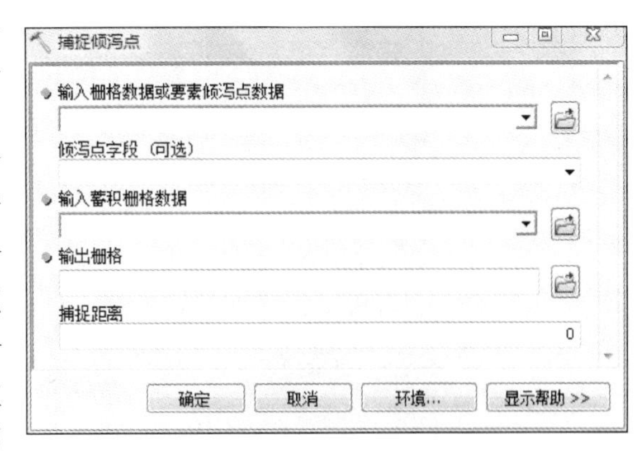

图 3－48　“捕捉倾泻点”对话框

经过上一步得到的流域盆地是一个比较大的流域盆地，在很多的水文分析中，还需要基于更小的流域单元进行分析，那么就需要使用流域分割将这些流域从这些大的流域中分解出来。流域分割首先要确定小级别流域的出水口位置，小级别流域出水口的位置可以使用“捕捉倾泻点”工具寻找。它的思想是利用一个记录着 point 的点栅格数据，在这个数据层中，那些属性值存在的点作为潜在的出水点，在该点位置上在指定距离内在汇流累积量的数据层上搜索那些具有较高汇流累积量栅格点的位置，这些搜索到的栅格点就是小级别流域的出水点。当然，也可以利用已有的出水点的矢量数据。如果没有出水点的栅格或矢量数据，可以使用基于河网数据生成的 streamlink 数据作为汇水区的出水口数据。因为 streamlink 数据中隐含着河网中每一条河网弧段的联结信息，包括弧段的起点和终点等，相对而言，弧段的终点就是该汇水区域的出水口所在位置。

本例中直接使用“河网链接”工具获取的 streamlink 数据作为汇水区的出水口数据。

最后，使用“Spatial Analyst 工具”—“水文分析”—“分水岭”工具(图 3－49)，进行集水流域的获取。其基本思路为先确定一个出水点，也就是该集水区的最低点，然后结合水流方向数据，分析搜索出该出水点上游所有流过该出水口的栅格，直到所有的该集水区的栅格都确定了位置，也就是搜索到流域的边界，分水岭的位置。

具体操作步骤为：

在“分水岭”对话框中(图 3－49)，定义“输入流向栅格数据”为 flowdirfill，“输入栅格数据或要素倾泻点数据”为 streamlink，“输出栅格”数据为 fenshuiling；然后，点击“确定”按钮，执行分水岭命令，得到集水流域。

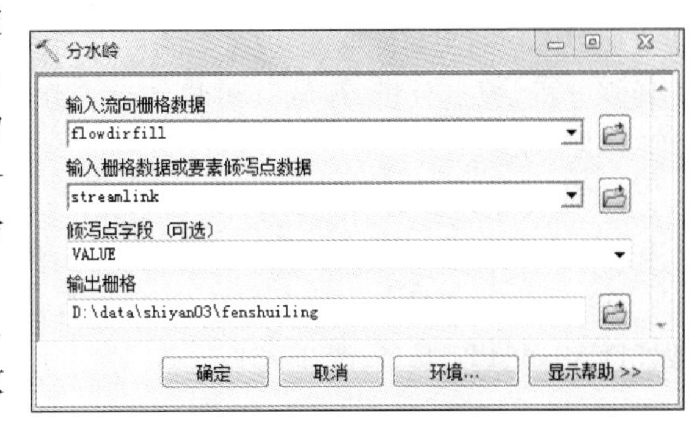

图 3－49　“分水岭”对话框

为了更好的表现流域的分割效果，可以加载前面得到的流域盆地和河网数据(图 3－50)。由结果可见，通过 streamlink 作为流域的出水口数据所得到的集水区域是每一条河网弧段的集水区域，也就是要研究的最小沟谷的集水区域，它将一个大的流域盆地按照河网弧段将其分为一个个小的集水盆地。

图 3-50　"分水岭"工具计算结果(分水岭与集水流域)

另外,基于水文分析还可获取规划研究区的重要生态涵养区(用户可以在研究区海拔高、坡度大、地形起伏较大、林地覆盖较好的区域设置生态涵养区,维持水土,涵养水源)和水质保持区(在一些主要河流上游的某些集水区域设立水质保持区,净化水质,维持生物多样性)的空间分布图,进而用于生态环境敏感性分析和建设用地适宜性分析。

3.3.8　可视性分析

可视性分析,也称通视分析,是指以某一点为观察点,研究某一区域通视情况的地形分析。可用于城市与区域规划中的视廊分析、建筑高度控制,旅游规划中的风景评价等多个方面。

通视分析的类型大致有:一点对整个区域的通视面积计算,两点之间的通视性判断,多点通视面积的交集计算,由被覆盖的可视面积反求待定位置与高度等。本例中主要介绍通视分析、视点分析、视域分析和剖面线分析,使用实验 2 中构建的 2 m 分辨率的 DEM(dem2m)。

1) 通视分析

➢　步骤 1:在 ArcMap 中加载"3D Analyst"工具条。

在 ArcMap 工具条中的空白处右击鼠标,弹出快捷菜单,点击选择"3D Analyst",加载"3D Analyst"工具条(图 3-51)。

图 3-51　"3D Analyst"工具条

➢　步骤 2:在 ArcMap 中加载"3D Analyst"工具条。

首先,点击 3D Analyst 工具条上的"创建视线"工具图标,弹出"通视分析"对话框(图 3－52)。

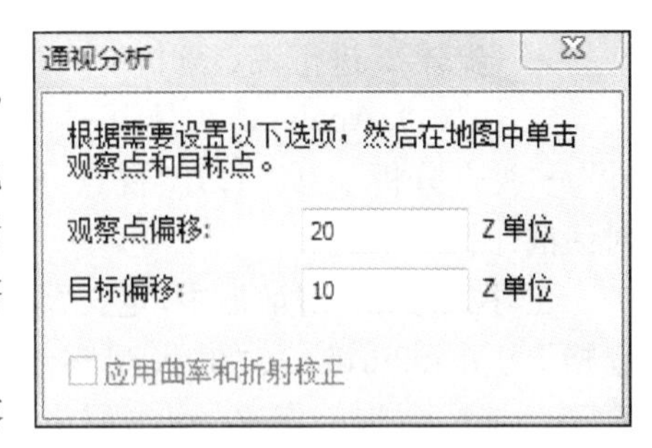

图 3－52　“通视分析”对话框

在对话框中设置“观察点偏移”和“目标偏移”分别为 20 m 和 10 m，即观察者和被观察者距离地面的距离。因为通常观察点和被观察点都不会紧贴地面，而是有一定的高度，比如站在某寺庙的塔楼上观察汀江对面的某一酒店大楼。

然后，在地图显示窗口中，分别点击确定观察者位置和目标点位置，出现通视线，红色表示不可见，绿色表示可见(图 3－53)。

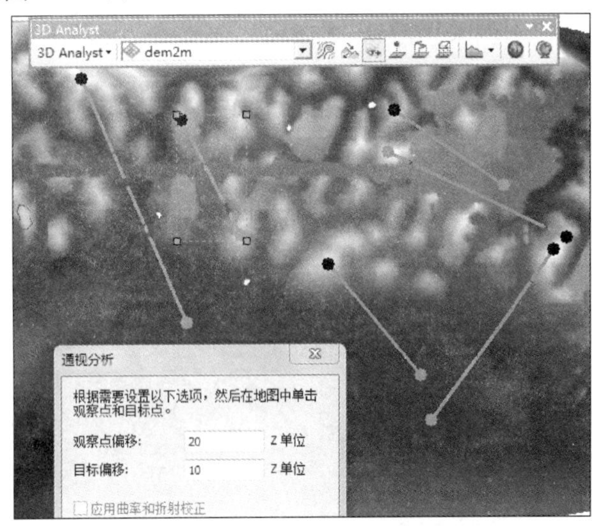

图 3－53　通视分析结果

2) 视点分析

➢　步骤 1:创建观察点要素文件。

首先，创建一个新的 Shapefile 文件(guanchadian. shp)，并连同配准后的上杭县城高分辨影像图(shhjiao)加载到 ArcMap 视图窗口中。

然后，打开“编辑器”工具条，使 guanchadian. shp 进入可编辑状态，输入 6 个主要的观察点(图 3－54)，并保存所做的修改，接着退出编辑状态。

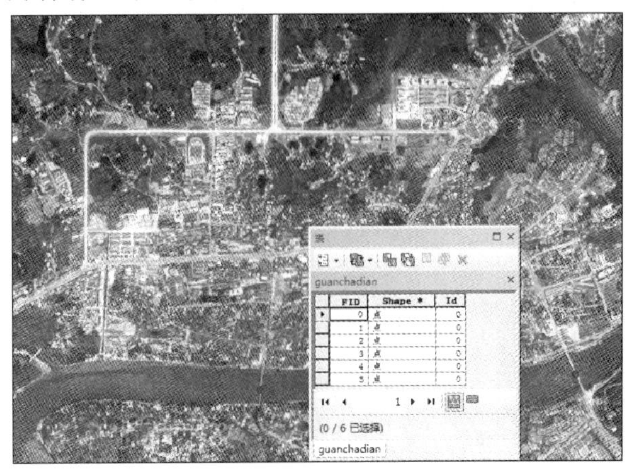

图 3－54　生成的观察点文件

➢ 步骤2:进行视点分析。

点击"3D Analyst 工具"—"可见性"—"视点分析"工具,打开"视点分析"对话框(图3-55)。

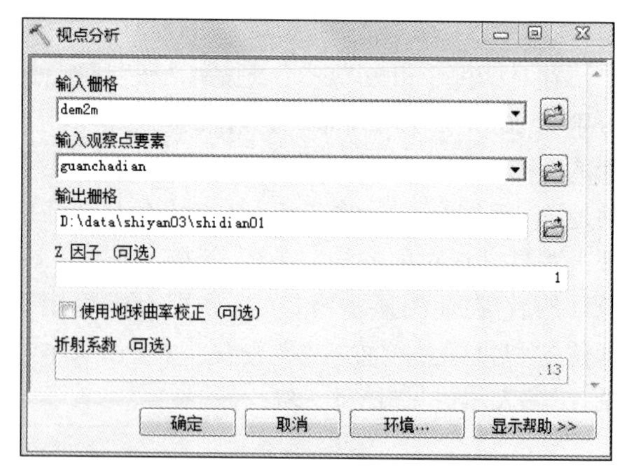

图3-55 "视点分析"对话框

在"视点分析"对话框中,定义"输入栅格"为dem2m,定义"输入观察点要素"为guanchadian,定义"输出栅格"为shidian01。"使用地球曲率校正(可选)"用以定义是否允许对地球的曲率进行校正。默认设置为不选中,本例采用默认设置。

点击"确定"按钮,执行视点分析命令,得到视点分析结果(图3-56),使用识别工具点击查询任一位置的信息,在弹出的"识别"对话框中(图3-57)记录了观察这6个点时可见的点(值为1的点)。

图3-56 视点分析结果

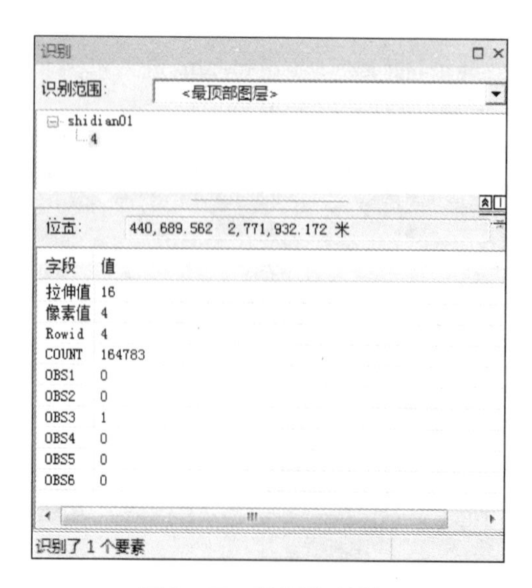

图3-57 "识别"对话框

3）视域分析

在 GIS 中，可以计算地形表面上单点视域或者多点视域，甚至可以计算一条线（线段节点的集合）的视域。计算结果为视域栅格图，栅格单元值表示该单元对于观测点是否可见，如果是多个观测点，则其值表示可以看到该栅格的观测点的个数。

具体操作过程如下：首先，点击“3D Analyst 工具”—“可见性”—“视域”工具，弹出“视域”对话框（图 3－58）。定义“输入栅格”为 dem2m，定义“输入观察点或观察折线要素”为 guanchadian，定义“输出栅格”为 shiyu01。然后，点击“确定”按钮，执行视域分析命令，得到视域栅格图（图 3－59）。

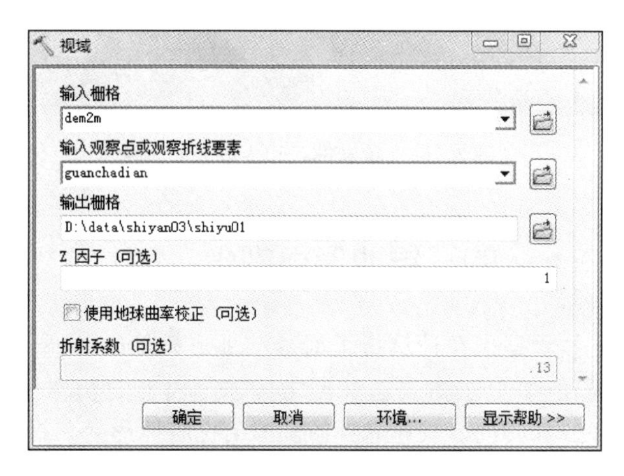

图 3－58　“视域”对话框

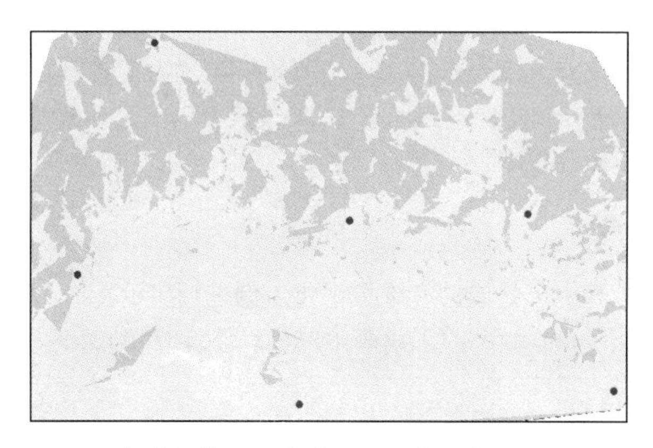

图 3－59　视域栅格图（绿色为可见区域，红色为不可见区域）

4）剖面线分析

在城市与区域规划中，经常会提取道路途经地区的地形变化情况，为道路的规划和调整提供参考信息，再比如可以通过提取河流流经地区的地形变化情况，来了解河流的坡降，从而为堤坝的修建和洪水的治理提供重要信息。

剖面线提取的主要步骤为：

首先，点击“3D Analyst”工具条上的 插入线工具图标，使用插入线工具创建一条线（图 3－60），以确定剖面线的起点（右下方）和终点（左上方）。

然后,点击“3D Analyst”工具条上的 创建剖面图工具,生成剖面图(图 3-60)。

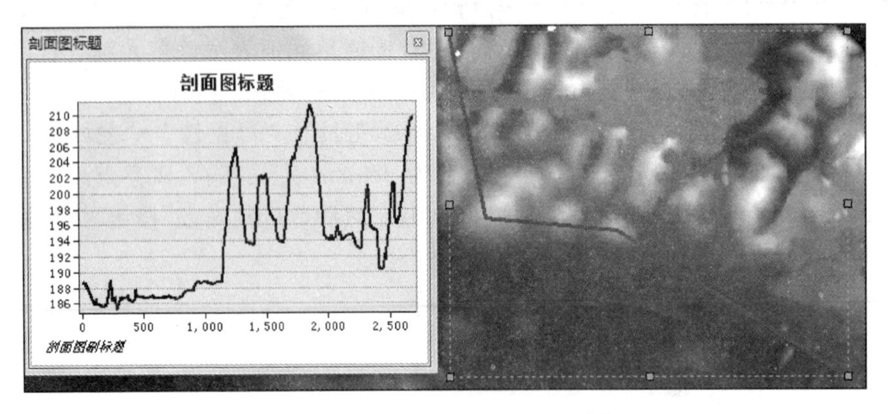

图 3-60　绘制的线和生成的剖面图

3.4　基于 ArcScene 的三维地形可视化

三维地形可视化技术是指在计算机上对数字地形模型中的地形数据进行逼真的三维显示、模拟仿真、简化、多分辨率表达和网络传输等内容的一种技术,它可用直观、可视、形象、多视角、多层次的方法,快速逼真的模拟出三维地形的二维图像,使地形模型和用户有很好的交互性,使用户有身临其境的感觉。三维地形逼真模拟在地形漫游、城市与区域规划、土地利用规划、三维地理信息系统等众多领域都有着广泛的应用。

ArcScene 是一个适合于展示三维透视场景的平台,可以在三维场景中漫游并与三维矢量与栅格数据进行交互。ArcScene 是基于 OpenGL 的,支持 TIN 数据显示。显示场景时,ArcScene 会将所有数据加载到场景中,矢量数据以矢量形式显示,栅格数据会默认降低分辨率来显示以提高效率。

3.4.1　三维可视化分析

本例以上杭县域和上杭县城的三维可视化为例进行演示。

➢　步骤 1:点击“3D Analyst”工具条上的 ArcScene 启动按钮(图 3-61),打开 ArcScene 视图窗口(图 3-62)。

图 3-61　“3D Analyst”工具条上的 ArcScene 启动按钮

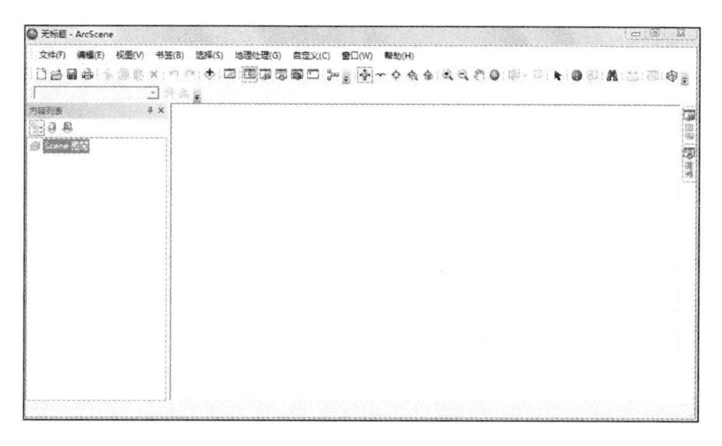

图 3 - 62　ArcScene 视图窗口

➢　步骤 2:加载上杭县域的 dem 数据(xianyudem)和县域的 TM 遥感影像数据(shanghang. img),以及乡镇界线数据(乡镇界线. shp)。

将需要的数据加载后,使用工具条中的相应工具调整数据显示的角度等相关参数。另外,为了获得真彩色的影像显示效果,可以选择 TM5、TM4、TM3 的波段组合。

➢　步骤 3:通过图层属性设置来定义基本高度。

首先,打开图层 shanghang. img 文件的图层属性,选择"基本高度"选项卡(图 3 - 63),在"从表面获取的高程"栏中点击选择"在自定义表面上浮动",选择高程文件为 xianyudem,并定义"栅格分辨率"为 30 m×30 m。如果规划研究区的地形变化较小,想让地形变得突出些,可以将"从要素获取的高程"栏中的"自定义"夸张系数设置为大于 1 的数值。然后,点击"确定"按钮,可以看到 shanghang. img 文件变为三维视图(图 3 - 64)。同样的方法步骤,用户可以制作上杭县城某片区高分辨率的三维可视化地图(图 3 - 65)。

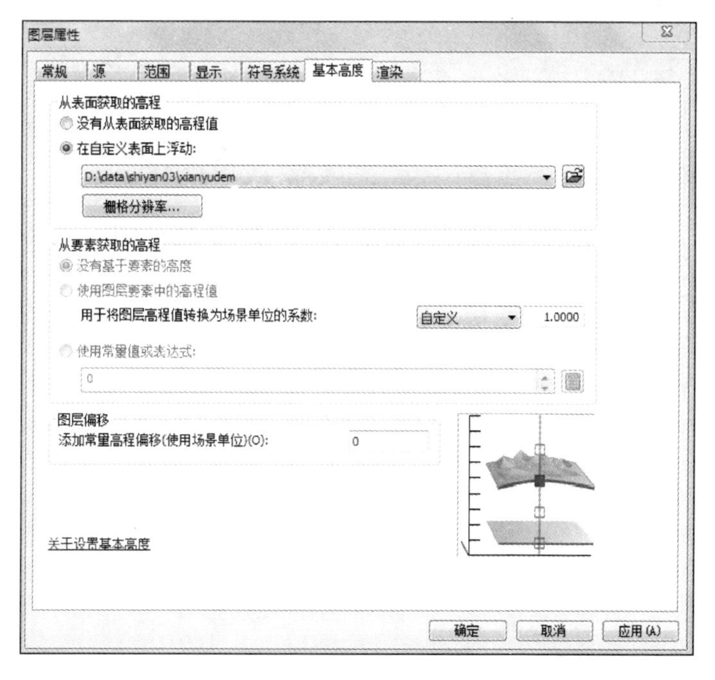

图 3 - 63　"图层属性"对话框中的"基本高度"选项卡

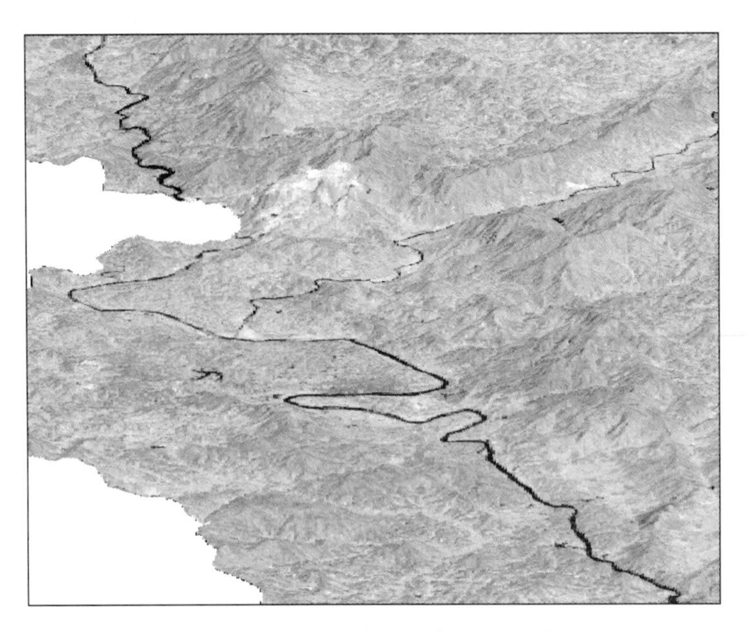

图3-64　TM影像数据的三维可视化

图3-65　上杭县城某片区影像数据的三维可视化

➢　步骤4:三维视图的导出。

在ArcScene视图窗口中,点击主菜单中的“文件”—“导出场景”—“2D”(也可以选择3D,本例选择2D),弹出“导出地图”对话框(图3-66)。定义输出文件名为xianyu3D,保存类型为JPEG,分辨率为500 dpi。点击“保存”按钮,三维视图导出为xianyu3D.jpg文件。

图 3-66　“导出地图”对话框

如果用户需要制作规划研究区的虚拟现实系统或更接近现实的可视化，那就需要将每一栋建筑物都进行高度赋值，使这些建筑物立起来，并进行建筑的贴面或者将在 3DMax 中制作的建筑物导入 ArcScene 中，以获得更为逼真的效果。

3.4.2　三维飞行动画制作

本例以上杭县域 TM 数据来演示制作三维飞行动画的过程。ArcScene 提供了多种途径来创建动画，这里就常用的 4 种方法加以简要说明。

1）通过创建一系列帧组成轨迹来形成动画

➢　步骤 1：在 ArcScene 中加载上杭县域 TM 数据 shanghang.img，并在工具条空白处点击鼠标右键，在弹出的快捷菜单中选择“动画”，加载“动画”工具条。

➢　步骤 2：通过创建一系列帧组成轨迹来形成动画。

首先，设置动画第一帧的场景属性。点击“动画”下拉菜单，选择“创建关键帧”，打开“创建动画关键帧”对话框（图 3-67）。定义类型为照相机，即由不同场景构成动画的帧。

然后，点击“新建”按钮，创建一个动画，点击“创建”按钮，抓取第一帧。

最后，改变场景后，再次点击“创建”按钮，抓取第二帧。根据需要抓取全部需要的帧，然后点击“关闭”按钮，关闭“创建动画关键帧”对话框。本例中共创建

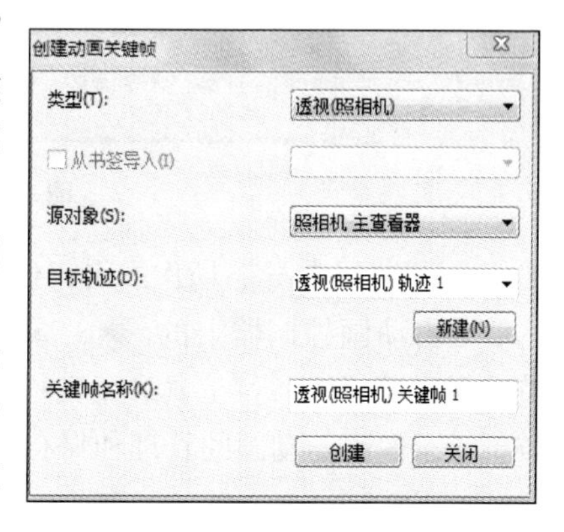

图 3-67　“创建动画关键帧”对话框

了5帧。

➢ 步骤3:播放预览动画。

点击“动画”工具条上的“动画控制器”按钮，弹出“动画控制器”工具条，点击其中的“选项”按钮还可进行播放设置(图3－68)，点击“播放”按钮，预览创建的5帧组成的动画。

➢ 步骤4:编辑和管理动画属性。

点击“动画”下拉菜单，选择“动画管理器”，打开“动画管理器”对话框(图3－69)。可以通过调整关键帧、轨迹和时间视图来调整动画。

➢ 步骤5:保存动画。

点击“动画”下拉菜单，选择“保存动画文件”，弹出“保存动画”对话框(图3－70)。

将动画文件保存在shiyan03文件夹下，名称为donghua01。或者使用“导出动画”，将动画保存为AVI格式的动画文件，供其他软件调用。

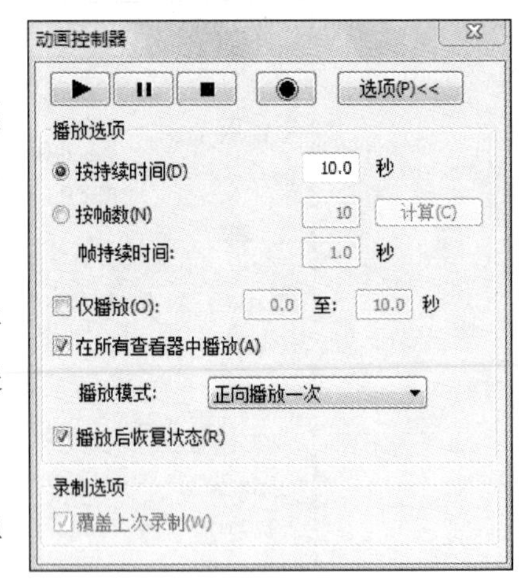

图3－68　“动画控制器”工具条

图3－69　“动画管理器”对话框

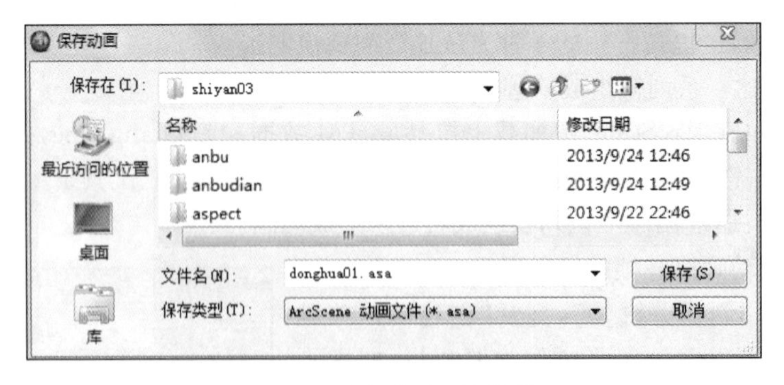

图3－70　“保存动画”对话框

2) 通过录制导航动作或飞行创建动画

点击动画控制器上的“录制”按钮开始录制，在场景中通过工具进行视图调整或者通过“飞行”工具进行飞行，操作结束后再次点击“录制”按钮停止录制。该按钮类似于录像器。动画的管理和保存与前面的方法步骤一致。

3）通过捕捉不同视角，并自动平滑视角间过程创建动画

点击动画工具条上的“捕获视图”按钮捕捉此时的视角，然后将场景调整成另一个视角，再次用捕获视图按钮捕捉视角，依次捕捉多个视角。动画功能会自动平滑两个视角之间的过程，形成一个完整的动画过程。动画的管理和保存与前面的方法步骤一致。

4）通过导入路径的方法生成动画

首先，在场景中加载表示飞行路径的矢量线要素文件，并设置其基本高度。

然后，选中飞行路径要素，并在“动画”工具条中选择“动画”—“根据路径创建飞行动画”，弹出“根据路径创建飞行动画”对话框（图3-71）。定义“垂直偏移”为10，即视高为10 m；“路径目标”点击选择“沿路径移动观察点和目标”，此为默认设置；点击“导入”按钮，输入路径。

最后，浏览动画，编辑动画，保存动画。方法过程同前。

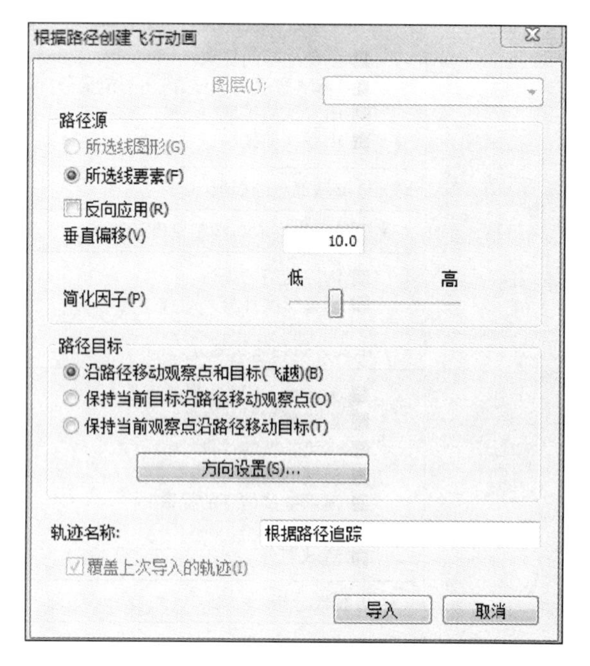

图3-71　“根据路径创建飞行动画”对话框

关于三维制图与地形分析的应用案例，请参见光盘中的附件内容，了解三维制图与地形分析在城市与区域规划中的具体应用。

3.5　实验总结

通过本实验掌握基础地形分析（海拔、坡度、坡向等的计算与分类）和延伸地形分析（地形起伏度、地表粗糙度、表面曲率、山脊线与山谷线的提取、地形鞍部点的提取、沟谷网络提取与沟壑密度计算、水文分析与流域划分、可视性分析等）的基本操作，能够制作规划研究区的三维视图与动画，并能够结合城市与区域规划中的具体规划需求选择合适的地形制图与分析方法。

具体内容见表3-2。

表3-2 本次实验主要内容一览

内容框架	具体内容	页码
基于DEM的基础地形分析	(1) 高程分析与分类	P129
	(2) 坡度计算与分类	P132
	(3) 坡向计算与分类	P133
基于DEM的延伸地形分析	(1) 地形起伏度分析	P135
	■ 重分类 ■ 焦点统计	P136 P136
	(2) 地表粗糙度计算	P137
	栅格计算器	P137
	(3) 表面曲率分析	P138
	(4) 山脊线与山谷线的提取	P139
	■ 正负地形的提取 ■ DEM数据的填洼、流向与流量分析 ■ 山脊线的提取 ■ 山谷线的提取	P139 P141 P142 P144
	(5) 地形鞍部点的提取	P144
	(6) 沟谷网络提取与沟壑密度计算	P145
	■ 沟谷网络的提取 ■ 沟壑密度计算	P146 P148
	(7) 水文分析与流域划分	P148
	■ 无洼地DEM数据的生成 ■ 汇流累积量的计算 ■ 水流长度的计算 ■ 河网的提取 ■ 河网链接信息的提取 ■ 河网分级 ■ 流域划分	P148 P151 P151 P152 P152 P153 P154
	(8) 可视性分析	P156
	■ 通视分析 ■ 视点分析 ■ 视域分析 ■ 剖面线分析	P156 P157 P159 P159
基于ArcScene的三维地形可视化	(1) 三维可视化分析	P160
	■ 定义基本高度 ■ 三维视图的导出	P161 P162
	(2) 三维飞行动画制作	P163
	■ 通过创建一系列帧组成轨迹来形成动画 ■ 通过录制导航动作或飞行创建动画 ■ 通过捕捉不同视角,并自动平滑视角间过程创建动画 ■ 通过导入路径的方法生成动画	P163 P164 P165 P165

实验 4 综合竞争力评价与经济地理格局专题制图

4.1 实验目的与实验准备

4.1.1 实验目的

通过实验掌握聚类分析、主成分分析和层次分析法等常用的统计分析方法在城市与区域规划中的具体应用，并能够使用 GIS 制作城市与区域规划中的各类专题地图。

具体内容见表 4 - 1。

表 4 - 1 本次实验主要内容一览

内容框架	具体内容
城市与区域综合竞争力评价	(1) 基于聚类分析的综合竞争力评价
	(2) 基于主成分分析的综合竞争力评价
	(3) 基于层次分析法的综合竞争力评价
经济地理空间格局专题制图	(1) GIS 中的主要插值方法
	(2) GIS 中的密度分析方法
	(3) 经济地理格局专题制图

4.1.2 实验准备

(1) 计算机已经预装了 ArcGIS 10.1 中文桌面版、PASW Statistics 18 或更高版本的软件。

(2) 本实验主要以河北省冀中南区域作为规划研究区，我们在线密度分析中使用了实验 3 中获取的沟谷网络数据，实验数据存放在光盘中的 data\shiyan04 中，请将 shiyan04 文件夹复制到电脑的 D:\data\目录下。

4.2 城市与区域综合竞争力评价

区域综合竞争力(综合实力)是一个地区与国内其他地区在竞争某些相同资源时所表现出来的综合经济实力的强弱程度，它体现在区域所拥有的区位、资金、人口、科技、基础设施、资源支持等多个方面。

在城市与区域规划过程中，经常需要对规划研究区在大区域中的综合实力进行比较分析与评价，以掌握规划研究区在大区域中的地位；也经常需要对规划研究区内部的不同行政区进行定量分析与评价，以掌握规划研究区内部的社会经济、生态环境等差异。

本实验以冀中南区域内部综合竞争力差异的定量评价为例说明演示聚类分析、主成分分析和层次分析法在城市与区域规划中的具体应用。

在进行竞争力分析评价过程中,首先需要构建规划研究区的竞争力评价指标体系。本例中,基于科学性、全面性、可操作性、数据可获得性等原则,从经济发展、基础设施和人民生活三个方面,选取18个指标因子构建了综合实力评价指标体系(图4-1)。

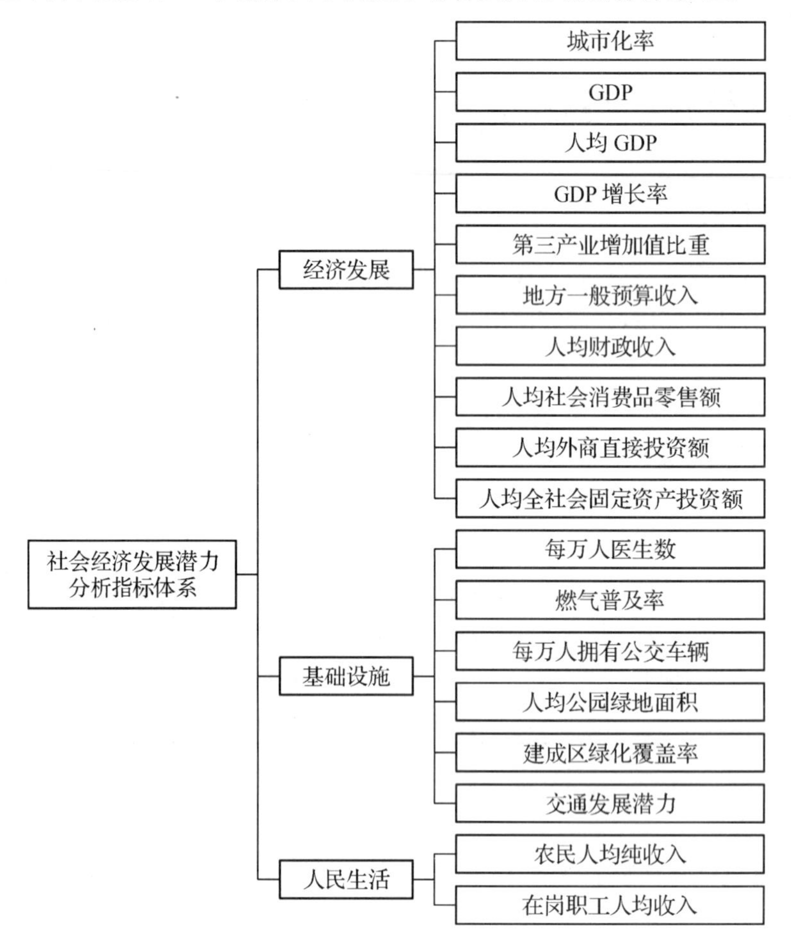

图4-1 冀中南区域各县市竞争力评价指标体系

通过冀中南各地市的统计年鉴,我们获取了冀中南区域所有县市区的18项统计指标,并在EXCEL中输入并保存为“冀中南数据.xlsx”(shiyan04文件夹下)。

现状综合竞争力并不能代表某一区域未来真正的发展潜力,但能够基本表征一个区域未来发展的大致态势。为了增加指标对未来发展潜力的表征性,评价指标中增加了一项交通发展潜力,该指标是通过计算“十二五道路网规划”中的各县市的高等级路网密度来表征的。

4.2.1 基于聚类分析的综合竞争力评价

分类学是科学研究的重要方法之一,数值分类学有着极为广泛的应用。人们认识某类事物时,往往先对事物的各个对象进行分类,以便寻找不同类型的差异。将事物按照一定原则进行类型划分的过程就是聚类分析。聚类分析的实质是建立一种分类方法,它能够将一批样本数据按照它们在性质上的亲密程度在没有先验知识的情况下自动进行分类。因而，聚类分析是一种探索性的分析，在分类过程中，人们不必事先给出一个分类标准，聚类分析能够从样本数据出发，自动进行分类。聚类分析使用的方法与参数不同，往往会得出不同的分类结论。

下面结合冀中南数据主要介绍 PASW Statistics 18 分类分析(Classify)中的逐步聚类分析(K-Means Cluster Analysis)和系统聚类分析(Hierarchical Cluster Analysis)两种聚类分析方法。

1) 采用逐步聚类分析方法进行冀中南区域竞争力类型划分

逐步聚类法(K-Means Cluster Analysis)又称快速聚类分析、动态聚类分析、K 均值聚类分析，是实际工作中常用聚类分析方法之一，可有效处理多变量、大样本的聚类分析，而又不占用太多的内存空间。其计算原理与步骤大致为：首先，用户指定聚类数，软件自动确定每一个类的初始类中心点；然后，所有样本按照其特征向量离哪一个类中心的特征向量最近就把它分到哪一类，形成一个新的 K 类，完成一次迭代过程；其次，计算属于同一类样本的平均特征向量并作为该类新的类中心特征向量；再次，按照最小距离分类原则对所有样本进行新的分类，计算每一类中各个变量的变量值均值，重新确定 K 个类的中心点(以均值点作为新的类中心点)；最后，如此反复进行计算，直到所有样本所属类别不再变化或者迭代次数达到预先给定的次数为止。

具体操作过程如下：

➢　步骤 1：在 PASW Statistics 18 中打开“冀中南数据. xlsx”。

首先，点击打开 PASW Statistics 18 软件，在软件启动窗口中点击“取消”按钮，直接进入软件的数据编辑窗口(图 4－2)。

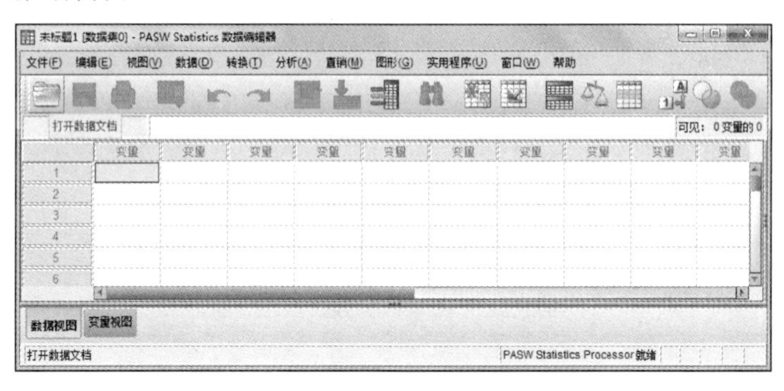

图 4－2　PASW Statistics 18 的数据编辑窗口

然后，点击窗口工具条中的“打开数据文档”图标，弹出“打开数据”对话框，定义文件类型为“Excel”，并找到 shiyan04 文件夹下的冀中南数据. xlsx 文件，点击“打开”按钮，弹出“打开 Excel 数据源”对话框(图 4－3)，点击勾选“从第一行数据读取变量名”选项，并定义工作表范围，以及字符串列的最大宽度等，此处均选用默认设置，点击“确定”按钮，冀中南数据. xlsx 中的属性表数据加载进入 PASW Statistics 18 的数据窗口中。

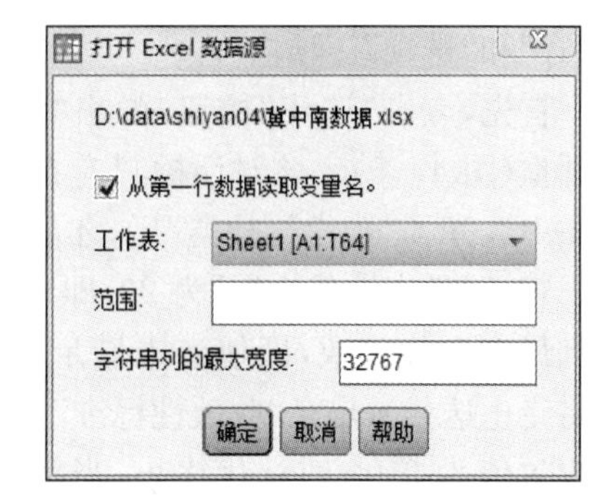

图 4－3　“打开 Excel 数据源”对话框

用户可以通过点击窗口右下方的视图按钮进行数据视图和变量视图的切换，分别查看数据信息和变量信息。

最后，如果数据信息和变量信息是正确的，点击窗口工具条上的“保存数据”图标，弹出“将数据保存”对话框，将数据保存在 shiyan04 文件夹下，名称为“冀中南分类分析. sav”。

➢ 步骤 2：使用“K 均值聚类分析”工具进行逐步聚类分析。

点击工具条上的“分析”—“分类”—“K 均值聚类”，弹出“K 均值聚类分析”对话框(图 4 - 4)。

定义“个案标记依据”为“市(县)”字段，通过点击左侧窗口中的变量名称，然后点击“载入”按钮，将该字段加入个案标记依据下方的列表中；采用同样方法将除了市(县)变量之外的其他所有变量，载入“变量”下方的列表中(图 4 - 4)。定义“聚类数”为 3 类，“方法”为迭代与分类(默认设置)，“聚类中心”采用默认设置，既不读取初始聚类中心，也不写入最终聚类中心。

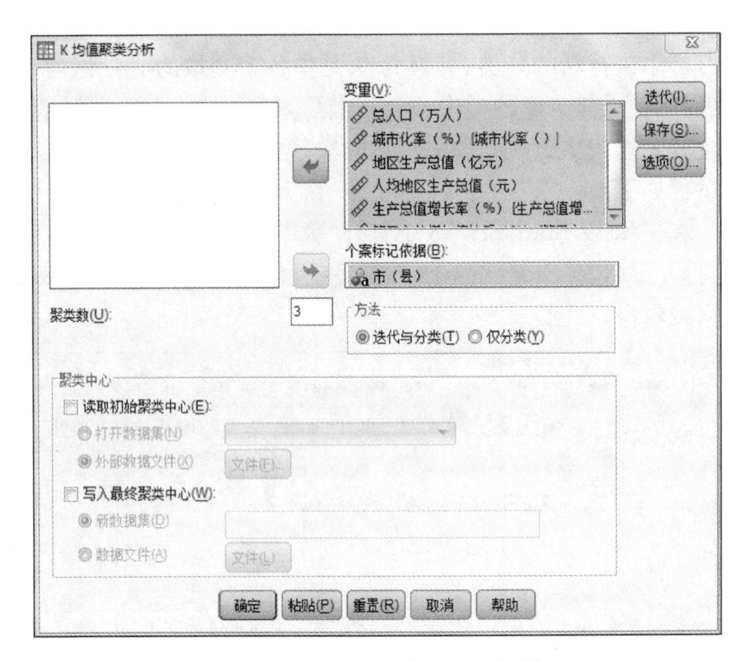

图 4 - 4 “K 均值聚类分析”对话框

以上设置完成后，下面需要定义“迭代”“保存”和“选项”三项内容。

首先，点击“迭代”按钮，弹出“写入文件”对话框(图 4 - 5)。该对话框只有在设置聚类方法中选择了“迭代与分类”后，才能激活和使用。定义“最大迭代次数”为 20(即当逐步聚类达到最大迭代次数，即使尚未满足收敛准则，也将终止迭代)；定义“收敛性标准”为 0. 02，即当收敛值为 0. 02 时迭代终止，当新一次迭代

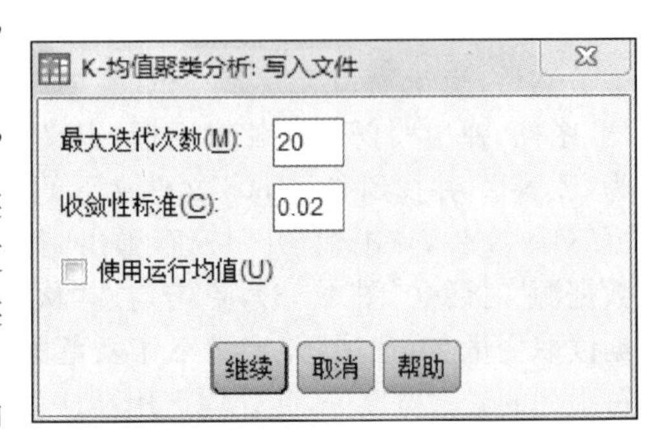

图 4 - 5 “写入文件”对话框

形成的若干个类中心点和上一次的类中心点间的最大距离小于指定的2%时，终止聚类迭代分析过程；复选框“使用运行均值”是用来定义如何更新聚类中心，如果勾选表示每当一个样本分配到一类后重新计算新的类的中心点，快速聚类分析的类中心点将与样本进入的先后顺序有关，如果不选(默认设置)则在完成所有样本依次类分配后计算各类中心点，这种方式可以节省运算时间，尤其是样本容量较大的时候。点击“继续”按钮，返回“K均值聚类分析”对话框。

然后，点击“保存”按钮，弹出“保存新变量”对话框(图4-6)。分别点击勾选“聚类成员”和“与聚类中心的距离”选项，即输出所有样本所属类的类号和所有样本距所属类中心点的距离。点击“继续”按钮，返回“K均值聚类分析”对话框。

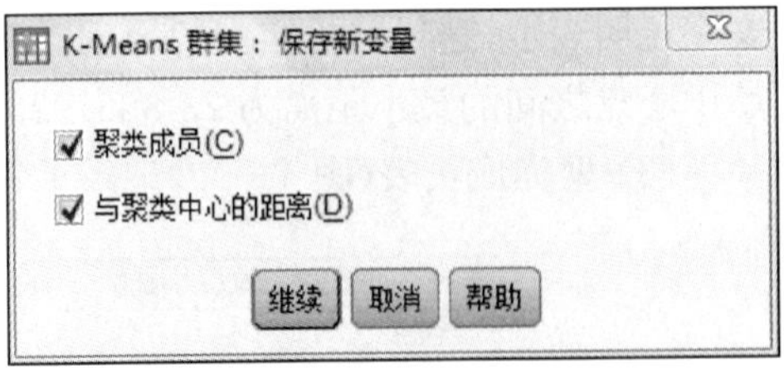

图4-6　“保存新变量”对话框

其次，点击“选项”按钮，弹出“选项”对话框(图4-7)。在“统计量”栏中，点击勾选“初始聚类中心”(为默认设置，即计算并输出各聚类中变量均值的初始估计值)、“ANOVA表”(输出方差分析表，包括每个聚类的单变量F检验值，如果所有个案均分配到单独一个聚类，则不显示方差表)和“每个个案的聚类信息”(将输出每个个案的最终聚类、个案到聚类中心的Euclidean距离、聚类中心间的Euclidean距离)。在“缺失值”中定义缺失值的处理方式，默认设置为“按列表排除个案”，即删除任何聚类变量中有缺失值的个案；如果选择“按对排除个案”，则仅仅剔除所用到的变量的缺失值。点击“继续”按钮，返回“K均值聚类分析”对话框。

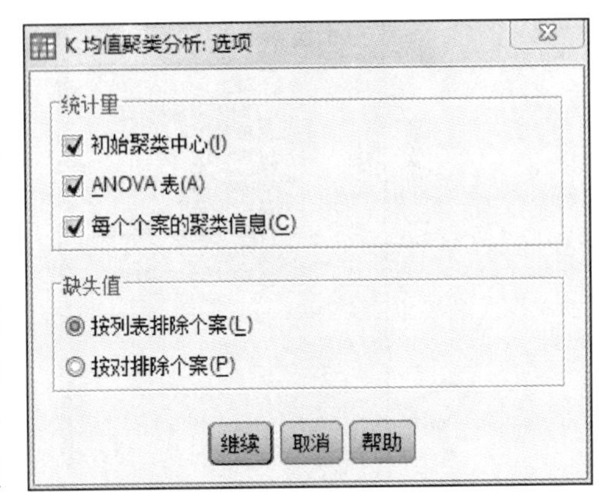

图4-7　“选项”对话框

最后，点击“确定”按钮，执行K均值聚类分析，得到分析结果(图4-8)。点击窗口工具条上的“保存数据”图标，弹出“将输出另存为”对话框，将数据保存在shiyan04文件夹下，名称为“K均值聚类分析结果.spv”。

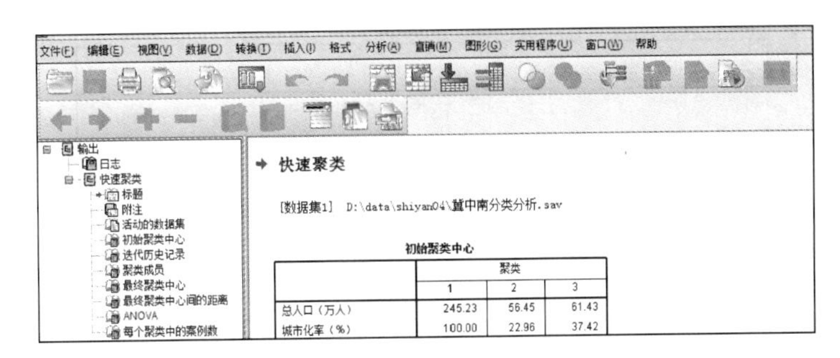

初始聚类中心

	聚类		
	1	2	3
总人口(万人)	245.23	56.45	61.43
城市化率(%)	100.00	22.96	37.42

图4-8　K均值聚类分析结果

➢ 步骤 3:K 均值聚类分析结果分析。

按照输出结果表格的顺序分别进行简要的解释说明。

(1) 初始聚类中心表,存储的是 K 均值聚类分析的初始类中心点。

(2) 迭代历史记录表,记录了迭代历史过程,共迭代了 4 次。第 4 次迭代后,聚类中心内的更改均为 0.000,说明第 4 次迭代之后类中心点没有发生变化。另外,表格下面的文字说明表示,迭代分析结束的原因是类中心点没有发生变化或变化很小,并给出了初始中心点之间的最小距离为 23 886.926。

(3) 聚类成员表(图 4-9),记录了每一个样本的归属和离类中心点的距离。

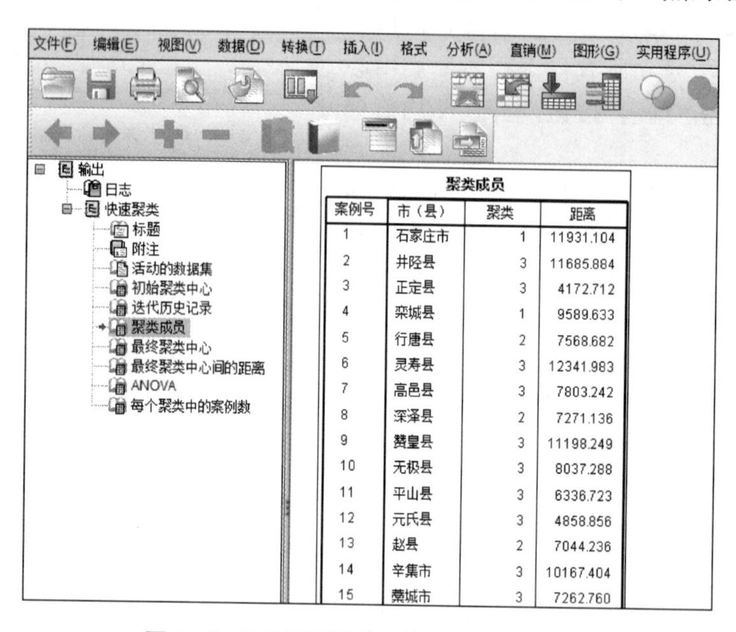

聚类成员

案例号	市(县)	聚类	距离
1	石家庄市	1	11931.104
2	井陉县	3	11685.884
3	正定县	3	4172.712
4	栾城县	1	9589.633
5	行唐县	2	7568.682
6	灵寿县	3	12341.983
7	高邑县	3	7803.242
8	深泽县	2	7271.136
9	赞皇县	3	11198.249
10	无极县	3	8037.288
11	平山县	3	6336.723
12	元氏县	3	4858.856
13	赵县	2	7044.236
14	辛集市	3	10167.404
15	藁城市	3	7262.760

图 4-9　K 均值聚类分析结果中的聚类成员

(4) 最终聚类中心表,是 K 均值聚类分析的最终类中心点。与第 1 个表格(初始类中心点)相比,中心点位置有一些变化,表示迭代过程中,中心点位置有了转移。

(5) 最终聚类中心间的距离表(图 4-10),是最终的类中心点之间的欧式距离。可以看出,第 2 类和第 3 类之间的距离最小,为 15 404.052,第 1 类和第 2 类中心点之间的距离最大,为 36 591.680。

聚类	1	2	3
1		36 591.680	21 497.026
2	36 591.680		15 404.052
3	21 497.026	15 404.052	

图 4-10　K 均值聚类分析结果中的最终聚类中心间的距离

(6) ANOVA 表(图 4-11),是各类样本之间的单因素方差分析表。表格中第 1 行变量为总人口(万人),它的组间平方和(聚类均方 Mean Square)为 5 906.992,平均组内平方和(误差均方 Mean Square)为 917.175,F 统计值为 6.440,F 统计值的相伴概率为 0.003。相伴概率小于显著性水平 0.01(也可以使用 0.05 的显著性水平,即 5%),因此可以认为对于总人口(万人)变量,63 个县市之间存在着显著的差异。

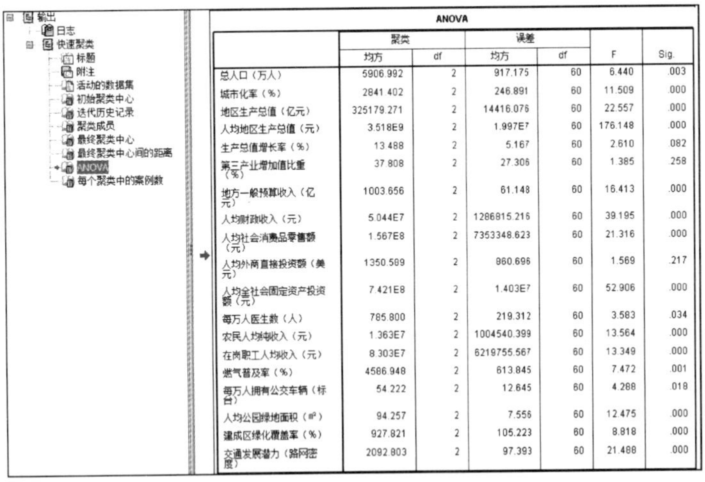

输出
日志
快速聚类
标题
附注
活动的数据集
初始聚类中心
迭代历史记录
聚类成员
最终聚类中心
最终聚类中心间的距离
ANOVA
每个聚类中的案例数

ANOVA

	聚类		误差		F	Sig.
	均方	df	均方	df		
总人口（万人）	5906.992	2	917.175	60	6.440	.003
城市化率（%）	2841.402	2	246.891	60	11.509	.000
地区生产总值（亿元）	325179.271	2	14416.076	60	22.557	.000
人均地区生产总值（元）	3.518E9	2	1.997E7	60	176.148	.000
生产总值增长率（%）	13.488	2	5.167	60	2.610	.082
第三产业增加值比重（%）	37.808	2	27.306	60	1.385	.258
地方一般预算收入（亿元）	1003.656	2	61.148	60	16.413	.000
人均财政收入（元）	5.044E7	2	1286815.216	60	39.195	.000
人均社会消费品零售额（元）	1.567E8	2	7353348.623	60	21.316	.000
人均外商直接投资额（美元）	1350.589	2	860.696	60	1.569	.217
人均全社会固定资产投资额（元）	7.421E8	2	1.403E7	60	52.906	.000
每万人医生数（人）	785.800	2	219.312	60	3.583	.034
农民人均纯收入（元）	1.363E7	2	1004540.399	60	13.564	.000
在岗职工人均收入（元）	8.303E7	2	6219755.567	60	13.349	.000
燃气普及率（%）	4586.948	2	613.845	60	7.472	.001
每万人拥有公交车辆（标台）	54.222	2	12.645	60	4.288	.018
人均公园绿地面积（㎡）	94.257	2	7.556	60	12.475	.000
建成区绿化覆盖率（%）	927.821	2	105.223	60	8.818	.000
交通发展潜力（路网密度）	2092.803	2	97.393	60	21.488	.000

图 4-11　K 均值聚类分析结果中的 ANOVA 表

(7) 每个聚类中的案例数表,记录了每一个聚类中包含的样本数,以及样本总的有效数和缺失数。

另外,在前面的步骤中曾指定了将样本所属类以及样本和类中心点的距离,作为样本的两个新变量保存到 SPSS 的数据编辑窗口中。聚类分析之后,可以看到新增加了两个变量 QCL_1 和 QCL_2,分别表示样本所属类以及样本和类中心点的距离(图 4-12)。

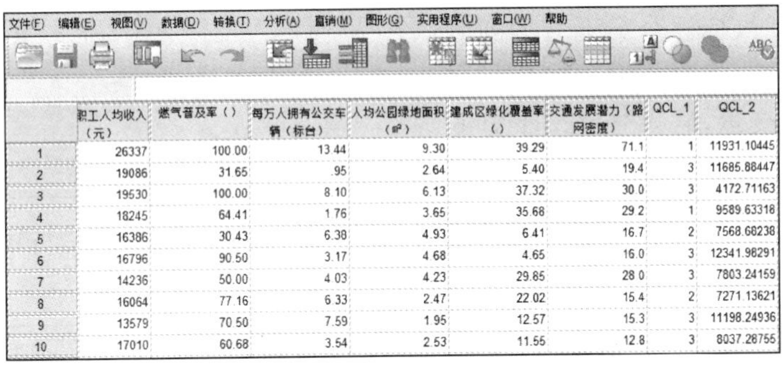

文件(F)　编辑(E)　视图(V)　数据(D)　转换(T)　分析(A)　直销(M)　图形(G)　实用程序(U)　窗口(W)　帮助

	职工人均收入（元）	燃气普及率（）	每万人拥有公交车辆（标台）	人均公园绿地面积（㎡）	建成区绿化覆盖率（）	交通发展潜力（路网密度）	QCL_1	QCL_2
1	26337	100.00	13.44	9.30	39.29	71.1	1	11931.10445
2	19086	31.65	.95	2.64	5.40	19.4	3	11685.88447
3	19530	100.00	8.10	6.13	37.32	30.0	3	4172.71163
4	18245	64.41	1.76	3.65	35.68	29.2	1	9589.63318
5	16386	30.43	6.38	4.93	6.41	16.7	2	7568.68238
6	16796	90.50	3.17	4.68	4.65	16.0	3	12341.98291
7	14236	50.00	4.03	4.23	29.85	28.0	3	7803.24159
8	16064	77.16	6.33	2.47	22.02	15.4	2	7271.13621
9	13579	70.50	7.59	1.95	12.57	15.3	3	11198.24936
10	17010	60.68	3.54	2.53	11.55	12.8	3	8037.28755

图 4-12　K 均值聚类分析之后增加的 QCL_1 和 QCL_2 变量

通过 K 均值聚类分析得到了综合竞争力划分为三类的结果(表 4-2)。用户从分类结果中很难准确把握和解释综合竞争力的类间差异。

表 4-2　K 均值聚类分析分类结果统计表

分类	县市名称
第一类	石家庄市、栾城县、鹿泉市、邯郸市、邯郸县、涉县、武安市
第二类	行唐县、深泽县、赵县、枣强县、武邑县、武强县、饶阳县、安平县、故城县、景县、阜城县、冀州市、深州市、临城县、柏乡县、隆尧县、任县、南和县、宁晋县、巨鹿县、新河县、广宗县、平乡县、威县、临西县、南宫市、临漳县、成安县、大名县、肥乡县、永年县、邱县、鸡泽县、广平县、馆陶县、魏县、曲周县
第三类	井陉县、正定县、灵寿县、高邑县、赞皇县、无极县、平山县、元氏县、辛集市、藁城市、晋州市、新乐市、衡水市、邢台市、邢台县、内丘县、清河县、沙河市、磁州县

2）采用系统聚类分析方法进行冀中南区域竞争力类型划分

系统聚类分析，也称层次聚类分析，是根据观察值或变量之间的亲疏程度，将最相似的对象结合在一起，以逐次聚合的方式，将观察值分类，直到最后所有样本都聚成一类。这种聚类方式是自下而上的分类方法。

系统聚类分析有两种形式，一种是对样本(个案)进行的分类，称为 Q 型聚类，也称样本聚类分析，它使具有共同特点的样本聚齐在一起，以便对不同的样本进行分析；另一种是对研究对象的观察变量进行分类，称为 R 型聚类，也称指标聚类分析，它使具有共同特征的变量聚在一起，以便从不同类中分别选出具有代表性的变量作分析，从而减少分析变量的个数。

本例以冀中南数据为例进行系统聚类中的 Q 型聚类分析。

具体操作过程如下：

- 步骤 1：在 PASW Statistics 18 中打开“冀中南分类分析. sav”数据文件。
- 步骤 2：使用“系统聚类分析”工具进行系统聚类分析。

首先，点击工具条上的“分析”—“分类”—“系统聚类”，弹出“系统聚类分析”对话框(图 4 - 13)。

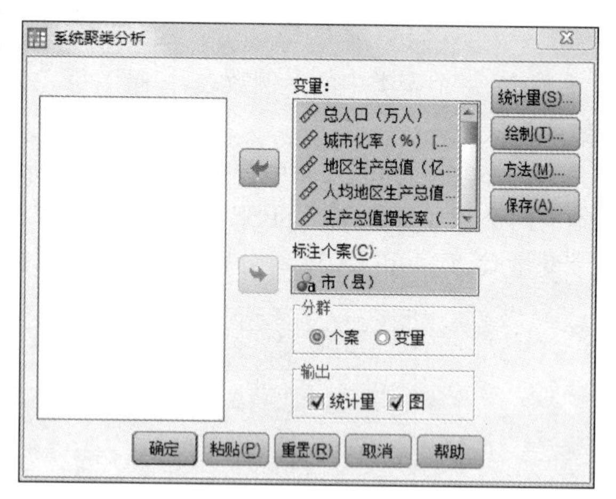

图 4 - 13　“系统聚类分析”对话框

定义“分群”方法为个案(默认设置)，即选用 Q 型聚类分析；定义“标注个案”为“市(县)”字段，通过点击左侧窗口中的变量名称，然后点击“载入”按钮，将该字段加入标注个案下方的列表中；采用同样方法将除了市(县)变量之外的其他所有变量，载入“变量”下方的列表中(图 4 - 13)。在“输出”栏中点击勾选“统计量”和“图”复选框(为默认设置)。

然后，在“系统聚类分析”对话框中分别设置“统计量”“绘制”“方法”和“保存”选项。

点击“统计量”按钮，弹出“统计量”对话框(图 4 - 14)。系统默认选中“合并进程表”选项，即输出系统聚类分析的凝聚状态表来表示类别合并的进程；点击勾选“相似性矩阵”复选框，即输出样本间的距离矩阵。另外，在“聚类成员”中有三个选项：无，不输出系统聚类分析的所属类成员情况；单一方案，并指定聚类数，则仅输出指定聚类数的系统聚类分析的所属类成员情况；方案范围，并指定聚类数范围，则输出指定聚类数区间的系统聚类分析的所属类成员情况。为了和 K 均值聚类结果对比，这里选择“单一方案”，聚类数为 3 类，点击“继续”按钮，退出“统计量”对话框。

系统聚类分析：统计量
合并进程表(A)
相似性矩阵(P)
聚类成员
无(N)
单一方案(S)
聚类数(B): 3
方案范围(R)
最小聚类数(M):
最大聚类数(X):
继续　取消　帮助

图 4 - 14　“统计量”对话框

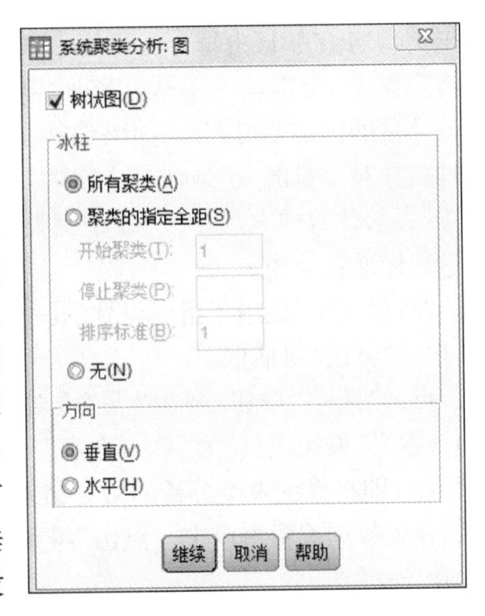

图 4-15　“图”对话框

点击“绘制”按钮，弹出“图”对话框(图 4-15)。点击勾选“树状图”，即以树状图形式输出聚类结果，树状图以树的形式展现聚类分析的每一次合并过程，程序首先将各类之间的距离重新转换到 0～25 之间，然后再近似地表示在图上。在“冰柱”栏中可以定义以冰柱图输出聚类结果，默认设置为“所有聚类”，即输出聚类全过程的冰柱图，如果选择“聚类的指定全距”，并定义“开始聚类”“停止聚类”和“排序标准”，则可以指定显示聚类中某一阶段的冰柱图，如果选择“无”，则不输出冰柱图。可以在“方向”栏中定义冰柱图显示的方向，有“垂直”和“水平”两个选项，默认设置为垂直。本例中，“冰柱”和“方向”栏中均采用默认设置。点击“继续”按钮，退出“图”对话框。

点击“方法”按钮，弹出“方法”对话框(图 4-16)。在“聚类方法”栏中通过下拉菜单指定聚类分析计算方法，下拉框中设置的是小类之间的距离计算方法，程序提供了 7 种方法供用户选择：组间联接(Between-groups linkage)、组内联接(Within-groups linkage)、最近邻元素(Nearest neighbor)、最远邻元素(Furthest neighbor)、质心聚类法(Centroid clustering)、中位数聚类法(Median clustering)、ward 法(Ward's method)。组间联接为默认设置，本例采用默认设置。

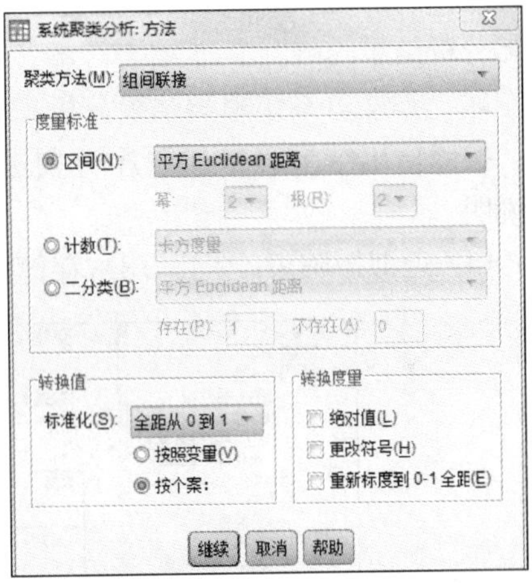

图 4-16　“方法”对话框

定义“度量标准”栏下的“区间”，即定义计算样本距离的方法，适合于连续性变量，共有 8 个可选项，分别为 Euclidean 距离、平方 Euclidean 距离(默认设置)、余弦、Pearson 相关性、Chebychev 距离、块、Minkowski 距离、定义距离；“计数”适合于顺序或名义变量，系统提供两种选择方式：卡方度量(默认设置)和 Phi 方度量；“二分类”适应于二值变量，系统提供多种选择方式，默认的是平方欧氏距离。本例选择组间联接聚类方法，度量标准选择区间中的平方 Euclidean 距离。

在“转换值”栏中可定义标准化的方式，以对不同数量级的数据做标准化处理，系统默认设置为不转换，系统提供了 6 种标准化的方法，分别为 z 得分(也叫标准差标准化，经过处理的数据符合标准正态分布，即均值为 0，标准差为 1)，全距从 −1 到 1(表示将所需要标准化处理的变量范围控制在[−1,1]，变量中必须含有负数，由每个变量值除以该变量的全距得到标准化处理后的变量值)，全距从 0 到 1(表示将所需标准化处理的变量范围控制在[0,1]，由每个变量值减去该变量的最小值再除以该变量的全距得到标准化处理后的变量值)，1 的最大量(处理以后变量的最大值为 1，由每个变量除以该变量的最大值得到),均值为 1(由每个变量值除以该变量的平均值得到,因此该变量所有取值的平均值将变为 1),标准差为 1(表示将所需标准化处理的变量标准差变成 1,由每个变量值除以该变量的标准差得到)。如果选择了上面的一种标准化处理方法,则需要制定标准化处理是针对变量的,还是针对个案的。“按照变量”表示针对变量,适应于 R 型聚类;“按个案”表示针对样本,适用于 Q 型聚类。本例中选择“全距从 0 到 1”和“按个案”方法对数据进行标准化处理。

“转换度量”是用于指定得到的距离的转换方式,默认状态为不选择。点击“继续”按钮,退出“方法”对话框。

点击“保存”按钮,弹出“保存”对话框(图 4-17)。定义“聚类成员”为“单一方案”,并输入“聚类数”为 3,即将系统聚类分析的最终结果以变量的形式保存到数据编辑窗口中。点击“继续”按钮,退出“保存”对话框。

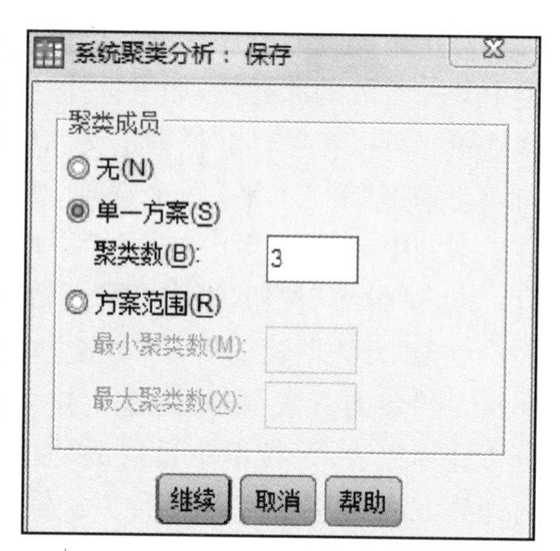

图 4-17　“保存”对话框

最后,在“系统聚类分析”对话框中,点击“确定”按钮,执行系统聚类分析,得到聚类结果数据文件,并将其保存到 shiyan04 文件夹下,命名为“系统聚类分析结果. spv”。

➢　步骤 3:系统聚类结果分析。

按照输出结果表格的顺序分别进行简要的解释说明。

(1) 近似矩阵表(图 4-18),存储的是 63 个样本两两之间的距离矩阵。

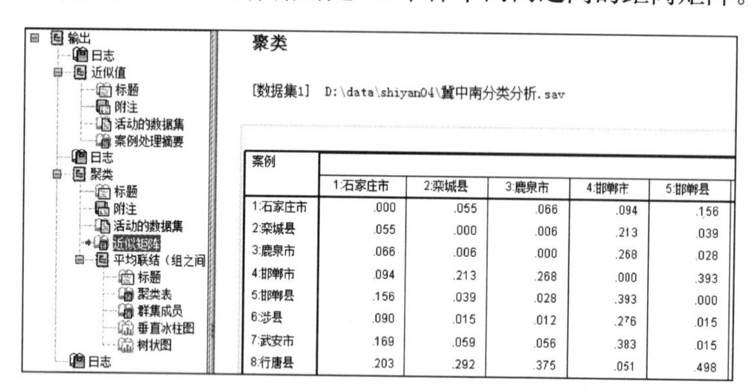

案例	1:石家庄市	2:栾城县	3:鹿泉市	4:邯郸市	5:邯郸县
1:石家庄市	.000	.055	.066	.094	.156
2:栾城县	.055	.000	.006	.213	.039
3:鹿泉市	.066	.006	.000	.268	.028
4:邯郸市	.094	.213	.268	.000	.393
5:邯郸县	.156	.039	.028	.393	.000
6:涉县	.090	.015	.012	.276	.015
7:武安市	.169	.059	.056	.383	.015
8:行唐县	.203	.292	.375	.051	.498

图 4-18　系统聚类分析结果中的近似矩阵(或不相似矩阵)

(2) 聚类表,也称聚类分析的凝聚状态表(图 4-19)。该表格第 1 列(阶)表示聚类分析的步骤,可以看出本例共进行了 62 个步骤的分析;第 2 列(群集 1)和第 3 列(群集 2)表示某步聚类分析中,哪两个样本或类聚成了一类;第 4 列(系数)表示两个样本或类间的距离,从表格中可以看出,距离小的样本之间先聚类;第 5 列和第 6 列(首次出现阶群集)表示某步聚类分析中,参与聚类的是样本还是类,0 表示是样本,数字 n(非零)表示第 n 步聚类产生的类参与了本步聚类;第 7 列(下一阶)表示本步骤聚类结果在下面聚类的第几步中用到。

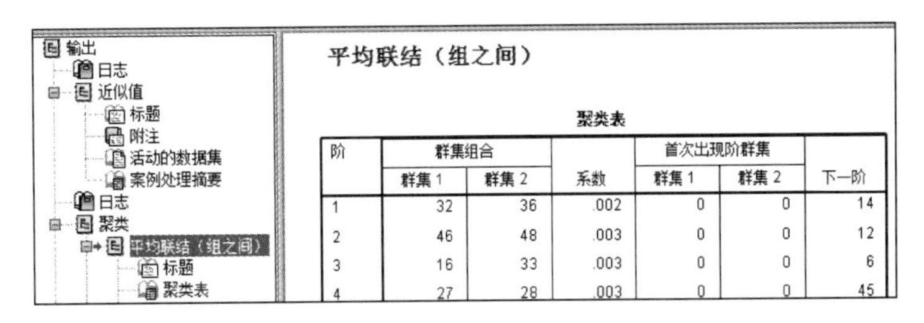

平均联结（组之间）

聚类表

阶	群集组合		系数	首次出现阶群集		下一阶
	群集 1	群集 2		群集 1	群集 2	
1	32	36	.002	0	0	14
2	46	48	.003	0	0	12
3	16	33	.003	0	0	6
4	27	28	.003	0	0	45

图 4 - 19　系统聚类分析结果中的聚类表

(3) 群集成员表(图 4 - 20)，记录了聚类分析聚成 3 个类时，每一个样本的类归属情况。

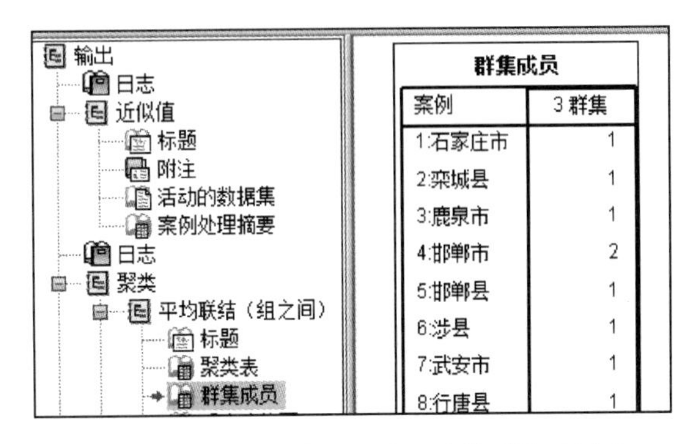

群集成员

案例	3 群集
1:石家庄市	1
2:栾城县	1
3:鹿泉市	1
4:邯郸市	2
5:邯郸县	1
6:涉县	1
7:武安市	1
8:行唐县	1

图 4 - 20　系统聚类分析结果中的群集成员表

(4) 垂直冰柱图(图 4 - 21)，冰柱图的纵轴表示类数。冰柱图应从最低端开始观察。

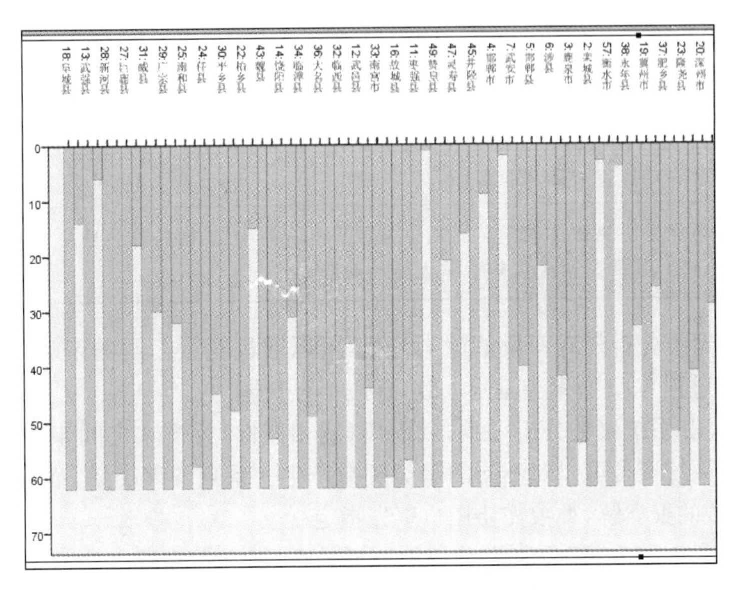

图 4 - 21　系统聚类分析结果中的垂直冰柱图

(5) 树状图(图 4 - 22)，可以直观地显示整个聚类的过程。从图中可以看出，各个类之间的距离在 25 的坐标内。由于本例中部分样本或小类之间距离差距较小，集中分布在小于 5 的低值区,因此从本图很难清晰地看出哪几个样本先聚类,这时需要借助凝聚状态表进行判别。

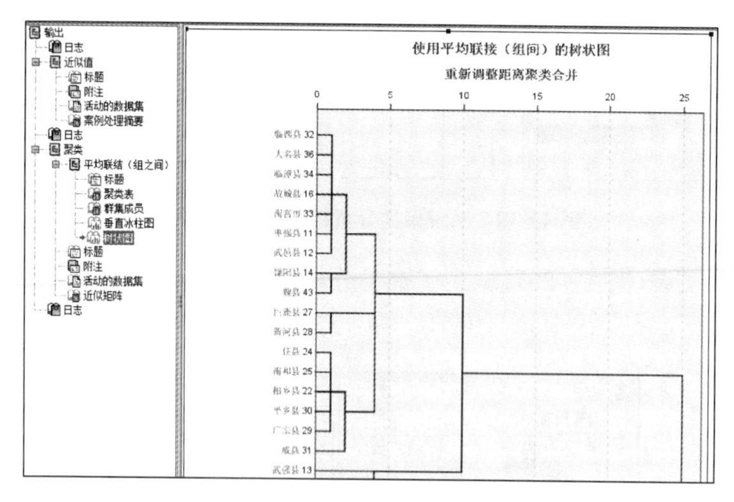

图 4-22　系统聚类分析结果中的树状图

另外,在前面的步骤中曾指定了将样本所属类作为样本的新变量保存到 SPSS 的数据编辑窗口中。然后,将系统聚类分析得到的综合竞争力划分为三类的结果整理成分类结果统计表(表 4-3),从分类结果中很难准确把握综合竞争力的类间差异。

表 4-3　系统聚类分析分类结果统计表

分类	县市名称
第一类	石家庄市、栾城县、鹿泉市、邯郸县、涉县、武安市、行唐县、深泽县、赵县、安平县、景县、冀州市、深州市、临城县、隆尧县、宁晋县、成安县、肥乡县、永年县、邱县、鸡泽县、广平县、馆陶县、曲周县、正定县、高邑县、无极县、平山县、元氏县、辛集市、藁城市、晋州市、新乐市、:衡水市、邢台市、邢台县、内丘县、清河县、沙河市、磁州县
第二类	邯郸市、井陉县、灵寿县、赞皇县
第三类	枣强县、武邑县、武强县、饶阳县、故城县、阜城县、柏乡县、任县、南和县、巨鹿县、新河县、广宗县、平乡县、威县、临西县、南宫市、临漳县、大名县、魏县

另外,R 型聚类分析是对变量的聚类分析,可以通过变量之间的亲疏关系将其分为若干个类别,其过程与 Q 型聚类基本一致,在此不再赘述。

K 均值聚类和系统聚类分析一致,以距离(或相似性)为样本之间亲疏程度的标志,主要差异在于:系统聚类可以对不同的聚类类数产生一系列的聚类解,而 K 均值聚类只能产生固定类数的聚类解,类数需要用户事先指定。

从 K 均值聚类分析和系统聚类分析的结果来看,两者存在较大的差别,说明不同的聚类分析方法可能会产生不同的分类结果。另外,分成 3 类的结果不是很符合我们的判断和实际情况。因此,单纯的聚类分析有时并不能很好的表征样本的实际情况,其原因可能是样本评价的指标之间有很多重复的信息,造成 N 维空间中点相对积聚,区分度不太好。树状图也说明了这一点,太多的样本在低值区积聚。因而,在综合竞争力评价中,使用主成分分析和层次分析法比较多,应用也更广。

4.2.2 基于主成分分析的综合竞争力评价

在分析处理多变量问题时,变量间往往存在一定的相关性,有些变量之间密切相关,使观测数据所反映的信息多有重叠,因此,人们希望能够找出较少的彼此之间互不相关的综合变量尽可能反映原来变量的信息,以达到数据简化(Data Reduction)的目的。显然,在一个低维空间解释系统要比在高维系统容易得多。

因子分析(Factor Analysis,FA)就是用少数几个因子来描述许多指标或因素之间的联系,以较少的几个因子来反映原始资料的大部分信息的统计学分析方法。例如,美国统计学家 Stone 在 1947 年关于国民经济的研究中,根据美国 1927—1938 年的数据,得到 17 个反映国民收入与支出的变量因素,经过因子分析,得到 3 个新变量,可以解释 17 个原始变量 97.4%的信息;英国统计学家 Moser Scott 在 1961 年对英国 157 个城镇发展水平进行调查时,原始测量的变量有 57 个,而通过因子分析发现,只需用 5 个新的综合变量就可以解释 95%的原始信息。

从数学角度来看,因子分析是一种化繁为简的降维处理技术,其应用非常广泛,非常适用于城市与区域综合竞争力的评价。

主成分分析(Principal Component Analysis,PCA)是因子分析的一个特例和一种类型,是使用最多的因子提取方法。它通过坐标变换手段,将原有的多个相关变量,做线性变化,转换为另外一组不相关的变量。选取前面几个方差最大的主成分,这样达到了因子分析较少变量个数的目的,同时又能用较少的变量反映原有变量的绝大部分的信息。

主成分分析具有以下 4 个主要特点:

①因子变量的数量远少于原有的指标变量的数量,因而对因子变量的分析能够减少分析中的工作量。②因子变量不是对原始变量的取舍,而是根据原始变量的信息进行重新组构,它能够反映原有变量大部分的信息。③因子变量之间不存在显著的线性相关关系,对变量的分析比较方便,但原始部分变量之间多存在较显著的相关关系。④因子变量具有命名解释性,即该变量是对某些原始变量信息的综合和反映。

根据研究对象的不同,把因子分析分为 R 型和 Q 型两种。当研究对象是变量时,属于 R 型因子分析;当研究对象是样品时,属于 Q 型因子分析。但有的因子分析方法兼有 R 型和 Q 型因子分析的一些特点,如因子分析中的对应分析方法,有的学者称之为双重型因子分析,以示与其他两类的区别。

这里以冀中南数据为例介绍 PASW Statistics 18 中主成分分析的具体应用。

➢ 步骤 1:在 PASW Statistics 18 中打开"冀中南分类分析.sav"数据文件。

➢ 步骤 2:使用"因子分析"工具进行 R 型因子分析。

首先,点击工具条上的"分析"—"降维"—"因子分析",弹出"因子分析"对话框(图 4-23)。将对话框左侧变量列表中的除"市(县)"变量外的其他所有变量加载到"变量"栏中。

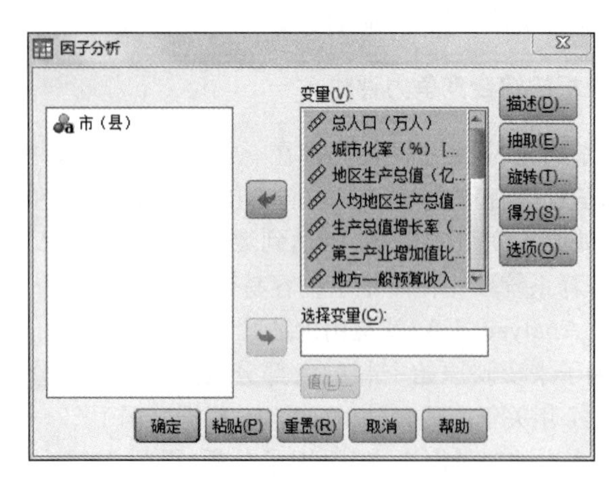

图 4-23 “因子分析”对话框

然后,点击“因子分析”对话框中的“描述”按钮,弹出“描述统计”对话框(图 4-24)。“统计量”栏中有两个选项:“单变量描述性”(输出变量均值、标准差等)和“原始分析结果”(默认设置,输出初始公因子方差、特征值及其变量解释的百分比等)。本例中两项都选。“相关矩阵”栏中有 7 个选项,提供了 7 种检验变量是否适合做因子分析的检验方法,分别是系数(相关系数矩阵)、显著性水平、行列式(相关系数矩阵的行列式)、逆模型(相关系数矩阵的逆矩阵)、再生(再生相关矩阵,原始相关与再生相关的差值)、反映象(反映象相关矩阵检验)、KMO 和 Bartlett 的球形度检验。

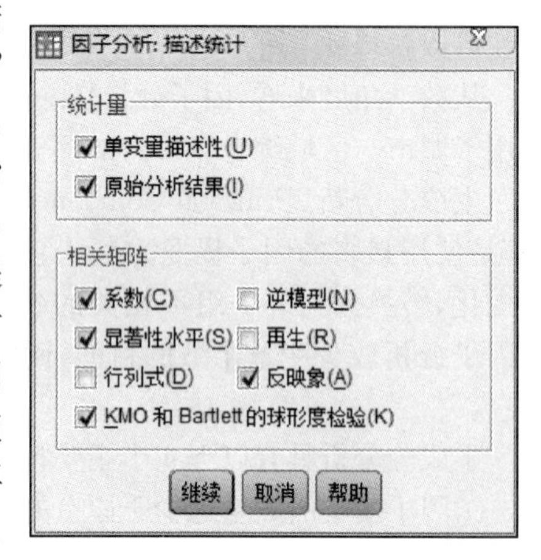

图 4-24 “因子分析:描述统计”对话框

下面就常用的几个因子分析检验方法做简要解释。

(1) Bartlett 的球形度检验。该检验以变量的相关系数矩阵作为出发点,它的零假设 H0 为相关系数矩阵是一个单位阵,即相关系数矩阵对角线上的所有元素都为 1,而所有非对角线上的元素都为 0,即原始变量两两之间不相关。Bartlett 球形检验的统计量是根据相关系数矩阵的行列式得到。如果该值较大,且其对应的相伴概率值小于用户指定的显著性水平,那么就应拒绝零假设 H0,认为相关系数不可能是单位阵,也即原始变量间存在相关性。

(2) 反映象相关矩阵检验。该检验以变量的偏相关系数矩阵作为出发点,将偏相关系数矩阵的每个元素取反,得到反映象相关矩阵。偏相关系数是在控制了其他变量影响的条件下计算出来的相关系数,如果变量之间存在越多的重叠影响,那么偏相关系数就会越小,这些变量越适合进行因子分析。

(3) KMO(Kaiser-Meyer-Olkin)检验。该检验的统计量用于比较变量之间的简单相关和偏相关系数。KMO 值介于 0～1,越接近 1,表明所有变量之间简单相关系数平方和远大于偏相关系数平方和,越适合因子分析。其中,Kaiser 给出一个 KMO 检验标准:

KMO＞0.9，非常适合；0.8＜KMO＜0.9，适合；0.7＜KMO＜0.8，一般；0.6＜KMO＜0.7，不太适合；KMO＜0.5，不适合。

本例中，选择常用的系数、显著性水平、反映象、KMO 和 Bartlett 的球形度检验 4 个选项。单击“继续”按钮，返回“因子分析”对话框。

其次，点击“因子分析”对话框中的“抽取”按钮，弹出“抽取”对话框（图 4 - 25）。在“方法”栏中提供了因子分析的 7 种方法，本例采用默认的主成分方法。

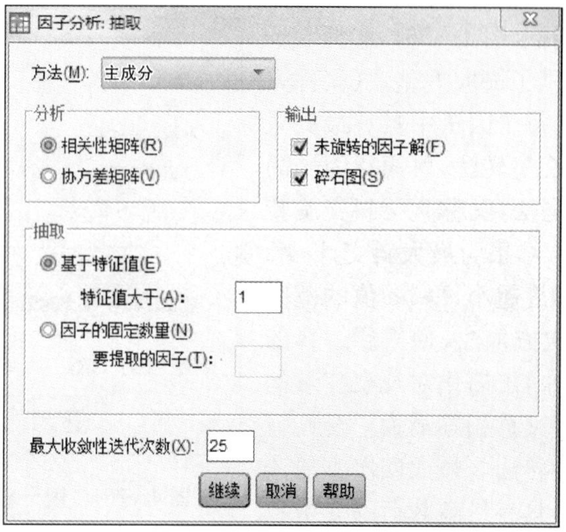

图 4 - 25　“因子分析：抽取”对话框

主成分（Principle Components Analysis），为默认的提取方法，该方法形成观察变量间不相关的线性组合，第一个成分具有最大的方差，其余的成分对方差解释的比例逐渐变小，且各成分间均不相关。

未加权的最小平方法（Unweighted least squares），该方法使观察的相关性矩阵和再生相关矩阵之差的平方和最小。

综合最小平方法（Generalized least squares），又称广义最小二乘法，该方法可以使观察值的相关性矩阵和再生相关性矩阵之间的差的平方和最小。

最大似然（Maximum likelihood），在样本来自多变量正态分布的情况下，它生成的参数估计最有可能生成观察到的相关矩阵。

主轴因子分解（Principal axis factoring），从原始相关矩阵提取公因子，将多元相关系数的平方代替对角线的值作为公因子方差的初始估计值，应估计新公因子方差的因子载荷替代对角线中旧的公因子方差。当公因子方差的改变符合收敛准则的要求时，将终止迭代过程。

α 因子分解（Alpha factoring），把分析的变量看做来自一个潜在总体的样本，使因子的 α 可靠性系数最大。

映象因子分解（Image factoring），把部分映象（变量的公共部分）看做剩余变量的线性回归。

“分析”栏中有相关性矩阵（默认设置）和协方差矩阵两项。本例采用默认设置。

“输出”栏中有未旋转的因子解（默认设置，显示未旋转的因子载荷、公因子方差及因子解的特征值)和碎石图(以降序方式显示与成分或因子关联的特征值以及成分或因子的数量)两项。本例两项均选择。

“抽取”栏用于定义因子个数的提取标准,有两种方式:基于特征值(默认设置,特征值大于1)和因子的固定数量(用户可以定义要提取的因子数量)。本例采用默认设置。

“最大收敛性迭代次数”用于定义因子分析收敛的最大迭代次数,系统默认的最大迭代次数为25。本例采用默认设置。点击“继续”按钮,返回“因子分析”对话框。

再次,点击“因子分析”对话框中的“旋转”按钮,弹出“旋转”对话框(图4-26),选择因子旋转方法。系统共提供了最大方差法(又称方差最大正交旋转法,使每个因子中具有最高载荷的变量数最小的正交旋转法,可简化因子的解释)、直接Oblimin方法(又称直接斜交旋转法,当Delta值为0时,结果为最大斜交,Delta值越小,因子的斜交程度越小,Delta值的范围是(−1,0))、最大四次方值法(使需要解释的每个变量的因子数最小,可简化对观察变量的解释)、最大平衡值法(又称相等最大正交旋转法,是方差最大正交旋转法与最大四次方值法的组合,使每个因子中具有最高载荷的变量数量最小及需要解释的每个变量的因子数最小)、Promax(最优斜交旋转,进行因子的校正,适用于大样本数据,并同时给出Kappa值,默认值为4)。因子旋转目的是为了简化结构,以帮助我们解释因子。系统默认不进行旋转(无),本例选择最大方差法。

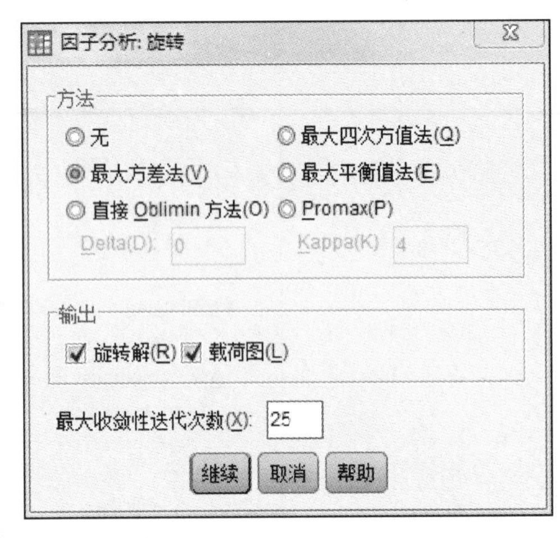

图4-26 “因子分析:旋转”对话框

“输出”栏中有两个选项,“旋转解”(输出旋转后的因子载荷矩阵)和“载荷图”(输出载荷散点图)。本例两项均选择。

本例“最大收敛性迭代次数”采用默认设置。点击“继续”按钮,返回“因子分析”对话框。

然后,点击“因子分析”对话框中的“得分”按钮,弹出“因子得分”对话框(图4-27),对因子得分进行设置。点击选择“保存为变量”(将最终的因子得分保存到新变量中),系统提供了因子得分的3种计算方法。本例选择“回归”方法。

回归(Regression):因子得分均值为0,采用多元相关平方。

Bartlett(巴特利法):因子得分均值为0,采用超出变量范围各因子平方和被最小化。

Anderson-Rubin(安德森-洛宾法):因子得分均值为0,标准差1,彼此不相关。

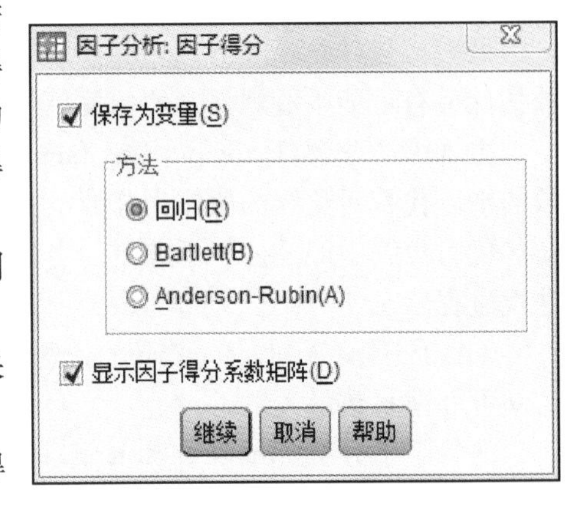

图4-27 “因子分析:因子得分”对话框

点击选择“显示因子得分系数矩阵”,点击

“继续”按钮，返回“因子分析”对话框。

最后，点击“因子分析”对话框中的“选项”按钮，弹出“选项”对话框(图 4 - 28)。在“缺失值”栏中定义缺失值的处理方式，系统提供三种方法：按列表排除个案(Exclude cases listwise，默认设置，去除所有缺失值的个案)、按对排除个案(Exclude cases pairwise，含有缺失值的变量，去掉该案例)、使用均值替换(Replace with mean，用平均值代替缺失值)。

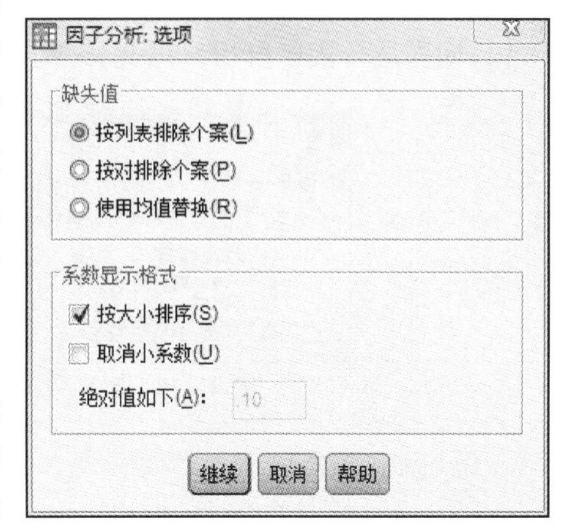

图 4 - 28　“因子分析：选项”对话框

成对删除(pairwise)的意思是如果一个个案(case)中有若干个变量数据，其中某一个或者多个变量数据缺失，那么这个个案(case)中所有的数据就会被删掉不纳入计算；另外一个成列(listwise)删除，就是说如果用到了某个个案中缺失的数据就会自动将此个案删除，但是在对其他无缺失数据的变量进行计算时，此个案还被纳入计算。本例选择默认设置按列表排除个案。

“系数显示格式”用于控制因子得分系统矩阵的显示格式，一种是按大小排序，一种是取消小系数(排除绝对值小于用户定义值的系数)。本例选择按大小排序。点击“继续”按钮，返回“因子分析”对话框。点击“确定”按钮，执行因子分析命令，得到因子分析结果，并将文件保存在 shiyan04 文件夹下，命名为“主成分分析结果. spv”。

➢　步骤 3：因子分析结果的简要解释。

按照输出结果表格的顺序分别进行简要的解释说明。

(1) 描述统计量表，存储了变量的均值、标准差和分析的个案数等基本统计信息。

(2) 相关矩阵表(图 4 - 29)。通过相关矩阵可以看出哪些变量之间存在高相关。存在高相关也说明原始变量之间存在高信息重叠。

输出
- 日志
- 因子分析
  - 标题
  - 附注
  - 活动的数据集
  - 描述统计量
  - 相关矩阵
  - KMO 和 Bartlett 的
  - 反映像矩阵
  - 公因子方差
  - 解释的总方差
  - 碎石图
  - 成份矩阵
  - 旋转成份矩阵
  - 成份转换矩阵
  - 因子 1，2，3的成
  - 成份得分系数矩阵
  - 成份得分协方差矩

		总人口（万人）	城市化率（%）	地区生产总值（亿元）	人均地区生产总值（元）
相关	总人口（万人）	1.000	.567	.896	.382
	城市化率（%）	.567	1.000	.688	.560
	地区生产总值（亿元）	.896	.688	1.000	.655
	人均地区生产总值（元）	.382	.560	.655	1.000
	生产总值增长率（%）	.046	.049	.109	.362
	第三产业增加值比重（%）	.325	.227	.199	-.144
	地方一般预算收入（亿元）	.871	.768	.960	.550
	人均财政收入（元）	.509	.862	.723	.803
	人均社会消费品零售额（元）	.457	.693	.647	.683
	人均外商直接投资额（美元）	.345	.314	.400	.304
	人均全社会固定资产投资额（元）	.372	.516	.598	.744
	每万人医生数（人）	.330	.809	.477	.366
	农民人均纯收入（元）	.258	.174	.351	.622
	在岗职工人均收入（元）	.555	.798	.664	.593
	燃气普及率（%）	.286	.425	.392	.488
	每万人拥有公交车辆（标台）	.275	.516	.388	.351
	人均公园绿地面积（m²）	.281	.498	.405	.533
	建成区绿化覆盖率（%）	.310	.457	.389	.487
	交通发展潜力（路网密度）	.590	.828	.736	.615

图 4 - 29　因子分析结果中的相关矩阵

(3) KMO 和 Bartlett 的检验结果表(图 4 - 30)。该结果是是否适合进行因子分析的重要参照,因此,因子分析需要首先按照此分析结果进行判定。本例中,KMO检验值为0.823,大于0.6,适合因子分析;Bartlett的检验相伴概率为0.000,小于显著性水平0.01,同样适合因子分析。因此,该例适合进行因子分析。

KMO 和 Bartlett 的检验

取样足够度的 Kaiser-Meyer-Olkin 度量。		.823
Bartlett 的球形度检验	近似卡方	1182.677
	df	171
	Sig.	.000

图4-30 因子分析结果中的KMO和Bartlett的检验

(4) 反映象矩阵表。

(5) 公因子方差表(图4-31),给出了初始变量的共同度。这是因子分析的初始结果,该表格的第1列列出了所有原始变量的名称;第2列为初始变量共同度;第3列是根据因子分析最终解计算出的变量共同度。根据最终提取的m个特征值和对应的特征向量计算出因子载荷矩阵。这时由于因子变量个数少于原始变量的个数,因此每个变量的共同度必然小于1。例如,总人口的共同度为0.885,可以理解为几个公因子能够解释总人口方差的88.5%。

输出
日志
因子分析
标题
附注
活动的数据集
描述统计量
相关矩阵
KMO 和 Bartlett 的检验
反映像矩阵
公因子方差
解释的总方差
碎石图
成份矩阵
旋转成份矩阵
成份转换矩阵
因子 1, 2, 3 的成分图
成份得分系数矩阵
成份得分协方差矩阵

公因子方差

	初始	提取
总人口(万人)	1.000	.885
城市化率(%)	1.000	.895
地区生产总值(亿元)	1.000	.922
人均地区生产总值(元)	1.000	.884
生产总值增长率(%)	1.000	.640
第三产业增加值比重(%)	1.000	.786
地方一般预算收入(亿元)	1.000	.931
人均财政收入(元)	1.000	.898
人均社会消费品零售额(元)	1.000	.754
人均外商直接投资额(美元)	1.000	.616
人均全社会固定资产投资额(元)	1.000	.821
每万人医生数(人)	1.000	.818
农民人均纯收入(元)	1.000	.800

图4-31 因子分析结果中的公因子方差

(6) 解释的总方差表(图4-32),又称因子方差贡献率表。该表格是因子分析后因子提取和因子旋转的结果。第1列是因子分析19个初始解序号。第2列是因子变量的方差贡献(特征值),它是衡量因子重要程度的指标。第3列是各因子变量的方差贡献率(% of Variance),表示该因子描述的方差占原有变量总方差的比例。第4列是因子变量的累计方差贡献率,表示前m个因子描述的总方差占原有变量总方差的比例。第5列到第7列则是从初始解中按照一定标准(在前面的分析中设定了提取因子的标准是特征值大于1)提取了4个公共因子后对原变量总体的描述情况。各列数据的含义和前面第2列到第4列相同,可见提取了4个因子后,它们反映了原变量的大部分信息(72.619%)。

第 8 列到第 10 列是旋转以后得到的因子对原变量总体的刻画情况。一般来说，累积方差贡献率达到 70%以上即认为比较满意。

成分	初始特征值			提取平方和载入			旋转平方和载入		
	合计	方差的%	累积%	合计	方差的%	累积%	合计	方差的%	累积%
1	9.045	47.607	47.607	9.045	47.607	47.607	6.188	32.568	32.568
2	1.944	10.230	57.837	1.944	10.230	57.837	3.063	16.123	48.691
3	1.533	8.070	65.907	1.533	8.070	65.907	2.663	14.018	62.709
4	1.275	6.712	72.619	1.275	6.712	72.619	1.883	9.910	72.619
5	.996	5.245	77.863						
6	.841	4.426	82.289						
7	.738	3.884	86.172						
8	.584	3.075	89.248						
9	.507	2.669	91.917						
10	.342	1.799	93.716						
11	.291	1.530	95.246						
12	.259	1.361	96.607						
13	.189	.997	97.603						
14	.173	.910	98.513						
15	.135	.712	99.225						
16	.062	.329	99.554						
17	.050	.265	99.820						
18	.027	.144	99.963						
19	.007	.037	100.000						

提取方法：主成分分析。

图 4 - 32　因子分析结果中的解释的总方差

(7) 碎石图(图 4 - 33)。特征值的大小代表了主成分的方差贡献率的大小和重要性程度。

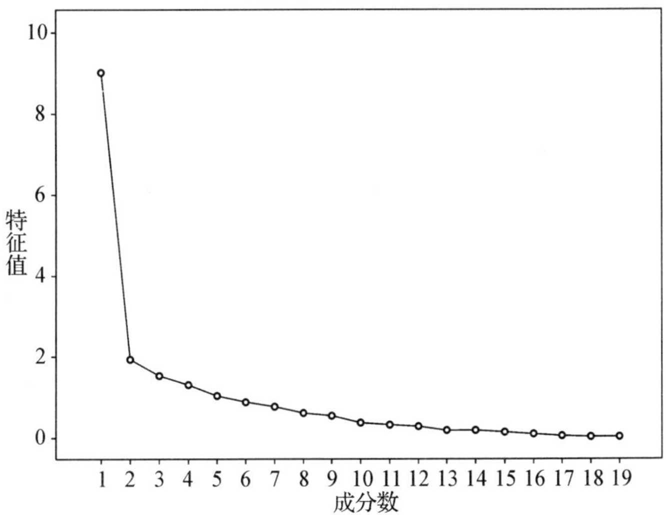

图 4 - 33　因子分析结果中的碎石图

(8) 成分矩阵图(图4-34),记录了每一个变量在4个主成分上的载荷矩阵。如果在第1主成分的载荷远大于其他主成分,那么该变量对第1主成分贡献率大,接近第1主成分。根据此特征,可以进行因子的命名和解释。

项　目	成分			
	1	2	3	4
人均财政收入(元)	.911	.004	−.082	−.226
地区生产总值(亿元)	.877	−.139	.282	.105
城市化率(%)	.874	−.276	−.093	−.165
地方一般预算收入(亿元)	.871	−.288	.245	−.018
交通发展潜力(路网密度)	.866	−.165	.033	−.076
人均社会消费品零售额(元)	.825	.203	.146	.112
在岗职工人均收入(元)	.813	−.152	−.092	−.082
人均地区生产总值(元)	.803	.478	.035	−.006
总人口(万人)	.707	−.303	.353	.246
人均全社会固定资产投资额(元)	.706	.347	.314	−.295
每万人医生数(人)	.665	−.330	−.067	−.381
人均公园绿地面积(m^2)	.598	.199	−.549	.050
每万人拥有公交车辆(标台)	.574	−.160	−.478	−.064
建成区绿化覆盖率(%)	.572	.140	−.364	.447
燃气普及率(%)	.560	.218	−.406	.279

图4-34　因子分析结果中的成分矩阵

(9) 旋转成分矩阵表,记录了经过旋转后的每一个变量在4个主成分上的载荷矩阵。旋转之后的因子载荷矩阵更易解释原始指标是接近哪个主成分变量,更易于因子命名和解释。

(10) 成分转换矩阵表。

(11) 成分1,2,3的成分图(图4-35),即载荷散点图,是旋转后因子载荷矩阵的图形化表示方式。

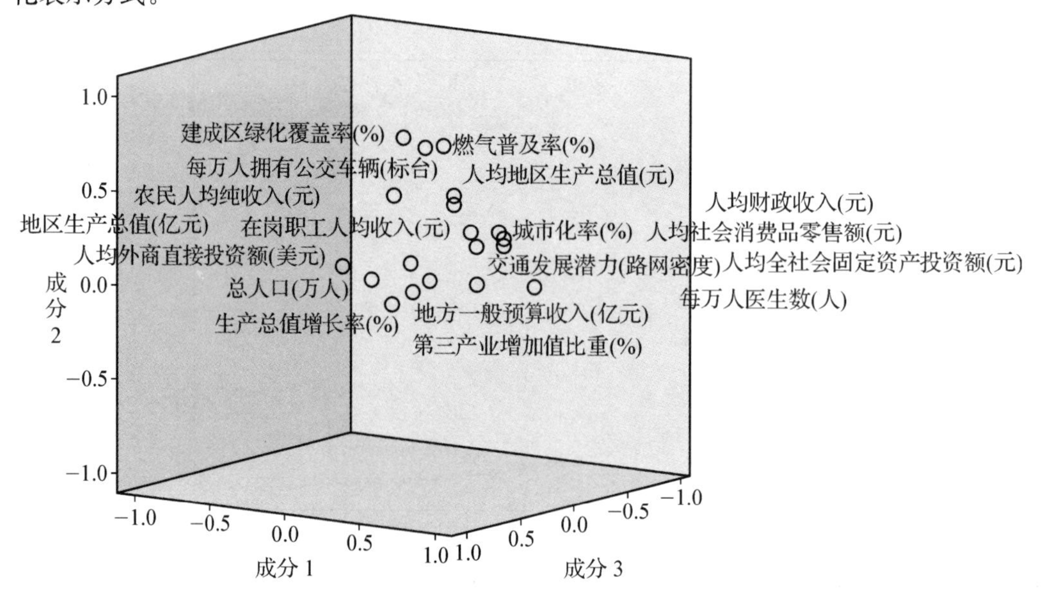

图4-35　因子分析结果中的成分图

(12) 成分得分系数矩阵(图 4-36)。根据成分得分可以得出最终的因子得分方程。

(13) 成分得分协方差矩阵。从协方差矩阵看,不同因子之间的数据为 0,因而也证实了因子之间是不相关的。

因子分析最后生成的 4 个主成分的得分值将作为新列写入原来表格后面。用户可以对 4 个主成分的方差贡献率进行总和标准化处理,使其总贡献率和为 1,计算得到新值作为每个主成分的权重,从而采用加权求和方法计算每个县市的综合得分值。具体步骤为:首先,将“冀中南分类分析. sav”文件另存为 EXCEL 格式“冀中南分类分析. xls”。然后,将 4 个主成分的方差贡献率进行总和标准化处理,得到 4 个主成分的权重,并加权求和得到每一市县的综合得分值。最后,采用极差标准化方法,将综合得分值进行标准化处理,使得分值位于[0,1]区间,为了便于分析,可将综合得分值的标准化得分乘以 100,得到各县市的最后综合得分值。

	成分			
	1	2	3	4
总人口(万人)	.026	−.066	.029	.339
城市化率(%)	.193	−.023	−.104	−.038
地区生产总值(亿元)	.063	−.058	.077	.204
人均地区生产总值(元)	−.020	.096	.230	−.080
生产总值增长率(%)	−.010	−.163	.392	−.145
第三产业增加值比重(%)	−.067	−.017	−.125	.509
地方一般预算收入(亿元)	.138	−.114	.009	.157
人均财政收入(元)	.165	−.008	.012	−.130
人均社会消费品零售额(元)	−.010	.054	.160	.085
人均外商直接投资额(美元)	.066	−.011	.037	−.055
人均全社会固定资产投资额(元)	.107	−.166	.283	−.121
每万人医生数(人)	.268	−.139	−.119	−.142
农民人均纯收入(元)	−.262	.211	.288	.255
在岗职工人均收入(元)	.132	.025	−.059	−.021
燃气普及率(%)	−.100	.350	−.046	−.013
每万人拥有公交车辆(标台)	.106	.187	−.210	−.142
人均公园绿地面积(m^2)	−.005	.320	−.097	−.182
建成区绿化覆盖率(%)	−.148	.387	−.065	.112
交通发展潜力(路网密度)	.136	−.026	−.018	.028

提取方法:主成分。

旋转法:具有 Kaiser 标准化的正交旋转法。

构成得分。

图 4-36　因子分析结果中的成分得分系数矩阵

➢ 步骤 4:冀中南区域综合竞争力分类。

主成分计算结果虽然没有直接给出综合竞争力的类别,但能够得到一个综合的评价得分值。用户可以根据该得分值,对冀中南区域各县市进行综合判断和分析,进而进行区域综合竞争力类型的划分。

为了和前面的聚类分类结果进行对比,将研究区分为3类,石家庄(100)、邯郸市(76.41)、衡水市(67.11)、邢台市(64.21)为综合竞争力最强的一类,综合竞争力指数值都大于60,明显高于第二类。由此可见,冀中南经济空间格局仍呈现高首位度、高积聚度的总体发展态势,在未来的发展过程中,集聚发展、壮大核心城市仍然是区域发展的核心主题。将综合得分值大于10的县市划分为第二类,包括武安市(33.53)、涉县(26.35)、邯郸县(25.79)、内丘县(21.13)、鹿泉市(21.08)等25个县市。其他综合竞争力得分值低于10的县市划为第三类,包括冀州市(9.86)、无极县(3.52)、临漳县(2.36)、阜城县(1.78)、任县(0.00)等34个县市。

对比聚类分析的结果,可以发现聚类分析是根据样本的亲疏来划分类别的,而主成分分析是通过因子载荷矩阵和特征根等来表征,从而得到因子得分和总得分。两种分析方法得到的结果存在较大的差异。

4.2.3　基于层次分析法的综合竞争力评价

层次分析法(Analytic Hierarchy Process,AHP)是20世纪70年代中期由美国运筹学家T. L. Saaty(托马斯·L. 萨迪)提出的一种定性和定量相结合的、系统化、层次化(将与决策有关的元素分解成目标、准则、方案等层次)的分析方法。该方法的特点是在对复杂的决策问题的本质、影响因素及其内在关系等进行深入分析的基础上,利用较少的定量信息使决策的思维过程数学化,从而为多目标、多准则或无结构特性的复杂决策问题提供简便的决策方法,尤其适合于对决策结果难于直接准确计量的场合。

由于AHP在处理复杂的决策问题上的实用性和有效性,很快在世界范围得到重视,它的应用已遍及经济计划和管理、能源政策和分配、行为科学、军事指挥、运输、农业、教育、人才、医疗、环境等领域。

AHP采用先分解后综合的系统思想,通过整理和综合人们的主观判断,使定性分析与定量分析有机结合,实现定量化决策。其基本步骤为:建立递阶层次结构——构建两两判别矩阵——进行层次排序与一致性检验。

➢　步骤1:建立递阶层次结构。

通过调查研究和分析弄清楚决策问题的范围和目标,问题包含的因素,各因素之间的相互作用关系;然后将各个因素按照它们的性质聚集成组,并把它们的共同特征看成是系统中高一层次中的一些因素,而这些因素又按照另外一些特性被组合,从而形成更高层次的因素,直到最终形成单一的最高目标(这往往就是决策问题的总目标)。如此,构成了一个以目标层、若干准则层和方案层所组成的递阶层次结构。

本例中,使用图4-1中的层次结构,即目标层为综合竞争力(综合实力),约束层包括经济发展、基础设施和人民生活三个方面,指标层包括19个具体的指标(图4-1)。

➢　步骤2:构建两两判别矩阵。

如果有一组物体,需要知道它们的重量,而又没有衡器,那么就可以通过两两比较它们的相互重量,得出每对物体重量比的判断,从而构成判断矩阵;然后通过求解判断矩阵的最大特征值和它所对应的特征向量,就可以得出这一组物体的相对重量。

构建两两判别矩阵是定量表征一组变量相对重要性的重要手段。按照表4-4相对重要性权数的定义来构建冀中南指标层和约束层的两两判别矩阵(表4-5～表4-7)。

由于人民生活约束层下仅有两个指标,可将两个指标设置为相同权重,即各为 0.50。

表 4-4 两两判别矩阵中相对重要性权数的定义

相对重要性权数	意义	解释
1	同等重要(Equal Importance)	对于目标,两个活动的贡献率是等同的 (Equally)
3	稍重要(Weak Importance)	经验与判断稍微倾向、偏向一个活动 (Moderately)
5	明显重要(Essential Importance)	经验与判断明显倾向、偏向一个活动(Strongly)
7	强烈重要(Very Importance)	非常强烈的偏向一个活动(Very Strong)
9	极端重要(Absolute Importance)	对一个活动的偏爱的程度是极端的(Extremely)
2,4,6,8	以上相邻尺度的中值(Intermediate Values)	

注:两两比较时,前者比后者相对不重要些,则采用以上标度的倒数表示。

表 4-5 经济发展约束层下各指标的两两判别矩阵

项 目	①	②	③	④	⑤	⑥	⑦	⑧	⑨	⑩
①城市化率	1	1	1/5	1	1/2	1	1/3	1/2	1	1/2
②GDP	1	1	1/5	1	1/2	1	1/3	1/2	1	1/2
③人均 GDP	5	5	1	5	3	5	2	3	5	3
④GDP 增长率	1	1	1/5	1	1/2	1	1/3	1/2	1	1/2
⑤第三产业增加值比重	2	2	1/3	2	1	2	3	1	2	1
⑥地方一般预算收入	1	1	1/5	1	1/2	1	1/3	1/2	1	1/2
⑦人均财政收入	3	3	1/2	3	1/3	3	1	2	3	2
⑧人均社会消费品零售总额	2	2	1/3	2	1	2	1/2	1	2	1
⑨人均外商直接投资额	1	1	1/5	1	1/2	1	1/3	1/2	1	1/2
⑩人均全社会固定资产投资额	2	2	1/3	2	1	2	1/2	1	2	1

表 4-6 基础设施约束层下各指标的两两判别矩阵

项 目	①	②	③	④	⑤	⑥
①每万人医生数	1	2	2	1	1	1/3
②燃气普及率		1	1	1/2	1/2	1/3
③每万人拥有公交车辆			1	1/2	1/2	1/3
④人均公园绿地面积				1	1	1/2
⑤建成区绿化覆盖率					1	1/2
⑥交通发展潜力						1

表 4-7 约束层的两两判别矩阵

项 目	①	②	③
①经济发展	1	2	1
②基础设施		1	1/2
③人民生活			1

➢ 步骤3:进行层次排序与一致性检验。

层次排序的目的是对于上一层次中的某元素而言,确定本层次与之有联系的各元素重要性次序的权重值。它是本层次所有元素对上一层次某元素而言的重要性排序的数据基础。

层次排序的任务可以归结为计算判断矩阵的特征根和特征向量问题,即对于判断矩阵 $\boldsymbol{A}$,计算满足 $\boldsymbol{AW}=\lambda_{\max}\boldsymbol{W}$,可以用线性代数知识求解,并且能够用计算机求得高精度的结果。但事实上,在AHP决策分析中,判断矩阵的最大特征根及其所对应的特征向量的计算并不需要太高的精度。用户可以采用方根法与和积法两种近似算法求解。

(1) 用方根法计算最大特征根及其所对应的特征向量

首先,计算判别矩阵每一行元素的乘积 $\boldsymbol{M}_i$。

然后,计算 $\boldsymbol{M}_i$ 的 n 次方根 $\boldsymbol{N}_i$。

再次,将向量 $\boldsymbol{N}_i$ 归一化得特征向量 $\boldsymbol{W}_i$(可采用总和标准化方法)。

最后,采用下面的公式计算最大特征根 $\lambda_{\max}$。

$$\lambda_{\max}=\sum_{i=1}^{n}\frac{(\boldsymbol{AW})_i}{n\boldsymbol{W}_i}$$

这里以约束层的两两判别矩阵的求解过程为例加以说明。

$$\boldsymbol{A}=\begin{bmatrix}1 & 2 & 1\\ 1/2 & 1 & 1/2\\ 1 & 2 & 1\end{bmatrix}\quad \boldsymbol{M}=\begin{bmatrix}2\\ 1/4\\ 2\end{bmatrix}\quad \boldsymbol{N}=\begin{bmatrix}1.2599\\ 0.6300\\ 1.2599\end{bmatrix}\quad \boldsymbol{W}=\begin{bmatrix}0.4\\ 0.2\\ 0.4\end{bmatrix}$$

$(\boldsymbol{AW})_1=1\times0.4+2\times0.2=1\times0.4=1.2$

$(\boldsymbol{AW})_2=1/2\times0.4+1\times0.2+1/2\times0.4=0.6$

$(\boldsymbol{AW})_3=1\times0.4+2\times0.2+1\times0.4=1.2$

$$\lambda_{\max}=\sum_{i=1}^{n}\frac{(\boldsymbol{AW})_i}{n\boldsymbol{W}_i}=\frac{1.2}{3\times0.4}+\frac{0.6}{3\times0.2}+\frac{1.2}{3\times0.4}=3.0$$

(2) 用和积法计算最大特征根及其所对应的特征向量

首先,将判别矩阵每一列元素进行归一化 $\boldsymbol{M}$(一般可采用总和归一化方法)。

然后,将所得矩阵 $\boldsymbol{M}$ 按行进行求和得到 $\boldsymbol{N}$。

再次,将向量 $\boldsymbol{N}$ 再归一化得特征向量 $\boldsymbol{W}_i$。

最后,采用前面的公式计算最大特征根 $\lambda_{\max}$。

下面以约束层下的经济发展指标的两两判别矩阵的求解过程为例加以说明。

$$\boldsymbol{A}=\begin{bmatrix}1 & 1 & 1/5 & 1 & 1/2 & 1 & 1/3 & 1/2 & 1 & 1/2\\ 1 & 1 & 1/5 & 1 & 1/2 & 1 & 1/3 & 1/2 & 1 & 1/2\\ 5 & 5 & 1 & 5 & 3 & 5 & 2 & 3 & 5 & 3\\ 1 & 1 & 1/5 & 1 & 1/2 & 1 & 1/3 & 1/2 & 1 & 1/2\\ 2 & 2 & 1/3 & 2 & 1 & 2 & 3 & 1 & 2 & 1\\ 1 & 1 & 1/5 & 1 & 1/2 & 1 & 1/3 & 1/2 & 1 & 1/2\\ 3 & 3 & 1/2 & 3 & 1/3 & 3 & 3 & 2 & 3 & 2\\ 2 & 2 & 1/3 & 2 & 1 & 2 & 1/2 & 1 & 2 & 1\\ 1 & 1 & 1/5 & 1 & 1/2 & 1 & 1/3 & 1/2 & 1 & 1/2\\ 2 & 2 & 1/3 & 2 & 1 & 2 & 1/2 & 1 & 2 & 1\end{bmatrix}\quad \boldsymbol{W}=\begin{bmatrix}0.0477\\ 0.0513\\ 0.2755\\ 0.0513\\ 0.1275\\ 0.0513\\ 0.1468\\ 0.0987\\ 0.0513\\ 0.0987\end{bmatrix}$$

$$M=\begin{bmatrix} 0.05 & 0.05 & 0.06 & 0.05 & 0.02 & 0.05 & 0.04 & 0.05 & 0.05 & 0.05 \\ 0.05 & 0.05 & 0.06 & 0.05 & 0.06 & 0.05 & 0.04 & 0.05 & 0.05 & 0.05 \\ 0.26 & 0.26 & 0.29 & 0.26 & 0.35 & 0.26 & 0.23 & 0.29 & 0.26 & 0.29 \\ 0.05 & 0.05 & 0.06 & 0.05 & 0.06 & 0.05 & 0.04 & 0.05 & 0.05 & 0.05 \\ 0.11 & 0.11 & 0.10 & 0.11 & 0.12 & 0.11 & 0.35 & 0.10 & 0.11 & 0.10 \\ 0.05 & 0.05 & 0.06 & 0.05 & 0.06 & 0.05 & 0.04 & 0.05 & 0.05 & 0.05 \\ 0.16 & 0.16 & 0.14 & 0.16 & 0.04 & 0.16 & 0.12 & 0.19 & 0.16 & 0.19 \\ 0.11 & 0.11 & 0.10 & 0.11 & 0.12 & 0.11 & 0.06 & 0.10 & 0.11 & 0.10 \\ 0.05 & 0.05 & 0.06 & 0.05 & 0.06 & 0.05 & 0.04 & 0.05 & 0.05 & 0.05 \\ 0.11 & 0.11 & 0.10 & 0.11 & 0.12 & 0.11 & 0.06 & 0.10 & 0.11 & 0.10 \end{bmatrix}$$

$$N=\begin{bmatrix} 0.4774 \\ 0.5156 \\ 2.7553 \\ 0.5126 \\ 1.2753 \\ 0.5126 \\ 1.4677 \\ 0.9869 \\ 0.5126 \\ 0.9869 \end{bmatrix} \quad W=\begin{bmatrix} 0.0477 \\ 0.0513 \\ 0.2755 \\ 0.0513 \\ 0.1275 \\ 0.0513 \\ 0.1468 \\ 0.0987 \\ 0.0513 \\ 0.0987 \end{bmatrix}$$

$$\lambda_{\max}=\sum_{i=1}^{n}\frac{(\boldsymbol{AW})_i}{n\boldsymbol{W}_i}=10.1733$$

用户可以采用同样的方法计算基础设施指标层的最大特征根及其所对应的特征向量。

在计算完最大特征根及其所对应的特征向量后，需要进行一致性检验。

当判断矩阵 $\boldsymbol{A}$ 具有完全一致性时，$\lambda_{\max}=n$。但是，在一般情况下是很难做到完全一致性的。为了检验判断矩阵的一致性，需要计算它的一致性指标 CI（Consistency Index）。当 $CI=0$ 时，判断矩阵具有完全一致性；CI 越大，一致性越差。

$$CI=\frac{\lambda_{\max}-n}{n-1} \quad CR=\frac{CI}{RI}<0.10$$

为了检验判断矩阵是否具有令人满意的一致性，需要将 CI 与平均随机一致性指标 RI（Random Index）进行比较。

判断矩阵的随机一致性比例的求算。首先，分别对 3～10 阶递阶层次结构各构造 500 个随机样本矩阵。其次，随机用 1～9 标度填满样本矩阵上三角各项，对角线各要素为 1，转置位置项为上述对应位置的随机数的倒数。最后，对 500 个随机样本矩阵分别计算一致性指标值，然后求取平均值，即得到平均随机一致性指标 RI。

一致性指标 CI 与同阶平均随机一致性指标 RI 之比，称为随机一致性比例，记为 CR（Consistency Ratio）。

一般当 $CR<0.10$ 时，就认为判断矩阵具有令人满意的一致性，当 $CR\geqslant 0.10$ 时，就

需要调整判断矩阵，直到满意为止。

首先，对每一个约束层下的指标体系进行层次单排序与一致性检验。此处以社会经济约束因子层为例加以说明。

$$CI=\frac{\lambda_{max}-n}{n-1}=\frac{10.1733-10}{10-1}\approx 0.0193 \quad CR=\frac{CI}{RI}=\frac{0.0193}{1.49}\approx 0.0130<0.10$$

查 RI 对照表可得，当 $n=10$ 时，$RI=1.49$。计算得到 CR 为 0.013，远小于 0.10，通过一致性检验。

其次，对约束层的 3 个因子进行一致性检验。$CR=0$，远小于 0.10，通过一致性检验。

最后，得到了每一个约束层和每一个指标的权重值(表 4-8)。

表 4-8 冀中南区域综合竞争力评价指标体系与权重

目标层	约束层及其权重	指标层及其权重
综合竞争力	经济发展 0.4	①城市化率(0.047 7)
		②GDP(0.051 3)
		③人均 GDP(0.275 5)
		④GDP 增长率(0.051 3)
		⑤第三产业增加值比重(0.127 5)
		⑥地方一般预算收入(0.051 3)
		⑦人均财政收入(0.146 8)
		⑧人均社会消费品零售总额(0.098 7)
		⑨人均外商直接投资额(0.051 3)
		⑩人均全社会固定资产投资额(0.098 7)
	基础设施 0.2	①每万人医生数(0.158 5)
		②燃气普及率(0.088 5)
		③每万人拥有公交车辆(0.088 5)
		④人均公园绿地面积(0.167 7)
		⑤建成区绿化覆盖率(0.167 7)
		⑥交通发展潜力(0.329 0)
	人民生活 0.4	①农民人均纯收入(0.5)
		②在岗职工人均收入(0.5)

➢ 步骤 4:综合实力评价与等级划分。

由于原始指标体系中的指标值量纲不一致，数值差异显著，因而首先采用极差标准化方法将指标原始值进行归一化处理(无量纲化处理)，这一步骤可以在 EXCEL 中完成。极差标准化时需要特别注意反向指标的处理。

然后，根据前面计算的权重，进行加权求和计算得到每一个县市的综合得分值。为了便于区分，将综合得分值进行极差标准化，并将其归一化值乘以 100 得到最后的总得分(表 4-9)。

表4-9　基于层次分析法的综合竞争力标准化得分值

市(县)	最后得分	市(县)	最后得分	市(县)	最后得分
石家庄市	100	内丘县	31	南和县	16
邯郸市	88	冀州市	30	枣强县	16
武安市	79	元氏县	28	任县	14
邢台市	73	无极县	27	新河县	14
鹿泉市	72	南宫市	24	大名县	14
邯郸县	60	平山县	23	魏县	14
衡水市	59	柏乡县	22	馆陶县	13
正定县	57	曲周县	22	鸡泽县	13
藁城市	52	宁晋县	22	临漳县	13
栾城县	50	成安县	22	灵寿县	12
晋州市	48	肥乡县	21	饶阳县	11
辛集市	46	高邑县	21	行唐县	11
涉县	46	隆尧县	21	巨鹿县	10
沙河市	44	深泽县	21	威县	10
清河县	43	深州市	20	故城县	10
邢台县	42	景县	20	平乡县	7
磁州县	39	安平县	20	武邑县	5
新乐市	38	临西县	20	赞皇县	4
井陉县	37	临城县	19	广宗县	4
永年县	34	邱县	18	阜城县	0
赵县	33	广平县	17	武强县	0

根据总得分值,将规划研究区划分为3类。总得分大于55的划分为第一类,主要包括石家庄市、邯郸市、武安市、邢台市、鹿泉市、邯郸县、衡水市、正定县等8个县市;总得分大于或等于30且小于或等于55的划分为第二类,主要包括藁城市、栾城县、晋州市、辛集市、涉县、沙河市等15个县市;总得分小于30的划分为第三类,主要包括武邑县、赞皇县、广宗县、阜城县、武强县等40个县市。

与前面的分析结果进行对比,可以发现,聚类分析根据N维空间的距离大小进行类别的划分,但类别的概念相对较为模糊,即类别不一定就是代表综合竞争力的强弱。主成分分析和层次分析法的综合得分值很好的代表了竞争力的大小,能够得到较为科学的分类结果,但采用的方法不一样,通常得到的结果会存在一定的差异。因此,在城市与区域规划与研究过程中要具体问题具体分析。

4.3　经济地理空间格局专题制图

下面简要介绍基于GIS平台绘制经济地理空间格局专题图的过程,同时展示GIS专题制图在城市与区域规划分析中的重要应用。

在进行地理空间格局专题图制作之前,首先介绍GIS中的主要插值方法和密度分析方法,为各类专题图的制作提供方法支撑。

4.3.1 GIS中的主要插值方法

空间插值方法可以分为确定性插值和地质统计学方法(又称克里金插值,或非确定性插值)。

确定性插值方法是基于信息点之间的相似程度或者整个曲面的光滑性来创建一个拟合曲面。根据插值时采样点数据的选取方式,又可分为全局性插值和局部性插值两类。全局性插值方法以整个研究区的样点数据集为基础来计算预测值,例如全局多项式插值;局部性插值方法则使用一个大研究区域内较小的空间区域内的已知样点来计算预测值,例如反距离权重法(IDW)、局部多项式插值、径向基插值等。

地质统计学插值方法是利用样本点的统计规律,使样本点之间的空间自相关性定量化,从而在待预测的点周围构建样本点的空间结构模型,例如克里金(Kriging)插值法。

根据是否能够保证创建的表面经过所有的采样点,空间插值方法又可以分为精确性插值和非精确性插值。精确性插值法预测值在样点处的值与实际值相等,例如反距离权重法(IDW)和径向基插值等;非精确性插值法预测值在样点处的值与实测值一般不会相等,例如全局多项式插值、局部多项式插值、克里金插值等。

下面以冀中南各县市的人均GDP指标为例演示主要的插值方法的过程。

1) 采用反距离权重法(IDW)进行冀中南区域各县市人均GDP的插值分析

➢ 步骤1:启动ArcMap,加载“冀中南各县市.shp”文件,并添加字段。

首先,启动ArcMap,加载“冀中南各县市.shp”文件,该文件是冀中南各县市边界的多边形文件。

然后,用鼠标右键点击该数据层,打开属性表,查看属性表主要字段,可以发现属性表中与EXCEL表格具有的共同字段为县市名称(分别为“NAME”和“市(县)”)。为了便于后面步骤中“人均GDP”字段数据的连接与存储,在属性表中新增加一个浮点型字段“GDPper”。

➢ 步骤2:将EXCEL数据与“冀中南各县市.shp”文件进行连接(Join)。

数据的关联需要有公共字段(如果是空间关联分析,则需要空间中有包含关系等),本例中可以使用县市名称作为关联字段。

鼠标右键点击该图层数据,在弹出的快捷菜单中点击“连接和关联”—“连接”,打开“连接数据”对话框(图4-37)。在“要将哪些内容连接到该图层”中选择“某一表的属性”;在“选择该图层中连接将基于的

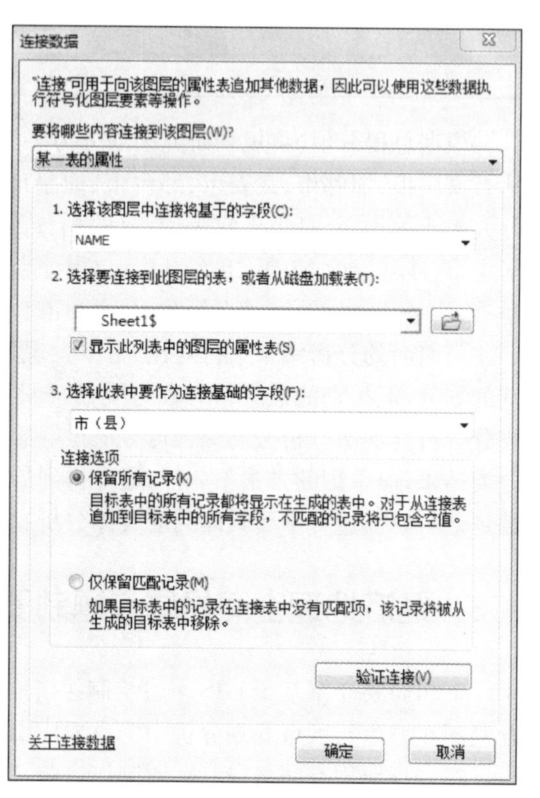

图4-37 “连接数据”对话框

字段”中选择“NAME”字段；在“选择要连接到此图层的表”中，通过文件浏览找到 shiyan04 文件夹下的“冀中南经济地理格局指标数据. xls”文件，并在“选择此表中要作为连接基础的字段”中选择“市(县)”字段；在“连接选项”中选择“保留所有记录”。点击“确定”按钮，执行文件连接。

数据文件连接后，图层文件的属性表将发生变化，即将连接表(冀中南经济地理格局指标数据. xls)中的字段也显示出来(图 4 - 38)。但这些连接的字段仅仅是在属性表中显示而已，当用户关闭 ArcMap 后，数据连接将消失。

为了将需要的人均 GDP 数据进行保存，使用“字段计算器”(在需要计算的字段处右击弹出快捷菜单，选择点击字段计算器)功能(图 4 - 39)将 EXCEL 表格中连接的字段值赋给该图层属性表中加入的“GDPper”字段中。将图层文件移除后，可再重新进行加载，观察属性表的变化。

表

冀中南各县市

FID	Shape *	PAC	SHAPE_Le	SHAPE_Area	NAME	GDPper	市（县）	总人口（万	城市化率（%）	地区生产	人均地区生	生产总值
0	面	130101	.484570	66866833.200	井陉矿区	0	<空>	<空>	<空>	<空>	<空>	<空>
1	面	130126	2.280666	1062626604.4	灵寿县	0	灵寿县	32.28	22.92	54.6543	16620	14.5
2	面	130131	2.896582	2655486454.5	平山县	0	平山县	47.18	28.09	137.3521	29332	10.4
3	面	130523	1.695502	773844092.32	内丘县	0	内丘县	26.61	31.68	60.242	22786	12
4	面	130426	2.544107	1494629364.8	涉县	0	涉县	40.16	49.29	183.0562	45666	15
5	面	130427	2.405768	1018773603.8	磁州县	0	磁州县	65.83	29.14	144.1184	21966	11.1
6	面	130534	1.079973	504697230.01	清河县	0	清河县	37.67	45.15	100.8012	26960	9
7	面	130400	1.411532	80893410.450	邯郸市	0	邯郸市	136.47	100	488.5	35795	11.1
8	面	130421	1.508587	531556892.29	邯郸县	0	邯郸县	35.32	53.64	160.4565	46921	11.6
9	面	130423	1.263523	743947892.88	临漳县	0	临漳县	64.99	30.55	58.6458	9722	11.5
10	面	130424	1.141331	467031441.36	成安县	0	成安县	40.16	32.68	59.1522	16008	12.3
11	面	130425	1.7459	1059705161.9	大名县	0	大名县	80.82	27.52	73.6193	9285	11.5
12	面	130428	1.049346	505186100.32	肥乡县	0	肥乡县	34.85	28.45	41.6028	12468	11.3
13	面	130429	1.678608	884967981.54	永年县	0	永年县	94.33	31.1	150.042	17353	14.1
14	面	130430	1.210281	443646820.75	邱县	0	邱县	22.86	26.18	36.8916	17397	11.5
15	面	130431	.822031	337828720.47	鸡泽县	0	鸡泽县	27.25	34.1	38.1469	14095	11.8
16	面	130432	1.113761	315550890.00	广平县	0	广平县	27.32	29.11	41.3953	15501	12
17	面	130433	1.217893	459374922.35	馆陶县	0	馆陶县	32.92	34.91	43.0464	13317	12
18	面	130434	1.422919	853767009.20	魏县	0	魏县	84.69	29.8	79.4263	9256	11.8

0　(0 / 64 已选择)

冀中南各县市

图 4 - 38　数据连接后的属性表

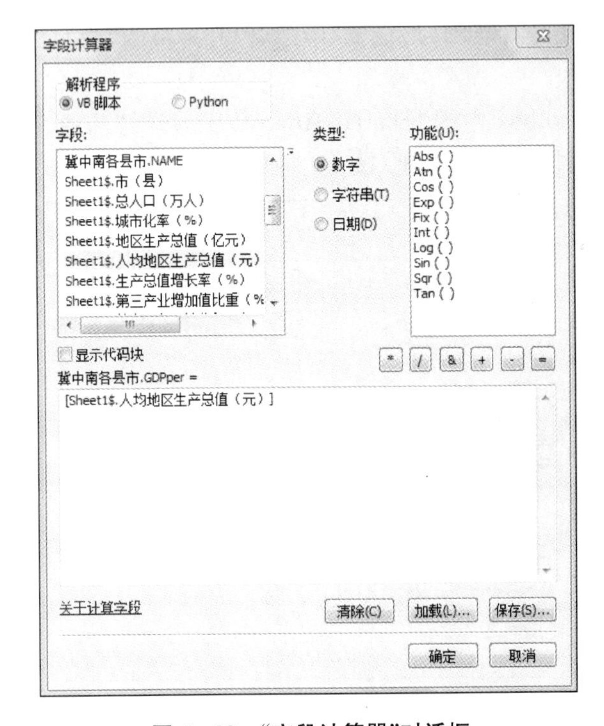

图 4 - 39　“字段计算器”对话框

➢ 步骤3:将“冀中南各县市.shp”文件转换为点要素文件point.shp。

使用ArcToolbox中的“数据管理工具”—“要素”—“要素转点”工具将多边形要素文件转换为点要素文件。

➢ 步骤4:反距离权重法(IDW)进行插值分析。

反距离权重法(IDW)是根据地理学第一定律(相似相近原理,即两个物体离得越近,它们的值越相似;反之,离得越远则相似性越小)进行的加权插值方法。它以插值点与样本点间的距离为权重进行加权平均,离插值点越近的样本点赋予的权重越大。这种方法的假设前提是每个采样点间都有局部影响,并且这种影响与距离大小成反比。这种方法适用于变量影响随距离增大而减小的情况。如计算某一超市的消费者购买力权值,由于人们通常喜欢就近购买,所以距离越远权值越小。

方次参数控制着权系数如何随着离开一个格网结点距离的增加而下降。对于一个较大的方次,较近的数据点被给定一个较高的权重份额,对于一个较小的方次,权重比较均匀地分配给各数据点。计算一个格网结点时给予一个特定数据点的权值与指定方次的从结点到观测点的该结点被赋予距离倒数成比例。当计算一个格网结点时,配给的权重是一个分数,所有权重的总和等于1.0。当一个观测点与一个格网结点重合时,该观测点被给予一个实际为1.0的权重,所有其他观测点被给予一个几乎为0.0的权重。换言之,该结点被赋给与观测点一致的值。这就是一个精确性插值。距离倒数法的特征之一是要在格网区域内产生围绕观测点位置的“牛眼”。

用距离倒数格网化时可以指定一个圆滑参数。选择大于零的圆滑参数,则对于一个特定的结点,没有哪个观测点被赋予全部的权值,即使观测点与该结点重合也是如此。圆滑参数通过修匀已被插值的格网来降低“牛眼”的影响。

其具体操作过程如下:

首先,在ArcToolbox中的“环境设置”中定义“处理范围”为“冀中南各县市.shp”文件的范围。

然后,点击ArcToolbox中的“Spatial Analyst工具”—“插值分析”—“反距离权重法”工具,弹出“反距离权重法”对话框(图4-40)。

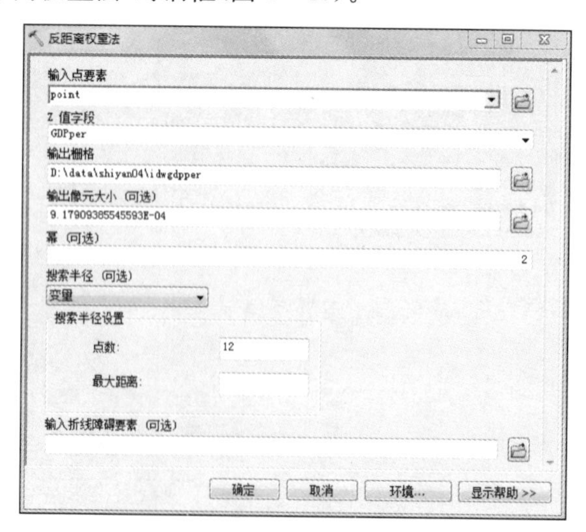

图4-40 “反距离权重法”对话框

其次,在“反距离权重法”对话框中做如下定义。“输入点要素”:point;“Z 值字段”:GDPper;“输出栅格”:shiyan04 文件夹下,文件名称为 idwgdpper;“输出像元大小”采用默认值。“幂(可选)”是用来定义距离的指数,用于控制内插值周围点的显著性。幂值越高,远数据点的影响会越小,它可以是任何大于 0 的实数,但使用从 0.5 到 3 的值可以获得最合理的结果,默认值为 2。本例采用默认值。“搜索半径(可选)”定义要用来对输出栅格中各像元值进行插值的输入点,共有两个选项:变量(默认选项)和固定。默认设置下,可以定义“点数”,指定要用于执行插值的最邻近输入采样点数量的整数值,默认值为 12 个点;也可以定义“最大距离”,使用地图单位指定距离,以此限制对最邻近输入采样点的搜索,默认值是范围的对角线长度。本例采用默认设置。

最后,点击“确定”按钮,执行 IDW 插值(图 4-41)。由结果可见,“牛眼”特征较为明显,且数据范围是冀中南各县市.shp 文件的外接最大长方形。

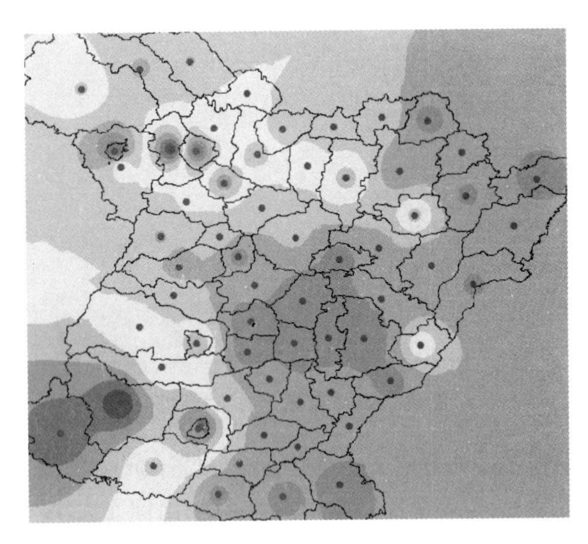

图 4-41 反距离权重法插值结果

2) 采用克里金法进行冀中南区域各县市人均 GDP 的插值分析

克里金插值法,又称空间自协方差最佳插值法,是以南非矿业工程师 D. G. Krige 的名字命名的一种最优内插法。它首先考虑空间属性在空间位置上的变异分布,确定对一个待插点值有影响的距离范围,然后用此范围内的采样点来估计待插点的属性值。该方法在数学上可对所研究的对象提供一种最佳线性无偏估计(某点处的确定值)的方法。在数据点多时,其内插的结果可信度较高。

克里金法的假设前提是采样点间的距离和方向可反映一定的空间关联,并用它们来解释空间变异。克里金法试图表示隐含在数据中的趋势,例如,高点会是沿一个脊连接,而不是被牛眼形等值线所孤立。该方法适用于已知数据含距离和方向上的偏差的情况,常用于社会科学研究及地质学中。

按照空间场是否存在漂移(drift)可将克里金插值分为普通克里金和泛克里金,其中普通克里金(Ordinary Kriging,简称 OK 法)常被称作局部最优线性无偏估计。

下面直接使用反距离权重法第三步中得到的 point 数据文件进行克里金插值分析。

其具体操作过程如下:

首先,在 ArcToolbox 中的“环境设置”中定义“处理范围”为“冀中南各县市. shp”文件的范围。

然后,点击 ArcToolbox 中的“Spatial Analyst 工具”—“插值分析”—“克里金法”工具,弹出“克里金法”对话框(图 4-42)。

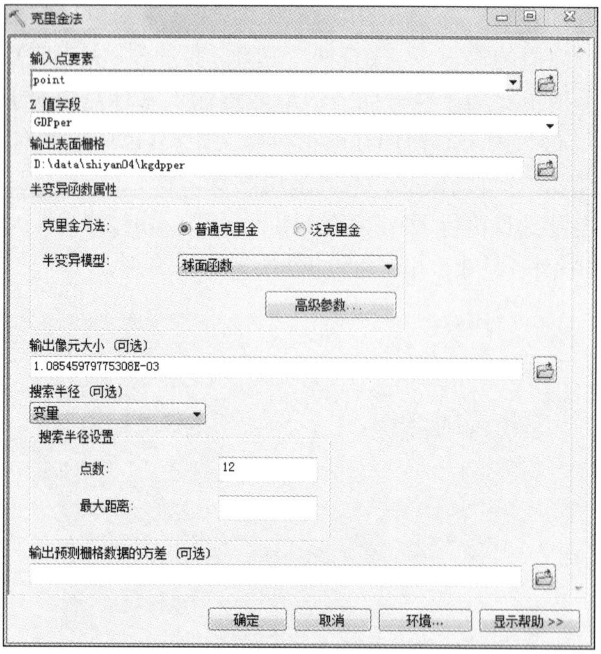

图 4-42　“克里金法”对话框

在“克里金法”对话框中做如下定义。“输入点要素”:point;“Z 值字段”:GDPper;“输出表面栅格”:shiyan04 文件夹下,文件名称为 kgdpper;“输出像元大小”采用默认值;“半变异函数属性”:“克里金方法”定义为普通克里金(默认设置),“半变异模型”定义为球面函数(默认设置)。“搜索半径(可选)”:定义“点数”为 12(默认设置),“最大距离”使用默认值。

最后,点击“确定”按钮,执行克里金插值(图 4-43)。

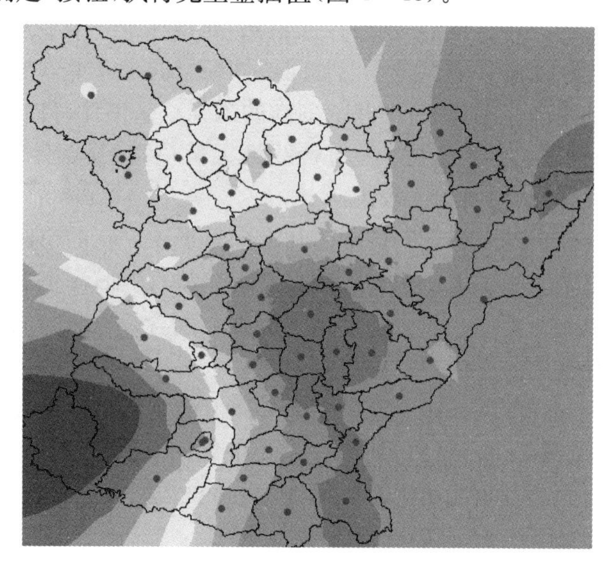

图 4-43　克里金法插值结果

由结果可见，“牛眼”特征较为明显。

3）采用其他插值方法进行冀中南区域各县市人均GDP的插值分析

另外，GIS中还有自然邻域法、样条函数法、趋势面法等插值方法。其基本操作过程同前，在此不再赘述，仅将插值方法的对话框罗列如下(图4-44～图4-46)。

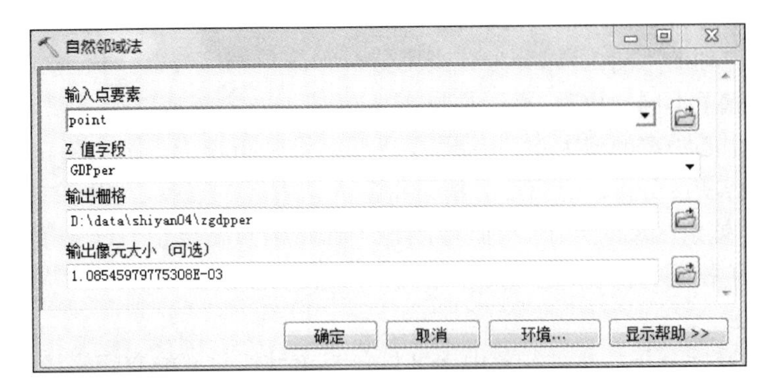

图4-44 “自然邻域法”对话框

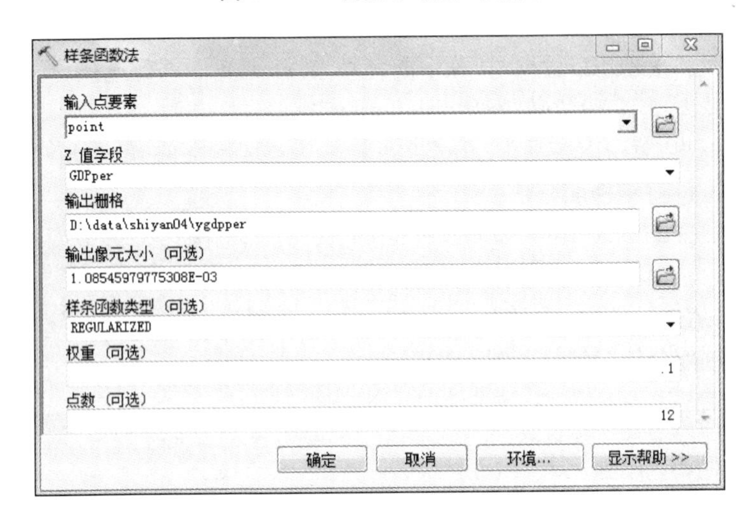

图4-45 “样条函数法”对话框

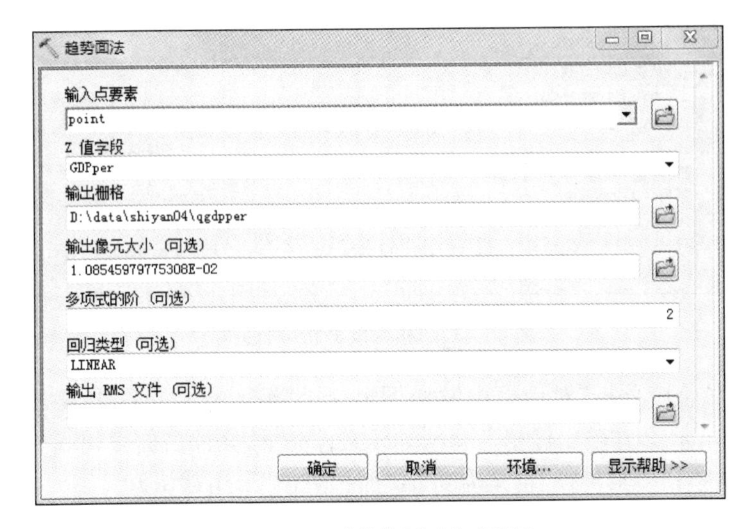

图4-46 “趋势面法”对话框

4.3.2　GIS 中的密度分析方法

密度分析是根据输入的要素数据计算整个区域的数据聚集情况,从而产生一个连续的密度表面。GIS 中的密度分析主要针对点要素数据和线要素数据生成,其实质是一个通过离散采样点进行表面内插的过程。

根据内插原理的不同,可以分为核密度分析和简单密度分析。核密度分析是在将落入搜索区的点赋予不同的权重,靠近格网搜索区域中心的点或线会被赋予较大的权重,随着其与格网中心距离的增大,权重降低,计算结果分布较为平滑。简单密度分析包括点密度分析和线密度分析。点密度分析是将落入搜索区的点赋予相同的权重,先对其进行求和,再除以搜索区域的大小,从而得到每个栅格的点密度值。线密度分析是将落入搜索区的线赋予相同的权重,先对其进行求和,再除以搜索区域的大小,从而得到每个栅格的线密度值。

1) 采用核密度分析方法进行冀中南区域各县市城镇化率的空间格局分析

➢　步骤 1:启动 ArcMap,加载“冀中南各县市.shp”文件,并添加浮点型字段“population”。

➢　步骤 2:将 EXCEL 数据与“冀中南各县市.shp”文件进行连接(Join),并采用“字段计算器”将“总人口”字段值转赋给“population”字段。

➢　步骤 3:将“冀中南各县市.shp”文件转换为点要素文件 pop.shp 数据。

➢　步骤 4:进行核密度分析。

首先,在 ArcToolbox 中的“环境设置”中定义“处理范围”为“冀中南各县市.shp”文件的范围。

然后,点击 ArcToolbox 中的“Spatial Analyst 工具”—“密度分析”—“核密度分析”工具,弹出“核密度分析”对话框(图 4-47)。

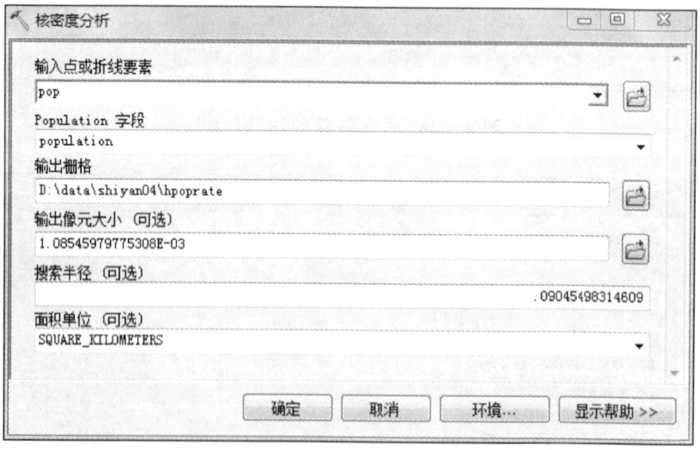

图 4-47　“核密度分析”对话框

其次,在“核密度分析”对话框中做如下定义。“输入点或折线要素”:pop;“Population 字段”:population;“输出栅格”:shiyan04 文件夹下,文件名称为 hpoprate;“输出像元大小”采用默认值;“搜索半径”定义为 0.5,“面积单位”采用默认值。

最后，点击“确定”按钮，执行核密度分析，得到人口密度的空间分布格局栅格图（图 4－48）。

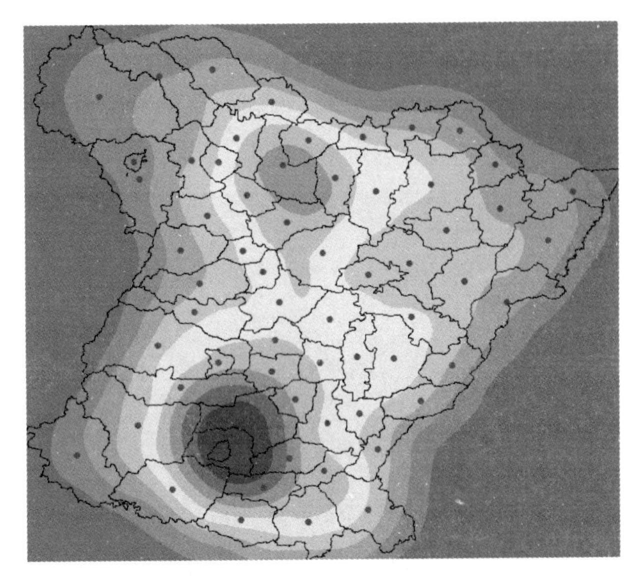

图 4－48　核密度分析结果

2）采用点密度分析方法进行冀中南区域各县市人口密度的空间格局分析

点要素数据的获取同前面的步骤 1～3。

首先，在 ArcToolbox 中的“环境设置”中定义“处理范围”为“冀中南各县市.shp”文件的范围。

然后，点击 ArcToolbox 中的“Spatial Analyst 工具”—“密度分析”—“点密度分析”工具，弹出“点密度分析”对话框（图 4－49）。

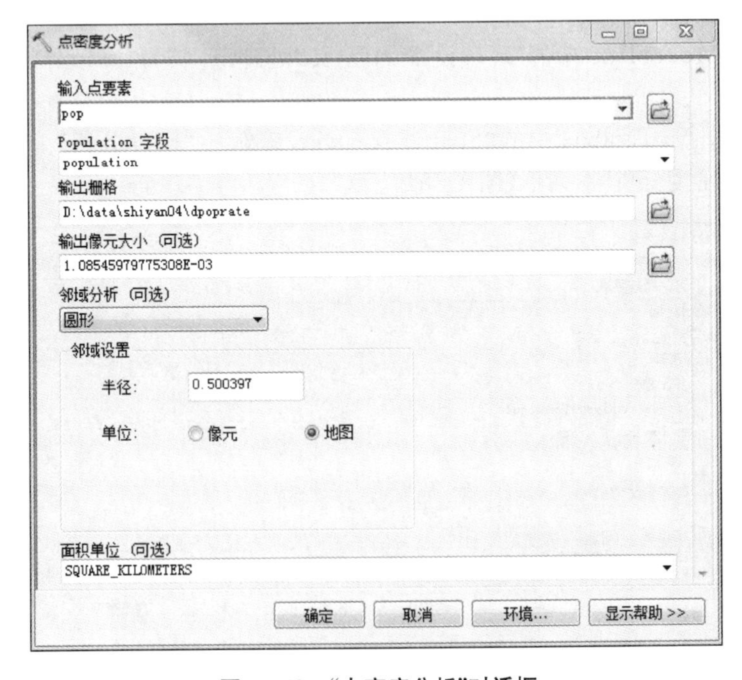

图 4－49　“点密度分析”对话框

其次,在"点密度分析"对话框中做如下定义。"输入点要素":pop;"Population 字段":population;"输出栅格":shiyan04 文件夹下,文件名称为 dpoprate;"输出像元大小"采用默认值;"邻域分析"采用圆形(默认设置);"邻域设置"中的半径取 0.5,单位选择地图(默认设置);"面积单位"采用默认值。

最后,点击"确定"按钮,执行点密度分析,得到人口密度的空间分布格局栅格图(图 4-50)。

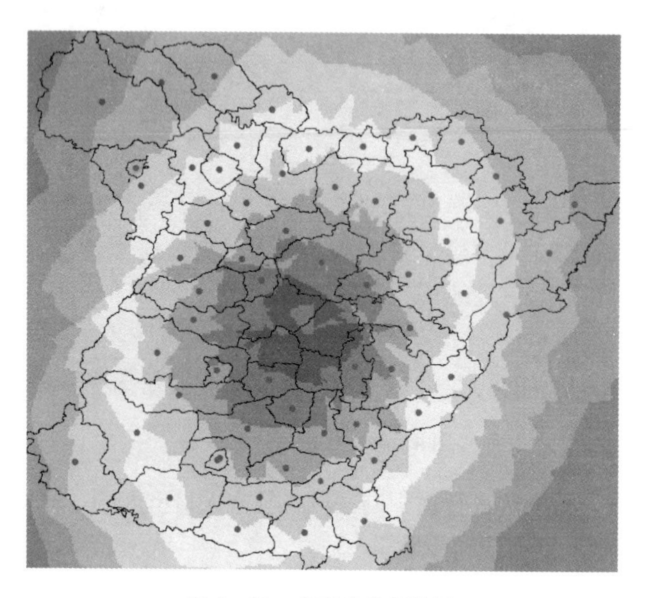

图 4-50 点密度分析结果

3) 采用线密度分析方法进行上杭县沟谷密度的空间格局分析

➢ 步骤 1:启动 ArcMap,加载"gougu.shp"文件。

➢ 步骤 2:进行线密度分析。

首先,在 ArcToolbox 中的"环境设置"中定义"处理范围"为"乡镇界线.shp"文件的范围。

然后,点击 ArcToolbox 中的"Spatial Analyst 工具"—"密度分析"—"线密度分析"工具,弹出"线密度分析"对话框(图 4-51)。

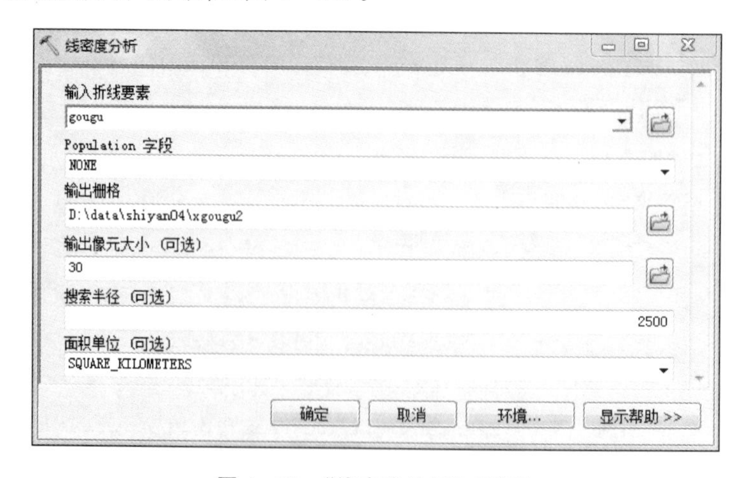

图 4-51 "线密度分析"对话框

其次，在“线密度分析”对话框中做如下定义。“输入折线要素”：gougu；“Population 字段”：NONE；“输出栅格”：shiyan04 文件夹下，文件名称为 xgougu2；“输出像元大小”为 30；“搜索半径”定义为 2 500，“面积单位”采用默认值。

最后，点击“确定”按钮，执行线密度分析，得到沟谷密度的空间分布格局栅格图(图 4 - 52)。

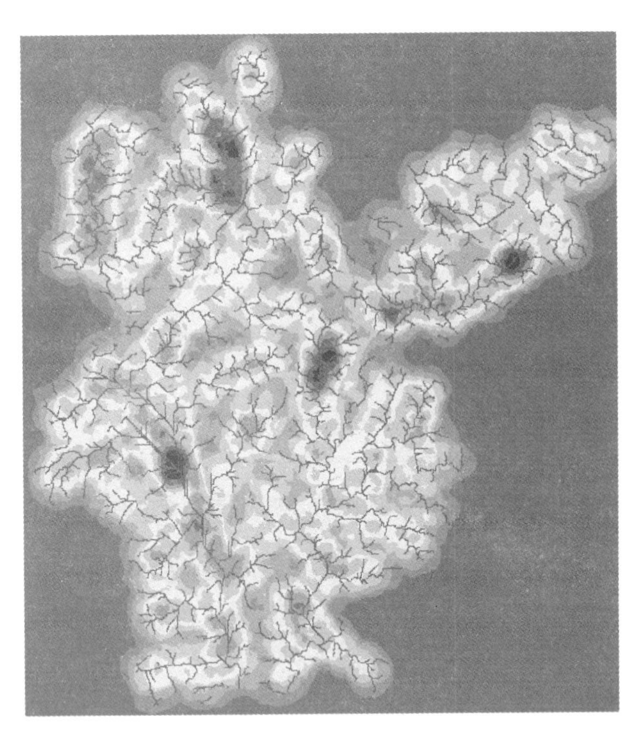

图 4 - 52　线密度分析结果

4.3.3　经济地理格局专题制图

绘制一幅满足工作需要的专题地图是一个比较复杂的过程，需要熟练地掌握 GIS 中的地图数据符号化与注记标注、图面设计、构图要素(图例、坐标、指北针等)的加入与调整等很多工作。

我们已经在实验 1 第二节中介绍了专题图的制作过程。此处仅以冀中南区域各县市综合竞争力得分来简要说明专题图的制作过程。

1) 冀中南区域各县市综合竞争力专题图的制作

➢ 步骤 1：启动 ArcMap，加载“冀中南各县市. shp”文件，并添加浮点型字段“value”。

➢ 步骤 2：将 EXCEL 数据与“冀中南各县市. shp”文件进行连接(Join)，并采用“字段计算器”将“最后得分”字段值转赋给“value”字段。

➢ 步骤 3：进行不同类型专题图的制作。

专题制图的具体过程在实验 1 中已经介绍过，此处仅介绍专题图的不同符号系统类型，以及每种类型的效果。

在图层数据文件处右击鼠标,在弹出的快捷菜单中点击“属性”,弹出“图层属性”对话框,通过“符号系统”选项卡来定义不同的符号系统类型(图4-53)。

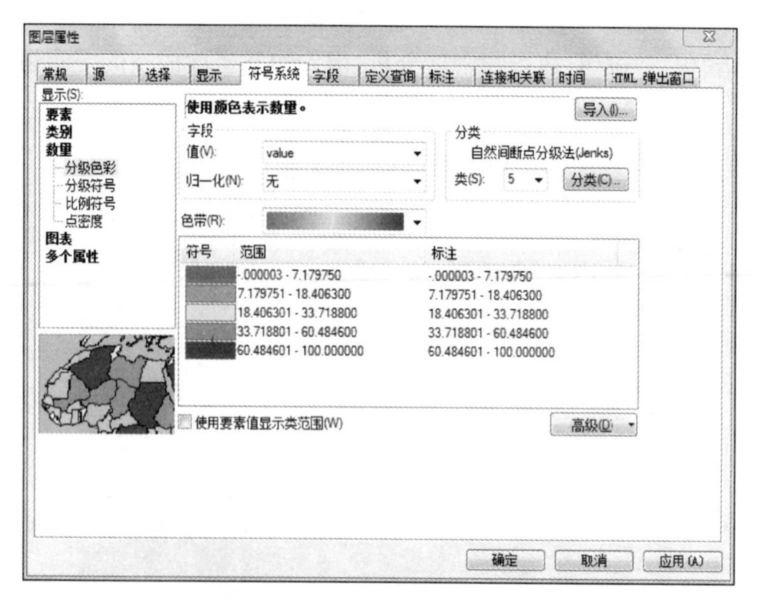

图4-53　“图层属性”对话框中“符号系统”选项卡中的符号系统类别

这里使用的value字段不是定序字段,是定量字段,适合使用显示栏下的“数量”来设置专题图的符号系统。GIS提供4种常用的类型:分级色彩(用不同色彩表示分级)、分级符号(用不同符号表示分级)、比例符号(用同一符号的不同大小表示数量关系)和点密度(用点的疏密表示数量关系,每一个点表示一个固定的数值)。

这里分别按照4种符号系统进行专题制图,得到冀中南区域各县市的综合竞争力分级(类型)图(图4-54)。

2) 冀中南区域各县市综合竞争力3D图的制作

➢ 步骤1:将“最后得分”字段值转赋给“value”字段后的“冀中南各县市.shp”转换为点要素文件(pointvalue.shp)。

➢ 步骤2:在“环境设置”对话框中设置处理范围为研究区行政边界(冀中南各县市.shp),也可以在处理范围中通过设置捕捉栅格文件定义分析区域,还可以在栅格分析中设置数据分析的掩膜。

➢ 步骤3:采用反距离权重法(IDW)进行插值得到冀中南区域各县市综合竞争力的插值结果(idwvalue)。

➢ 步骤4:启动ArcScene,加载反距离权重法(IDW)得到的冀中南区域各县市综合竞争力的插值结果(idwvalue)和研究区行政边界文件(冀中南各县市.shp)。

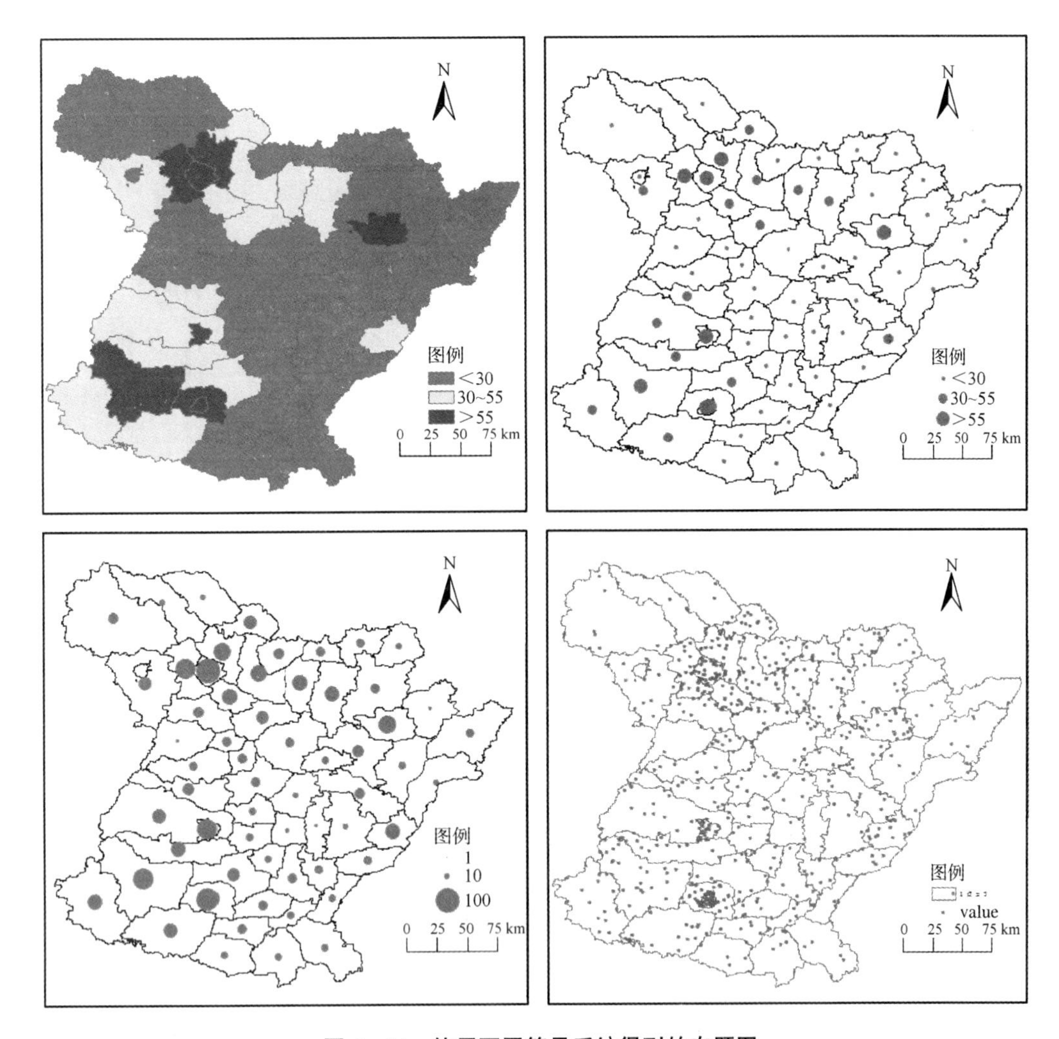

图 4-54　使用不同符号系统得到的专题图

➢　步骤 5:3D 专题图的制作与导出。

首先,通过鼠标右键点击数据图层文件 idwvalue,在弹出的快捷菜单中点击“属性”,打开“图层属性”对话框,选择“基本高度”选项卡(图 4-55)。

然后,定义“从表面获取的高程”为“在自定义表面上浮动”,并通过文件浏览方式找到 shiyan04 文件夹下的 idwvalue 文件;点击“栅格分辨率”按钮,在弹出的对话框中设置栅格大小;将“从要素获取的高程”栏下的“自定义”设置为 0.005,从而将获取的数据高差进行适当压缩。点击“应用”按钮,查看视图窗口中的数据显示,如果没有显示,可点击“全图”按钮,查看数据的显示情况。如果数据结果比较符合需要,点击“确定”按钮,退出“图层属性”对话框。

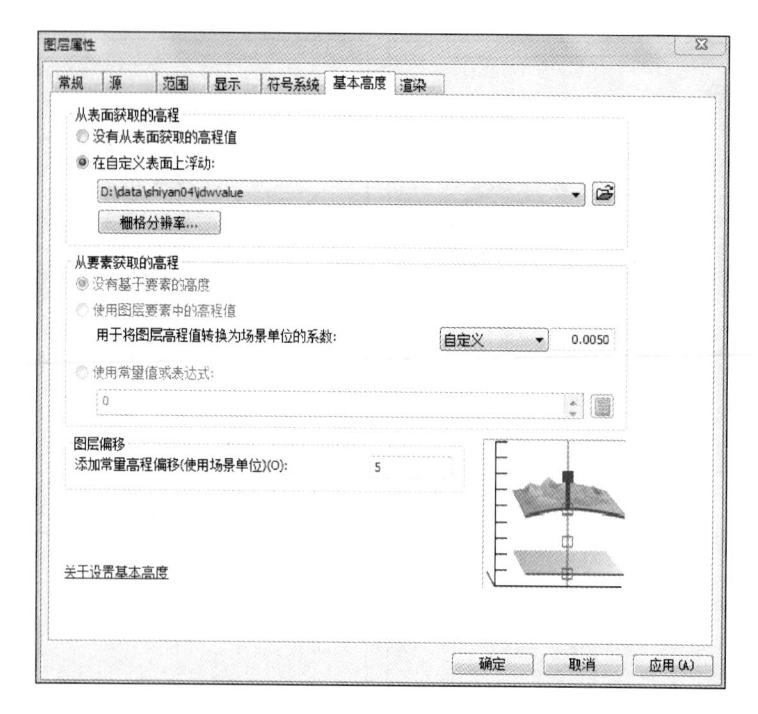

图 4-55　“图层属性”对话框中的“基本高度”选项卡

最后,将制作好的满意的3D专题图导出为JPG格式的图片(图4-56)。

从3D专题图的结果可以看出,3D专题图与使用不同符号系统得到的专题图相比,具有形象直观的鲜明特点,是一种非常好的经济地理空间数据表达方式,在城市与区域规划研究中有着非常好的应用前景。南京大学城市规划系在湖北省、安徽省城镇发展战略等很多规划研究中都曾使用过大量的3D专题图,取得了很好的应用效果。

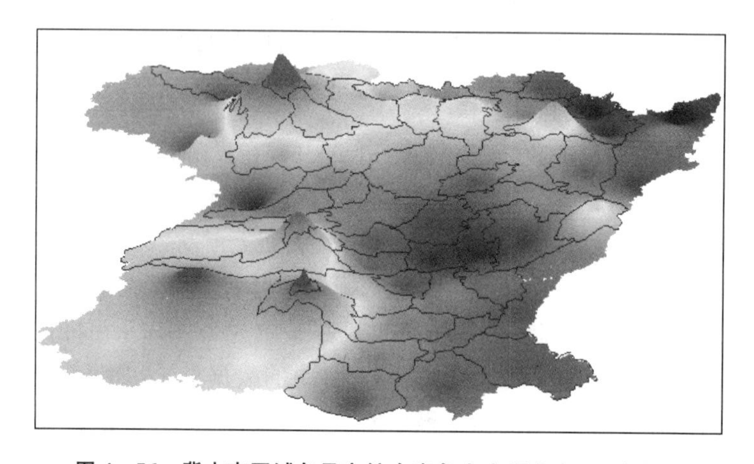

图 4-56　冀中南区域各县市综合竞争力空间分布3D专题图

4.4 实验总结

通过实验掌握聚类分析、主成分分析和层次分析法等常用的统计分析方法在城市与区域规划中的具体应用，并能够使用GIS制作城市与区域规划中的各类专题地图。

具体内容见表4-10。

表4-10　本次实验主要内容一览

内容框架	具体内容	页码
城市与区域综合竞争力评价	(1) 基于聚类分析的综合竞争力评价	P168
	■ 采用逐步聚类分析方法进行冀中南区域竞争力类型划分	P169
	■ 采用系统聚类分析方法进行冀中南区域竞争力类型划分	P174
	(2) 基于主成分分析的综合竞争力评价	P179
	■ 使用“因子分析”工具进行R型因子分析	P179
	■ 因子分析结果的简要解释	P183
	■ 冀中南区域综合竞争力分类	P187
	(3) 基于层次分析法的综合竞争力评价	P188
	■ 建立递阶层次结构	P188
	■ 构建两两判别矩阵	P188
	■ 进行层次排序与一致性检验	P190
	■ 综合实力评价与等级划分	P192
经济地理空间格局专题制图	(1) GIS中的主要插值方法	P194
	■ 采用反距离权重法(IDW)进行冀中南区域各县市人均GDP的插值分析	P194
	■ 采用克里金法进行冀中南区域各县市人均GDP的插值分析	P197
	■ 采用其他插值方法进行冀中南区域各县市人均GDP的插值分析	P199
	(2) GIS中的密度分析方法	P200
	■ 采用核密度分析方法进行冀中南区域各县市城镇化率的空间格局分析	P200
	■ 采用点密度分析方法进行冀中南区域各县市人口密度的空间格局分析	P201
	■ 采用线密度分析方法进行上杭县沟谷密度的空间格局分析	P202
	(3) 经济地理格局专题制图	P203
	■ 冀中南区域各县市综合竞争力专题图的制作	P203
	■ 冀中南区域各县市综合竞争力3D图的制作	P204

实验 5 基于相互作用模型的经济区划分

5.1 实验目的与实验准备

5.1.1 实验目的

通过本实验掌握基于费用加权距离的可达性分析方法和基于相互作用模型的区域经济联系强度分析方法，熟悉这些方法在城市与区域规划中经济区划分领域的具体应用，并能够使用这些方法进行其他相关领域的分析，例如使用可达性分析进行公共服务空间布局、资源的合理分配研究等，使用相互作用模型进行城市之间联系的测度与腹地的划分等。

具体内容见表 5－1。

表 5－1 本次实验主要内容一览

内容框架	具体内容
可达性分析	(1) 建立成本距离分析的源文件
	(2) 建立行进成本(成本面)文件
	(3) 使用成本距离工具进行可达性分析
	(4) 可达性结果重分类
城镇之间联系强度评价	(1) 使用采样命令提取累积成本值
	(2) 基于相互作用模型计算上杭县城与其他乡镇的相互作用强度
	(3) 计算城镇之间两两联系强度矩阵
上杭县域经济区划分	上杭县域经济区划分

5.1.2 实验准备

(1) 计算机已经预装了 ArcGIS 10.1 中文桌面版或更高版本的软件。

(2) 本实验的规划研究区为福建省上杭县，实验数据存放在光盘中的 data\shiyan05 中，请将 shiyan05 文件夹复制到电脑的 D:\data\目录下。

5.2 可达性分析

可达性是指从空间中给定地点到感兴趣点(如工作、购物、娱乐、就医等)的方便程度或难易程度的定量表达。可达性的重要性不言而喻。资源或服务设施都是稀缺的，资源有效配置的决定性因素是消费者的可达性。因而，可达性已经成为资源或服务设施空间分布合理性的重要评价指标之一。

行进成本分析法(又称费用加权距离方法)通过计算空间中任意一点到感兴趣的区域所需要的时间来表征可达性,充分考虑了道路网络的完善程度,能够较好地实现行进路径与现实道路的拟和,是目前较常使用的一种空间可达性计算方法。该方法与欧式距离计算方法的显著差异在于:它不是简单的计算一点到另一点的直线距离,而是确定从每一个"源(source)"像元(cell)到最近"临近"像元的最短加权距离(shortest weighted distance)或累积行进成本(accumulative travel cost);其计算的单位也不是地理单位,而是成本单位(cost units/distance)。

费用加权距离方法采用节点/连线(node/link)计算法则,并采用迭代运算(iterative algorithm),首先计算研究区内某像元到源像元的所有可能路径的累积行进成本,然后通过比较其大小,最后将最小的累积行进成本值赋给该像元,并记录这条路径。每个像元的行进成本值是根据不同的对象对行进的阻抗力(impedance)不同来定义的,它表征穿过该像元所消耗的单位距离成本(cost-per-unit distance)。

本实验以上杭县城的可达性为例加以演示说明。

➢　步骤1:建立成本距离分析的源文件(source grid file)。

首先,启动ArcMap,加载上杭县建设用地数据文件"城乡建设用地.shp"。

然后,打开"编辑器"工具条,使"城乡建设用地.shp"文件进入可编辑状态,并从中将县城的建设用地斑块选中(图5-1)。

图5-1　上杭县城建设用地斑块选择

最后,用鼠标右键点击"城乡建设用地.shp"图层,在弹出的快捷菜单中点击选择"数据"—"导出数据",将选择的县城建设用地斑块导出为"县城斑块.shp"文件,放置在shiyan05文件夹下,并将其载入视图窗口中。成本距离分析需要的源文件(县城斑块.shp)就制作完成了。

➢　步骤2:建立行进成本文件(cost surface grid file),即创建成本消费面模型。

不同土地利用类型的行进成本不同。本文行进成本采用通过空间某一像元的相对难易程度来衡量,其值为移动10 km所需要的分钟数。

在无道路的陆地区域采用步行移动模式,并设定步行平均时速为5 km/h(cost值为120);在有道路的区域采用车行模式,并设定交通主干路例如高速公路的车行时速平均为100 km/h(cost值设为6),国道车行时速平均为60 km/h(cost值设置为10),省道、铁路的车行时速平均为50 km/h(cost值设置为12),县道车行时速平均为30 km/h(cost值设为20),其他道路车行时速平均为20 km/h(cost值设为30)。

虽然河流水域很难通行(有桥梁、隧道的地方除外),但其在可达性计算中起重要作用,如果不设置其行进成本值,将会很大程度上影响河流水域周边的可达性结果,例如汀江,因仅有为数不多的大桥和航线相通,如果不考虑其时间成本值,按照费用加权距离方法计算的汀江两岸的可达性将出现大的偏差,因为水域对城市斑块具有分割性,一般需要绕行一定距离才能到达对岸。鉴于此,本文将汀江及其主要支流(河流宽度在50 m左右)的行进成本值设定为1 000,一般水系的行进成本值设为500。

另外,研究区是多山地丘陵地区,可达性将受到地形的强烈限制,因此将地形的坡度因子纳入cost值的设置中。定义如下:坡度小于5度区域,步行平均时速为5 km/h,成本值为120;5～15度区域,成本值设为180;15～25度区域,成本值设为300;大于25度区域设置为500。

地形起伏度也对行进速度产生一定的影响,故也将地形起伏度纳入cost值的设置中,划分为4类,地形起伏度小于15 m的区域,步行平均时速仍为5 km/h,成本值为120;地形起伏度介于15～30 m的区域,步行平均时速为4 km/h,成本值为150;地形起伏度介于30～60 m的区域,成本值设为180;地形起伏度大于60 m的区域,成本值设置为300。

下面分别设置道路、水系、坡度、地形起伏度的成本值。

(1) 设置所有道路的成本值

首先,通过缓冲区分析获取道路多边形数据文件。

由于道路数据图层都是线文件,因此首先按照高速公路红线宽度60 m,国道30 m,省道24 m,县道18 m,其他道路10 m,铁路20 m来进行道路宽度的大致设置,通过线文件分别做30 m,15 m,12 m,9 m,5 m,10 m缓冲区得到面状多边形文件。

图5-2 “缓冲区”对话框

在ArcMap中加载高速公路图层数据文件(gaosu.shp),使用ArcToolbox中的“分析工具”—“邻域分析”—“缓冲区”工具将高速公路线要素文件做30 m缓冲(图5-2),得到红线宽度为60 m的高速公路多边形要素文件(gaosubuffer.shp)。

然后,在高速公路多边形要素文件(gaosubuffer.shp)中添加一个浮点型的cost字段(添加字段时需先“停止编辑”),并用“字段计算器”将所有高速公路的cost字段赋值为6。

其次,使用ArcToolbox中的“转换工具”—“转为栅格”—“面转栅格”工具(图5-3),将高速公路多边形要素文件(gaosubuffer.shp)按照cost字段转换为栅格数据文件(gaosucost.grid),栅格大小为

图5-3 “面转栅格”对话框

10 m×10 m。

再次,采用上面的方法和步骤,将国道、省道、县道、其他道路分别做缓冲区、添加字段与赋值、转换为栅格数据文件。

最后,进行所有道路栅格数据的镶嵌。

使用 ArcToolbox 中的“数据管理工具”—“栅格”—“栅格数据集”—“镶嵌至新栅格”工具(图 5-4),将高速、国道、省道、县道、其他道路赋值后的栅格文件按照取最小值方法进行镶嵌,得到新的栅格文件 roadcost,即得到所有道路的成本值。

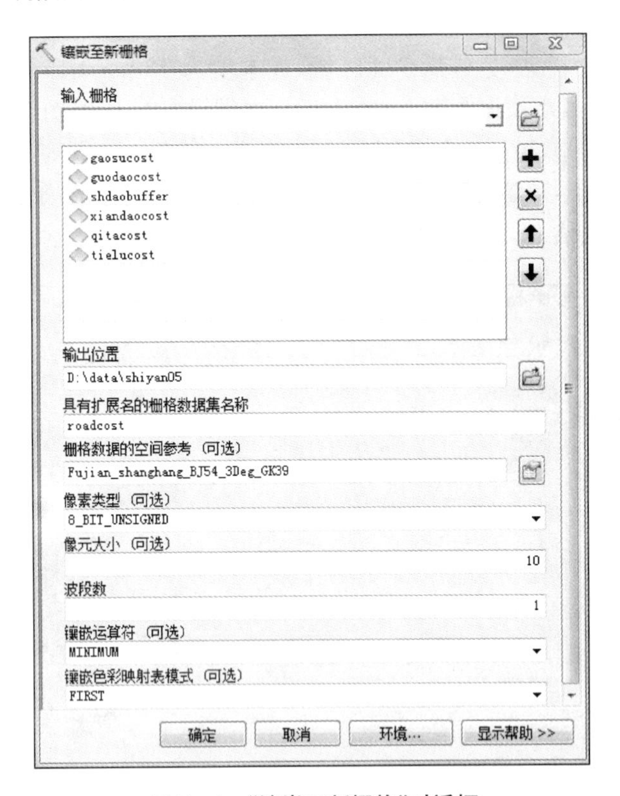

图 5-4　“镶嵌至新栅格”对话框

(2) 设置所有河流的成本值

首先,设置主要河流(为面状多边形要素)的成本值。

在 ArcMap 中加载主要河流图层文件(riverpoly. shp);打开其属性表并添加一个浮点型的“cost”字段;使用“字段计算器”将 cost 字段赋值为 1 000;使用面状栅格工具将其按照 cost 字段转换为栅格数据文件(riverpcost. grid),栅格大小为 10 m×10 m。

然后,设置一般河流(为线状要素)的成本值。

在 ArcMap 中加载一般河流图层文件(riverline. shp);使用缓冲区工具在河流两侧做 10 m 的缓冲区,得到河流缓冲区面状多边形要素数据文件,打开其属性表并添加一个浮点型的“cost”字段;使用“字段计算器”将 cost 字段赋值为 1 000;使用面转栅格工具将其按照 cost 字段转换为栅格数据文件(riverlcost. grid),栅格大小为 10 m×10 m。

最后,进行河流栅格数据的镶嵌。

使用 ArcToolbox 中的“镶嵌至新栅格”工具,将主要河流和一般河流的栅格文件按照取最大值方法进行镶嵌,得到新的栅格文件 rivercost,即得到所有河流的成本值。

(3) 设置地形坡度因子的成本值

首先,进行坡度的计算和分级。

使用从地理空间数据云网站下载的 DEM 数据为数据源(shiyan05 文件夹下的 shanghang_acc. img),将 DEM 数据文件加载到 ArcMap 中,进行坡度的计算、分类和赋值(坡度、分类与重分类等工具的使用具体过程参见实验 3 中的第二节),得到坡度的成本值(cost)文件 poducost. grid。由于 DEM 数据的分辨率是 30 m,因此坡度成本文件的栅格大小为 30 m×30 m。

成本值的定义如下:坡度小于 5 度区域,成本值为 120;5～15 度区域,成本值设为 180;15～25 度区域,成本值设为 300;大于 25 度区域设置为 500(图 5 - 5)。

需要特别说明的是,可达性的范围要比研究区范围要大,主要是因为规划区是山区,而有些道路需要经过县外后又回到县内,如果以县界作为可达性分析的范围,有些区域的可达性将被明显低估。

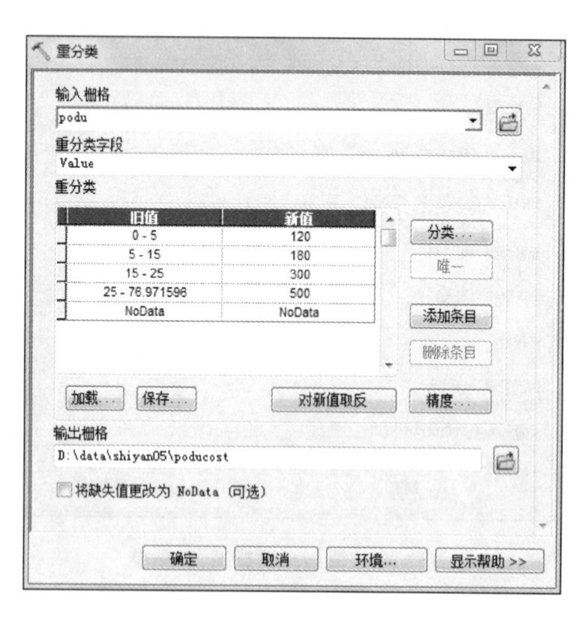

图 5 - 5　“重分类”对话框

然后,进行坡度成本值栅格文件的重采样。

由于 DEM 数据是 30 m×30 m 的栅格,用户需要进行栅格数据的重采样,以便得到 10 m×10 m 的栅格文件,从而与前面生成的栅格数据进行空间叠置和镶嵌。

使用 ArcToolbox 中的“数据管理工具”—“栅格”—“栅格处理”—“重采样”工具(图 5 - 6),将坡度成本值栅格文件(poducost)按照 NEAREST 采样方法进行重采样处理,得到 10 m×10 m 的栅格文件(poducostre)。

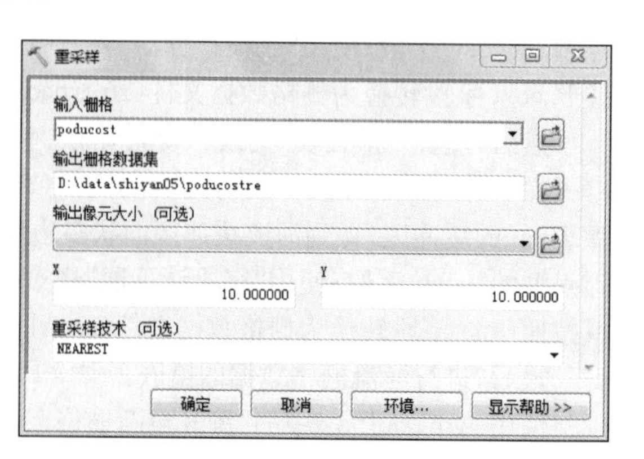

图 5 - 6　“重采样”对话框

(4) 设置地形起伏度因子的成本值

首先，进行地形起伏度的计算。

在 ArcMap 中加载 DEM 数据文件(shanghang_acc. img)；使用“Spatial Analyst 工具”—“邻域分析”—“焦点统计”工具进行地形起伏度的计算、分类和赋值(焦点统计、分类与重分类等工具的使用具体过程参见实验 3 中的第三节)，得到地形起伏度的成本值(cost)文件 qifucost. grid(图 5-7、图 5-8)。

地形起伏度的成本值设置做如下定义：地形起伏度小于 15 m 的区域，成本值为 120；地形起伏度介于 15～30 m 的区域，成本值为 150；地形起伏度介于 30～60 m 的区域，成本值设为 180；地形起伏度大于 60 m 的区域，成本值设置为 300。

然后，进行栅格数据的重采样。

使用“重采样”工具，将地形起伏度成本值栅格文件(qifucost)按照 NEAREST 采样方法进行重采样处理，得到 10 m×10 m 的栅格文件(qifucostre)。

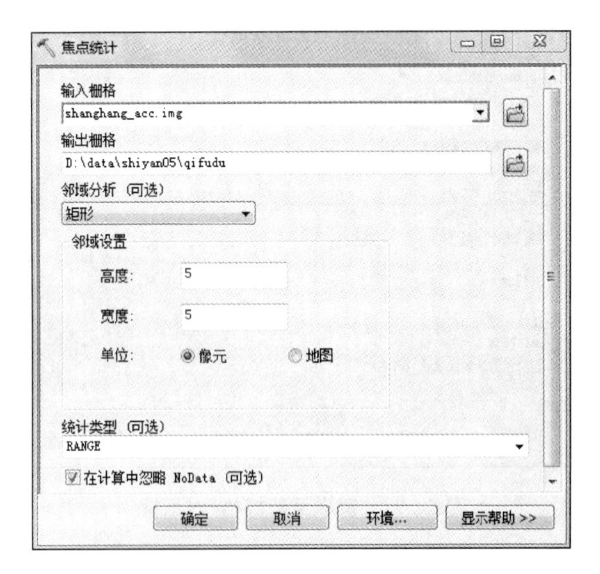

图 5-7　“焦点统计”对话框

图 5-8　“重分类”对话框

(5) 创建总的消费面(cost surface)文件

首先,按照取最大值的原则将地形因子(坡度 poducostre 和起伏度 qifucostre)和河流因子(rivercost)进行镶嵌,得到新的栅格文件 dixingriver. grid。

然后,再按照取最小值的原则将道路因子(roadcost)和地形河流因子(dixingriver. grid)进行镶嵌,得到总的消费面栅格文件 costsurface. grid(图 5-9、图 5-10)。

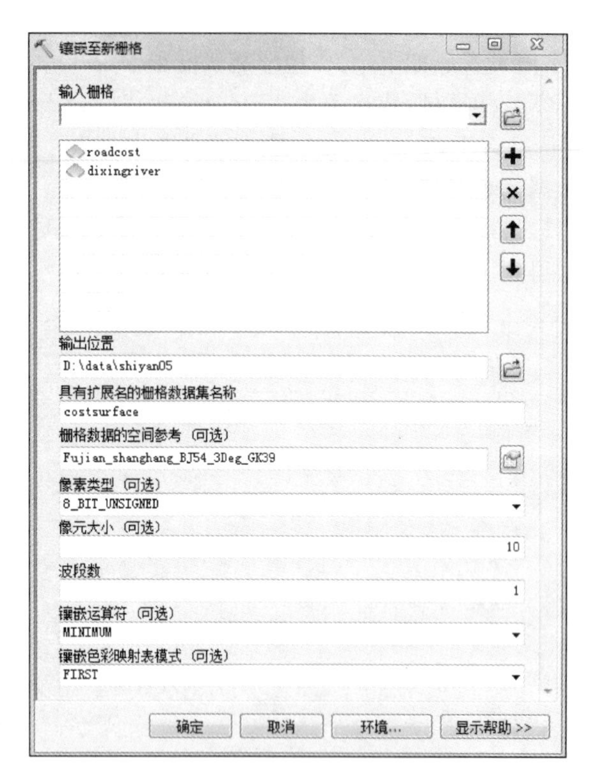

图 5-9 "镶嵌至新栅格"对话框

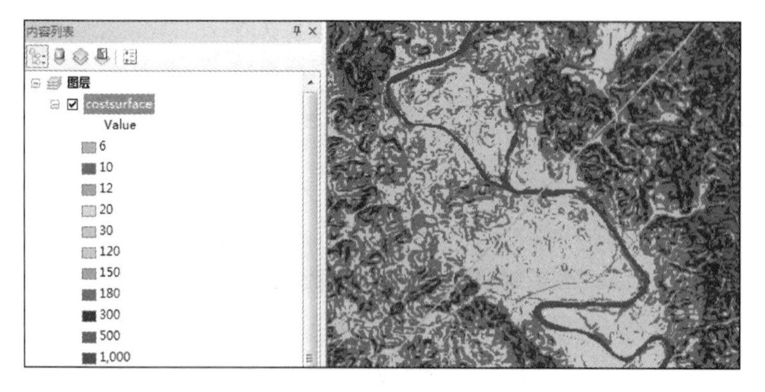

图 5-10 最后的成本消费面栅格文件

➢ 步骤 3:使用成本距离工具进行可达性分析。

首先,在 ArcMap 中加载源文件(县城斑块. shp)和成本消费面文件(costsurface)。

然后,使用"Spatial Analyst 工具"—"距离分析"—"成本距离"工具进行可达性的计算。

在“成本距离”对话框中做如下设置(图 5－11)：“输入栅格数据或要素源数据”为县城斑块. shp；“输入成本栅格数据”为 costsurface；“输出距离栅格数据”为 kedaxing；“最大距离(可选)”与“输出回溯链接栅格数据(可选)”采用默认设置。

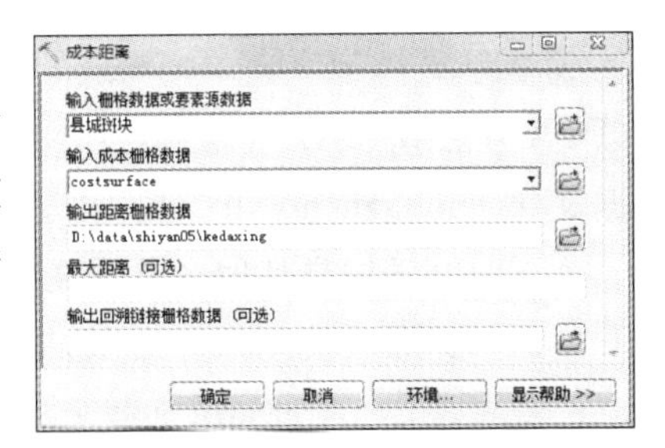

图 5－11 “成本距离”对话框

需要特别注意分析区域的设定。可以直接在 ArcToolbox 窗口中设置，也可在“成本距离”对话框中点击“环境”，在弹出的“环境设置”对话框中定义处理范围。可将处理范围设定为与 costsurface 范围一致。

点击“确定”按钮，执行成本距离命令，得到累积成本距离文件 kedaxing。

最后，使用分级色彩方法将累积成本距离文件 kedaxing 进行分类。

根据累积成本距离值除以 10 000，即可换算成行进所需的时间(分钟数)。按照<15、15～30、30～60、60～90、>90 min(对应的累积成本距离值界值分别为 150 000、300 000、600 000、900 000)将可达性分为 5 个等级，生成可达性分析结果(图 5－12)。

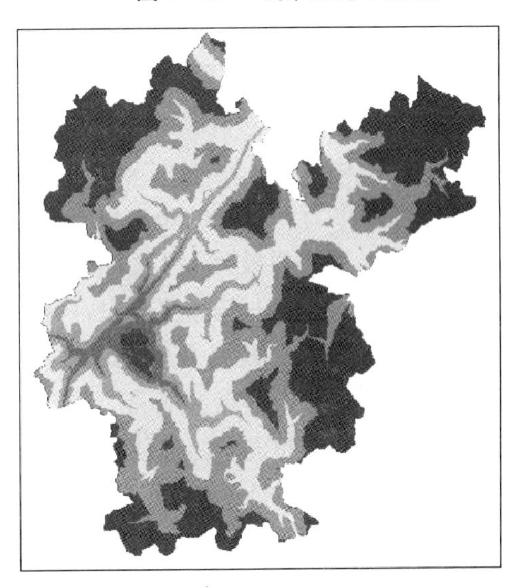

图 5－12 可达性分析结果图

➢ 步骤 4：按照上面的过程与步骤进行上杭县其他乡镇的可达性计算，并保留好得到的可达性数据文件，以便在后面的分析中使用。

5.3 城镇之间联系强度评价

本例采用空间相互作用模型来定量测度城镇之间的联系强度。

空间相互作用模型，也称重力模型、引力模型，是城市与区域研究的经典模型之一，是空间联系分析中应用比较广泛的一种模型。它因形式与物理学的万有引力定律(两物体之间的引力与物体的质量成正比，与物体之间距离的平方成反比)近似而得名。

最早的引力模型是用在研究地区间人口的移动问题上，因为研究者发现任何两个城市之间的人口流动量，似乎都正比于城市人口总数而反比于它们之间的距离，这种现象恰似物体之间的引力关系。

其一般形式为：

$$G=k\frac{M_1M_2}{D^2}$$

本例中，将两地之间距离的测度由传统的欧式距离替换为成本距离(转换为分钟数的成本距离)，M 为每一个城镇的综合得分值，可以采用实验 4 中第二节的方法求得(PCA 方法或 AHP 方法)。在本例中，已经作为 value 字段存储在上杭县城镇点要素数据文件(chengzhenpoint. shp)中。

下面以县城与其他乡镇的联系强度计算为例演示主要操作过程。

➢ 步骤 1：使用采样命令，提取县城可达性文件中的累积成本值，并转换为分钟数。

首先，启动 ArcMap，加载上杭县城镇点要素数据文件(chengzhenpoint. shp)和可达性结果文件(kedaxing)。

然后，使用"Spatial Analyst 工具"—"提取分析"—"采样"工具进行数据采样。

在"采样"对话框(图 5－13)中做如下设置："输入栅格"为 kedaxing；"输入位置栅格数据或点要素"为 chengzhenpoint；"输出表"为 xiancheng；"重采样技术(可选)"采用默认选项 NEAREST。点击"确定"按钮，执行采样命令，得到 xiancheng 数据表(图 5－14)。数据表中记录了每个采样点的 X、Y 坐标和 kedaxing 字段值(即累积成本距离值)。

图 5－13 "采样"对话框

最后，在 chengzhenpoint. shp 属性表中增加一个浮点型字段 timemin，通过使用"连接"工具将属性表与数据表 xiancheng 相连接(图 5－15)，并采用"字段计算器"工具将数据表 xiancheng 中的 kedaxing 字段值除以 10 000 后转赋给 timemin 字段(图 5－16)，得到县城与其他乡镇驻地的可达性水平(用时间表示，单位为 min)。

表

xiancheng

Rowid	CHENGZHENPOINT	X	Y	KEDAXING
1	3	39450052. 326486	2801878. 091088	470387. 9375
2	5	39433438. 11271	2800120. 346134	996934. 5
3	4	39445578. 216926	2799879. 358874	433670. 59375
4	2	39485837. 776023	2796271. 874681	800749. 875
5	7	39441390. 368932	2794004. 836255	311183. 96875
6	20	39431623. 841794	2791889. 586484	681775
7	1	39482121. 079968	2790839. 186451	624313. 3125
8	6	39449621. 588475	2789813. 749967	173204. 203125
9	0	39468416. 136251	2789693. 833934	411826. 125
10	8	39460004. 625593	2780499. 998257	305735. 84375
11	12	39467160. 172009	2773407. 905273	876533. 75
12	9	39440385. 693356	2772315. 466651	0
13	10	39452572. 340517	2772095. 238135	311757. 96875
14	11	39431310. 583007	2771684. 277001	107909. 070313
15	13	39458888. 355732	2768954. 282107	466583. 375
16	15	39463061. 84201	2764745. 901297	623333. 6875
17	16	39450119. 920844	2760470. 488917	170697. 796875
18	14	39461290. 797794	2756867. 392494	419606. 5
19	17	39443546. 197847	2752872. 940753	571113. 3125
20	18	39459686. 22005	2749498. 675578	458208. 09375
21	19	39445874. 514317	2746076. 826511	734772. 6875

1 (0 / 21 已选择)

xiancheng

图 5－14 采样得到的上杭县城与其他乡镇的累积成本距离值

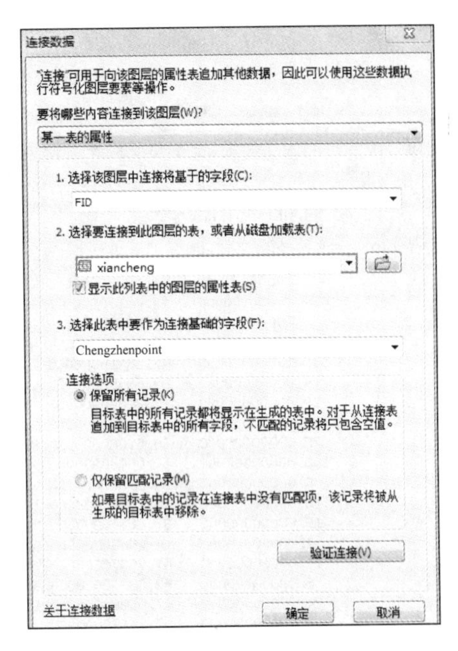

图 5-15 "连接数据"对话框

图 5-16 "字段计算器"对话框

➢ 步骤 2:根据相互作用模型计算上杭县城与其他城镇的相互作用强度。

首先,将上杭县城镇点要素数据文件(chengzhenpoint. shp)的属性表导出(联系强度. dbf)。

然后,使用 EXCEL 打开"联系强度. dbf",新建一个字段"联系强度",使用相互作用模型公式进行公式编辑与计算(使用 value 和 timemin 两个字段),得到上杭县城与其他城镇的相互作用强度(图 5-17)。

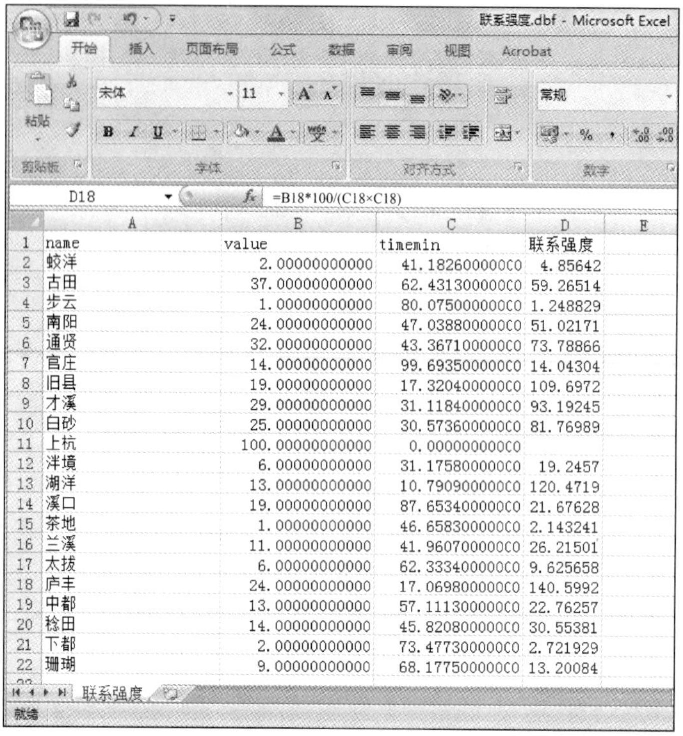

D18　=B18*100/(C18×C18)

	A	B	C	D	E
1	name	value	timemin	联系强度	
2	蛟洋	2.00000000000	41.1826000000	4.85642	
3	古田	37.00000000000	62.4313000000	59.26514	
4	步云	1.00000000000	80.0750000000	1.248829	
5	南阳	24.00000000000	47.0388000000	51.02171	
6	通贤	32.00000000000	43.3671000000	73.78866	
7	官庄	14.00000000000	99.6935000000	14.04304	
8	旧县	19.00000000000	17.3204000000	109.6972	
9	才溪	29.00000000000	31.1184000000	93.19245	
10	白砂	25.00000000000	30.5736000000	81.76989	
11	上杭	100.00000000000	0.0000000000		
12	泮境	6.00000000000	31.1758000000	19.2457	
13	湖洋	13.00000000000	10.7909000000	120.4719	
14	溪口	19.00000000000	87.6534000000	21.67628	
15	茶地	1.00000000000	46.6583000000	2.143241	
16	兰溪	11.00000000000	41.9607000000	26.21501	
17	太拔	6.00000000000	62.3334000000	9.625658	
18	庐丰	24.00000000000	17.0698000000	140.5992	
19	中都	13.00000000000	57.1113000000	22.76257	
20	稔田	14.00000000000	45.8208000000	30.55381	
21	下都	2.00000000000	73.4773000000	2.721929	
22	珊瑚	9.00000000000	68.1775000000	13.20084	

图5-17　使用EXCEL进行县城与其他乡镇联系强度的计算

如果需要将得到的联系强度关联到点要素数据文件（chengzhenpoint.shp）上，可以在点要素文件中新建一个浮点型的“xianchengto”字段来存储连接后转赋的属性值。

由联系强度分析结果可见，县城与庐丰、湖洋、旧县乡镇的联系强度强，联系强度值均大于100，与才溪和白砂乡镇的联系也较强，联系强度值均大于80。

➢　步骤3：采用上面的步骤与方法，分别计算某一乡镇与其他乡镇之间的联系强度，直到得到21个乡镇（或县城）两两之间的联系强度为止，从而得到两两联系强度矩阵。

➢　步骤4：安装适合ArcGIS版本的ETGeoWizards插件（见光盘数据software文件夹下），在ArcMap窗口中通过在工具栏的空白处点击右键，在弹出的快捷菜单中找到ET GeoWizards工具并打开。然后，双击“Point”—“Connect Points”工具，弹出“Connect Points Wizard”对话框（图5-18）。选择chengqupoint.shp文件，并定义输出的文件位置和文件名称（lianjiexian.shp）；为了能够生成所有乡镇点之间的连接线，Specify Cutoff distance选项是用以定义两点连成线的最大距离阈值，如果不设置则默认为所有点均被连接（图5-18）。点击Finish按钮，形成上杭县所有乡镇点之间的连接线（图5-18）。

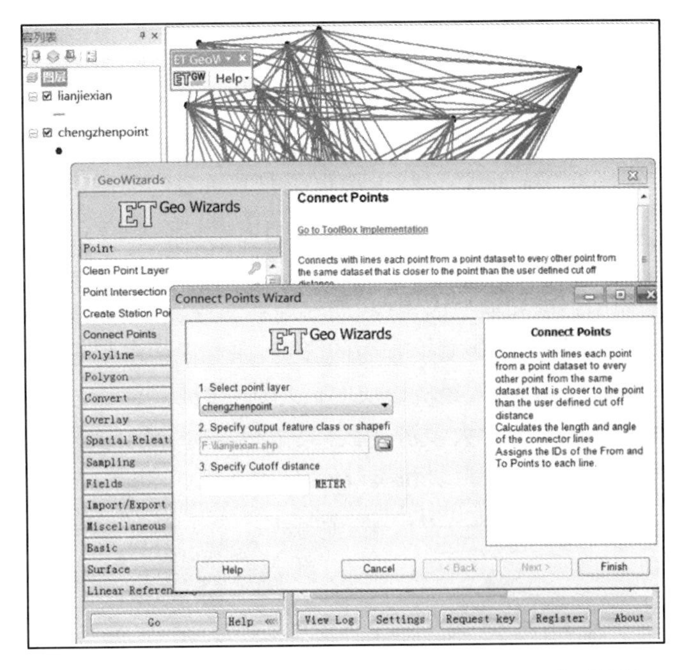

图 5-18　“GeoWizards”和“Connect Points Wizard”对话框

➢　步骤5：根据城镇之间的两两联系强度矩阵，将矩阵值输入 lianjiexian. shp 文件的属性表中，并据此绘制城镇联系强度分析图，直观地表征城镇之间的联系强度与联系方向(图5-19)。

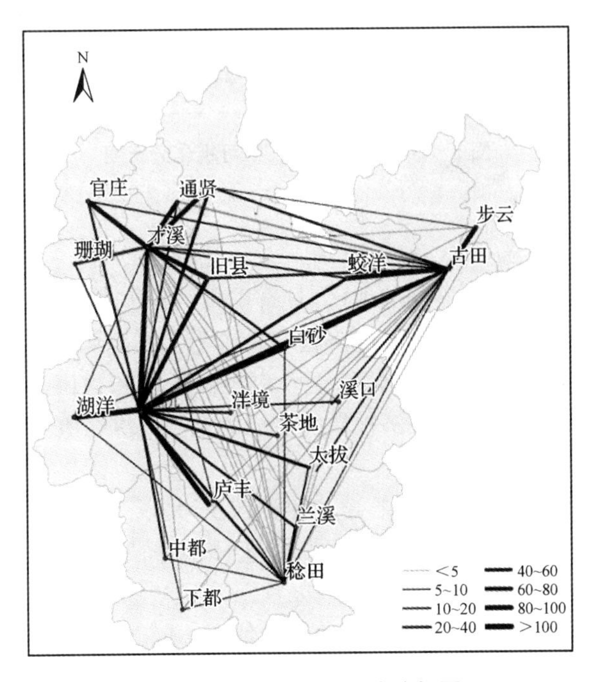

图 5-19　城镇联系强度分析图

5.4　上杭县域经济区划分

经济区划分除了相互作用强度的因素外，还有其他例如历史上的隶属关系、文化制度等方面的因素，而对于上杭而言，可能地形也是非常重要的限制因素，这也是进行经济区划分的重要原因之一，因为县城无法辐射偏远的山区，所以才需要进行小尺度上的经济区划分。

综合考虑相互作用强度和地形因素(我们已经在实验3中进行过上杭县域的三维可视化分析，图5-20)，以及文化制度等方面的影响，在对现状进行充分论证、把握未来上杭县发展趋势的基础上，得到县域经济板块的最终划分结果。

将上杭县县域空间划分为五大经济片区(经济板块)，分别为县城经济板块、古田经济板块、才南经济板块、稔田经济板块和溪口经济板块。

图5-20　上杭县域三维可视化分析图

1) 县城经济板块

以上杭县临城、临江为中心，包括现状庐丰乡、中都乡、旧县乡、湖洋乡、茶地乡。该区域是上杭经济社会集聚能力最强的地区，具有丰富的地方资源，便利的交通，未来将发展成为龙岩市域的次中心。规划县城经济板块未来为上杭县综合服务区、特色工业产业区。整合现状产业资源，将部分产业转移至才南经济板块和古田经济板块，提升该经济板块产业等级。未来着重将县城经济板块打造成为全县域综合服务中心。

2) 古田经济板块

古田经济区包括现状的古田镇、蛟洋乡和步云乡，是以工业产业、旅游业和特色农业为主的经济发展区。该区域规划有厦蓉龙长高速、蛟城高速、赣龙铁路及其复线、308省道以及多条上杭县县道通过，并规划建立一处铁路客运站场、一处铁路货运站场，两处高速互通口(蛟洋互通口和古田互通口)，交通十分便捷。同时，该区为高海拔区，拥有独特的地理气候优势，适宜发展花卉、反季节蔬菜及高山茶等特色农业。目前坪埔地区工业已经形成一定规模，为未来新城工业发展提供了重要基础。规划古田经济板块远期为上杭县重要物流中心、工业中心和国家重要旅游胜地。

3）才南经济板块

才南经济区主要是以才溪为中心的旅游型城镇和以南阳为中心的工贸型城镇的聚集区，主要包含现状的官庄、才溪、通贤、珊瑚和南阳。该区域交通便利，内部有 7 条县道，1 条 205 国道和 1 条永武高速通过，并于才溪东南部地区设立一座高速互通口。该区域基础优势明显，才溪是著名红色旅游基地，南阳的硅、钨产业已形成一定规模。规划才南经济板块为未来上杭县北部重要红色旅游胜地与重工业聚集地。依托现状才溪乡红色旅游资源，联合古田新城共同打造县域北部一条以红色旅游为主的旅游线路。并且继续扩大南阳镇现状工业规模，延伸硅、钨产业上下游产业链，使其未来形成上杭县重要重工业产业园区。

4）稔田经济板块

稔田经济区以稔田为中心，包括周边的下都、兰溪。该区域农业及生态资源丰富，是发展名优特农副产品的好基地，同时拥有优美的山水资源以及丰富的客家旅游资源，棉花滩库区及汀江风光秀丽，是未来上杭县重要的旅游基地之一。规划本区发展为山水度假、生态农业及名优特农副产品创新区。

5）溪口经济板块

规划以溪口为中心，整合周边的白砂、太拔、茶地作为溪口经济板块。以溪口作为重要基地，整合周边山水旅游资源，规划将该经济板块打造成为上杭县重要温泉度假与旅游胜地。

5.5 实验总结

通过本实验掌握基于费用加权距离的可达性分析方法和基于相互作用模型的区域经济联系强度分析方法，熟悉这些方法在城市与区域规划中经济区划分领域的具体应用，并能够使用这些方法进行其他相关领域的分析。

具体内容见表 5-2。

表 5-2 本次实验主要内容一览

内容框架	具体内容	页码
可达性分析	（1）建立成本距离分析的源文件	P209
	（2）建立行进成本（成本面）文件	P209
	■ 设置所有道路的成本值	P210
	■ 设置所有河流的成本值	P211
	■ 设置地形坡度因子的成本值	P212
	■ 设置地形起伏度因子的成本值	P213
	■ 创建总的消费面文件	P214
	（3）使用成本距离工具进行可达性分析	P214
	（4）可达性结果重分类	P215
城镇之间联系强度评价	（1）使用采样命令提取累积成本值	P216
	（2）根据相互作用模型计算上杭县城与其他城镇的相互作用强度	P217
	（3）计算城镇之间两两联系强度矩阵	P218
上杭县域经济区划分	上杭县域经济区划分	P220

实验 6　基于最小费用路径的生态网络构建与优化

6.1　实验目的与实验准备

6.1.1　实验目的

通过实验掌握基于最小费用路径的生态网络构建与优化分析方法，熟悉该方法在城市与区域规划中自然与生态领域的具体应用，并能够使用这些方法进行其他相关领域的分析，例如居住地到超市等公共服务设施的最优路径选取，公园、医院、消防设施等公共服务设施的空间布局优化等。

具体内容见表 6-1。

表 6-1　本次实验主要内容一览

内容框架	具体内容
潜在生态网络构建	(1) 生态源地辨识
	(2) 景观阻力评价
	(3) 消费面制作
	(4) 潜在生态网络构建
重要生态廊道的提取	基于重力模型的重要生态廊道的提取
区域绿廊规划	(1) 区域生态网络规划
	(2) 区域绿廊规划

6.1.2　实验准备

(1) 计算机已经预装了 ArcGIS 10.1 中文桌面版或更高版本的软件。

(2) 本实验的规划研究区为河北省冀中南区域，实验数据存放在光盘中的 data\shiyan06 中，请将 shiyan06 文件夹复制到电脑的 D:\data\目录下。

6.2　潜在生态网络构建

大型生境斑块为区域尺度上的生物多样性保护提供了重要的空间保障，是区域生物多样性的重要源地(source)。然而，快速城市化使得生境斑块不断地被侵占和蚕食，破碎化程度日益增加，连接性不断下降，严重威胁着生物多样性的保护。为了减少破碎生境的孤立，生态学家和生物保护学家开始重视生境斑块之间的空间相互作用，并提出“在景观尺度上，通过发展生态廊道来维持和增加生境的连接，保护生物多样性”。景观水平的生境连接通过基因流动、协助物种的迁移并开拓新的生存环境，对种群的繁育起着极其重要的作用，生境的空间组成与分布在很大程度上决定着物种的分布和迁移。因此，在景观尺度上构建和发展景观生态网络被认为是改善区域自然生态系统价值的一种极其有效的方法。

增加生境斑块的连接性已被认为是生态网络设计的关键原则；设计功能整合的景观生态网络被认为是有效保护生物多样性、生态功能和进化过程的非常重要的途径。因此，改善与提高重要生境斑块之间的连接强度，构建区域景观生态网络，对保护生物多样性、维持与改善区域生态环境具有重要意义。

城市与区域规划应有效地应用生物多样性信息，特别是在规划初期应注重对生物多样性价值的整合，这对于保护和管理城市与区域中残余的自然生境非常重要。通过定量分析，构建较为合理的生态"斑块－廊道－基质"镶嵌的网络结构，能有效保护城市与区域生物多样性，提高绿地景观生态系统功能，并为城市与区域规划提供理论与方法支撑。

本实验中基于最小费用路径的生态网络构建过程大致可以分为生态源地辨识、景观阻力评价、消费面制作及生态网络构建 4 个步骤。

➢ 步骤 1：生态源地辨识。

大型生境斑块为区域生物多样性提供了重要的空间保障，是区域生物多样性的重要源地。通过构建生态廊道系统来连接这些大型的核心斑块，对保护生物多样性、维持与改善区域生态环境具有重要意义。

根据冀中南区域的自然生态特点，将自然保护区、森林公园、风景林、大型林地等生境较好的斑块确认为源(Sources)或目标(Targets)。同时结合面积大小和空间分布格局，选取了 9 个斑块作为区域生物多样性的"源地(Sources)"(图 6－1)。这些斑块是区域生物物种的聚集地，是物种生存繁衍的重要栖息地，具有极为重要的生态意义。

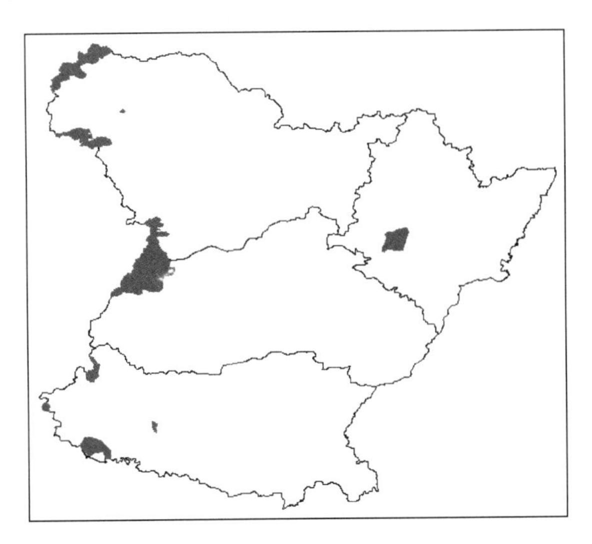

图 6－1　选取的冀中南的生态源地

为了便于操作，直接将源地矢量文件(sources. shp)作为实验的初始数据。而在实际的工作中，需要大量的数据资料作为生态源地辨识的支撑。斑块的提取方法参见实验 5 可达性分析中源地的选择与提取。

➢ 步骤2:景观阻力评价。

生境适宜性是指某一生境斑块对物种生存、繁衍、迁移等活动的适宜性程度。景观阻力是指物种在不同景观单元之间进行迁移的难易程度,它与生境适宜性的程度呈反比,即斑块生境适宜性越高,物种迁移的景观阻力就越小。

潜在的生态网络是由源(Sources)或目标(Targets)的质量、源与目标之间不同土地利用类型的景观阻力决定的,而植被群落特征如覆盖率、类型、人为干扰强度等对于物种的迁移和生境适宜性起着决定性的作用。因此,景观阻力主要由植被覆盖率、植被类型、人为干扰强度3个因子构成。

根据冀中南的土地利用现状情况,结合数据的可获得性,确定了不同土地利用类型或生境斑块的生境适宜性和景观阻力大小(表6-2)。

表6-2　不同土地利用类型的景观阻力值

土地利用类型	具体说明	阻力值
自然保护区	国家级、省级	3
森林公园	国家级、省级	5
风景名胜区	国家级、省级	15
林地	NDVI≥0.49	3
	0.44<NDVI<0.49	5
	NDVI<0.44	9
农业用地		50
水域	主要水系、大中型水库	300
	一般水系、小型水库	200
城镇建设用地		1 000
区域交通用地	高速和铁路	1 000
	国道	600
	省道	500

对于大多数生物,特别是陆生物种来说,建设用地、道路与水域是物种迁移扩散的重要障碍。因遭受强烈的人为干扰,城市建设用地景观阻力赋值最大;高速公路与铁路对生态斑块的阻隔作用较大,因而道路的景观阻力赋值也较大;大的水域可能更多的是对物种的阻隔作用,而小的水域则可能对物种存在一定的适宜性,是动物迁徙过程中的重要水源,因此本例中将水域分为两类且分别赋予不同的景观阻力值。

➢ 步骤3:消费面制作。

首先,按照表6-2中的8类不同土地利用类型的景观阻力赋值,分别制作成本栅格文件。具体操作过程参见实验5可达性分析中的消费面制作部分。NDVI的计算参见实验2中第六节的相关内容。

然后,将自然保护区、森林公园、风景名胜区、林地按照取最小值的方法进行镶嵌;农业用地、水域、建设用地和交通用地按照取最大值的方法进行镶嵌。

最后,将前面两次镶嵌的结果再次进行镶嵌,方法为取最大值方法,得到最终的成本面栅格数据(图 6－2)。

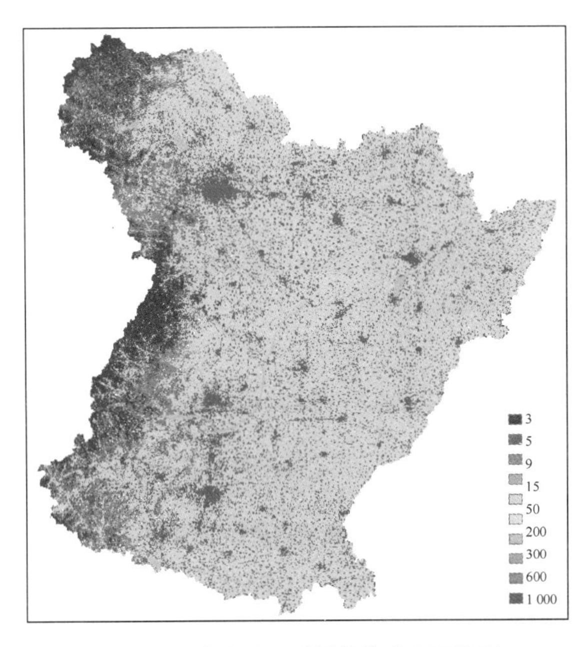

图 6－2　冀中南区域最终的成本面数据

需要进行说明的是,实验中使用的是由 2009 年 TM 数据解译获取的冀中南土地利用现状图(2009landuse. img)。林地(编码为 1)、农业用地(编码为 3)、水域(编码为 4)、建设用地(编码为 2),这四类用地用户可以使用 ArcToolbox 中的"Spatial Analyst 工具"—"提取分析"—"按属性提取"工具来分别进行提取。

下面以农田的提取为例加以演示说明。

点击 ArcToolbox 中的"Spatial Analyst 工具"—"提取分析"—"按属性提取"工具,弹出"按属性提取"对话框(图 6－3),定义"输入栅格"为 2009landuse. img,"Where 子句"为"Value"＝ 3(可以通过点击后面的 SQL 图标,弹出"查询构建器"对话框,在该对话框中设置查询条件,参见图 6－4);点击"确定"按钮,执行按属性提取命令,得到农田的栅格数据文件(nongtian)。然后,可以使用重分类命令将 nongtian 中的字段值重新赋值为定义的 cost 值 50,生成农田图层成本值栅格数据文件(nongtiancost)。

当然,用户也可以直接使用重分类命令将农田(编码为 3)提取出来并进行 cost 赋值,在重分类中将原始唯一值非 3 的类别全部设为 NoData,将原始值为 3 的设置为 50 即可(图 6－5)。

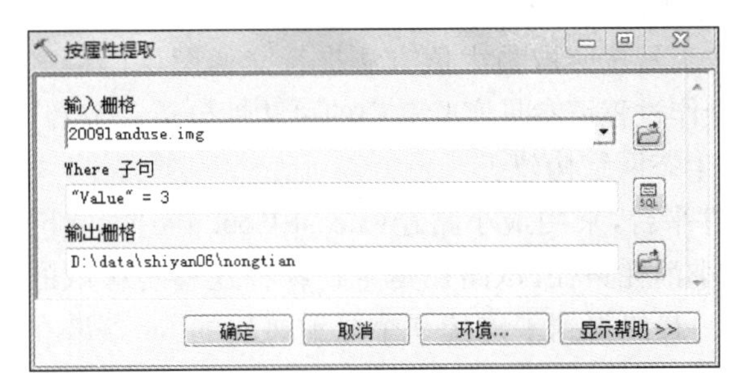

图 6－3　"按属性提取"对话框

图 6－4　“查询构建器”对话框

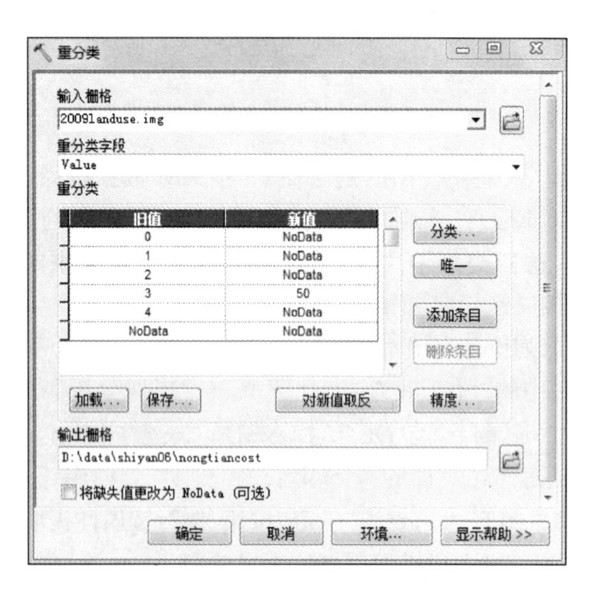

图 6－5　使用“重分类”进行数据提取与赋值

由于交通用地(高速、铁路、国道、省道)是线要素图层，首先需要分别在道路两侧各做 30 m、20 m、20 m、15 m 的缓冲区，然后将得到的面要素矢量文件转换为栅格大小为 30 m的栅格文件，并使用重分类方法进行 cost 值的赋值，得到每一个道路图层的成本值文件。最后，采用镶嵌工具按照取最大值方法进行交通图层的镶嵌，得到交通用地的成本值栅格文件(具体操作过程请参见实验 5 中的可达性分析一节)。

➢　步骤 4:潜在生态网络构建。

基于 ArcGIS 软件平台，采用最小路径(Least-Cost Path method，LCP)方法可以确定源和目标之间的最小消耗路径，该路径是生物物种迁移与扩散的最佳路径，可以有效避免外界的各种干扰。最终得到了连接 9 个绿地斑块的 36 条潜在廊道，组成了规划研究区的潜在生态网络。

其具体操作过程如下：

首先，在 ArcMap 中加载源文件（sources. shp）和成本消费面文件（costsurface）；在生态源地数据图层文件（sources. shp）中增加一个短整型的字段“bianhao”，以记录生态斑块的编号信息；提取编号为 1 的源地另存为 source1. shp 文件；提取除编号为 1 的生态斑块以外的斑块另存为 targets1. shp。

然后，使用“Spatial Analyst 工具”—“距离分析”—“成本距离”工具进行成本距离和方向、位置的生成。

在“成本距离”对话框中做如下设置（图 6 - 6）：“输入栅格数据或要素源数据”为 source1. shp；“输入成本栅格数据”为 costsurface；“输出距离栅格数据”为 distance1；“最大距离（可选）”采用默认设置；“输出回溯链接栅格数据”为 fangxiang1。

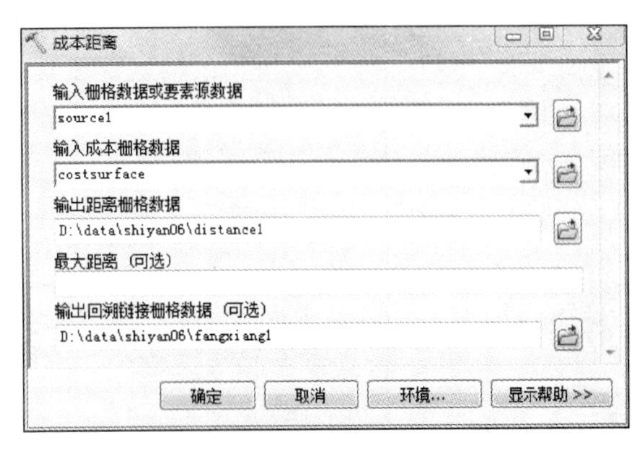

图 6 - 6　“成本距离”对话框

需要特别注意分析区域的设定。可以直接在 ArcToolbox 窗口中设置，也可在“成本距离”对话框中点击“环境”，在弹出的“环境设置”对话框中定义处理范围。我们将处理范围设定为与 costsurface 范围一致。点击“确定”按钮，执行成本距离命令，得到累积成本距离文件 distance1 和距离方向文件 fangxiang1。

其次，使用“Spatial Analyst 工具”—“距离分析”—“成本路径”工具进行最短路径（最小累积费用路径）的计算。

在“成本路径”对话框中做如下设置（图 6 - 7）：“输入栅格数据或要素目标数据”为 targets1. shp；“目标字段（可选）”为 bianhao；“输入成本距离栅格数据”为 distance1；“输入成本回溯链接栅格数据”为 fangxiang1；“输出栅格”为 path1；“路径类型（可选）”为 EACH_ZONE（即为每一个源寻找一条成本最小路径，源中所有栅格共享同一条路径）。点击“确定”按钮，执行成本路径命令，得到最小路径文件 path1。

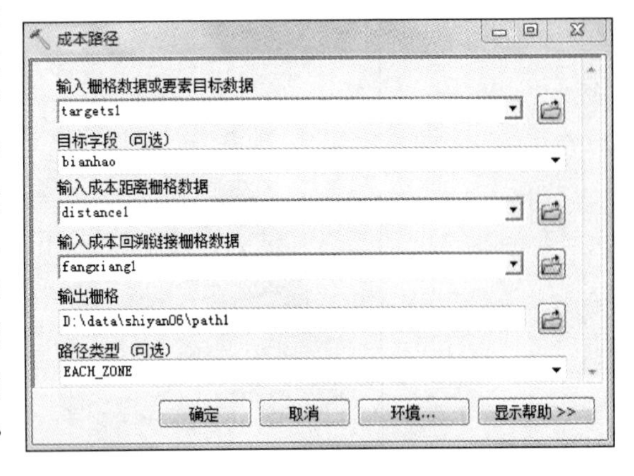

图 6 - 7　“成本路径”对话框

路径类型（可选）还有另外两个选项：EACH_CELL（为源中每一个栅格寻找一条成本最小路径）和 BEST_SINGLE（为所有源寻找一条成本最小路径，此时，只有一个源与一个相应的目标点或目标组相连）。

最后，使用“编辑器”工具条上的工具对得到的最小路径文件 path1 进行编辑整理，得到最终以编号为 1 的斑块作为源地、其他斑块为目标的潜在生态廊道（图 6 - 8）。

采用同样的方法，得到编号为 2 的斑块作为源地的所有潜在生态廊道（斑块 2 为源，斑块3～9为目标);依此类推,直到得到所有的潜在生态廊道(图6-9)。

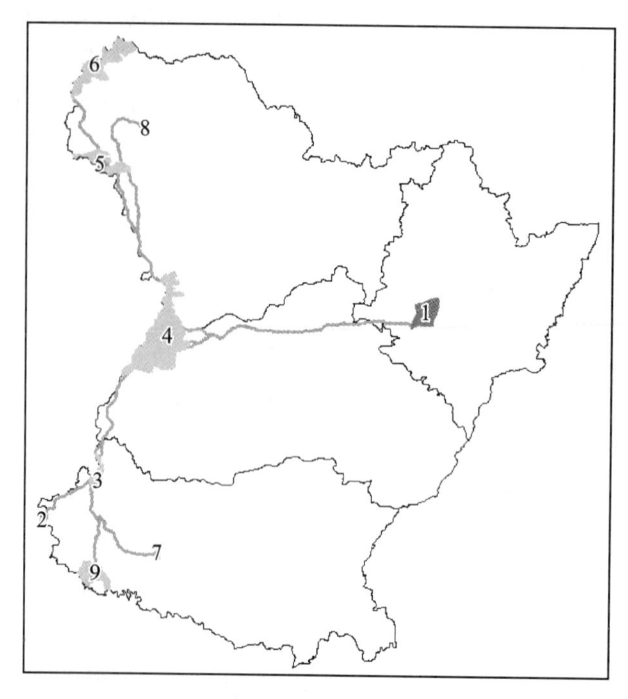

图6-8　斑块1为源的潜在生态廊道

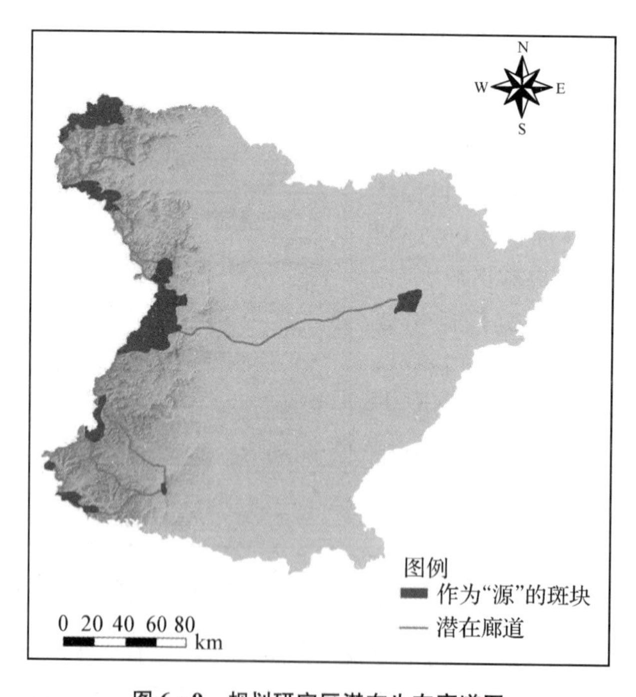

图6-9　规划研究区潜在生态廊道图

通过最小路径方法可以获取从一个源或一组源出发,到达一个目标点或一组目标点的最小费用路径或最小成本路径。因而,用户也可以进行多对多(多个源地斑块与多个目标点斑块)的潜在廊道的模拟。

6.3 重要生态廊道的提取

源与目标之间的相互作用强度能够用来表征潜在生态廊道的有效性和连接斑块的重要性。大型斑块和较宽廊道的生境质量均较好，能大大减少物种迁移与扩散的景观阻力，增加物种迁移过程中的幸存率。基于重力模型(Gravity Model)，构建 9 个生境斑块(源与目标)间的相互作用矩阵。定量评价生境斑块间的相互作用强度，从而判定生态廊道的相对重要性。然后，根据矩阵结果，将相互作用力进行等级划分，将相互作用力大于一定阈值的潜在重要生态廊道提取出来，并剔除经过同一绿地斑块而造成冗余的廊道，得到规划研究区最终的重要生态廊道。

重力模型的计算公式如下：

$$G_{ab}=\frac{N_aN_b}{D_{ab}^2}=\frac{\left[\frac{1}{P_a}\times\ln(S_a)\right]\left[\frac{1}{P_b}\times\ln(S_b)\right]}{\left(\frac{L_{ab}}{L_{\max}}\right)^2}=\frac{L_{\max}^2\ln(S_a)\ln(S_b)}{L_{ab}^2P_aP_b}$$

式中：G_{ab}是生境斑块 a 和 b 之间的相互作用力，N_a 和 N_b 分别是两斑块的权重值，D_{ab}是 a 和 b 两斑块间潜在廊道阻力的标准化值，P_a 为斑块 a 的阻力值，S_a 是斑块 a 的面积，L_{ab}是斑块 a 到 b 之间廊道的累积阻力值，$L_{\max}$是研究区中所有廊道累积阻力的最大值。

以斑块 1 为源地得到的潜在生态廊道的重要性评价为例来演示具体的操作过程。由于分析方法与实验 5 中城镇之间联系强度评价部分基本一致，在此仅作简要说明。

首先，将目标面要素文件(targets1)转换为点要素文件(target1point)。

然后，使用“Spatial Analyst 工具”—“提取分析”—“采样”工具进行数据采样，用点要素文件(target1point)从以斑块 1 为源地通过成本距离得到的成本距离栅格文件(distance1)中提取累积成本值。

其次，采用同样的方法计算所有斑块之间生态廊道的累积成本值。

再次，使用重力模型公式计算两两生态斑块之间的相互作用矩阵(表 6 - 3)。

表 6 - 3 两两生态斑块之间的相互作用矩阵

联系强度	1	2	3	4	5	6	7	8	9
1		97.42	6.52	13.24	2.87	785.29	1.87	0.25	2.51
2			28.84	9.28	2.01	1.17	0.84	0.11	1.13
3				16.55	2.87	1.42	0.91	0.09	3.22
4					268.05	28.52	10.02	0.37	8.80
5						32.44	6.27	0.11	4.29
6							12.25	0.09	3.22
7								0.14	15.35
8									0.16
9									

最后,根据相互作用矩阵中得分值的大小,结合规划研究区具体情况,将相互作用力大于10的11条潜在重要生态廊道提取出来(图6-10)。

由图6-10可见,重要廊道主要分布在西部山地丘陵地区,东部平原地区缺乏生境斑块及其间的有效连接。

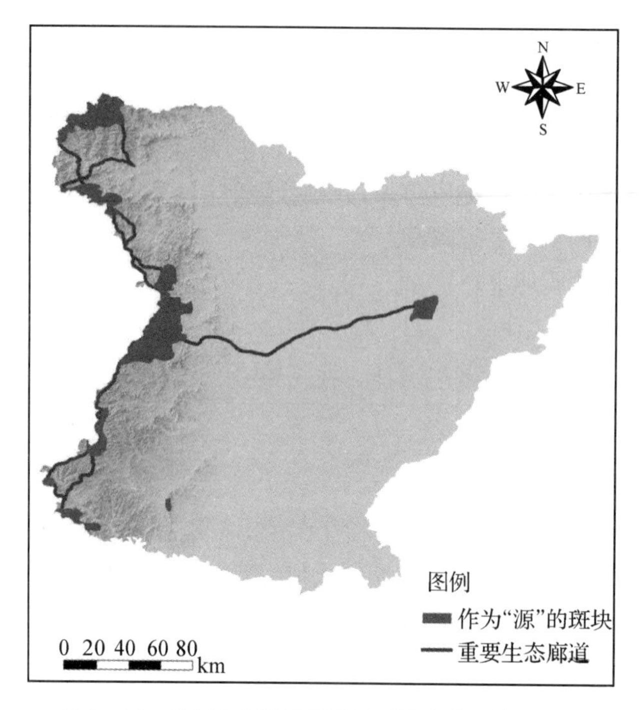

图6-10 基于重力模型提取的重要生态网络分布图

6.4 区域绿廊规划

为了减少破碎生境的孤立,保持生物多样性,规划通过发展生态廊道来维持和增加生境的连接,在景观尺度上构建和发展生态廊道以增加生境斑块的连接性。

首先,根据最小路径方法提取的潜在生态廊道和重要生态廊道,确定规划区需要重点保护的重要生态廊道,并确定需要重点维育和修复的生态廊道。

其次,由于潜在的生态廊道主要分布在林地比较集中的西部山地丘陵区,东部平原区因生境质量不高而廊道数量明显不足(图6-10)。鉴于此,结合主要水系,通过建设滨水防护林,提出了4条重点建设的滨水生态廊道,并根据南水北调干渠的保护要求,建设沿干渠线状分布的生态保护型绿廊(图6-11)。

最后,根据规划研究区实际,规划形成4类绿色生态涵养廊道(图6-12)。

(1) 景观游憩型绿廊——包括借助于良好景观文化资源的山前生态涵养廊道,以及与其相呼应的东西向的平原景观游憩型廊道。

(2) 滨水保护型绿廊——结合城市景观要求,增加滨水绿化,沿滹沱河、槐河、沙河—澧河、漳河建设4条生态绿廊。

(3) 战略设施保护型绿廊——根据南水北调干渠的保护要求,建设沿干渠线状分布的生态保护型绿廊。

(4) 道路绿化型廊道——发挥生态补偿优势，沿区域 6 条重要的交通通道呈线状分布。

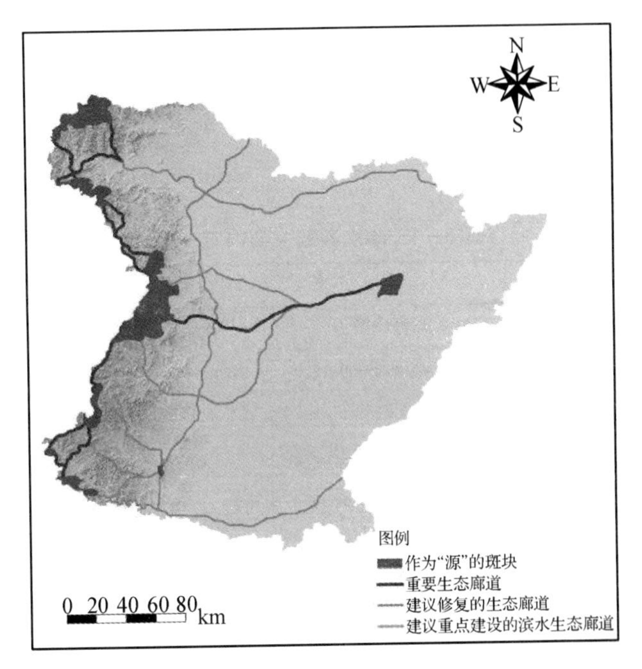

图 6-11　冀中南区域生态网络规划图

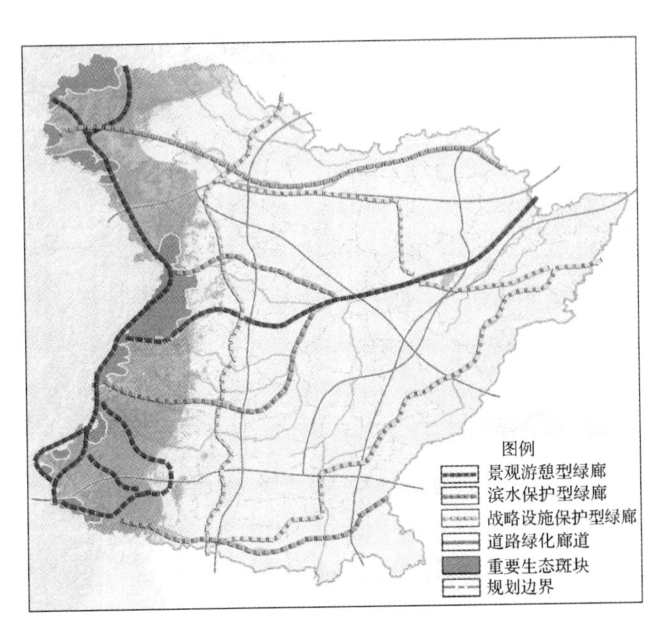

图 6-12　冀中南区域绿廊规划图

6.5 实验总结

通过本实验掌握基于最小费用路径的生态网络构建与优化分析方法，熟悉该方法在城市与区域规划中自然与生态领域的具体应用，并能够使用这些方法进行其他相关领域的分析，例如居住地到超市等公共服务设施的最优路径选取，公园、医院、消防设施等公共服务设施的空间布局优化等。

具体内容见表6-4。

表6-4　本次实验主要内容一览

内容框架	具体内容	页码
潜在生态网络构建	(1) 生态源地辨识	P223
	(2) 景观阻力评价	P224
	(3) 消费面制作	P224
	(4) 潜在生态网络构建	P226
重要生态廊道的提取	基于重力模型的重要廊道提取	P229
区域绿廊规划	(1) 区域生态网络规划	P230
	(2) 区域绿廊规划	P230

实验 7　城市与区域生态环境敏感性分析

7.1　实验目的与实验准备

7.1.1　实验目的

通过本实验掌握基于 GIS 叠置分析的生态环境敏感性分析的研究框架与技术路线，熟悉该方法在城市与区域规划中自然与生态领域的具体应用，并能够使用该方法进行其他相关领域的分析，例如学校、公园、医院、消防设施等公共服务设施的选址等。

具体内容见表 7－1。

表 7－1　本次实验主要内容一览

内容框架	具体内容
关键生态资源辨识	(1) 生态关键区
	(2) 文化感知关键区
	(3) 资源生产关键区
	(4) 自然灾害关键区
生态环境敏感性因子选取	生态环境敏感性因子选取与分级赋值
生态环境敏感性单因子分析	生态环境敏感性单因子分析
生态环境敏感性分区	(1) 生态环境总敏感性分析
	(2) 生态环境敏感性分区控制指引

7.1.2　实验准备

(1) 计算机已经预装了 ArcGIS 10.1 中文桌面版或更高版本的软件。

(2) 本实验的规划研究区为河北省冀中南区域，实验数据存放在光盘中的 data\shiyan07 中，请将 shiyan07 文件夹复制到电脑的 D:\data\目录下。

7.2　关键生态资源辨识

生态环境敏感区也称关键区(Critical Area)、生态环境敏感地带，是指对区域总体生态环境起决定作用的生态要素和生态实体，这些实体和要素对内外干扰具有较强的恢复功能，其保护、生长、发育等程度决定了区域生态环境的状况。

根据生态环境敏感区包含的主要内容，可将其划分为狭义和广义两种。狭义的生态环境敏感区主要包括自然生态类型的生态要素与生态实体；而广义的不仅包括对城市区域具有重要生态意义的自然生态要素或实体，而且包括用来分割城市组团，防止城市无序蔓延的地带以及作为城市可持续发展资源储备的用地区域。

生态环境敏感区对区域生态保护具有重要意义，其一旦受到人为破坏短时间内很难恢复，主要是规划用来控制与阻隔城市无序蔓延，防止城市居住环境恶化的非城市化地区，通常包括河流水系、滨水地区、野生生物栖息地、山地丘陵、植被、自然保护区、森林公园、滩涂湿地、水源涵养区、水质保持区、基本农田保护区等。

关键生态资源是指那些对区域总体生态环境起决定作用的生态要素和生态实体。根据规划研究区的实际情况，结合国内外相关学者关于生态环境敏感区的分类框架，将规划研究区的关键生态资源分为4类(表7-2)。

表7-2　冀中南区域关键生态资源分类体系

大类	亚类	区域现有资源	简要说明
1. 生态关键区	11. 自然保护区	衡水湖自然保护区(国家级) 驼梁自然保护区(国家级) 南寺掌自然保护区(省级) 青崖寨自然保护区(省级) 嶂石岩自然保护区(省级) 漫山自然保护区(省级) 南宫群英湖自然保护区(市级) 杏峪自然保护区(市级)	野生动物栖息地，为野生动物提供食物、庇护和繁殖空间的区域
	12. 森林公园	武安国家森林公园(国家级) 响堂山国家森林公园(国家级) 洺河源国家森林公园(国家级) 蝎子沟国家森林公园(国家级) 前南峪国家森林公园(国家级) 驼梁山国家森林公园(国家级) 仙台山国家森林公园(国家级) 五岳寨国家森林公园(国家级) 省级10个，县级5个	拥有一些典型生态系统单元，或者是在维护大区域范围内的生态完整性和环境质量上有着至关重要作用的区域
	13. 大型湿地	玉泉湖、青塔湖、清凉湾、溢泉湖、永年洼、群英湖等湿地	指面积较大的湿地区域
	14. 密林地	南坨山林地、苍岩山林地、清漳河上游林地、赞皇山-凤凰山山林等	该区域植被覆盖较好
	15. 主要河流与重要水体	主要河流：大沙河、滹沱河、滏河、清漳河、滏阳新河(午河、留垒河、沙河)、滏阳河、滏东排河(西沙河、洪益河、小漳河)、老沙河、清凉江 重要水体：衡水湖、黄壁庄水库、岗南水库、岳城水库、横山岭水库、东武士水库、临城水库、红领巾水库、口头水库、朱庄水库等	水资源的重要来源，是规划区社会经济发展的命脉，应重点加以保护与合理利用

续表 7-2

大类	亚类	区域现有资源	简要说明
2. 文化感知关键区	21. 风景名胜区	崆山白云洞风景名胜区(国家级) 嶂石岩风景名胜区(国家级) 苍岩山风景名胜区(国家级) 西柏坡-天桂山风景名胜区(国家级) 省级12个	自然要素的观赏价值较高、值得保护的区域。稀缺性及其区位通常是重要的考虑因子
	22. 历史、考古与文化区(文物保护单位)	国家级文物保护单位57个:响堂山石窟、西柏坡中共中央旧址、赵王陵、义和拳议事厅旧址等 省级文物保护单位235个	通常是一个区域、甚至是整个国家的重要历史文化遗产
3. 资源生产关键区	31. 水源涵养区	衡水湖水质保持区 太行山脉水源涵养区	包括河流上游、河流廊道以及湿地等具有自然过滤地表水功能的地区,这些地区保证了净水资源的延续
	32. 重要水源保护区	清漳河上游水源保持区 沙河-白马河上游水源保持区 磁河-郜河上游水源保持区 滹沱河上游水源保持区	
	33. 矿产采掘区	邢台-邯郸矿产资源密集区	指拥有大量优质矿藏的地区
4. 自然灾害关键区	41. 坍塌、滑坡、泥石流易发区	南坨山易发区、苍岩山易发区、邢台西易发区	各类自然灾害易发区,规划建设应予以合理避让
	42. 岩溶坍塌易发区	邢台-邯郸一线以西易发区	
	43. 地裂缝易发区	邯郸周边地裂缝区	
	44. 地面沉降易发区	衡水-南宫一线周边地面沉降易发区	

(1) 生态关键区:在无控制或不合理的开发下将导致一个或多个重要自然要素或资源退化或消失的区域。所谓重要要素是指那些对维持现有环境的基本特征和完整性都十分必要的要素,它们取决于该要素在生态系统中的质量、稀有程度或者是其地位高低。

规划研究区的生态关键区主要包括各级自然保护区、森林公园、大型湿地、大型林地(密林区)、主要河流及重要水体(图7-1)。

(2) 文化感知关键区:包括一个或多个重要景观、游憩、考古、历史或文化资源的区域。在无控制或不合理的开发下,这些资源将会退化甚至消失。这类关键区是重要的游憩资源、有重要的历史或考古价值的建筑物。

规划研究区内的文化感知关键区主要包括风景名胜区和文物保护单位(历史、考古与文化区)(图7-2)。

(3) 资源生产关键区:又称经济关键区,这类区域提供支持地方经济或更大区域范围内经济的基本产品(如农产品、木材或砂石),或生产这些基本产品的必要原料(如土壤、林地、矿藏、水)。这些资源具有重要的经济价值,除此之外,还包括与当地社区联系紧密的游憩价值或文化/生命支持价值。

规划研究区内的资源生产关键区主要包括基本农田保护区、渔业生产区、重要水源地、水质保持区/水源涵养区、矿产采掘区(图7-3)。

(4) 自然灾害关键区:不合理开发可能带来生命与财产损失的区域,包括滑坡、洪水、泥石流、地震或火灾等灾害易发区。

规划研究区内的自然灾害关键区主要包括地质灾害易发区、洪涝易发区、防洪蓄洪区等(图7-4)。

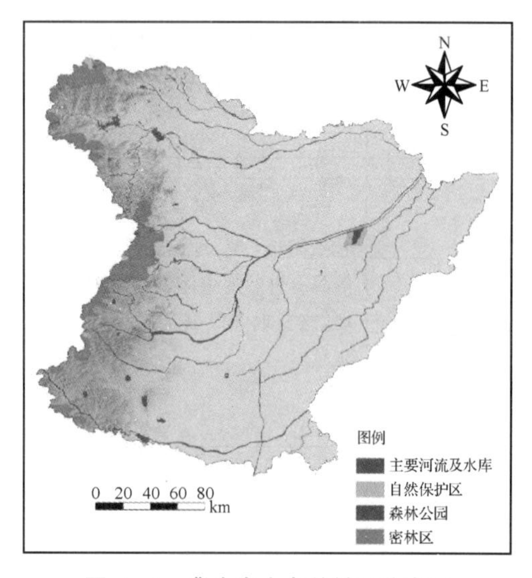

图7-1　冀中南生态关键区分布图

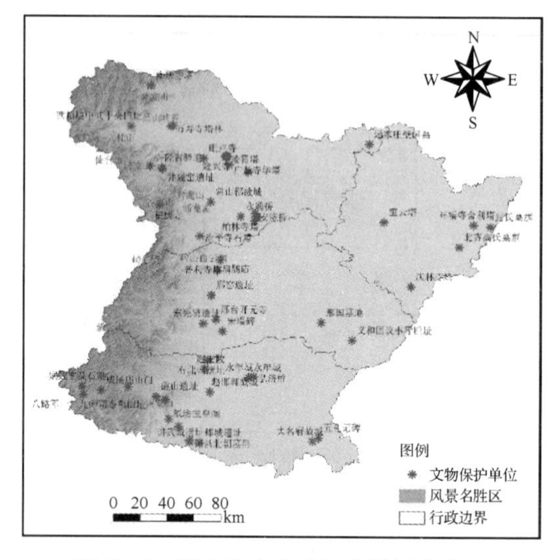

图7-2　冀中南文化感知关键区分布图

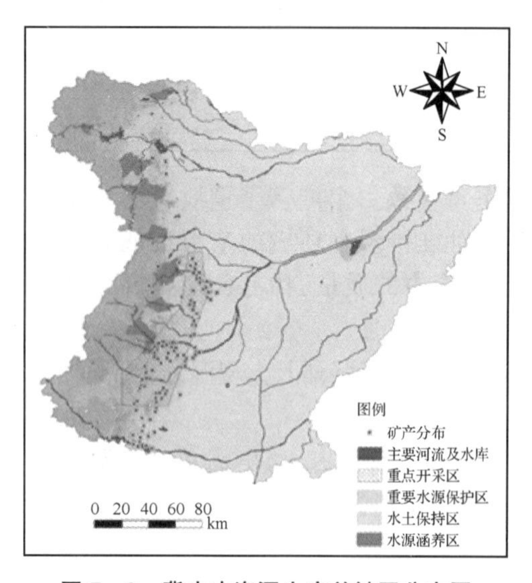

图7-3　冀中南资源生产关键区分布图

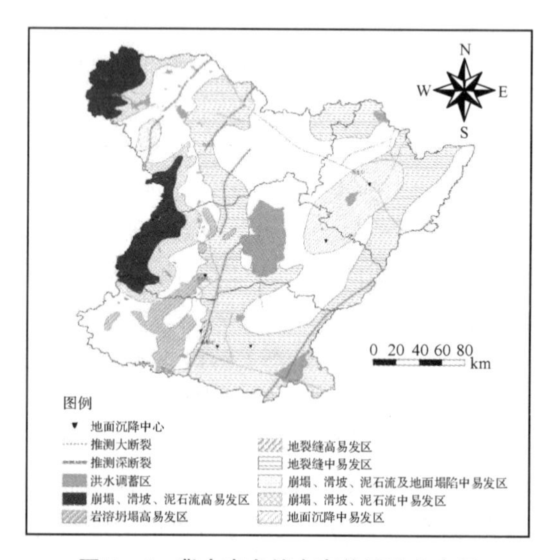

图7-4　冀中南自然灾害关键区分布图

说明7-1:一些国家对生态环境敏感区的定义

生态环境敏感区项目最早始于英国,是英国自然保护区八种类型之一。其面积已由1987年的不足3万hm^2增长为2004年的120多万hm^2,增长了40多倍。1980

年代，英国为了保护具有重要生态环境意义的景观、野生生物栖息地和具有重要历史价值的人文景观，开始实施生态环境敏感区计划(The Environmentally Sensitive Area scheme，ESA)。该计划将生态环境敏感区定义为那些对本地生境或区域环境的生物多样性、土壤、水体或其他自然资源的长期维持具有重要作用的景观要素或区域，包括野生生物栖息地(Wildlife Habitat Areas)、湿地(Wetlands)、坡地(Steep Slopes)以及重要的农业用地(Prime Agricultural Lands)等。

《美国华盛顿州环境政策法》对环境敏感区(也称关键区 Critical Area)的定义："那些对包括以下、但不局限于以下列出的地区有可能产生严重负面影响的区域：不稳定土层、陡坡地、稀有或珍稀动植物、湿地等地区，或位于洪泛区的地区。"

加拿大安大略省滑铁卢市关于生态环境敏感区之规定："至少具有一个以下特征的地区属于生态环境敏感区，需加以严格保护。指定区域中存在重要、稀有或濒危的本土物种；确认植物或动物组合以及地貌特征在地方、省或国家范围内少见或质量相对较高；该地区物种类别多且未受干扰，有能力为动植物提供不受人类干扰的栖息地；该地区物种类别独特，所在地区较为稀有，或存留有已灭绝物种栖息地的遗迹；因该地区有多样化的地理特征、土壤、水体以及微气候影响，该地区的物种类别具有极高的动植物群落多样性；该地区的物种为原生林提供了一套过渡系统，或为野生动物长距离迁徙活动提供自然庇护；该地区具有重要的生态功能，如维持大面积的自然储水区(或补水区)的水文平衡；具有以上任一特征，却由于人类活动而导致其独特性或稀有性有少许降低的区域。"

7.3　生态环境敏感性因子选取

通过对规划研究区自然生态本底特征分析与关键生态资源的识别，结合数据可获得性与可操作性，选用植被、水域、水源地、地形、农田、自然灾害、建设用地等7大要素作为生态敏感性分析的主要影响因子。

为了便于GIS进行叠置分析，需要将每一个敏感性因子进行等级划分并赋值。可按敏感性程度划分为5个等级：极高敏感性、高敏感性、中敏感性、低敏感性、非敏感性，相应的分别赋值为9、7、5、3、1(表7-3)。

需要说明的是，各种生态因子之间不是孤立的、毫无联系的，而是互相影响的，即人类活动对某环境因子不仅产生直接的干扰或破坏，而且还通过此生态因子对其他的生态因子产生间接的干扰或破坏。

表7-3　生态因子及其影响范围所赋属性值

生态因子	分类	分级赋值	生态敏感性等级
植被	自然保护区、森林公园、风景名胜区	9	极高敏感性
	缓冲区 200 m	7	高敏感性
	林地(NDVI≥0.49)	9	极高敏感性
	林地(0.44≤NDVI<0.49)	7	高敏感性
	林地(NDVI<0.44)	5	中敏感性

续表 7-3

生态因子		分类	分级赋值	生态敏感性等级
水域		大中型水库	9	极高敏感性
		缓冲区 300 m	7	高敏感性
		其他(小型)水库、水面	7	高敏感性
		缓冲区 200 m	5	中敏感性
		主要河流水系	9	极高敏感性
		缓冲区 100 m	7	高敏感性
		引水干渠及 100 m 缓冲区	9	极高敏感性
		引水支渠及 50 m 缓冲区	7	高敏感性
地形	坡度	>25°	9	极高敏感性
		15°～25°	7	高敏感性
		10°～15°	5	中敏感性
		5°～10°	3	低敏感性
		0～5°	1	非敏感性
	地形起伏度	<15 m	1	非敏感性
		15～30 m	3	低敏感性
		30～60 m	5	中敏感性
		60～90 m	7	高敏感性
		>90 m	9	极高敏感性
农田			5	中敏感性
水源地		重要水源保护区	9	极高敏感性
		水源涵养区	7	高敏感性
		水土保持区	7	高敏感性
自然灾害		矿产资源采空区、塌陷区	7	高敏感性
		滑坡、泥石流等各类高易发区	7	高敏感性
		滑坡、泥石流等各类中易发区	5	中敏感性
		断裂带、沉降点 1 000 m 缓冲区	7	高敏感性
		滞洪区、泄洪区等	7	高敏感性
建设用地			1	非敏感性

✍ 说明 7-2:生态环境敏感区的分类

通常采用 5 分法,即极高敏感区、高敏感区、中敏感区、低敏感区和非敏感区;也有学者采用 3 分法,即高敏感区、中敏感区、低敏感区。

美国学者詹姆士·罗伯兹将人类活动对生态环境因子的影响程度划分为 6 个等级:①极端敏感:生态环境因子将承受永久性、不可恢复的影响;②相当敏感:生态环境因子将承受 10 年以上时间方可恢复的影响,其恢复和重建将非常困难并且代价很高;③一般敏感:生态环境因子将承受 4～10 年时间方可恢复的影响,其恢复和重建将比较困难并且代价较高;④轻度敏感:生态环境因子将承受4年以内时间方可恢复的影响,其再生、恢复和重建利用天然或人工方法均可以实现;⑤稍微敏感:生态环境因子将承受短时间暂时性的影响,其再生与重建可由人力较容易的实现;⑥毫不敏感:环境因子基本上不受任何影响。

7.4　生态环境敏感性单因子分析

生态环境敏感性单因子分析主要组合使用 ArcGIS 中的缓冲区、字段计算器、面转栅格、重分类等工具。其操作过程与实验5和实验6中的成本面文件的生成大致相同,在此仅以植被因子的生成为例做简要说明。

首先,在 ArcMap 中加载面要素数据文件“自然保护区.shp”,在其属性表中增加一个短整型的“minganxing”字段,并使用字段计算器将该字段赋值为9(即极高敏感性等级)。

然后,将“自然保护区.shp”面要素数据文件转换成栅格数据文件(baohuqu),栅格大小为30 m×30 m,使用字段为“minganxing”,完成自然保护区的敏感性等级赋值。

其次,采用大致相同的方法完成面要素数据文件“森林公园.shp”和“风景名胜区.shp”的敏感性等级赋值。

再次,使用 ArcToolbox 中的“分析工具”—“叠加分析”—“联合”工具(图7-5),将“自然保护区.shp”、“森林公园.shp”和“风景名胜区.shp”合并为一个面要素文件(重要斑块联合.shp);使用“缓冲区”工具在多边形的外侧做200 m缓冲区,“侧类型(可选)”选择“OUTSIDE_ONLY”,即只生成外侧缓冲区(图7-6),并在得到的缓冲区文件属性表中添加一个短整型的“minganxing”字段,并赋值为7(高敏感性等级);将缓冲区文件转换成栅格数据文件,栅格大小为30 m×30 m,使用字段为“minganxing”,完成三类重要生态斑块缓冲区的敏感性等级赋值。

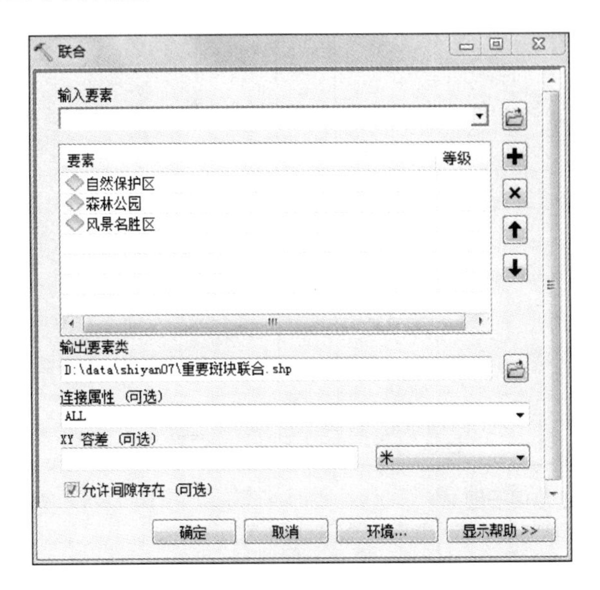

图7-5　“联合”对话框

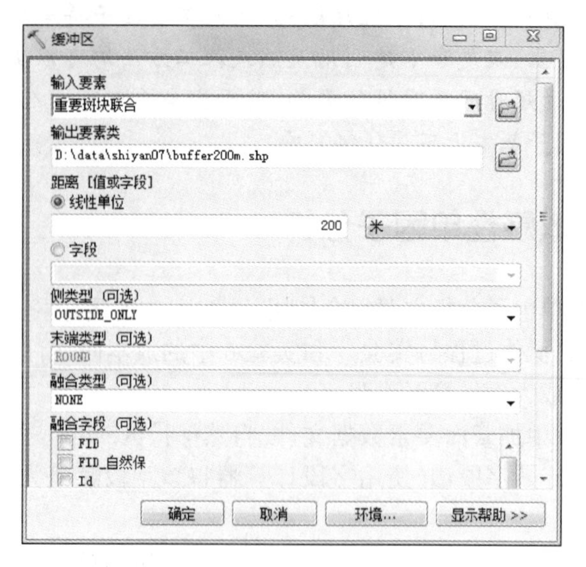

图7-6　"缓冲区"对话框

最后,使用ArcToolbox中的"数据管理工具"—"栅格"—"栅格数据集"—"镶嵌至新栅格"工具,采用取最大值的方法将上面得到的敏感性栅格数据文件以及林地的NDVI敏感性分类文件(NDVI_林地.img)进行镶嵌,得到植被单因子敏感性等级栅格数据文件(zhibei)。

其他因子的等级赋值与栅格转换等过程与上面的过程基本一致,在此不再赘述。最后,得到规划研究区的每一个敏感性因子的栅格数据文件(图7-7~7-12)。

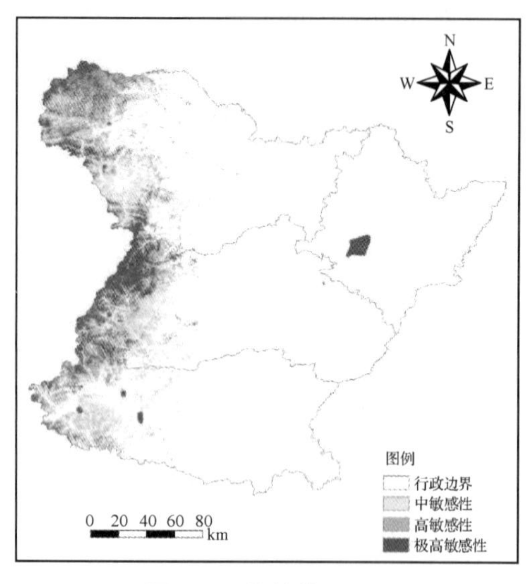

图7-7　植被单因子图

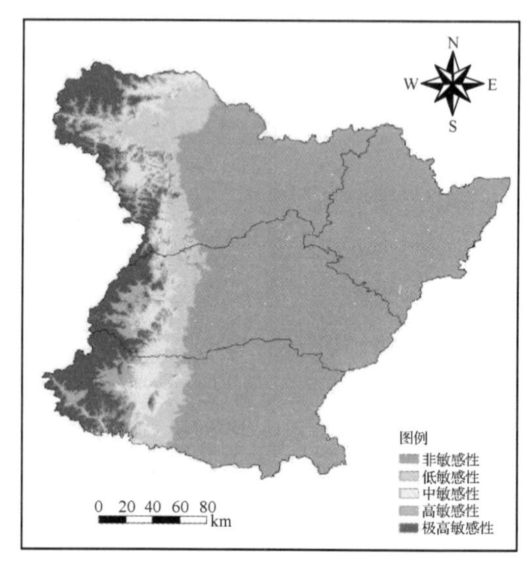

图7-8　地形单因子图

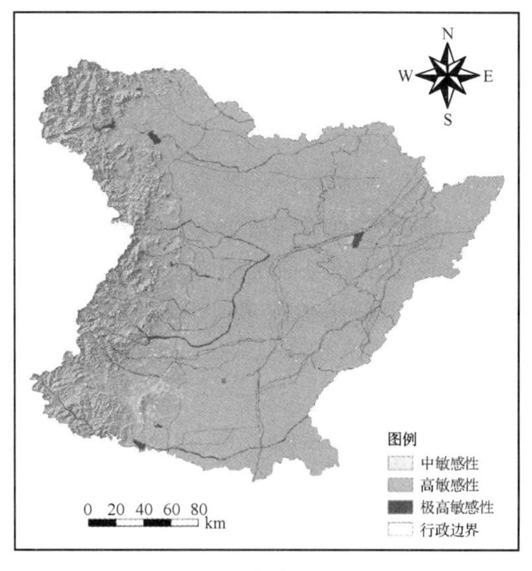

图 7－9　水域单因子图

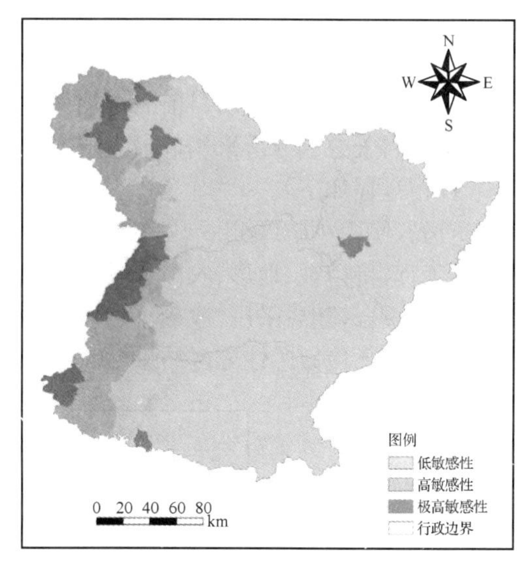

图 7－10　水源地单因子图

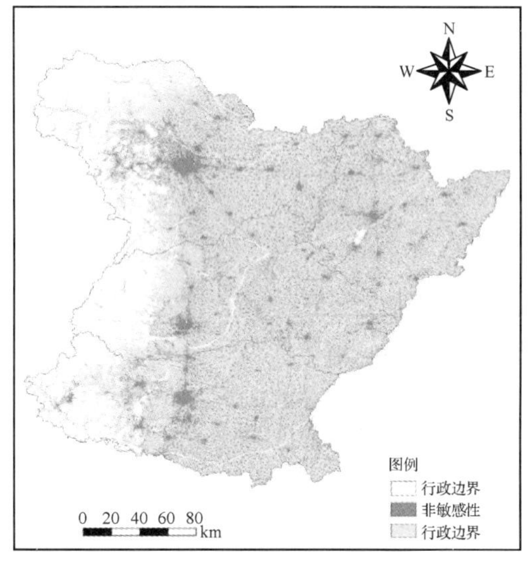

图 7－11　农田与建设用地单因子图

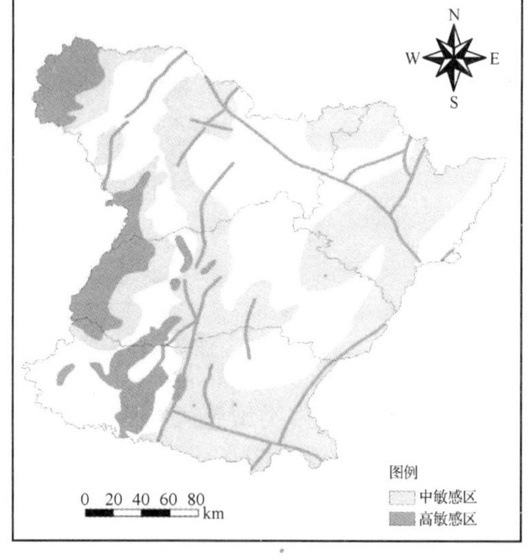

图 7－12　自然灾害单因子图

7.5　生态环境敏感性分区

从单因子分析得出的生态敏感性只反映了某一因子的作用程度，没有将生态环境敏感性的区域分异综合的表现出来，必须采用一定的技术方法将各因子有效的综合起来。

由于各因子对生态环境敏感性的影响程度不同，要对生态环境敏感性进行定量的综合评价，必须确定各生态因子在整个指标体系中的相对重要性程度即各因子的权重。

确定权重的方法很多，主要有主成分分析法、层次分析法等。赋予评价因子权重的合理与否很大程度上关系到生态敏感性综合评价的正确性和科学性。但是由于因子加权叠置方法会降低某些约束性因子的敏感性程度，而因子叠加求取最大值法符合木桶理论，且相对简便易行，所以目前后者使用的频率较高。

本例因子叠置分析采用取最大值方法。

操作过程如下：

首先，使用 ArcToolbox 中的“数据管理工具”—“栅格”—“栅格数据集”—“镶嵌至新栅格”工具，将植被、地形、农田、水域、水源地、自然灾害等 6 个因子按照“取最大值”原则进行镶嵌叠合，随后采用“取最小值”原则将叠合结果与建设用地因子进行镶嵌叠合，得到总的生态环境敏感性分区结果(图 7-13)。

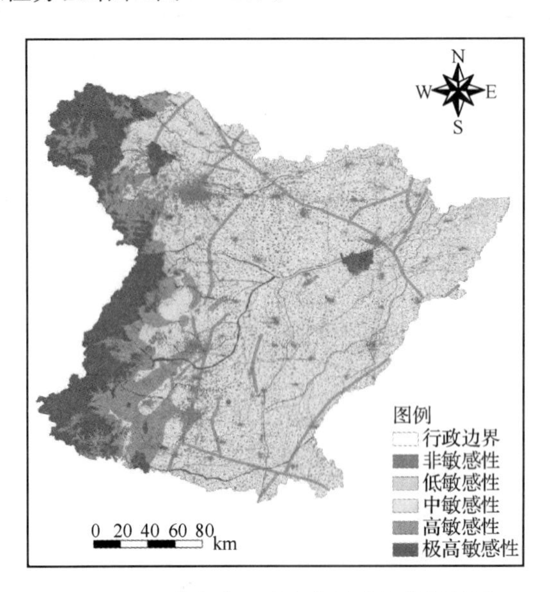

图 7-13　冀中南区域生态敏感性分析总图

然后，统计每一类敏感区的面积与占研究区总面积的比重(表 7-4)。

表 7-4　冀中南区域生态敏感性分类统计表

敏感性等级	面积(km^2)	百分比(%)
非敏感性	7 279.96	15.36%
低敏感性	36.19	0.08%
中敏感性	26 165.74	55.19%
高敏感性	5 942.47	12.53%
极高敏感性	7 984.76	16.84%
总计	47 409.12	100%

由敏感性分析结果可见，规划区敏感性总体上呈西高东低的大格局分布，极高敏感性和高敏感性区域主要分布在西部山地丘陵地区，中敏感性主要分布在东部平原地区，而低敏感性和非敏感性区域主要分布在现有建设用地及其周边，空间分布相对较为分散。

敏感性分析结果可为规划研究区用地发展政策的制定提供科学支撑和参考。在现有经济条件和技术水平下，敏感性等级越高越不适宜进行建设活动，反之，应在敏感性等级低的地区优先开展。根据敏感性等级，制定了冀中南区域生态敏感性分区控制指引的措施与对策(表7－5)。

表7－5　冀中南区域生态敏感性分区控制指引

生态分区	敏感性等级	主要用地类型	政策指引
生态保护区	极高敏感性	自然保护区、森林公园、密林地与风景名胜区 主要河流与水库及引水干渠 重要水源保护区 地形起伏度大于90 m、坡度>25度的区域	原则上禁止一切与生态保护无关的建设活动； 增加保护区面积和比例，加大生态关键区的保护力度； 加大宜林地的绿化工作，构建西部山地绿色生态屏障
生态控制区	高敏感性	疏林地 一般河流、引水支渠 水源涵养区、水土保持区 矿产资源采空区、塌陷区 滑坡、泥石流等高易发区 断裂带、沉降点及其周围 滞洪区与泄洪区 地形起伏度30～60 m、坡度15～25度的区域	原则上以保护为主，允许适当的少量的开发建设活动； 封山育林，增加林木保有量和森林覆盖率和郁闭度； 建设景观生态绿道系统，大力发展生态旅游，变被动保护为主动保护； 加大废矿的综合整治，有效避免地面塌陷和沉降
生态缓冲区	中敏感性	河流水系的缓冲区 农田 滑坡、泥石流等中易发区 地形起伏度15～30 m、坡度10～15度的区域	可因地制宜地进行中等强度的开发； 保护基本农田，建设绿色食品生产基地，减少面源污染； 依托区域内主要河流，加大水污染治理力度，打造滨水蓝色长廊和绿色基础设施服务体系
适宜建设区	低敏感性 非敏感性	已建区 地形起伏度小于15 m、坡度小于10度的低敏感性区域	可进行较高强度的开发； 实施工业入园； 集约用地； 节约用水

7.6　实验总结

通过本实验掌握基于GIS叠置分析的生态环境敏感性分析的研究框架与技术路线，熟悉该方法在城市与区域规划中自然与生态领域的具体应用，并能够使用该方法进行其他相关领域的分析，例如学校、公园、医院、消防设施等公共服务设施的选址等。

具体内容见表7－6。

表7-6 本次实验主要内容一览

内容框架	具体内容	页码
关键生态资源辨识	(1) 生态关键区	P235
	(2) 文化感知关键区	P235
	(3) 资源生产关键区	P235
	(4) 自然灾害关键区	P236
生态环境敏感性因子选取	(1) 生态环境敏感性因子选取与分级赋值	P237
生态环境敏感性单因子分析	生态环境敏感性单因子分析	P239
生态环境敏感性分区	(1) 生态环境总敏感性分析	P241
	(2) 生态环境敏感性分区控制指引	P242

实验 8　基于潜力约束模型的建设用地适宜性评价

8.1　实验目的与实验准备

8.1.1　实验目的

区域建设用地适宜性评价是区域规划空间布局的重要前提和基础，是区域土地资源合理利用的重要依据。通过本实验掌握基于潜力约束模型的建设用地适宜性评价的研究思路与技术路线，并能够熟练掌握主要 GIS 工具的组合使用技巧。

具体内容见表 8－1。

表 8－1　本次实验主要内容一览

内容框架	具体内容
建设用地发展潜力评价	(1) 区域各县市综合实力评价
	(2) 区域经济增长引擎择定
	(3) 区域交通可达性分析
	(4) 区域空间发展潜力分析
区域发展约束力分析	基于生态环境敏感性分析的区域发展约束力分析
建设用地适宜性评价	(1) 生态优先，兼顾发展：高生态安全格局
	(2) 发展为主，生态底线：低生态安全格局
	(3) 生态与经济发展并重：中生态安全格局

8.1.2　实验准备

(1) 计算机已经预装了 ArcGIS 10.1 中文桌面版或更高版本的软件。

(2) 本实验的规划研究区为河北省冀中南区域，实验数据存放在光盘中的 data\shiyan08 中，请将 shiyan08 文件夹复制到电脑的 D:\data\目录下。

8.2　建设用地发展潜力评价

建设用地发展潜力评价是宏观识别城镇用地发展方向与规模的重要依据。通常，影响空间中某一地块发展潜力(由非建设用地转变为建设用地)的主要因子有距离增长极的远近、距离最近增长极的强弱。也就是说，建设用地发展潜力的主要指针有两个：一是，动力源的强弱；二是，距离动力源的远近。增长极的强弱可以用其综合发展实力加以相对衡量与评价，而距离增长极的远近则可利用 GIS 通过基于路网的可达性分析来获取。

8.2.1 区域各县市综合实力评价

区域综合实力是一个地区与国内其他地区在竞争某些相同资源时所表现出来的综合经济实力的强弱程度,它体现在区域所拥有的区位、资金、人口、科技、基础设施、资源支持等多个方面。

本例基于科学性、全面性、可操作性、数据可获得性等原则,从经济发展、基础设施和人民生活三个方面,选取19项指标因子构建了综合实力评价指标体系,并采用主成分分析法,加权求和得到冀中南各县市区的综合实力(参见实验4的相关内容)。

8.2.2 区域经济增长引擎择定

根据区域综合实力评价结果,结合近年来各县市建设用地增长情况,并充分考虑区域发展政策方面的重要影响,选取石家庄主城,正定、鹿泉、藁城、栾城建成区,邯郸建成区,冀南新区,邢台建成区,衡水建成区,各县城建成区作为未来区域经济增长的发展引擎(区域发展引擎的面要素文件为“动力源.shp”)(图8-1)。

但由于增长极的强弱会直接影响到周边用地的发展潜力,因此根据综合实力评价结果和未来区域发展政策,综合确定了每一个发展引擎的“功率”大小(该值存放在面要素文件“动力源.shp”的“gonglv”字段中)。

一级动力引擎:石家庄主城区(100)、邯郸主城区(80),为未来区域发展的核心动力源。

二级动力引擎:邢台建成区(60),衡水建成区(60),正定、鹿泉、藁城、栾城建成区(60),冀南新区(60),为区域未来的战略性新兴动力源。

三级动力引擎:综合实力值高于30的县城(30),为县域经济发展的动力源。

四级动力引擎:其他县城(10),为县域经济社会发展的生活服务中心。

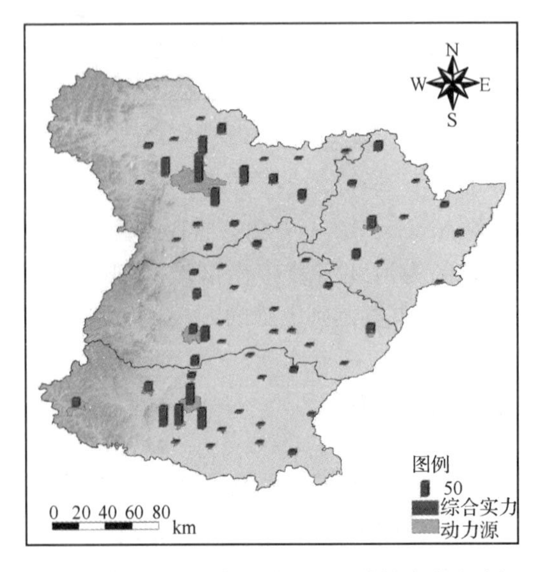

图8-1 冀中南区域发展动力源及其综合实力分析图

8.2.3　区域交通可达性分析

交通可达性的测度综合了规划区内铁路、高速、国道、省道、河流以及地形坡度、起伏度等因子，采用 ArcGIS 空间分析中的成本距离方法（Cost Distance），进行不同等级增长引擎的空间可达性计算，获得不同等级城市的通勤圈范围（图 8－2～图 8－7）。具体过程参见实验 5 第二节中可达性分析内容，铁路、高速、国道、省道、河流以及地形坡度、起伏度等因子的 cost 值与实验 5 中基本一致。

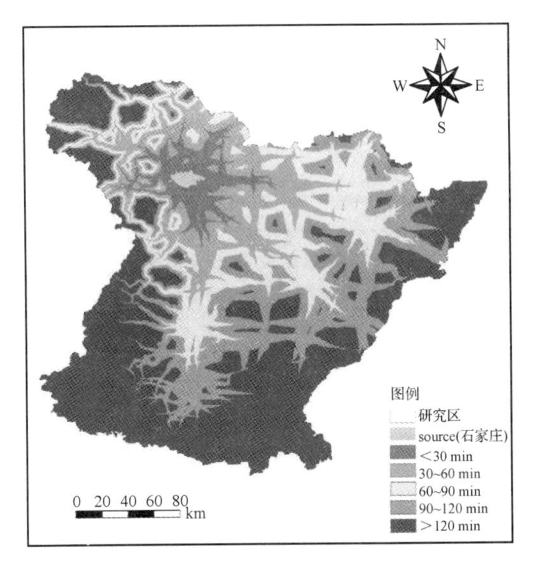

图 8－2　石家庄交通可达性图

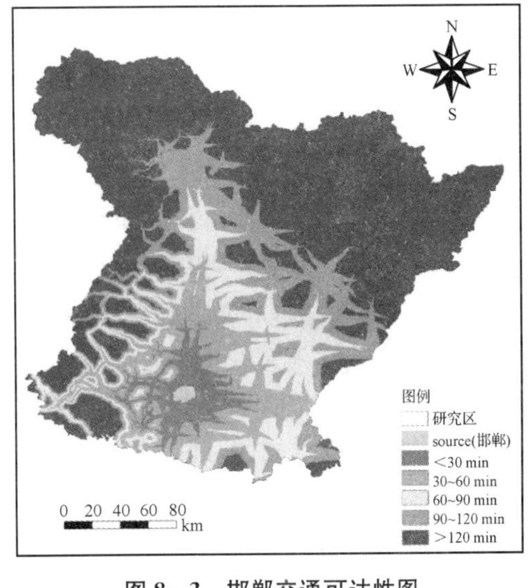

图 8－3　邯郸交通可达性图

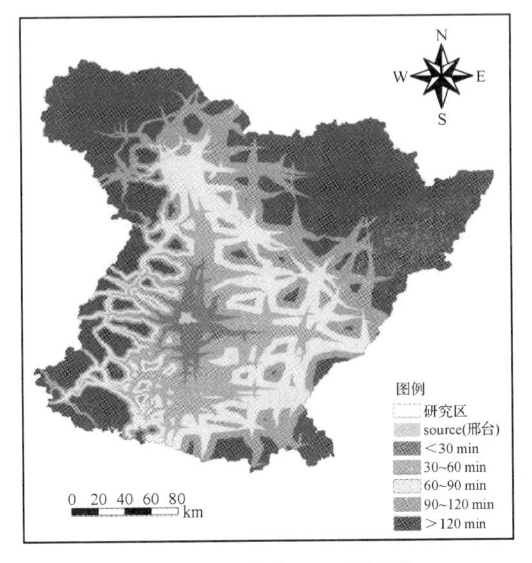

图 8－4　邢台交通可达性图

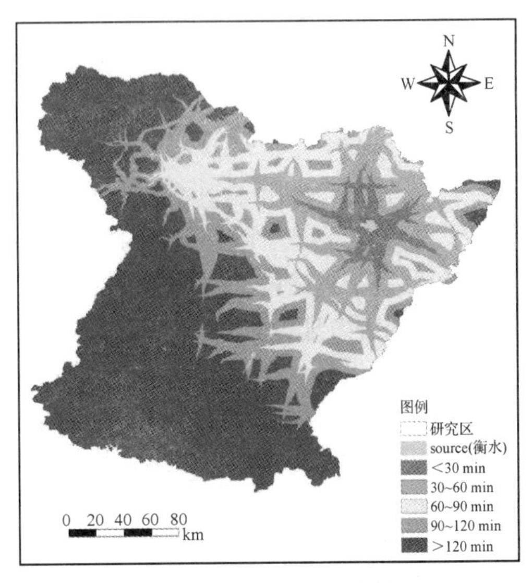

图 8－5　衡水交通可达性图

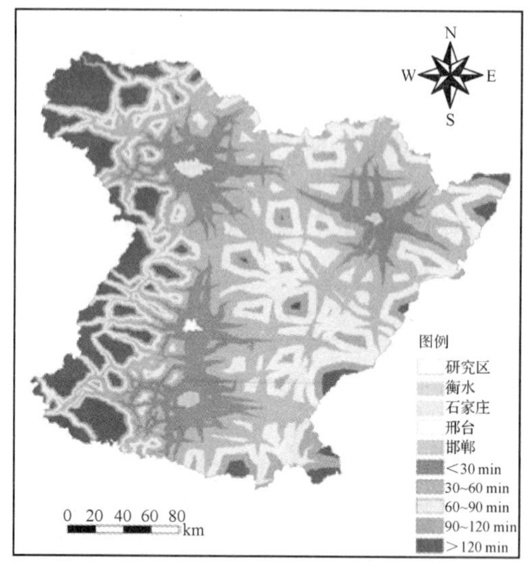

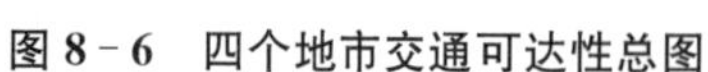

图 8-6　四个地市交通可达性总图

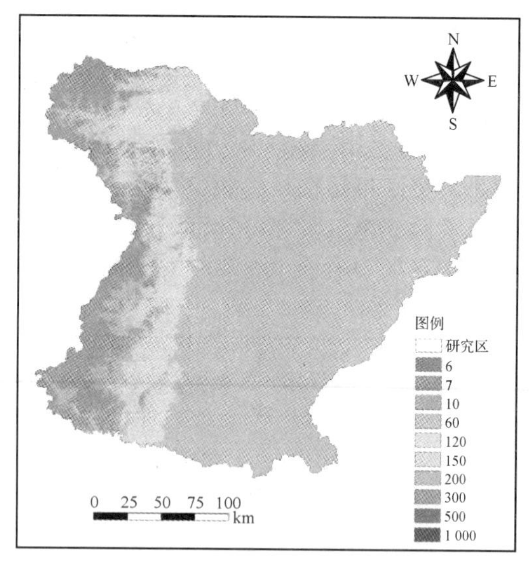

图 8-7　冀中南区域成本面模型图

由可达性的结果可见:①主要城市交通可达性多数在 2 h 左右,交通较为便捷。石家庄、邯郸、邢台、衡水四市的综合交通可达性均在 2 h 以内,交通可达性水平总体上较优;邯郸、邢台两城市之间可达性更为便捷,交通可达性约在 30 min 左右;石家庄主城与正定、鹿泉、藁城、栾城之间,邯郸主城与冀南新区之间,邢台主城与南和、任县、沙河、内丘、皇寺等县城之间,衡水主城与冀州之间均在 30 min 可达范围内。②总体上呈点轴形态,石邯、石衡轴线的可达性水平明显高于其他区域。③因地形影响,交通便捷程度东高西低。

8.2.4　区域空间发展潜力分析

首先,构建空间中任一栅格单元发展潜力的区域栅格化模型。

基于区域综合实力评价与交通可达性分析结果,以及用地发展潜力主要影响因素的分析,构建空间某一栅格单元发展潜力的计算公式:$P_i=I_i/Ln(A_i^2)$。

其中,P_i 为空间中某县市的发展潜力;I_i 为某县市的社会经济综合实力标准化值;A_i 为某县市的空间可达性水平(以时间来衡量,单位为 min)。

然后,基于构建的空间某一栅格单元发展潜力公式对不同等级增长引擎引领下的区域空间发展潜力进行评价。

本实验仅以一级动力引擎石家庄主城区(100)和邯郸主城区(80)为例加以演示说明,其他等级动力源的计算过程基本一致(如果一类动力源的动力值相同,则可以一起进行空间发展潜力的分析,不需要分开计算后再镶嵌在一起)。

首先,从“动力源. shp”中将“gonglv”字段值为 100 的多边形(石家庄市主城区)提取出来,另存为“Shijiazhuang. shp”文件。

然后,使用“Spatial Analyst 工具”—“距离分析”—“成本距离”工具进行可达性的计算(图 8-8),得到石家庄市区的累积成本距离栅格文件“shijiazhuang. shp”文件作为可达性分析的源,成本面数据使用“costsurface. img”文件。

其次,点击“Spatial Analyst 工具”—“地图代数”—“栅格计算器”工具,弹出“栅格计算器”对话框(图 8－9),输入栅格计算的函数表达式“100/Ln((5＋"shjzhacc"/10000) * (5＋"shjzhacc"/10000))”,进行栅格计算,得到以石家庄市区为动力源的区域空间发展潜力栅格数据(shijiazhuang)(图 8－10)。由于这里是以石家庄主城区多边形作为源,靠近源附近可能有些区域的可达性时间小于自然对数值,这时取对数后会出现负值,因而在原始可达时间的基础上加了 5 min。

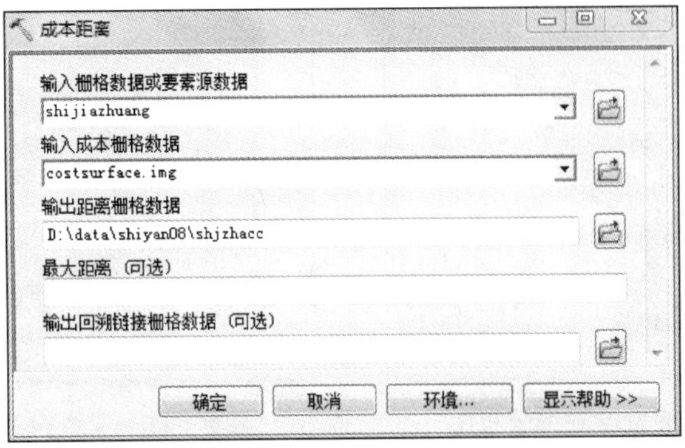

图 8－8　“成本距离”对话框

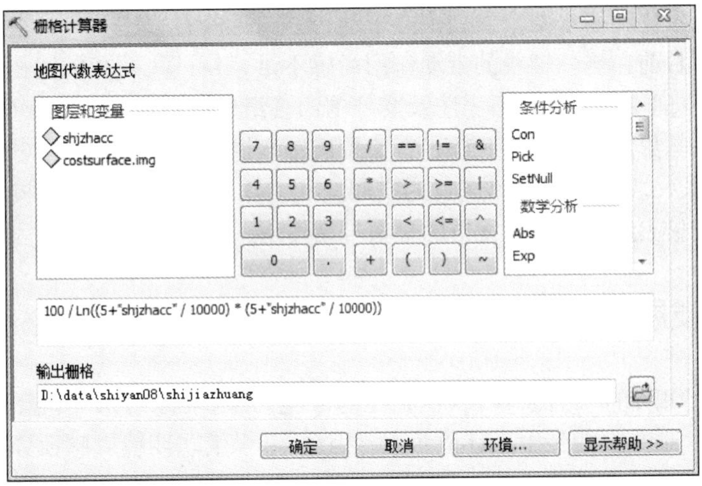

图 8－9　“栅格计算器”对话框

最后,使用上面同样的方法,得到以邯郸市区为动力源的区域空间发展潜力栅格数据;使用“镶嵌至新栅格”工具按照取最大值的方法将上述两个区域空间发展潜力栅格数据进行镶嵌,得到一级动力源的区域空间发展潜力栅格数据。

采用同样方法,可以得到不同等级动力源的区域空间发展潜力栅格数据;使用“镶嵌至新栅格”工具按照取最大值的方法将所有等级动力源的区域空间发展潜力栅格数据进行镶嵌,得到总的区域空间发展潜力栅格数据;使用“重分类”工具,按照发展潜力值的大小将其划分为 5 类(极高发展潜力、高发展潜力、中发展潜力、低发展潜力、极低发展潜力,栅格文件名称为 qianlireclass),得到规划研究区总体发展潜力分析结果(图 8－11)。

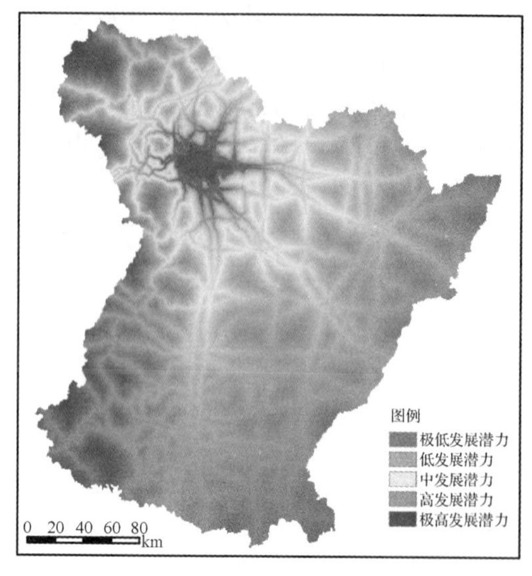

图 8－10　石家庄空间发展潜力分析图

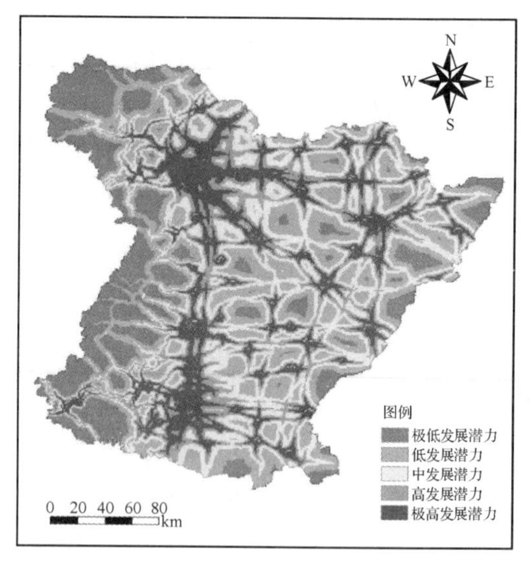

图 8－11　冀中南总体发展潜力分析图

由发展潜力分析结果可见，规划研究区点轴发展的模式更为明显，最为重要的发展轴线为石邯发展轴线，由石家庄、邯郸、邢台三个重要的发展动力中心带动；其次为石衡发展轴线，由石家庄和衡水两个发展中心带动；另外石济(石家庄-济南)发展轴线也较为明显，但石家庄目前在这一轴线的带动作用尚感不足，与石邯、石衡轴线相比较弱。重要的战略性成长空间主要分布在石家庄及其外围四县组成的石家庄都市圈区域，并有可能向东连接晋州、辛集，甚至延伸到衡水(石衡发展轴)，邯-邢城镇集聚发展区。由此可见，规划区未来较长一段时间内城镇成长的空间应相对集中在主要增长极核和重点发展轴线的培育上，以最大地发挥核心城市的辐射带动作用。

8.3　区域发展约束力分析

区域发展约束条件具有多样性，包括生态环境约束、资源约束、资金约束、制度约束等，其中最重要、最基本的是生态环境约束。因此，基于生态环境敏感性分析方法对研究区生态环境约束进行定量分析与评价。生态环境敏感性分析的关键步骤是确定研究区的主要生态敏感性因子和因子叠置方法，本实验考虑数据可获得性，选取了 6 个因子(具体内容与操作步骤参见实验 7)。

另外，不同的因子叠置方法的分析结果亦有所差异，加权求和方法被很多学者采用，但加权求和法在生态环境因子多为非限制性因子时使用较为合适，而当生态环境因子多为限制性因子时，极值法更能准确地表征生态环境敏感性等级。本实验采用极值法得到总的生态环境敏感性分区，用以表征研究区未来用地发展的生态约束性(参见实验 7 中的相关内容)。

8.4　建设用地适宜性评价

用地适宜性是对区域经济社会、资源环境、交通以及自然属性的综合评价结果，是对自然生态保护与经济发展双重目标的综合权衡，而分级权衡的结果很大程度上决定了当地的用地适宜性方案与生态安全格局。

用地适宜性评价的目的在于：①确定规划研究区建设用地所占的比例，提高土地管理精度；②对规划期内可作为建设用地的土地进行分等定级，以确定城市延展方向；③为建设用地和工业用地的选址提供最优区位。

空间上某一地块未来发展成为建设用地的关键因素取决于该地块发展的潜力（拉力、社会经济收益）与发展约束条件（阻力、生态环境损失）的综合影响。生态环境敏感性分析是对一个地区发展限制性条件的基本判断和空间分布的定量评价，各市区县的综合实力以及交通可达性程度是支撑一个地区发展的重要潜力因子。

因此，基于前面的实验结果，借鉴损益分析法（Cost-Benefit Analysis），构建由发展潜力和生态敏感性构成的潜力约束模型，通过对土地发展有积极影响的潜力因子和有消极影响的约束因子进行综合分析，通过相互作用判别矩阵（可融入区域发展理念与价值取向的判别矩阵为评判潜力、约束综合影响、进行多情景方案分析提供了非常简单有效的途径），识别建设用地适宜性的等级，并根据发展理念的差异，确定了三种不同的发展情景（情景1：生态优先，兼顾发展——高生态安全格局；情景2：发展为主，生态底线——低生态安全格局；情景3：生态与经济发展并重——中生态安全格局），进而得到三种情景下的用地适宜性方案。基于潜力约束模型的用地适宜性多情景分析能够较为科学的刻画研究区未来用地的发展趋势和空间布局，为城市与区域规划提供科学依据，是实现区域“精明的增长”与“精明的保护”的有效途径。

其具体操作步骤为：

首先，在ArcMap中加载用地发展潜力（qianlireclass）和敏感性（minganxing）分析结果栅格数据（分别用1、3、5、7、9代表发展潜力或敏感性等级值）。

然后，使用“Spatial Analyst工具”—“地图代数”—“栅格计算器”工具进行两个栅格数据的计算（图8-12），输入栅格计算的函数表达式“"qianlireclass" * 10+"minganxing.img"”，进行栅格计算，得到新的栅格数据文件“shiyixing”（图8-13）。

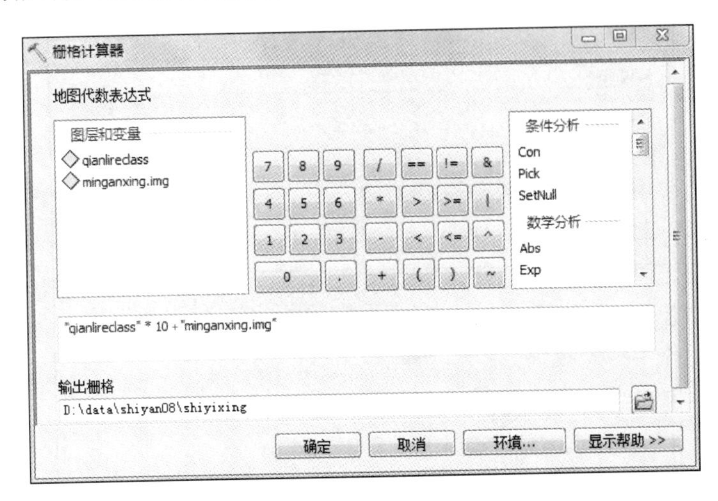

图8-12　“栅格计算器”对话框

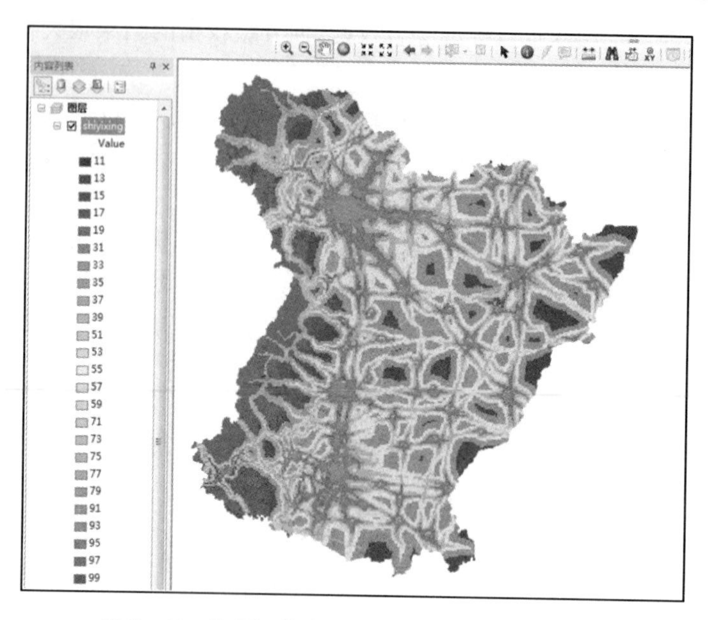

图 8-13　使用栅格计算器得到的适宜性栅格数据

最后,使用“重分类”工具,根据判别矩阵分别进行重新赋值,得到不同情景下的用地发展适宜性等级结果。例如,情景 1 高生态安全格局下的矩阵中极低发展潜力一行分别对应的“shiyixing”文件中的数值为 11,13,15,17,19,按照判别矩阵重分类时分别对应的新值为 3,1,1,1,1 即可;同理,低发展潜力一行分别对应的“shiyixing”文件中的数值为 31,33,35,37,39,按照判别矩阵重分类时分别对应的新值为 3,3,1,1,1 即可,以此类推,得到情景 1 高生态安全格局下的适宜性等级分类结果(图 8-14)。

采用同样的方法,可以得到情景 2 和情景 3 的适宜性等级分类结果。通常适宜性结果会较为破碎,可以使用 ERDAS 中的“去除分析(Eliminate)”工具,将面积很小的斑块合并(参见实验 2 第六节中的“分类后处理”部分)。

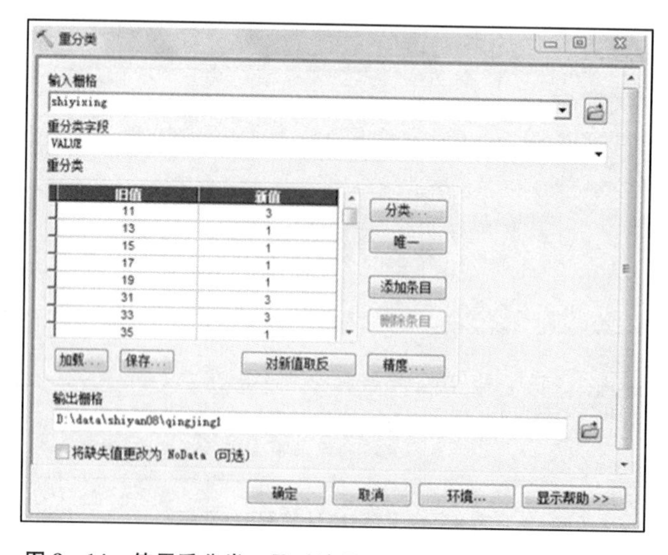

图 8-14　使用重分类工具对情景 1 下的适宜性进行重新赋值

8.4.1　生态优先，兼顾发展：高生态安全格局

在生态优先，兼顾发展理念的指导下，生态敏感性等级对规划区未来用地适宜性具有重要影响。规划区高适宜性成长空间主要为极高和高发展潜力与极低和低生态敏感性叠合的区域，而中适宜性主要为高发展潜力而中生态敏感性的区域，以及中发展潜力而极低和低生态敏感性的区域；而用地适宜性低的区域主要为高敏感性的区域和低潜力的区域。

该方案判别矩阵凸显生态敏感性的地位和作用（表 8－2），充分考虑了生态环境的约束，属于高生态安全格局下的城镇用地适宜性方案。在该方案中，适宜性低的用地空间（极低适宜性和低适宜性）相对较大（超过 80%），适宜性高的用地空间（极高发展潜力区与高发展潜力区）相对较小（不足 9%），总面积约为 4 200 km²，基本能够满足未来发展的用地需求，且用地空间相对紧凑、集约，利于生态保护（表 8－3、图 8－15）。

表 8－2　情景 1：高生态安全格局下的建设用地适宜性分析判别矩阵

高生态安全格局	极低生态敏感性	低生态敏感性	中生态敏感性	高生态敏感性	极高生态敏感性
极低发展潜力	3	1	1	1	1
低发展潜力	3	3	1	1	1
中发展潜力	5	3	3	3	1
高发展潜力	7	7	3	3	1
极高发展潜力	9	9	5	3	1

注：9、7、5、3、1 分别代表极高适宜性、高适宜性、中适宜性、低适宜性和极低适宜性。下表同。

表 8－3　冀中南区域高生态安全格局下用地适宜性分类统计表

敏感性等级	面积（km²）	百分比（%）
极低适宜性	20 535.09	43.31
低适宜性	17 911.02	37.78
中适宜性	4 765.47	10.05
高适宜性	1 457.55	3.07
极高适宜性	2 740.03	5.78

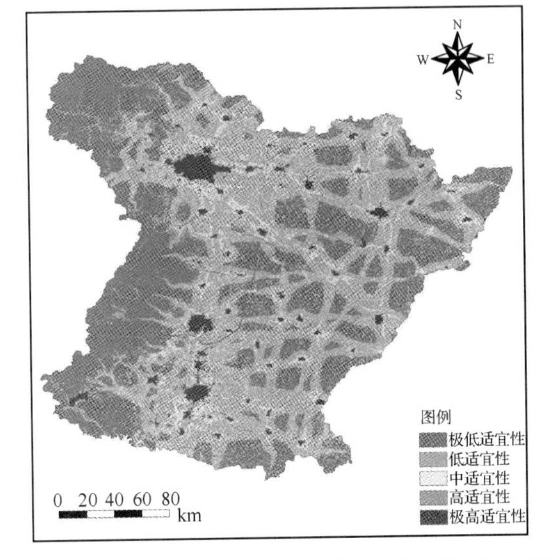

图 8－15　冀中南区域高生态安全格局下的建设用地适宜性

8.4.2 发展为主,生态底线:低生态安全格局

在发展为主,生态底线的理念指导下,发展潜力等级对规划区未来用地适宜性具有重要影响,而生态往往是作为发展的底线加以控制与保护。规划区高适宜性成长空间主要为中发展潜力以上的区域与敏感性等级中以下的区域;而用地适宜性低的区域主要为高敏感性的区域。

该方案判别矩阵凸显发展潜力的地位和作用(表8-4),生态敏感性仅作为限制性因子,起划清生态底线的作用,属于低生态安全格局下的城镇用地适宜性方案。在该方案中,适宜性低的用地空间相对较小(约为50%),适宜性高的用地空间相对较大(接近30%),总面积约为14 000 km^2,城镇未来发展空间较大,用地很不集约,存在蔓延式发展的可能(表8-5、图8-16)。

表8-4 情景2:低生态安全格局下的建设用地适宜性分析判别矩阵

低生态安全格局	极低生态敏感性	低生态敏感性	中生态敏感性	高生态敏感性	极高生态敏感性
极低发展潜力	3	3	1	1	1
低发展潜力	3	3	3	1	1
中发展潜力	7	7	5	3	1
高发展潜力	9	9	7	3	1
极高发展潜力	9	9	9	5	1

表8-5 冀中南区域低生态安全格局下用地适宜性分类统计表

敏感性等级	面积(km^2)	百分比(%)
极低适宜性	13 270.26	27.99
低适宜性	11 274.83	23.78
中适宜性	8 664.10	18.28
高适宜性	5 235.37	11.04
极高适宜性	8 964.58	18.91

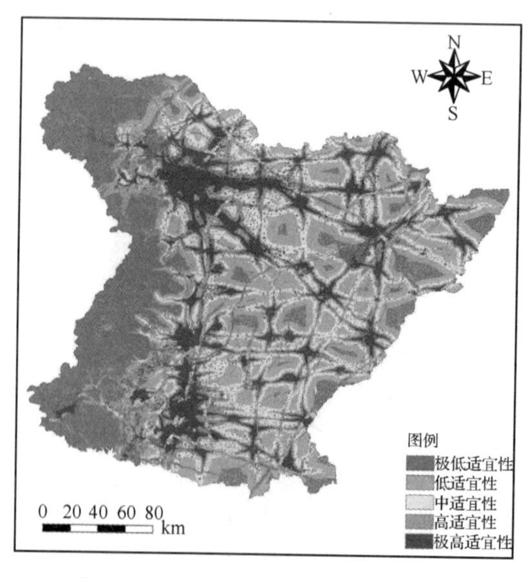

图8-16 冀中南区域低生态安全格局下的建设用地适宜性

8.4.3　生态与经济发展并重：中生态安全格局

在社会经济发展与生态环境并重的理念指导下，发展潜力等级与生态敏感性等级均对规划区未来用地适宜性具有重要影响。规划区高适宜性成长空间主要为中发展潜力以上的区域且敏感性等级中以下的区域；用地适宜性低的区域主要为低发展潜力和高敏感性的区域。

该方案判别矩阵凸显发展潜力与生态敏感性的高水平融合(表 8－6)，属于中生态安全格局下的城镇用地适宜性方案，常作为推荐方案。在该方案中，各级适宜性的空间用地空间大小均匀适中，有一定的建设用地集聚集约要求，但用地制约幅度尚能基本满足城乡建设发展需要，符合紧凑城市建设要求，且利于生态保护。适宜性低的用地空间相对较小(约为 70%)，适宜性高的用地空间相对较大(约为 18%)，能够满足未来城镇发展的空间需求(表 8－7、图 8－17)。

表 8－6　情景 3：中生态安全格局下的用地适宜性分析判别矩阵

中生态安全格局	极低生态敏感性	低生态敏感性	中生态敏感性	高生态敏感性	极高生态敏感性
极低发展潜力	3	3	1	1	1
低发展潜力	3	3	3	1	1
中发展潜力	5	5	3	3	1
高发展潜力	9	7	5	3	1
极高发展潜力	9	9	7	3	1

表 8－7　冀中南区域中生态安全格局下用地适宜性分类统计表

敏感性等级	面积(km^2)	百分比(%)
极低适宜性	13 314.99	28.09
低适宜性	20 136.83	42.47
中适宜性	5 264.70	11.10
高适宜性	5 148.69	10.86
极高适宜性	3 543.93	7.48

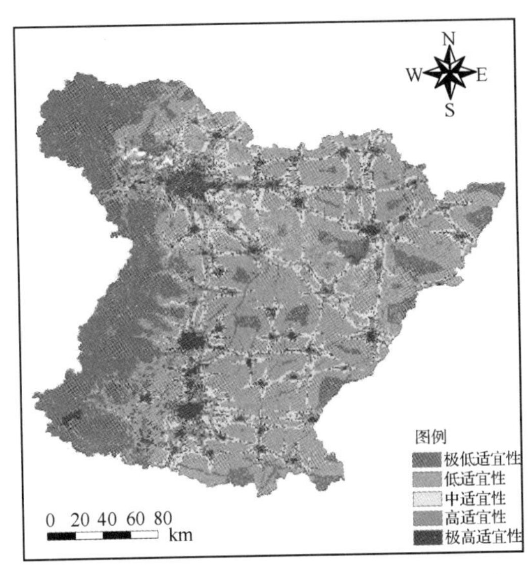

图 8－17　冀中南区域中生态安全格局下的建设用地适宜性

8.5 实验总结

本实验以冀中南区域为例,基于ArcGIS软件平台,采用区域综合实力与空间可达性分析方法对研究区发展潜力进行了空间定量分析,采用生态环境敏感性方法对研究区发展的生态约束进行了定量评价,并借鉴损益分析法,构建了由发展潜力和生态约束构成的潜力约束模型,并通过相互作用判别矩阵,得到三个不同发展理念下的建设用地适宜性情景方案。潜力-约束模型重新构建了区域用地发展适宜性的评判原则与方法,能够较为科学地实现区域综合发展潜力的空间栅格化,获取研究区未来用地的发展趋势和空间布局,从而能够为城市与区域规划提供科学依据,是实现区域"精明的增长"与"精明的保护"的有效途径。

区域建设用地适宜性评价是区域规划空间布局的重要前提和基础,是区域土地资源合理利用的重要依据。通过本实验掌握基于潜力约束模型的建设用地适宜性评价的研究思路与技术路线,并能够熟练掌握主要GIS工具的组合使用技巧。

具体内容见表8-8。

表8-8 本次实验主要内容一览

内容框架	具体内容	页码
建设用地发展潜力评价	(1) 区域各县市综合实力评价	P246
	(2) 区域经济增长引擎择定	P246
	(3) 区域交通可达性分析	P247
	(4) 区域空间发展潜力分析	P248
区域发展约束力分析	基于生态环境敏感性分析的区域发展约束力分析	P250
建设用地适宜性评价	(1) 生态优先,兼顾发展:高生态安全格局	P253
	(2) 发展为主,生态底线:低生态安全格局	P254
	(3) 生态与经济发展并重:中生态安全格局	P255

实验 9　基于 SLEUTH 模型的城市建设用地空间扩展模拟

9.1　实验目的与实验准备

9.1.1　实验目的

中国城市人口的快速增长与建设用地的迅速扩展，必将导致自然生态空间向城市空间快速转换，这给资源与环境带来了巨大挑战，对城市与区域的生态安全造成了严重威胁。土地利用动态变化模型能够分析预测土地利用动态变化过程，更好地理解和解释土地利用动态变化的原因，帮助城市土地管理者分析不同情景下土地利用的变化特征及其影响，为制定切实有效的土地开发利用政策提供科学支撑和决策支持。通过本实验掌握基于 SLEUTH 模型的城市建设用地空间扩展模拟的总体思路与框架，并能够掌握 GIS 与 SLEUTH 模型松散耦合的操作流程与技术路线。

具体内容见表 9－1。

表 9－1　本次试验主要内容一览

内容框架	具体内容
运行环境设置与模型调试	(1) 运行环境设置
	(2) 模型测试
数据准备与模型校正	(1) 输入数据准备
	(2) 模型参数校正
	(3) 模拟精度评价
情景设置与模型模拟	(1) 情景设置
	(2) 模型模拟
	(3) 结果分析

9.1.2　实验准备

(1) 计算机已经预装了 ArcGIS 10.1 中文桌面版或更高版本的软件，并预装了 SLEUTH 模型运行环境所需要的程序 Cygwin(详细安装过程参见 9.2 部分)。

(2) 本实验的规划研究区为济南市绕城高速公路以内的区域，实验数据存放在光盘中的 data\shiyan09 中，请将 shiyan09 文件夹复制到电脑的 D:\data\目录下。

9.2　运行环境设置与模型调试

9.2.1　运行环境设置

SLEUTH 模型需要在 Linux 系统中运行。Cygwin 是一个在 Windows 平台上安装运行的类 Linux 模拟环境。本实验在预装 Cygwin 的 Windows 系统中,通过“命令提示符”窗口输入命令语句的方法实现 SLEUTH 模型的运行。

1) Cygwin 程序安装

➢ 步骤 1:登录 Cygwin 官方网站,下载安装文件。

登录 http://www.cygwin.com/网站,选择适合自己电脑配置的 Cygwin 软件安装文件,并下载到本地磁盘中,本例下载 32 位的安装软件。

➢ 步骤 2:安装 Cygwin 程序。

双击安装包文件,进行 Cygwin 程序的安装,本实验选择安装在 C 盘根目录下。在“Select Packages”对话框中,可以通过点击窗口中的“View”按钮来修改窗口中列表的显示方式(图 9-1)。然后,选择需要下载安装的组件包,为了使安装的 Cygwin 能够编译程序,需要安装 gcc 编译器(默认情况下,gcc 并不会被安装,需要选中它来进行安装)。用鼠标点开组件列表中的“Devel Default” 分支,在该分支下,有很多组件,在“Package”栏下找到“gcc-g++”选项,并点击这一行的“New”栏下的循环按钮进行切换,会出现组建的版本日期,选择最新的版本进行安装,通过“Bin”栏下的选择按钮选择安装该组件的可执行文件即可;采用同样方式选择“gcc-core”选项(图 9-2)。“Bin”选项是安装可执行文件,“Src”选项是源代码,本实验只需要安装可执行文件即可,所以仅选择程序的“Bin”选项进行安装。最后,继续进行 Cygwin 程序的安装,直到所选择的组件安装完成。

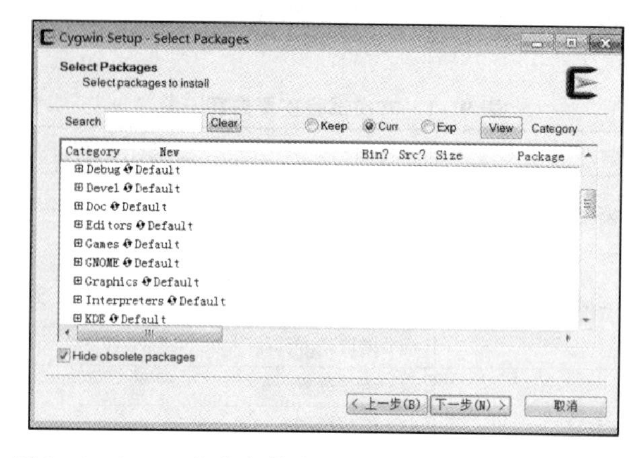

图 9-1　Cygwin 程序安装过程中的“Select Packages”对话框

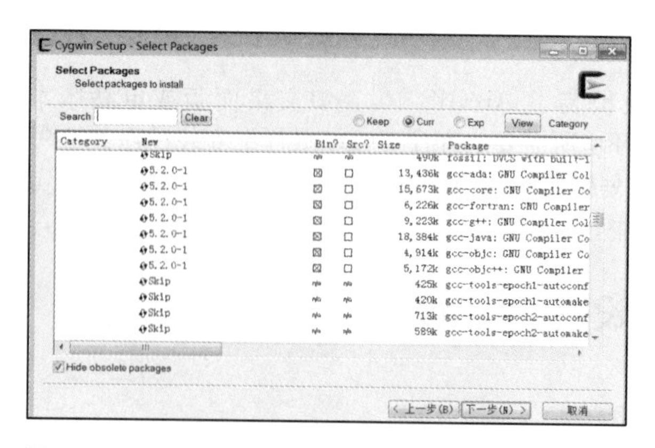

图 9-2　Cygwin 程序安装过程中选择下载安装的组件包

2）SLEUTH 模型程序的安装

Cygwin 程序安装完成后，首先将 c:\cygwin\bin\ 目录下的 cgywin1. dll 文件复制粘贴到 c:\windows\ 目录下。然后，使用记事本打开 c:\cygwin\ 目录下的 Cygwin. bat 文件，增加语句后保存（图 9－3）。最后，将光盘中的 data\shiyan09\ 目录下的 SLEUTH 文件夹（版本为 3. 0 beta）复制粘贴到 c:\cygwin\bin\ 目录下，并修改文件名称为“s”。这样 SLEUTH 程序就能够在 Cygwin 程序构建的类 Linux 环境下运行了。

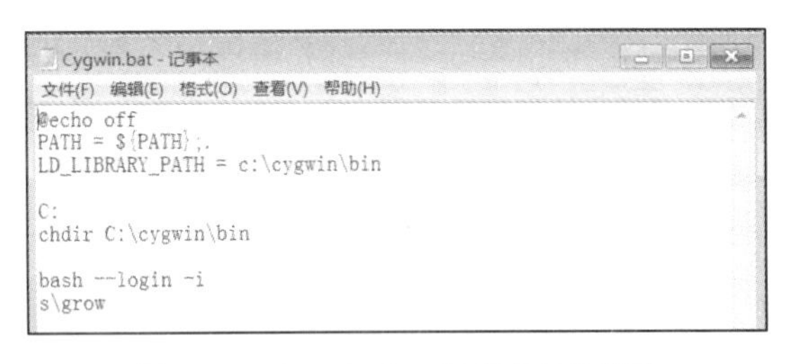

图 9－3　Cygwin. bat 程序语句的修改

9. 2. 2　模型测试

使用 SLEUTH 模型中自带的 TEST 程序模块来检验程序安装和运行是否正常。本实验使用“命令提示符”窗口来进行软件测试。

首先，在 Windows 系统下启动“命令提示符”窗口（快捷键 win+R，输入 cmd. exe，按回车键确认），输入命令行“cd C:\cygwin\bin\s\scenarios”进入 scenarios 目录下（图 9－4）。然后，输入命令行“. . \grow test scenario. demo200_test”启动 test 测试程序，检验 SLEUTH 模型是否能够正常运转（图 9－5）。最后，可以到 c:\cygwin\bin\s\output\demo200_test 目录下查看测试结果（用户也可以用记事本打开 test 模块的文件来修改运行结果文件的保存目录）。

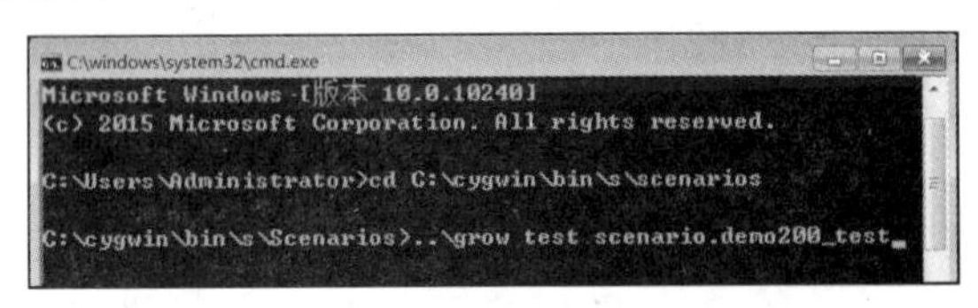

图 9－4　SLEUTH 程序的测试过程（test 模块）

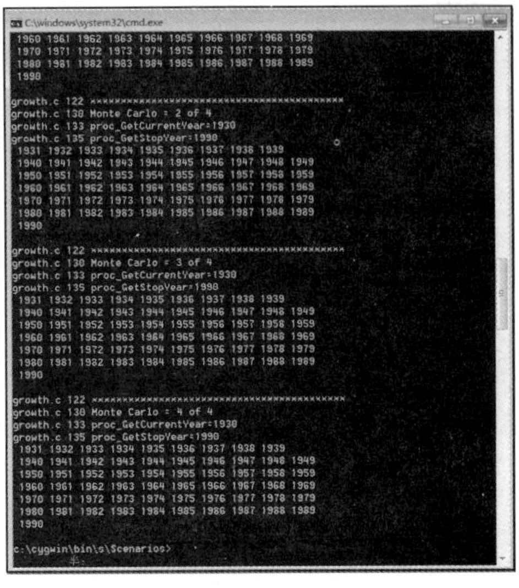

图 9－5　SLEUTH 程序 test 模块的执行情况

9.3　数据准备与模型校正

SLEUTH(Slope,Land use,Exclusion,Urban extent,Transportation,Hillshade)模型是基于元胞自动机(Cellular Automaton, CA)的城市增长模型(Urban Growth Model, UGM)和土地利用/土地覆盖 Deltatron 模型(Land Use/Cover Deltatron Model, DLM)两部分的集成,由 Clarke 和 Gaydos 于 1997 年提出。其中,UGM 子模型可以单独运行,而 DLM 子模型需要由 UGM 子模型调用和驱动,并且输入数据须包含土地利用图层。本实验仅进行城市建设用地的空间扩展模拟,因而仅就 SLEUTH 的城市增长模型(UGM)的使用过程进行说明。

9.3.1　输入数据准备

SLEUTH 的城市增长模型(UGM)需要输入 5 个 GIF 格式的灰度栅格数据图层(城市范围、交通、坡度、山体阴影与排除图层)。需要注意的是,所有模型输入图层均需要按照模型的数据图层命名规则进行命名,即输入数据的"文件夹名称. 图层名称. 年份. gif",例如"jinan240. urban. 1989. gif";另外,格式必须是 8 Bit 的 gif 图像,且所有数据的范围大小要一致。

1) 城市范围、交通图层的制作

模型校正至少需要两期的交通图层和四期的城市范围图层。实验数据中提供了4 个时期(1989、1996、2004、2011 年)的城市范围栅格数据(60 m×60 m)和交通图层矢量数据(shapefile 格式)。这些数据均基于 4 个时期的遥感影像数据(TM/ETM、SPOT、ALOS 等)通过解译或数字化而得(具体的操作过程可参见实验 1 和实验 2 中的相关内容)。

本实验以城市范围图层的制作过程为例做简要说明。城市范围图层是城市与非城市土地利用的二值图。本例中为操作方便,将研究区范围内的城镇建设用地均作为城市范围,赋值为 1。其制作过程为:①首先,在 ArcMap 中加载 1989 年城市建设用地的 GRID 数据(文件名称为 urban1989),其中城市用地为 1,非城市用地为 0。②在"内容列表"中右击"urban1989"图层,点击"数据"—"导出数据",弹出"导出栅格数据"对话框(图 9-6),设置像元大小为 60 m×60 m,即保持不变,输出数据格式选择为 GIF 格式,并设置保存文件位置(c:\cygwin\bin\s\Input\jinan60)和文件名称(jinan60. urban. 1989. gif),点击"保存"按钮保存数据。

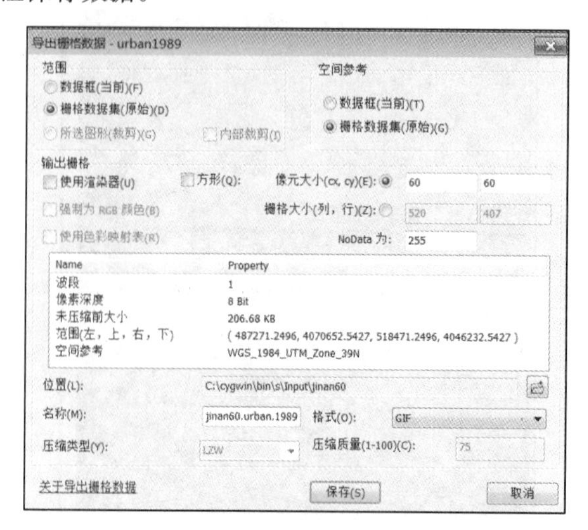

图 9-6　ArcMap 中的"导出栅格数据"对话框

采用同样的方法得到交通图层的数据。交通图层不分等级，统一赋值为 1，非道路区域赋值为 0(光盘中提供了道路的矢量数据，需要根据栅格数据的空间分辨率大小来确定道路两侧的缓冲区宽度，以保证输入模型的道路是连续的，具体操作过程参见实验 5)。

2) 坡度与山体阴影图层的制作

坡度与山体阴影图层由研究区 DEM 数据生成(名称分别为“jinan60. slope. gif”和“jinan60. hillshade. gif”，保存路径为 c:\cygwin\bin\s\Input\jinan60，具体操作过程参见实验 3)。坡度采用百分比坡度，并将坡度大于 100%的栅格重新定义为 100。山体阴影图层用于增强模拟结果的显示效果，不参与模型的运算过程。在将坡度数据转换为 GIF 数据格式时，如果原始的 DEM 数据非 8 位像素深度，则可在“导出栅格数据”对话框中需要勾选“使用渲染器”选项，并将像素深度设置为 8 Bit 即可。

3) 排除图层的制作

排除图层确定了限制城市发展的区域，取值范围为 0～255。0 表示区域发展不受限制，大于 100 的取值表示该区域不能进行城市化。通常将水体、湿地、森林公园等受保护的区域视为不可城市化的区域。像元值越趋向于 0，城市化的概率越大，越趋向于 100，城市化的概率越小。

排除图层将会根据后面设置的不同发展情景分别进行定义，而在模型校正阶段使用的排除图层仅将 1989 年土地利用类型图中的水体作为 100%的概率不被城市化(名称为“jinan60. excluded. gif”，保存路径为 c:\cygwin\bin\s\Input\jinan60，具体操作过程请参见实验 7)。为了使转换成的栅格数据中的水系能够保持连续和连通，首先将水体图层(water1989. shp)进行缓冲区处理，建议两侧缓冲区的宽度设置为栅格像元的宽度，此处为 60 m。

通过以上工作，SLEUTH 模型校正需要的所有图层都已经制作完成，对于所有的输入图层，0 表示不存在或空值，$0<n\leqslant 255$ 表示存在值。所有数据均转换为模型需要的 GIF 格式栅格数据，为了减少模型运算时间，初始栅格大小均为 60 m×60 m，且所有数据图层的范围保持一致。

9.3.2　模型参数校正

模型校正的目的是获取一套增长的参数集(即 5 个模拟系数的值)，从而对研究区的城市增长进行有效模拟。模型校正是 SLEUTH 模型的核心之一，SLEUTH 模型中 5 个模拟系数的范围都在 0～100 之间。模型采用强制蒙特卡洛迭代计算法(Brute-force Monte Carlo Method)进行参数的校正，参数校正分为粗校正(Coarse Calibration)、精校正(Fine Calibration)和终校正(Final Calibration)三个阶段进行，每个步骤得到的一套增长的参数集都用于下一个步骤的参数校准，并不断缩小各系数的取值范围，利用实验结果与真实数据进行对比，可以生成一系列统计量，用以评估模拟结果的精度。最后，经过模型自校正过程，并通过预测参数获取(Deriving forecasting coefficients)，得到模型的最优参数集，用于模型的多情景预测过程。

1) 粗校正

模型校准的初始阶段，首先通过“重采样”工具将所有输入模型图层数据的空间分辨率转换为 240 m×240 m，并将这些输入数据图层放置在 c:\cygwin\bin\s\Input\

jinan240文件夹中。然后,将模型中5个模拟系数的取值范围均设置为0～100,采用25的步长值,即按照{0,25,50,75,100}进行取值,为了减少模型计算时间,采用3次蒙特卡罗迭代。

粗校正的过程简要说明如下:

➢ 步骤1:修改粗校正文件。

首先,用写字板打开c:\cygwin\bin\s\Scenarios\目录下的scenario.demo200_calibrate文件,另存为scenario.jinan240_calibrate,并依次修改文本中的相关内容(图9-7,修改后的文件详见光盘数据文件\SLEUTH\Scenarios\scenario.jinan240_calibrate)。

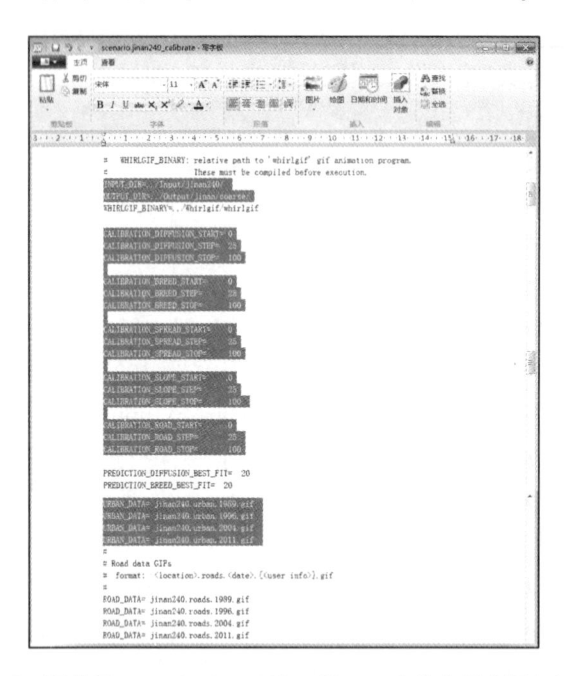

图9-7 粗校正scenario.demo200_calibrate文件中部分语句的修改

➢ 步骤2:在DOS中运行粗校正文件。

首先,在Windows系统下启动DOS命令窗口,并进入c:\cygwin\bin\s\Scenarios目录下(图9-4)。然后,键入命令行“..\grow calibrate scenario.jinan240_calibrate”启动粗校正测试程序(scenario.jinan240_calibrate)来进行SLEUTH模型的粗校正(图9-8、图9-9)。校正通常需要耗费较长的时间,因为模型校正过程使用穷举法(尝试所有可能的参数组合进行模拟,并比较结果的拟合优度)或者遗传算法进行连续搜索,直到得到“最优的”参数集。很多研究文献认为应根据研究区尺度来选取合适的空间分辨率数据,数据精度有时并非越高越好,即过高分辨率的数据不一定会得到比适宜尺度更高的模拟精度。最后,校正完成后,数据文件存放在c:\cygwin\bin\s\Output\目录下建立的coarse文件夹下。

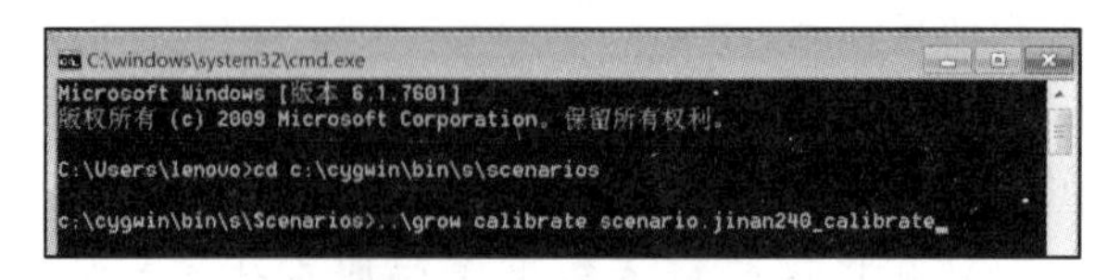

图9-8 粗校正程序在命令提示符窗口中启动

```
C:\windows\system32\cmd.exe - ..\grow calibrate scenario.jinan240_calibrate
2001 2002 2003 2004 2005 2006 2007 2008 2009
2011

1991 1992 1993 1994 1995 1996 1997 1998 1999
2001 2002 2003 2004 2005 2006 2007 2008 2009
2011

1991 1992 1993 1994 1995 1996 1997 1998 1999
2001 2002 2003 2004 2005 2006 2007 2008 2009
2011

1991 1992 1993 1994 1995 1996 1997 1998 1999
```

图 9-9 粗校正程序在命令提示符窗口中运行

➢ 步骤 3:查看粗校正结果文件。

首先,用 Excel 打开 coarse 文件夹下的 control_stats_pe_0. log 文件,并另存为 jinancoarse. xlsx 文件(图 9-10)。表中共有记录了 3124 次运算的 3124 条模拟结果,其中包含 13 个表征模拟精度的指数(不进行土地利用变化模拟时为 12 个有效指数)和 5 个模拟参数(图 9-10)。

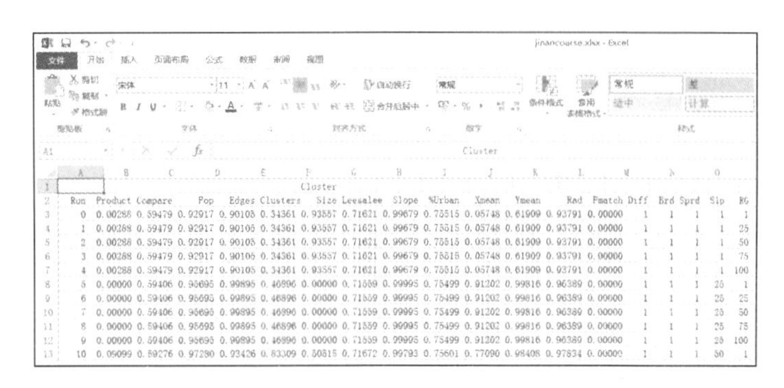

Cluster

Run	Product	Compare	Pop	Edges	Clusters	Size	Leesalee	Slope	%Urban	Xmean	Ymean	Rad	Fmatch	Diff	Brd	Sprd	Slp	RG
0	0.00288	0.59479	0.92917	0.90105	0.34361	0.93557	0.71621	0.99679	0.75515	0.05748	0.61909	0.93791	0.00000	1	1	1	1	1
1	0.00288	0.59479	0.92917	0.90105	0.34361	0.93557	0.71621	0.99679	0.75515	0.05748	0.61909	0.93791	0.00000	1	1	1	1	25
2	0.00288	0.59479	0.92917	0.90105	0.34361	0.93557	0.71621	0.99679	0.75515	0.05748	0.61909	0.93791	0.00000	1	1	1	1	50
3	0.00288	0.59479	0.92917	0.90105	0.34361	0.93557	0.71621	0.99679	0.75515	0.05748	0.61909	0.93791	0.00000	1	1	1	1	75
4	0.00288	0.59479	0.92917	0.90105	0.34361	0.93557	0.71621	0.99679	0.75515	0.05748	0.61909	0.93791	0.00000	1	1	1	1	100
5	0.00000	0.59406	0.95695	0.99895	0.46896	0.00000	0.71559	0.99995	0.75499	0.91202	0.99816	0.96389	0.00000	1	1	1	25	1
6	0.00000	0.59406	0.95695	0.99895	0.46896	0.00000	0.71559	0.99995	0.75499	0.91202	0.99816	0.96389	0.00000	1	1	1	25	25
7	0.00000	0.59406	0.95695	0.99895	0.46896	0.00000	0.71559	0.99995	0.75499	0.91202	0.99816	0.96389	0.00000	1	1	1	25	50
8	0.00000	0.59406	0.95695	0.99895	0.46896	0.00000	0.71559	0.99995	0.75499	0.91202	0.99816	0.96389	0.00000	1	1	1	25	75
9	0.00000	0.59406	0.95695	0.99895	0.46896	0.00000	0.71559	0.99995	0.75499	0.91202	0.99816	0.96389	0.00000	1	1	1	25	100
10	0.09099	0.59276	0.97280	0.93426	0.83309	0.50815	0.71672	0.99793	0.75601	0.77090	0.98408	0.97834	0.00000	1	1	1	50	1

图 9-10 粗校正得到的 13 个指数集与 5 个参数集

然后,最佳参数组合的选取和 5 个系数取值范围的确定。模型校正阶段会产生一系列的模型准确性判定指数,且在选择哪些指数能够更好表征模型的精度问题上存在较大争论,也有很多不同的选取方法。本例根据研究区实际,参考相关文献,采用 Compare、Pop、Edges、Cluster、Slope、Xmean、Ymean 等 7 个指数的乘积即 OSM(the Optimal SLEUTH Metric)作为模型校正和参数区间缩小的主要判据。选取乘积排在前 5 位的模拟结果(如果得分第 5 存在得分相同的情况,则考虑所有同分模拟结果),从而缩小 5 个系数的取值范围,产生 5 个新的系数区段(图 9-11)。根据排序结果(取前 8 位),扩散系数(Diffusion,即表中的 Diff 字段)为 1,在下一步校正中使用 1～25 的范围,繁殖系数(Breed,即表中的 Brd 字段)在 1～50 之间,传播系数(Spread,即表中的 Sprd 字段)在 25～100 之间,坡度系数(Slope,即表中的 Slp 字段)在 1～25 之间,道路引力系数(Road Gravity,即表中的 RG 字段)变化幅度很大,但大部分在 50～100 之间(选取的下一步校正的参数区间和步长参见表 9-2)。

Run	Product	Comp…	[illegible]	Edges	Clusters	Size	Leesalee	Slope	%Urban	Xmean	Ymean	Rad	Fmatch	Diff	Brd	Sprd	Slp	RG	osm
[illegible]	[illegible]	[illegible]	…829	0.9904	0.90755	0.15563	0.58242	0.98096	0.96299	0.86112	0.99995	0.98461	0	1	1	75	1	100	0.644592
79	0.0554	[illegible]	0.9828	0.9845	0.89986	0.10061	0.5936	0.99251	0.96381	0.88105	0.94134	0.984	0	1	25	50	25	1	0.627316
180	0.03553	[illegible]	0.9791	0.9932	0.92819	0.72288	0.56997	0.98011	0.96106	0.87788	0.97132	0.98083	0	1	1	100	25	50	0.599362
107	0.2327[illegible]	…281	0.9831	0.964	0.75787	0.15258	0.60184	0.99398	0.96247	0.83808	0.99989	0.98445	0	1	50	25	1	1	0.570016
275	0.0[illegible]	…95281	0.9831	0.964	0.75787	0.15258	0.60184	0.99398	0.96247	0.83808	0.99989	0.98445	0	1	50	25	1	25	0.570016
276	0.[illegible]	0.95281	0.9831	0.964	0.75787	0.15258	0.60184	0.99398	0.96247	0.83808	0.99989	0.98445	0	1	50	25	1	50	0.570016
277	[illegible]	0.95281	0.9831	0.964	0.75787	0.15258	0.60184	0.99398	0.96247	0.83808	0.99989	0.98445	0	1	50	25	1	75	0.570016
278	…496	0.95281	0.9831	0.964	0.75787	0.15258	0.60184	0.99398	0.96247	0.83808	0.99989	0.98445	0	1	50	25	1	100	0.570016
27[illegible]	…26922	0.86583	0.9801	1	0.94567	0.88281	0.58086	0.98945	0.96002	0.86775	0.80816	0.98214	0	1	1	75	100	100	0.556821
[illegible]	0.1198	0.87162	0.9789	0.9994	0.97289	0.39932	0.58294	0.98493	0.9587	0.87132	0.76855	0.98108	0	1	1	75	100	75	0.547183
[illegible]9	0.02763	0.86724	0.9809	0.9941	0.99982	0.09043	0.59506	0.9997	0.96214	0.85592	0.75092	0.98216	0	1	25	50	100	100	0.543266
75	0.03175	0.85175	0.9806	0.9999	0.93653	0.11058	0.58519	0.99682	0.96133	0.87973	0.75743	0.9823	0	1	1	75	1	1	0.519496
192	0.00214	0.85645	0.9817	0.9996	0.997	0.00825	0.58881	0.99314	0.96354	0.89495	0.62441	0.98262	0	1	25	50	75	50	0.465044
295	0.03809	0.95533	0.9875	0.9166	0.8567	0.14402	0.59927	0.99765	0.96698	0.83082	0.75183	0.98859	0	1	50	25	100	1	0.461615

图 9-11　按照 7 个指数乘积进行排序的结果

表 9-2　SLEUTH 模型校正阶段主要指数与参数统计结果

增长参数	粗校正(coarse)		精校正(fine)		终校正(final)		最终系数值
	蒙特卡洛迭代次数=3		蒙特卡洛迭代次数=4		蒙特卡洛迭代次数=5		
	总的模拟次数=3124		总的模拟次数=4499		总的模拟次数=7775		
	Compare=0.8638		Compare=0.9996		Compare=0.7018		
	r^2 population=0.9829		r^2 population=0.9879		r^2 population=0.9700		
	Edges=0.9904		Edges=0.9481		Edges=0.9760		
	Cluster=0.9076		Cluster=0.8216		Cluster=0.8202		
	Slope=0.9810		Slope=0.9985		Slope=0.9321		
	Xmean=0.8611		Xmean=0.8811		Xmean=0.8311		
	Ymean=0.9999		Ymean=0.9810		Ymean=0.7669		
	OSM=0.6446		OSM=0.6639		OSM=0.3237		
	Lee_Sallee=0.5824		Lee_Sallee=0.5811		Lee_Sallee=0.5986		
	范围	步长	范围	步长	范围	步长	
扩散系数(Diffusion)	0～100	25	0～25	5	5～15	2	15
繁殖系数(Breed)	0～100	25	0～50	10	10～25	3	26
传播系数(Spread)	0～100	25	25～100	15	80～100	4	100
坡度系数(Slope)	0～100	25	0～25	5	15～25	2	1
道路引力系数(Road Gravity)	0～100	25	50～100	10	60～80	4	72
自修改规则	ROAD_GRAV_SENSITIVITY=0.01 SLOPE_SENSITIVITY=0.1 CRITICAL_LOW=0.97 CRITICAL_HIGH=1.3 CRITICAL_SLOPE=21.0 BOOM=1.01 BUST=0.09						

2) 精校正

首先,通过“重采样”工具将所有输入模型图层数据的空间分辨率转换为 120 m×120 m,然后修改校正程序的相关文本。在该阶段,采用 4 次蒙特卡罗迭代。根据选择的增长系数值区间和步长,参照粗校正阶段的过程修改校正文本,得到精校准的程序文本 scenario.jinan120_calibrate。然后,在 DOS 中运行精校正文件,得到校正结果。最后,计算 OSM 值,并参照其排名前列的模拟结果系数值进一步缩小 5 个系数的取值范围(表 9-2)。

3) 终校正

采用同样的校正过程,进行模型的终校正(精校准使用的程序文本为 scenario.jinan 60_calibrate)。在该阶段,采用 5 次蒙特卡罗迭代,所有输入模型图层数据的空间分辨率均为数据初始的分辨率60 m×60 m。

4) 模拟参数获取(Deriving forecasting coefficients)

终校正完成后,还需要进行模拟参数获取(即Derive阶段)。在该阶段,通过同样的方法进一步缩减参数的取值范围。根据终校正的排序结果(排序第一的结果),扩散系数(Diffusion)的为13,繁殖系数(Breed)为22,传播系数(Spread)为96,坡度系数(Slope)为17,道路引力系数(Road Gravity)为60,将这5个系数的取值填进程序文本的参数设置部分中。然后,取步长为1,采用100次蒙特卡罗迭代进行模拟参数的获取。最后,在该阶段生成的avg_pe_0. log文件中,将结束年份(最后一行)的5个增长系数进行四舍五入后,作为模型模拟的最佳预测参数组合。最终生成的5个系数值分别为:扩散系数15、繁殖系数26、传播系数100、坡度系数1和道路引力系数72(表9-2)。由于模拟指数选取以及蒙特卡洛迭代次数的差异,本例中经自修改规则后,最优系数组合变化较大。在具体的研究案例中,应按照研究区实际合理选取模拟指数和蒙特卡洛迭代次数,以便获得最好的校正结果。

由表9-2可见,模型校正得到的最终系数值中,传播系数最大(100),表明其对城市用地增长具有重要影响,研究区城市用地增长主要以城市边缘增长为主;道路引力系数也很高(74),仅次于传播系数,说明道路对研究区城市用地的增长也具有重要影响,TOD发展模式也是研究区城市用地增长的重要模式;繁殖系数不大(仅为26),且扩散系数也较小(仅为15),说明自发增长形成的新城市中心增长的可能性不高,表明研究区新城市中心用地增长模式不明显;另外,坡度系数为1,说明研究区地形条件对城市用地增长的抑制作用非常有限。综上所述,研究区主要受传播系数与道路引力系数的影响,城市用地增长主要为发生在城市边缘和道路可达性较高的区域。

9.3.3 模拟精度评价

首先,使用获取的最优参数组合来初始化模型的预测模块(为了便于修改程序文本,建议将c:\cygwin\bin\s\Scenarios目录下的scenario. demo200_predict文件另存为一个名称为scenario. jinan60_predict1的文件)。然后,用记事本打开该文件进行一些语句的修改。需要修改的内容与模型校正过程中文本的修改基本一致,主要包括输入输出的文件路径与文件夹名称、蒙特卡罗迭代次数、5个参数的取值范围与最优参数组合、预测开始与结束时间、输入的一系列文件的名称、城市增长开发概率图中的界点与颜色的设置(可以根据研究区实际增加一些关键的界值)、自修改规则中坡度参数的修改等。

然后,在DOS中运行预测程序文件scenario. jinan60_predict1,重建2011年的城市扩展范围,并将重建的2011年城市开发概率图(jinan60_urban_2011. gif文件,由于文件名的原因,该图像不能在ArcMap中直接加载,需要将其更名为jinan2011s. gif后再在ArcMap中打开)与研究区同分辨率下(60 m×60 m)的边界栅格文件进行地理配准。由于模型所需的gif格式数据是由研究区的各类栅格数据导出的,因而模拟得到的开发概率图与原数据的范围是一致的,配准时只需选择三个角的顶点作为参照即可。

再次,合理选取城市开发概率图中的阈值,科学划分城市像元和非城市像元。通常有三种划分的方法,一是根据研究区情况指定合适的阈值,一般取50%;二是根据开发概率图中不同区段的栅格数量制作频数分布图,并根据频数发生突变的位置来确定阈值;三是根据模型运行起止年份的城市用地增长的数量来计算得到阈值。第三种方法能够很好地实现模拟增长量与实际增长量的匹配,从而计算得到的阈值比另外两种方法更为科学,但需要根据模拟结果调整模型模拟的程序文本(特别是开发概率图的间断点,以尽可能地与实际增长量进行匹配)。其主要操作步骤简要介绍如下:

➢ 步骤1:在ArcMap中使用“地理配准”工具,将2011年重建的城市开发概率图(首先应将其改名为jinan2011s)进行配准(图9-12)。

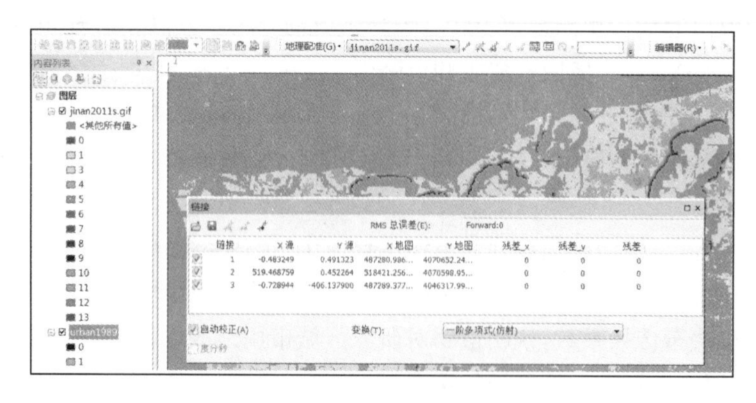

图9-12　ArcMap中的城市开发概率图的地理配准

➢ 步骤2:将配准的2011年城市开发概率图通过“地理配准”—“校正”另存为jianan2011s1.grid文件,栅格大小为60 m×60 m。

➢ 步骤3:打开jianan2011s1.grid文件属性表,按照“value”字段(值域为0~255)升序排列,并将属性表导出为2011s1.dbf文件,用Excel打开该文件按照“value”字段从下往上(本例中从12向上开始选择)进行累计统计(12代表的是90%~100%的城市开发概率,11代表的是80%~90%的城市开发概率,3代表的是1%~10%的城市开发概率),当累计的栅格数量位于终止年份2011年城市用地新增的栅格数量区间时(1989—2011年新增城市像元数为37 755),记录断点处的“value”字段值,本例中该值为3,即开发概率位于1%~10%之间。

➢ 步骤4:将scenario.jinan60_predict1另存为scenario.jinan60_predict2,在程序文本的“PROBABILITY COLORTABLE FOR URBAN GROWTH”中,修改概率生成的区间值。本例中由于间断点位于1%~10%的开发概率区段,因而将该区段的开发概率细分至间隔为1%,并设置不同间隔的颜色代码,并将大于10%的开发概率统一归为一类(10%~100%的城市开发概率)设置为0Xff0033(dark red)颜色(图9-13)。

➢ 步骤5:运行预测程序scenario.jinan60_predict2,进行2011年建设用地的再次重建。然后,重复步骤1~3,当累计的栅格数量位于终止年份2011年城市用地的栅格数基本一致时,确定该值对应的开发概率为城市与非城市的分类阈值。本例中开发概率的阈值为7%(对应的“value”字段值为9),此时预测得到的新增城市像元数量为37 587,与实际增长最为接近。

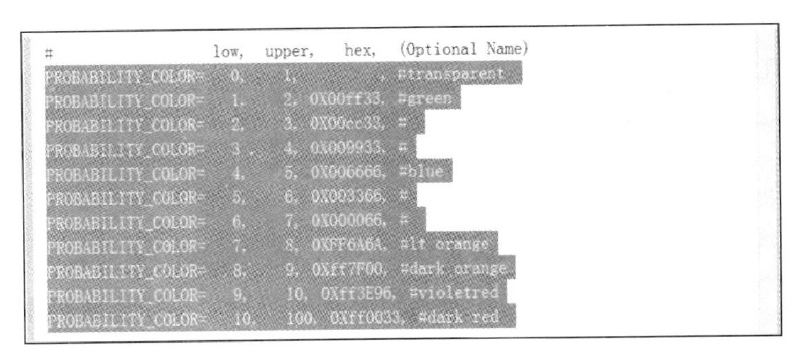

```
#                  low,  upper,    hex,    (Optional Name)
PROBABILITY_COLOR=  0,    1,             , #transparent
PROBABILITY_COLOR=  1,    2,  0X00ff33, #green
PROBABILITY_COLOR=  2,    3,  0X00cc33, #
PROBABILITY_COLOR=  3 ,   4,  0X009933, #
PROBABILITY_COLOR=  4,    5,  0X006666, #blue
PROBABILITY_COLOR=  5,    6,  0X003366, #
PROBABILITY_COLOR=  6,    7,  0X000066, #
PROBABILITY_COLOR=  7,    8,  0XFF6A6A, #lt orange
PROBABILITY_COLOR=  8,    9,  0Xff7F00, #dark orange
PROBABILITY_COLOR=  9,   10,  0Xff3E96, #violetred
PROBABILITY_COLOR= 10,  100,  0Xff0033, #dark red
```

图 9－13　城市开发概率图的开发概率区段及其颜色设置

最后，将城市开发概率图上大于 7%的栅格作为城市像元，得到 2011 年模拟的城市建设用地范围，并与 2011 年的真实城市建设用地范围(根据 1989 年和 2011 年的真实城市建设用地范围，进行处理后的 2011 年的城市建设范围，新建的 value 字段值为 0、1、2，分别代表非城市、1989 年已经存在的建设用地、1989—2011 年新增的城市建设用地)进行叠置分析(使用“栅格计算器”工具，首先应将栅格数据均处理为 0 为非城市像元，1 为 1989 年城市像元，2 为 1989—2011 年新增城市像元，然后采用模拟的城市图层乘以 10 再加真实的城市图层)，进而可以按照像元的空间匹配性将其划分为两种匹配类型即城市像元匹配、非城市像元匹配，与两种不匹配类型即模拟为城市但真实为非城市、模拟为非城市但真实为城市。通过统计 4 种类型的像元数量和面积，统计整理得到像元尺度上模型模拟的准确性评估表(表 9－3)。

表 9－3　像元尺度上的 SLEUTH 模型精度评价结果

项　目	非城市像元(Nonurban)	城市像元(Urban)	新增城市像元数(New urban)	总精度(Overall accuracy)
2011 年现状(status of 2011)	145 612	65 580	37 755	—
模拟结果(Modeled pixel)	145 822	65 370	37 545	—
正确像元数(Number correct)	126 713	46 471	18 646	82.01%
生产者精度(Producer's accuracy)	86.90%	70.86%	49.39%	—
用户精度(User's accuracy)	87.02%	71.09%	49.66%	—

由表 9－2 可见，模型校正的结果总体上较好，在城市用地的数量与空间位置上的拟合度较好，最终的 Compare 值为 0.701 8，表明有 70.18%的城市用地被捕捉到，Lee-Sallee 值为 0.598 6，表明济南城市形态的拟合效果也较好。但在像元尺度上，2011 年预测结果和实际情况的数量特征与空间分布均存在较大差异(表 9－3)。模拟正确的城市像元数(46 471 个)约为 2011 年现状城市像元数的 70.86%，如果仅考虑新增的城市像元，模拟的用户精度和生产者精度则只有 49.66%和 49.39%。模拟结果表明 SLEUTH 模型未能很好地反映济南东部新城、西部高铁新城的开发建设，还很难准确捕捉由城市发展政策所导致的城市发展中心转移和新的城市增长中心的出现，这与 SLEUTH 模型的元胞状态高度依赖于其邻域元胞状态有关，已有城市向外扩张容易，而新形成的城市扩散中心增长则不易发生。

9.4　情景设置与模型模拟

9.4.1　情景设置

SLEUTH模型在基于历史数据的基础上，通过修改预测参数或设置排除图层来预设城市未来发展的不同情景，可以较好地预测未来的城市增长和土地利用变化，已经成为城市规划的有力工具。

本实验为了简化操作过程，根据研究区实际，主要通过调整排除图层预设了两种发展情景：现有趋势发展情景(Historical trend development，HTD)和生态可持续发展情景(Ecological sustainable development，ESD)。但在实际的案例研究中，大多根据研究区的实际，结合未来不同的发展政策来制定不同的增长情景。

1) 现有趋势发展情景(HTD)

现有发展趋势情景仅将研究区2011年较大面积的水体和城市边界范围内的绿地定义为排除图层(建议在c:\cygwin\bin\s\Input目录下建立一个htd的文件夹存放模型该情景预测阶段需要的输入数据图层数据)，且设定为100%的概率不被城市化，在该方案情景下农田和城市周边的林地可能会被继续侵占(具体操作过程请参见实验7，排除图层已经放置在光盘数据的htd文件夹下，名称暂命名为s1excluded，格式为GRID栅格数据)。

2) 生态可持续发展情景(ESD)

在生态可持续发展情景中，需要进行研究区生态网络构建和生态环境敏感性分析，从而识别研究区的主要敏感性区域、需要保护的核心景观生态资源以及未来需要预留的自然生态空间，进而将研究区的核心生态可持续发展战略融入SLEUTH模型的排除图层中。其大致过程如下：首先，采用最小累积费用路径方法模拟研究区潜在的生态廊道，并基于重力模型进行重要生态廊道的提取，从而科学构建研究区生态网络并加以重点保护(具体操作过程参见实验6)。然后，将得到的生态网络作为敏感性因子，并结合地形、水域、植被、农田因子，构建了研究区各因子等级划分与评价体系(表9-4)，并采用GIS空间叠置分析方法进行多因子综合评价，获取研究区生态环境敏感性分区(具体操作过程参见实验7)。最后，按照敏感性等级由低到高分别设定其不被城市化的概率依次为0%、20%、50%、80%、100%，得到融合生态可持续发展战略情景的排除图层(建议在c:\cygwin\bin\s\Input目录下建立一个esd的文件夹存放模型该情景预测阶段需要的输入数据图层数据，排除图层已经放置在光盘数据的esd文件夹下，名称暂命名为s2excluded，格式为GRID栅格数据)，该情景有利于保护绿色空间网络结构的完整性以及维护生态服务功能的综合性，实现了生态可持续发展战略与建设用地增长之间的融合，有助于实现精明增长与精明保护和土地利用的可持续发展。

表 9-4　生态敏感性因子敏感性等级与赋值

敏感性因子		分类(buffer)	赋值	生态敏感性等级
生态网络	源地与生态廊道	廊道两侧 60 m 的缓冲区	9	极高敏感性
地形	地形起伏度	＞50 m	9	极高敏感性
		20～50 m	7	高敏感性
		10～20 m	5	中敏感性
		5～10 m	3	低敏感性
		＜5 m	1	非敏感性
	坡度	＞45%	9	极高敏感性
		30%～45%	7	高敏感性
		15%～30%	5	中敏感性
		7%～15%	3	低敏感性
		0～7%	1	非敏感性
水域		水域及小于 60 m 的缓冲区	9	极高敏感性
农田			5	中敏感性
植被	城市公园		9	极高敏感性
	林地		7	高敏感性

9.4.2　模型模拟

首先，将情景 1 的排除图层复制到 c:\cygwin\bin\s\Input\htd 目录下，并更名为 htd.excluded.gif，同时将终校正中使用的城市范围、交通、坡度和山体阴影图层复制到该文件夹下，并按照要求修改这些文件的名称。

然后，由于道路交通对研究区的城市扩展具有重要影响，本例中将研究区 2020 年的道路规划图进行了数字化(road2020.shp)，并通过“缓冲区”和“面转栅格”等工具将其制作成模型输入的数据格式(GIF)，该图层命名为 htd.roads.2020.gif。

最后，创建并修改预测程序文本，并命名为 scenario.jinan60_predicts1。按照要求修改输入文件名称、蒙特卡罗迭代次数、模拟起止年份、模拟参数和最优参数组合等内容。在预测模式下运行 100 次蒙特卡罗迭代运算，并将模拟产生的 2030 年度城市开发概率图上大于 50%临界值的栅格作为城市化区域，得到 2030 年情景 1 下的研究区城市用地增长情况(图 9-14)。采用同样的过程和步骤，可以得到情景 2 下的研究区城市用地增长情况(图 9-14)。

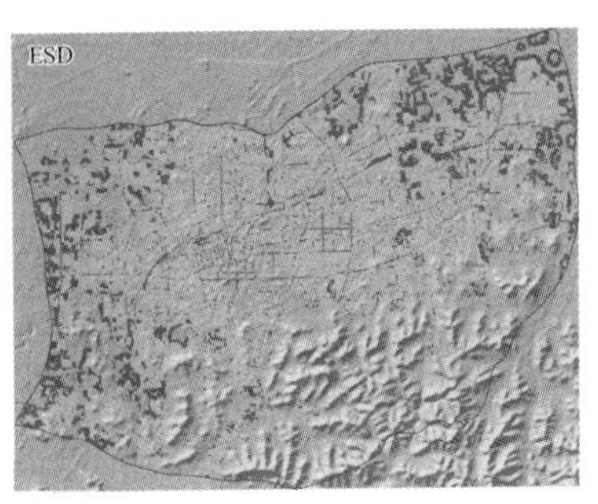

图 9-14　两种情景下 2011—2030 年的城市用地增长模拟结果

9.4.3 结果分析

由两种发展情景方案模拟的城市用地增长结果可见,研究区 2011—2030 年的城市用地增长的空间格局差异显著(图 9-14)。在生态可持续发展情景下,林地、湿地、生态网络等高敏感性区域被侵占的数量远小于现有趋势发展情景。由此可见,融合生态可持续发展战略的情景方案能够有效地保护绿色空间网络结构的完整性以及生态服务功能的综合性,可为城市的发展留足生态空间,实现了研究区的精明增长与精明保护的统一,有利于土地利用的可持续发展。

9.5 实验总结

本实验以济南市绕城高速公路以内的区域为例,将生态网络构建与生态环境敏感性分析作为研究区核心生态可持续发展战略融入 SLEUTH 模型的排除图层中,构建了融合生态可持续发展战略的发展情景,并同预设的现有发展趋势情景进行了比较,揭示了 2011—2030 年两种发展情景下的城市用地增长的空间格局。模拟结果表明融合生态可持续发展战略的 SLEUTH 模型能够较好地表征城市生态可持续发展的战略与政策,对研究区未来城市用地空间增长管理、城市规划和土地利用规划提供决策支持与参考依据。

通过本实验掌握基于 SLEUTH 模型的城市建设用地空间扩展模拟的总体思路与框架,并能够掌握 GIS 与 SLEUTH 模型松散耦合的操作流程与技术路线。

具体内容见表 9-5。

表 9-5 本次试验主要内容一览

内容框架	具体内容	页码
运行环境设置与模型调试	(1) 运行环境设置	P257
	(2) 模型测试	P259
数据准备与参数校正	(1) 输入数据准备	P260
	(2) 模型参数校正	P261
	(3) 模拟精度评价	P265
情景设置与模型模拟	(1) 情景设置	P268
	(2) 模型模拟	P269
	(3) 结果分析	P270

实验 10　基于多源遥感数据的地表温度反演

10.1　实验目的与实验准备

10.1.1　实验目的

地表温度是一个重要的地球物理参数，其反演对于城市热岛、灾害监测等研究具有重要意义。地表温度的空间格局是城市与区域规划用地空间布局特别是生态用地空间布局的重要参考信息与决策依据。通过本实验掌握基于多源遥感数据与单窗算法的地表温度反演的总体思路与框架，并能够掌握多种软件组合使用的操作流程与技术路线。

具体内容见表 10－1。

表 10－1　本次试验主要内容一览

内容框架	具体内容
数据获取与处理	(1) 数据获取
	(2) 数据处理
地表温度反演相关参数计算	(1) 基于 MODIS 数据的表观反射率计算
	(2) 基于 MODIS 数据的大气透过率计算
	(3) 基于 MODIS 数据的大气水汽含量计算
	(4) TM6 数据中的大气透过率估算
	(5) TM6 数据中的地表辐射率估算
基于单窗算法的地表温度反演	(1) 地表温度反演的模型工具构建
	(2) 基于自建模型工具的地表温度反演

10.1.2　实验准备

(1) 计算机已经预装了 ArcGIS 10.1、Erdas 9.2、ENVI 5.1 和 Modis Swath Tool 等软件。

(2) 本实验的规划研究区为南京市城区及其周边地区的矩形区域，实验数据存放在光盘中的 data\shiyan10 中，请将 shiyan10 文件夹复制到电脑的 D:\data\目录下。

10.2　数据获取与处理

10.2.1　数据获取

1) TM 数据获取

从地理空间数据云网站中查询并下载 2009 年 10 月 3 日的 Landsat5 TM 遥感影像

数据(具体过程参见实验2中的"TM/ETM数据获取"部分),卫星过境时间为2时27分(格林尼治时间),即北京时间10时27分。

2) MODIS数据获取

MODIS(Moderate Resolution Imaging Spectrum-radiometer)传感器是EOS(Earth Observing System)系列卫星中安装在TERA和AQUA两颗卫星上的中分辨率成像光谱仪。MODIS是当前世界上新一代"图谱合一"的光学遥感仪器,共有36个光谱通道,其中1~19通道和26通道分别为可见光和近红外通道,其余16个通道均为热红外通道。本实验使用MODIS数据的2、5、17、18、19五个通道来进行大气水汽含量的反演,其中2波段的空间分辨率为250 m,5波段的空间分辨率为500 m,17、18、19波段的空间分辨率为1 000 m。

首先,登录美国宇航局(NASA)戈达德宇宙飞行中心(Goddard Space Flight Center)网站(https://ladsweb.nascom.nasa.gov/data/search.html)查询并下载需要的MODIS数据(图10-1)。本实验选取空间分辨率为250 m、500 m和1000 m的MOD02数据,以及定标数据MOD03(图10-1)。由于下载的TM数据是2009年10月3日,为了时间上相匹配,数据检索时间设置为2009年10月3日0时至2009年10月3日23时59分59秒,数据集选择MODIS collection6-L1的数据产品(图10-2,该数据集是默认设置)。在Spatial Selection中的"Coordinate Systen"中选择"Latitude/Longitude"即经纬度选项,并设置检索数据的空间范围(图10-3)。其他选择默认设置,然后点击网站底部的"Search"按钮进行数据检索,检索结果如图10-4所示,选择与landsat 5卫星的过境时间(2时27分)最近的数据(2时和2时5分)进行下载(图10-4)。下载时,先点击"order files now"按钮,接着输入接收信息的邮箱,点"order"开始订购该数据。当所有订购数据的状态显示"available"时即可使用FTP下载软件进行下载(FTP下载的地址、用户名和密码信息等均在"Order Details"页面中)。每个订单中的数据只会在FTP上存放5天,需要及时下载。

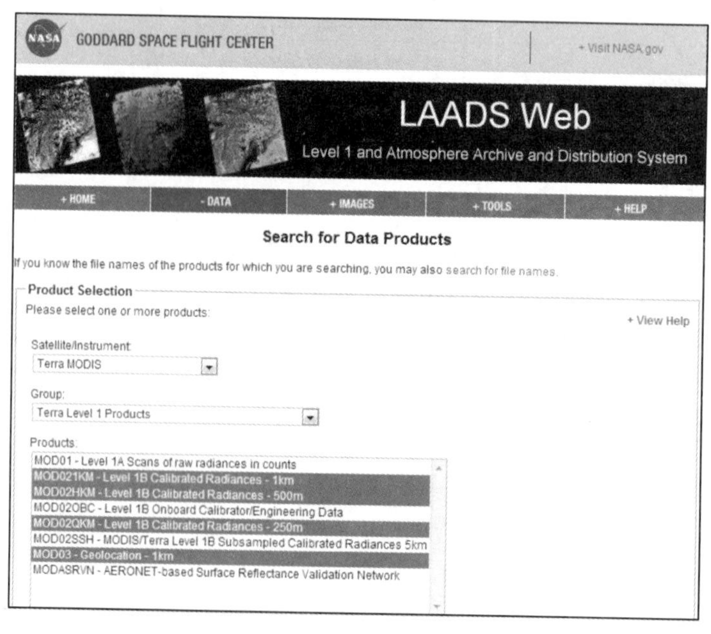

图10-1　戈达德宇宙飞行中心网站与MODIS数据选取

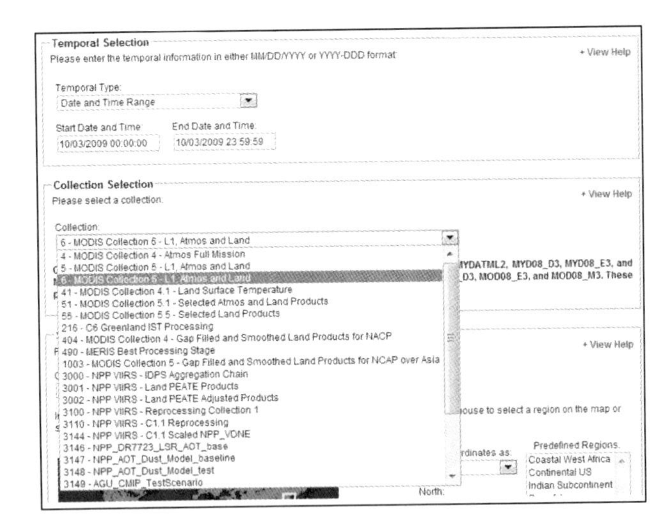

图 10－2　数据检索时间与数据集的设置

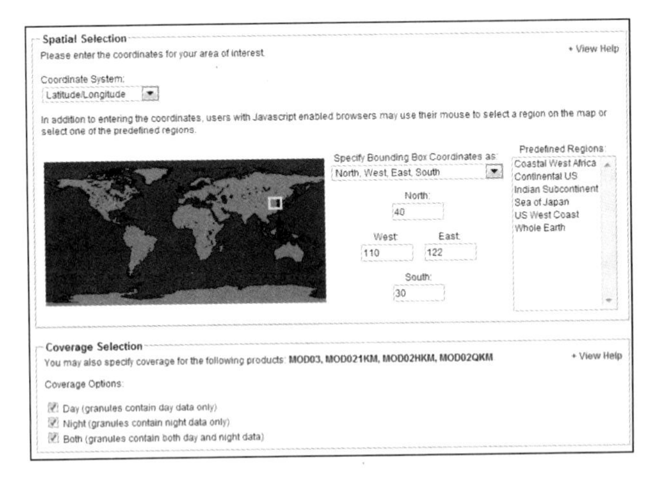

图 10－3　数据检索的空间范围设置

Displaying results 1 - 10 of 18.　　　　1 | 2 | Next | View All

Time	Product	File Name	Size	Online	Add	Browse
2009-276 02:00	MOD021KM	MOD021KM.A2009276.0200.006.2014232233424.hdf	157 MB	Yes	☑	+ View RGB
	MOD02HKM	MOD02HKM.A2009276.0200.006.2014233063235.hdf	145 MB	Yes	☐	+ View RGB
	MOD02QKM	MOD02QKM.A2009276.0200.006.2014231201159.hdf	150 MB	Yes	☐	+ View RGB
	MOD03	MOD03.A2009276.0200.006.2012250063146.hdf	34 MB	Yes	☑	N/A
2009-276 02:05	MOD021KM	MOD021KM.A2009276.0205.006.2014232233439.hdf	158 MB	Yes	☑	+ View RGB
	MOD02HKM	MOD02HKM.A2009276.0205.006.2014233063253.hdf	146 MB	Yes	☐	+ View RGB
	MOD02QKM	MOD02QKM.A2009276.0205.006.2014231201222.hdf	152 MB	Yes	☐	+ View RGB
	MOD03	MOD03.A2009276.0205.006.2012250063300.hdf	27 MB	Yes	☑	N/A
2009-276 03:40	MOD021KM	MOD021KM.A2009276.0340.006.2014232233816.hdf	151 MB	Yes	☐	+ View RGB
	MOD02HKM	MOD02HKM.A2009276.0340.006.2014233063537.hdf	145 MB	Yes	☐	+ View RGB

Select Online Checkboxes　Select Offline Checkboxes　Clear All Checkboxes

Please note that if you want to **post-process** files (subset, reproject, reformat, data quality screen, etc.) you need to select "Add Files to Shopping Cart" and place the order from your shopping cart. If you select "Order Files Now", the order will be placed immediately without post-processing.

Add Files To Shopping Cart　Order Files Now

图 10－4　选择需要下载的数据

10.2.2 数据处理

1) TM数据处理

首先,使用ERDAS软件对下载的研究区2009年10月3日的TM影像数据进行多波段融合,得到融合后的数据文件2009.img(具体过程参见实验2中的“TM/ETM数据预处理”部分)。然后,在GIS中使用研究区矢量边界(boundry1.shp)对2009.img文件进行裁剪(使用“裁剪”工具),得到研究区的数据文件nanjing2009.img。其次,使用ERDAS软件计算研究区的植被归一化指数NDVI(具体过程参见实验2中的“TM/ETM遥感数据增强处理”部分,P106,文件名称ndvi.img)。有研究表明,基于TM数据直接求得的NDVI指数要比真实的NDVI要低,因此建议首先将TM数据进行辐射校正和大气校正后再计算NDVI指数。最后,采用ERDAS中的监督分类方法,将研究区划分为水体、建设用地、自然表面(建设用地和水体之外的都归为该类别)三类(具体过程参见实验2中的“TM/ETM遥感数据解译”部分,分类后处理得到的栅格文件名称为landuse,1为水体,2为建设用地,3为自然表面)。注意初始分类时最好按照实验2中的步骤将土地利用分为水体、建设用地、林地、农田、裸地和其他六类,以方便本实验后面地表温度反演所需参数计算时调用。最后用研究区边界裁剪后的NDVI和分类数据已存放在实验数据中。

2) MODIS数据处理

①MODIS数据的几何校正

首先,安装Modis Swath Tool软件。该软件是NASA网站提供的对HDF格式的1B数据进行几何精校正的工具,该软件使用MOD03数据对影像进行校正,处理速度快且使用简单方便。

➢ 步骤1:通过USGS网站(http://lpdaac.usgs.gov/landdaac/tools/mrtswath/index.asp)获取对应操作平台的Modis Swath Tool软件包。

➢ 步骤2:电脑上已经预装了Java,且其版本应符合Modis Swath Tool软件的需要,如果版本过低,可下载最新的适合自己电脑的Java即可。

➢ 步骤3:在Windows系统下启动DOS命令窗口,进入安装文件夹,并在目录下运行install脚本文件,进入安装命令界面。首先输入安装目标位置,如果想安装在当前目录下,直接按回车键即可,否则需要输入绝对路径(如:c:\modis)(图10-5)。然后,按照所提示问题进行输入,直到程序安装完成,并重启电脑。

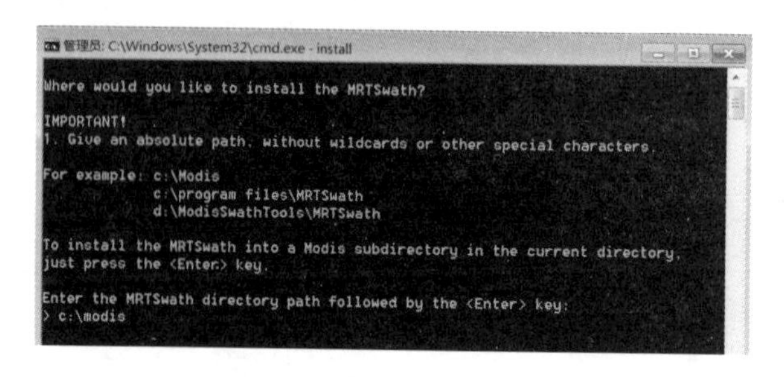

图10-5 Modis Swath Tool软件安装路径设置

然后,进行MODIS数据的几何校正。主要步骤如下:

➢ 步骤 1：打开 Modis Swath Tool 软件，通过点击"Open Input File..."导入待校正的文件，即已经下载的研究区格林尼治时间凌晨 2 点的 MODIS 数据文件（MOD021KM. A2009276. 0200. 006. 2014232233424. hdf）。

➢ 步骤 2：将"Selected Bands"一栏中不需要的波段移至"Available Bands"中，保留 2、5、17、18、19 波段的太阳反射数据（图 10－6）。对于 MODIS 数据，2、5 波段为大气窗口通道，17、18、19 波段为大气吸收通道；带有"RefSB"的波段指的是太阳光反射波段，而带有"Emissive"指的是热辐射波段（表 10－2、表 10－3）。可通过查询 MODIS 1B 数据对应的波段标识来确定"Selected Bands"一栏中 2(EV_250_Aggr1km_RefSB_b1)、5(EV_500_Aggr1km_RefSB_b2)、17(EV_1KM_RefSB_b11)、18(EV_1KM_RefSB_b12)、19(EV_1KM_RefSB_b13)波段对应的数据波段名称（图 10－6）。

表 10－2　MODIS 1B 产品中的各波段组

名　称	分辨率	波段数	光谱波段
EV_250_RefSB	250 m	2	1,2
EV_500_RefSB	500 m	5	3,4,5,6,7
EV_1KM_RefSB	1 km	15	8～19(13,14 各有两个分别为 lo 和 hi 的波段，详见图 10－11),26
EV_1KM_Emissive	1 km	16	20～25,27～36

表 10－3　MODIS 1B 数据 1 km 产品中的科学数据集概要

产　品	第一维 波段数	第二维 扫描带数× 探测器数	第三维 帧数× 样本数
EV_250_Aggr1km_RefSB　250 m 合成至 1 km 地球观测反射波段产品科学数据	2	扫描带数×10	1 354×1
EV_250_Aggr1km_RefSB_Uncert_Indexes　250 m 合成至 1 km 地球观测反射波段产品不确定指数	2	扫描带数×10	1 354×1
EV_250_Aggr1km_RefSB_Samples_Used　250 m 合成至 1 km 地球观测反射波段产品所用样本数	2	扫描带数×10	1 354×1
EV_500_Aggr1km_RefSB　500 m 合成至 1 km 地球观测反射波段产品科学数据	5	扫描带数×10	1 354×1
EV_500_Aggr1km_RefSB_Uncert_Indexes　500 m 合成至 1 km 地球观测反射波段产品不确定指数	5	扫描带数×10	1 354×1
EV_500_Aggr1km_RefSB_Samples_Used　500 m 合成至 1 km 地球观测反射波段产品所用样本数	5	扫描带数×10	1 354×1
EV_1KM_RefSB　1 km 地球观测反射波段产品科学数据	15	扫描带数×10	1 354×1
EV_1KM_RefSB_Uncert_Indexes　1 km 地球观测反射波段产品不确定指数	15	扫描带数×10	1 354×1
EV_1KM_Emissive　1 km 地球观测热辐射波段产品科学数据	16	扫描带数×10	1 354×1
EV_1KM_Emissive_Uncert_Indexes　1 km 地球观测热辐射波段产品不确定指数	16	扫描带数×10	1 354×1
EV_Band26　1 km 第 26 波段地球观测产品科学数据	1	扫描带数×10	1 354×1
EV_Band26_Uncert_Indices　1 km 第 26 波段地球观测不确定指数	1	扫描带数×10	1 354×1

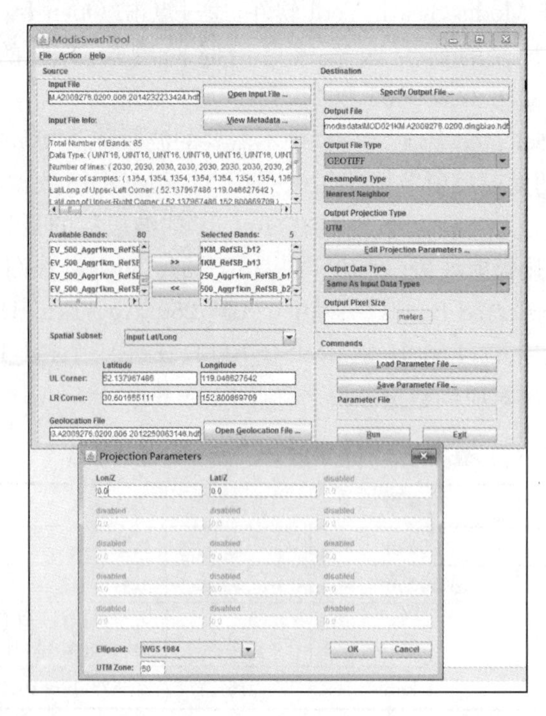

图 10 - 6　基于 Modis Swath Tool 软件的 MODIS 数据几何校正设置

➢ 步骤 3:点击“Open Geolocation File...”,导入研究区凌晨 2 点的地理定标文件(MOD03. A2009276. 0200. 006. 2012250063146. hdf)。

➢ 步骤 4:在 Destination 模块中,单击“Specify Output File...”按钮,指定输出目录和文件名(MOD021KM. A2009276. 0200. dingbiao. hdf),并分别在“Output File Type”和“Resampling Type”的下拉菜单中设置输出的文件格式和重采样的方法。本例中选择 GEOTIFF 格式和 Nearest Neighbor(图 10 - 6)。

➢ 步骤 5:在“Output Projection Type”中设置输出的投影类型。本例选择与 TM 遥感数据相同的 UTM 投影方式。然后点击“Edit Projection Parameters”,在弹出的“Projection Parameters”对话框中输入相应的投影参数。由于使用的 TM 数据为 WGS84 坐标系、UTM 投影,投影带号为 50,因而将“Ellipsoid”选择为 WGS1984,“UTM Zone”选择为 50(图 10 - 6)。

➢ 步骤 6:在“Output Data Type”的下拉菜单中选择“Same As Input Data Types”,设置输出的数据类型与输入的数据类型相同。最后,单击“Run”按钮,进行 MODIS 数据的校正,此时会弹出“Status”文本框,显示运行的状态。校正完成后,可以在前面给定的输出目录下看到各个选定的波段的校正结果影像数据。

➢ 步骤 7:按照以上操作步骤,将研究区 2 时 5 分的 MODIS 数据进行几何校正,校正后的文件名称为 MOD021KM. A2009276. 0205. dingbiao. hdf。

②MODIS 数据的影像拼接

➢ 步骤 1:启动 ENVI Classic 软件,通过点击“Basic Tool”—“Mosaicking”—“Georeferenced”,弹出“Map Based Mosaic”窗口。

➢ 步骤 2:点击该对话框工具条中的“Import”—“Import Files and Edit Properties...”，弹出“Mosaic Input File”对话框，并通过点击“Open”按钮下的“New files”加载同一波段的两景几何校正后的影像数据(图 10－7)。然后，按住“Shift”键选择两景需要拼接的数据文件，并点击“OK”按钮，进入“Entry...”对话框(图 10－8)，在“Data Value to Ignore”处输入忽略的背景值为 65535，并点击“OK”按钮返回“Mosaic”窗口，该波段两景数据加载到窗口中。

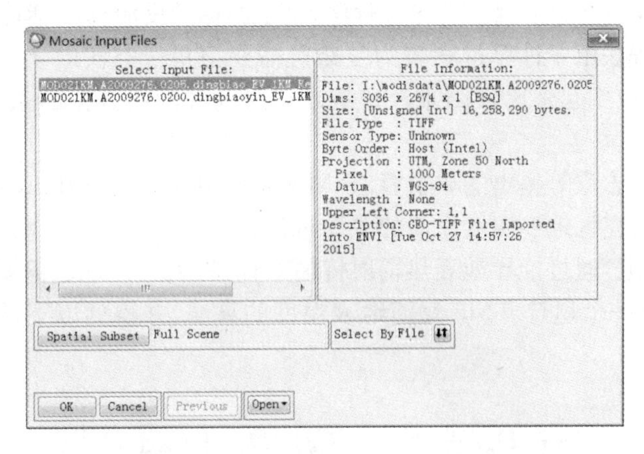

图 10－7　“Mosaic Input Files”对话框

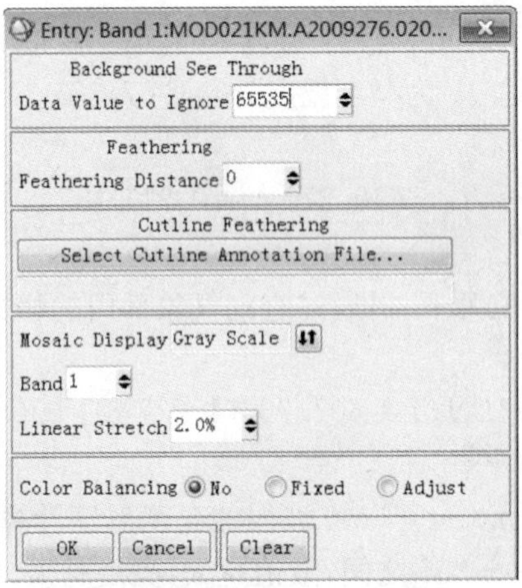

图 10－8　“Entry...”对话框

➢　步骤 3：在“Mosaic”窗口中，点击工具条中“File”—“Apply”，在弹出的“Mosaic Parameters”对话框中定义输出拼接图像的位置和名称(mosaic17.dat)，点击“OK”按钮输出该波段的拼接结果。

➢　步骤 4：在 ArcMap 中，使用“裁剪”工具，将拼接结果使用 boundry2.shp 文件进行裁剪，得到 mosaic17clip.dat 文件。该边界文件的区域范围比 boundry1.shp 的稍大，主要是考虑 MODIS 数据分辨率是 1 km，而 TM 融合数据是 30 m 分辨率，如果使用同样的边界裁剪，则研究区的边界部分很难准确匹配。

➢　步骤 5：按照以上操作步骤，将研究区其他波段的两景 MODIS 数据分别进行拼接，最终得到拼接并裁剪后的 5 个波段的数据。

10.3 地表温度反演所需相关参数计算

热红外遥感数据(例如 Landsat TM/ETM+的第 6 波段,以下简称为“TM6”或“ETM+6”,都属于热红外波段)常被用来进行地表温度反演。目前,基于 TM6 或 ETM+6 数据反演地表温度主要有 4 种方法:辐射传导方程法、基于影像的反演算法、单窗算法和单通道算法。辐射传导方程法由于计算过程较为复杂且需要卫星过空实时大气剖面数据进行大气模拟,因而实际应用起来比较困难。在缺乏实时大气剖面数据的条件下,建议使用另外 3 种算法。

本教程介绍覃志豪等提出的单窗算法(Mono-window Algorithm,MW),并演示说明使用该算法进行研究区地表温度反演的主要过程。

覃志豪等(2001)通过推导地表热辐射传输方程,将大气和地表的影响直接包括在演算公式中,推导出一个适合 TM6 反演地表温度的算法,并得到以下的公式来计算地表温度:

$$T_s = (a_6(1-C_6-D_6)+(b_6(1-C_6-D_6)+C_6+D_6)T_6-D_6T_a)/C_6 \tag{10-1}$$

式中:T_s 为地表温度,$C_6=\tau_6\varepsilon_6$,$D_6=(1-\tau_6)(1+\tau_6(1-\varepsilon_6))$,$\varepsilon_6$ 为地表辐射率,τ_6 为大气透过率,T_a 为大气平均温度,T_6 为亮度温度,$a=-67.355\ 35$,$b=0.458\ 606$。

$$T_a = 19.270\ 4+0.911\ 18T_0 \tag{10-2}$$

式中:T_0 为近地面气温,单位为 K,可通过查询气象部门的相关数据获得。

$$T_6 = 1\ 260.56/LN(1+607.76/(1.237\ 8+0.055\ 158\times DN)) \tag{10-3}$$

公式(10-3)适用于 Landsat5 TM6 波段的亮度温度计算。*DN*(Digital Number)值是 TM6 数据的灰度值,在 0~255 之间,数值越大,亮度越大。

由此可见,在使用单窗算法反演地表温度时,大气平均温度和亮度温度两个参数可以很容易通过公式计算获取,而大气透过率和地表辐射率两个参数相对较难获取,需要使用 MODIS 和 TM 数据进行估算。

10.3.1 基于 MODIS 数据的表观反射率计算

表观反射率(Apparent Reflectance)是指大气层顶的反射率,是辐射定标的结果之一,目前主要通过大气校正的方法来获取。大气校正就是将辐射亮度或者表观反射率转换为地表实际反射率的过程,目的是消除大气散射、吸收、反射引起的误差。

利用 MODIS 数据存储的像元灰度值(*DN* 值),可以通过公式(10-4)将像元的灰度值转换为表观发射率。

$$R_{B,T,FS} = Reflectance\_Scales_B \times (SI_{B,T,FS} - Reflectance\_Offect_B) \quad (10-4)$$

式中：$R_{B,T,FS}$ 为表观反射率，$SI_{B,T,FS}$ 为波段某像元的值，B 为相应波段号；$Reflectance\_Scales_B$ 为反射率缩放比；$Reflectance\_Offect_B$ 为反射率偏移量。

因此，要计算表观反射率，需要获取选择的 5 个波段的反射率缩放比和反射率偏移量即可。

本例中，使用 ENVI 软件来查询获取这些参数，具体操作过程如下：

➢ 步骤 1：在 ENVI Classic 软件工具条中，使用工具条中“File”—“Open Image File”，选择需要打开的 5 个波段拼接并裁剪后的 MODIS 数据文件，进入“Available Bands List”窗口（图 10 - 9）。

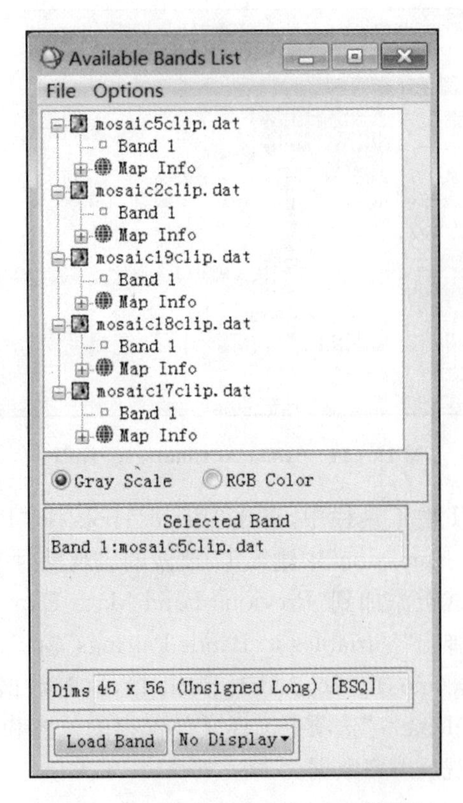

图 10 - 9　“Available Bands List”窗口

➢ 步骤 2：在 ENVI 主工具栏中，点击“Basic Tools”—“Preprocessing”—“Data-SpecificUtilities”—“View HDF Dataset Attributes”，选择从网站上下载的 hdf 格式的 MODIS 数据（例如，选择 2 时的那一景数据文件），弹出“HDF Dataset Selection”对话框，选择分辨率为 1 km 的太阳反射率（图 10 - 10），点击“OK”按钮，弹出“Data Attributes...”窗口（图 10 - 11）。该窗口显示了数据的相关信息，其中“band_names”字段代表 MODIS 数据 1 km 分辨率数据中各个波段的名称，“reflectance_scales”和“reflectance_offsets”字段分别代表了 MODIS 数据的反射率缩放比和偏移量。因此，可以得到 17、18、19 波段的反射率缩放比分别为 0.000 023 82、0.000 032 12 和 0.000 024 67，反射率偏移量均为 316.972 198 49。

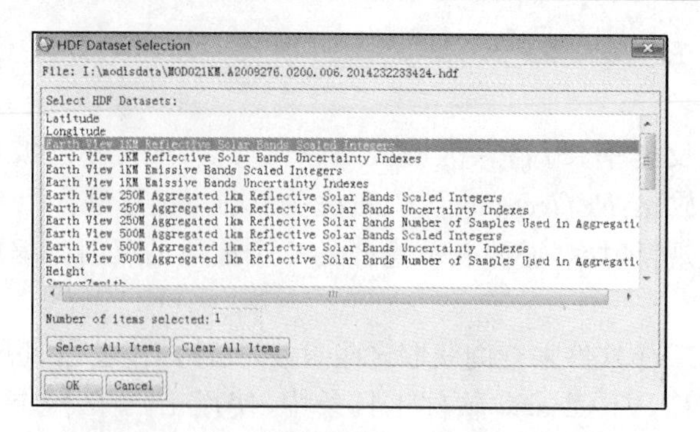

图 10 - 10　“HDF Dataset Selection”对话框

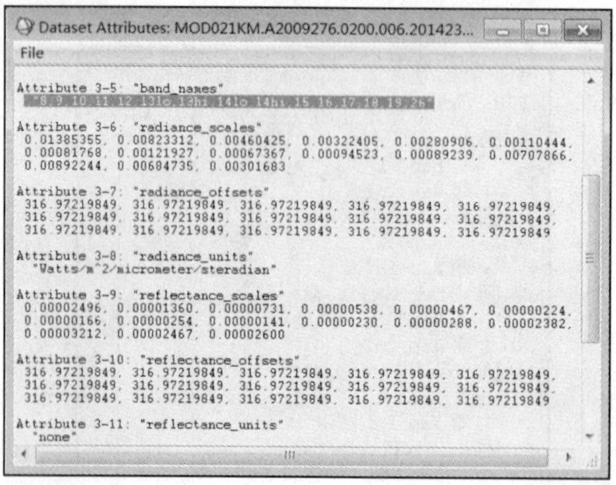

图 10 - 11　“Data Attributes...”窗口

➢　步骤 3：在 ENVI 主工具栏中，点击“Basic Tools”—“Band Math”，弹出“Band Math”窗口，在“Enter an expression”中输入 17 波段的表观反射率计算公式(图 10 - 12)。点击“Add to List”，该公式被添加到“Previous Band Math Expressions”栏中，然后选中该公式，点击“OK”按钮，弹出“Variables to Bands Pairings”窗口(图 10 - 13)，需要为 b17 变量指定对应的波段数据(mosaic17clip. dat\Band 1)，这时数据计算公式可以使用了。最后，在“Enter Output Filename”选项中选择文件保存的位置和名称(nanjingb17. dat)，该文件即为 17 波段的表观反射率数据。

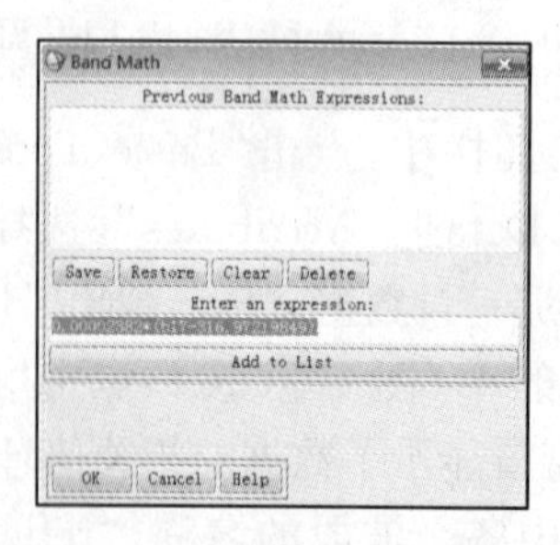

图 10 - 12　“Band Math”窗口

➢　步骤 4：按照以上步骤，分别计算得到其他 4 个波段(2、5、18、19)的表观反射率。波段 2 和 5 需要分别在“HDF Dataset Selection”对话框中选择 250 m 和 500 m 的太阳反射率数据。

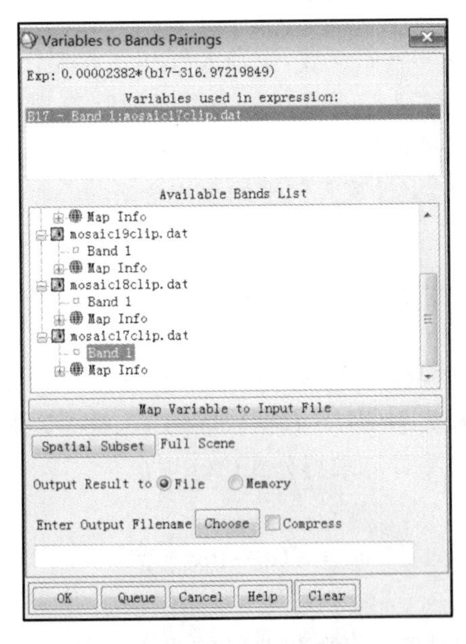

图 10-13　"Variables to Bands Pairings"窗口

10.3.2　基于 MODIS 数据的大气透过率计算

基于 MODIS 数据处理得到的 5 个波段的表观反射率数据，根据公式(10-5)分别计算得到 17、18 和 19 三个通道的大气透过率(可使用 ArcToolbox 中的"栅格计算器"来计算，得到的数据文件分别命名为 t17.dat、t18.dat 和 t19.dat，图 10-14)。

$$\tau(\lambda_k)=\frac{\rho\cdot(\lambda_k)}{m_k\rho\cdot(\lambda_2)+n_k\rho\cdot(\lambda_5)} \qquad (10-5)$$

式中：$\tau(\lambda_k)$为第 k($k=17$、18、19)通道的大气透过率；$\rho\cdot(\lambda_k)$第 k($k=17$、18、19)通道的表观反射率；$\rho\cdot(\lambda_2)$和 $\rho\cdot(\lambda_5)$分别为 2、5 通道的表观反射率，$m_{17}=0.8767$，$n_{17}=0.1233$，$m_{18}=0.7949$，$n_{18}=0.205$，$m_{19}=0.7956$，$n_{19}=0.2044$。

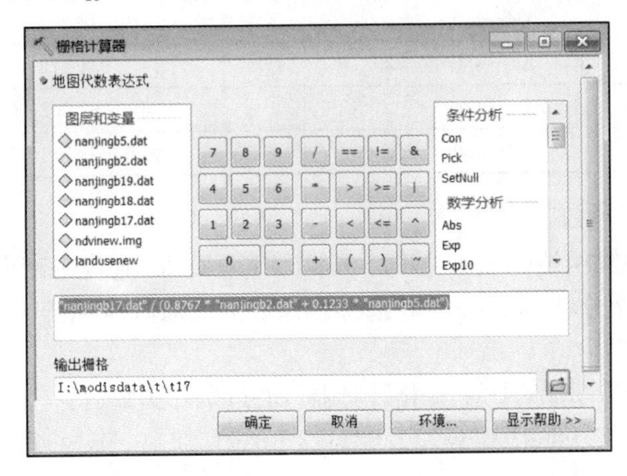

图 10-14　用"栅格计算器"工具计算 17 通道的大气透过率

10.3.3　基于 MODIS 数据的大气水汽含量计算

水汽含量是大气中重要的气象参数,也是天气和气候变化的重要驱动力。由于水汽分布极不均匀、时空变化很大,水汽含量对地表温度的反演、影像数据的大气校正等基于遥感数据的应用研究具有显著的影响。

本实验使用公式(10-6)来计算大气平均水汽含量。

$$\omega = f_{17}\omega_{17} + f_{18}\omega_{18} + f_{19}\omega_{19} \tag{10-6}$$

式中:ω 为大气平均水汽含量,f_{17}、f_{18}、f_{19} 为 3 个波段的权重系数,分别取 0.189、0.242、0.569,ω_{17}、ω_{18}、ω_{19} 分别为基于 *MODIS* 数据获取的 17、18、19 波段的水汽含量,该变量可以根据各个波段的大气透过率计算求得公式(10-7)。

$$\omega_k = ((\alpha - \ln\tau_k)/\beta)^2 \tag{10-7}$$

式中:τ_k 为 k 波段的大气通过率,ω_k 为 k 波段的水汽含量,α、β 为常数,分别取 0.02 和 0.651。

通过以上分析,大气平均水汽含量的计算过程为:首先,利用基于 MODIS 数据计算得到的大气透过率,根据公式(10-7)计算得出 17、18、19 波段的水汽含量;然后根据公式(10-6)计算得到大气平均水汽含量(可使用 ArcToolbox 中的“栅格计算器”来计算,为了与 TM 其他数据的空间分辨率相匹配,使用“重采样”工具将大气平均水汽含量数据的分辨率转换为 30 m×30 m,数据文件命名为 w,格式为 GRID)。

10.3.4　TM6 数据中的大气透过率估算

大气透过率对地表热辐射在大气中的传导具有重要的影响,是地表温度反演的基本参数(公式(10-1))。大气透过率可以用下面的方程计算得到(表 10-4)。

表 10-4　TM6 大气透过率的估算方程

大气剖面	水分含量 $w/(g \cdot cm^{-2})$	大气透过率估计方程
高气温	0.4～1.6	$\tau_6 = 0.974\,290 - 0.080\,07\omega$
	1.6～3.0	$\tau_6 = 1.031\,412 - 0.115\,36\omega$
低气温	0.4～1.6	$\tau_6 = 0.982\,007 - 0.096\,11\omega$
	1.6～3.0	$\tau_6 = 1.053\,710 - 0.141\,42\omega$

具体的操作过程如下:

首先,通过气象局网站(http://cdc.nmic.cn/home.do)查询南京市 2009 年 10 月 3 日北京时间 10 时 27 分(Landsat5 TM 遥感影像数据成像时间)的气温值。当日平均气温为 16.42 ℃。

然后,使用 ArcToolbox 中的“栅格计算器”,通过条件函数运算(公式为:Con("w%"<=1.6,0.974290-0.08007 * "w", 1.031412-0.11536 * "w"))得到 TM6 的大气透

过率数据(本教程中已经将该部分的计算过程放入自建的 GIS 建模模型 wendufanyan.tbx,参见 10.4 部分有关该工具的修改与使用)。

10.3.5　TM6 数据中的地表辐射率估算

地表辐射率主要取决于地表的物质结构和遥感器的波段区间。地球表面不同区域的地表结构虽然很复杂,但从卫星像元的尺度来看,可以大体视作由 3 种类型构成:水面、城镇和自然表面(主要是指各种天然陆地表面、林地和农田等)。

1) 自然表面的地表发射率计算

$$\varepsilon = P_v R_v \varepsilon_v + (1 - P_v) R_s \varepsilon_s + d\varepsilon \tag{10-8}$$

式中:ε 是自然表面的地表发射率,R_v 和 R_s 分别是植被和裸土的温度比率,ε_v 和 ε_s 分别是植被和裸土在 TM6 波长区间的辐射率,分别取 0.986 和 0.972 15。P_v 是混合像元中植被比例,可由公式(10 - 9)计算获得:

$$P_v = \frac{NDVI - NDVI_s}{NDVI_v - NDVI_s} \tag{10-9}$$

$NDVI_v$ 和 $NDVI_s$ 分别是植被和裸土的 $NDVI$ 值,一般通过分别计算选定的植被和裸土区域的平均 $NDVI$ 值获得。当 $NDVI$ 大于 $NDVI_v$ 时,取 $P_v=1$;当 $NDVI$ 小于 $NDVI_v$ 时,取 $P_v=0$。

当 $P_v \leqslant 0.5$ 时,$d\varepsilon = 0.003\ 796 P_v$;当 $P_v > 0.5$ 时,$d\varepsilon = 0.003\ 796(1 - P_v)$。若用上式计算得到的 $d\varepsilon$ 大于 P_v,则取 $d\varepsilon = P_v$。

2) 城市像元的地表发射率计算

$$\varepsilon = P_v R_v \varepsilon_v + (1 - P_v) R_m \varepsilon_m + d\varepsilon \tag{10-10}$$

式中:ε 是城市像元的地表发射率,R_v 和 R_s 分别是植被和裸土的温度比率,R_m 为建筑表面的温度比率,ε_v 是植被 TM6 波长区间的辐射率,取 0.986,ε_m 为建筑表面的发射率为 0.97。

植被、裸土和建筑表面的温度比率可由公式(10 - 11)求得:

$$\begin{aligned} R_v &= 0.933\ 2 + 0.058\ 5 P_v \\ R_s &= 0.990\ 2 + 0.106\ 8 P_v \\ R_m &= 0.988\ 6 + 0.128 P_v \end{aligned} \tag{10-11}$$

3) 水体的地表发射率计算

水体在热红外波段辐射率较高,非常接近于黑体,因此水体的辐射率取 $\varepsilon_w = 0.995$。

通过以上分析,地表辐射率估算的计算过程为:首先,根据公式(10 - 9)、公式(10 - 8),使用 ArcToolbox 中的“栅格计算器”工具(公式为:Con("landuse"==1,0.995,Con ("landuse"==3,"eh","pvxiu" * "rv" * 0.986+(1-"pvxiu") * "rm" * 0.97+"de")),其中 landuse 为土地类型数据,1 为水体,2 为建设用地,3 为自然表面,eh、pvxiu 等参数参见 10.4 部分的 wendufanyan.tbx 工具),计算得出研究区三类地表的发射率(详细的计算推演过程参见覃志豪等(2004)文献,本教程中已经将该部分的计算过程放入自建的 GIS 模型中 wendufanyan.tbx,参见 10.4 部分有关该工具的修改与使用)。

10.4 基于单窗算法的地表温度反演

10.4.1 地表温度反演模型工具构建

为了计算方便,使用"模型构建器(ModelBuilder)"将一些温度反演的主要计算过程制作成模型,文件已经存放在光盘数据中(software 目录下的 wendufanyan.tbx)。模型构建器的具体使用请参考其他教程,例如邢超和李斌编著的《ArcGIS 学习指南——ArcToolbox》。

10.4.2 基于自建模型工具的地表温度反演

基于 wendufanyan.tbx 模型工具,简要说明温度反演的过程与主要步骤。

首先,加载 wendufanyan.tbx 工具。右击"ArcToolbox"工具栏中的"添加工具箱",弹出"添加工具箱"对话框,找到并加载 wendufanyan.tbx 文件,该工具将被加载到 ArcToolbox 工具栏中。

然后,编辑修改该工具。在 ArcToolbox 工具栏中,右击该工具箱下的 2009 工具,选择"编辑"打开 2009 的模型编辑窗口(图 10-15)。蓝色椭圆代表的是输入的数据文件,黄色长方形代表计算工具,绿色椭圆代表经计算工具计算得到的数据文件。对模型的大致计算步骤做简要介绍:

➢ 步骤 1:双击模型编辑窗口中的"计算 pv",弹出"计算 pv"对话框(图 10-15),根据公式(10-9)输入窗口中的公式编辑器中,定义输出的栅格数据名称(pv)和存放的路径(建议所有的输入文件放在一个文件夹中,模型运算输出的文件放在另一个文件夹中,下面计算工具的存放路径与此窗口的存放路径相同)。

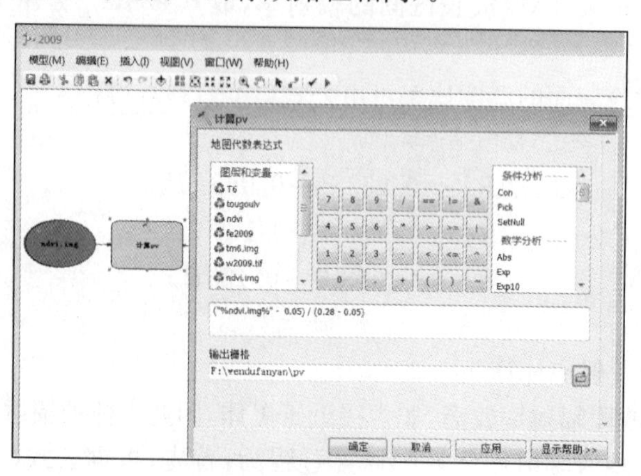

图 10-15　2009 模型的编辑窗口与"计算 pv"对话框

➢　步骤 2:双击模型编辑窗口中的“pv 值修改”,弹出“pv 值修改”对话框,对 pv 值做如下修改,若 pv 值大于 1 的修改为 1,小于 0 的修改为 0,在 0～100 之间的保留原值(图 10－16)。窗口中的公式均已经编辑好,无需做调整(下同),除非用户修改了该计算过程之前的过程文件的文件名称,定义输出的栅格数据名称(pvxiu)和存放的路径(同步骤 1)。

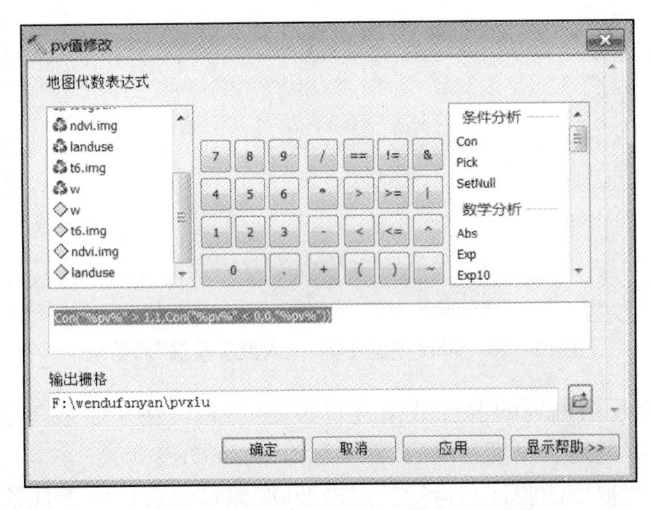

图 10－16　2009 模型中的“pv 值修改”对话框

➢　步骤 3:采用同样的方法使用修改后的 pv 值计算 R_s、R_v、R_m、$d\varepsilon$,自然地表的 ε 及其判定,进而计算得到三类地表的 ε 值(输出的栅格数据名称为 er)(图 10－17)。

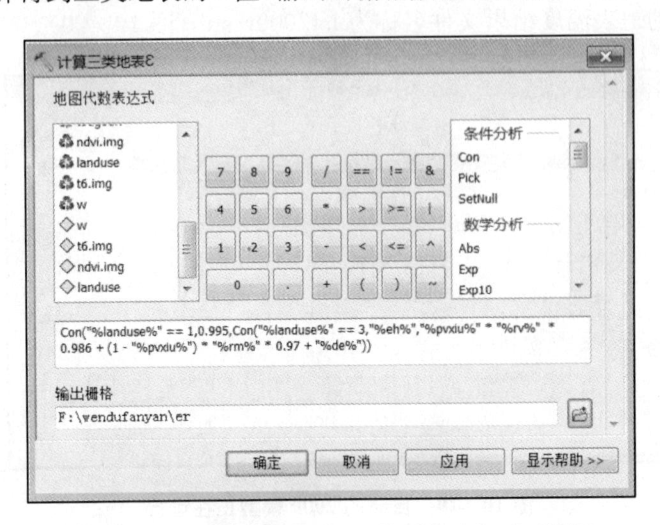

图 10－17　2009 模型中的“计算三类地表 ε”对话框

➢　步骤 4:使用表 10－4 中的相应公式计算 TM6 数据的大气透过率 τ_6(输出的栅格数据名称为 touguolv),进而计算公式(10－1)中的变量 C_6、D_6。

➢　步骤 5:使用 TM6 数据,根据公式(10－3)计算亮温 T_6(输出的栅格数据名称为 t6),进而根据公式(10－1)进行研究区地表温度的反演,得到反演后的数据文件 lst2009(图 10－18)。

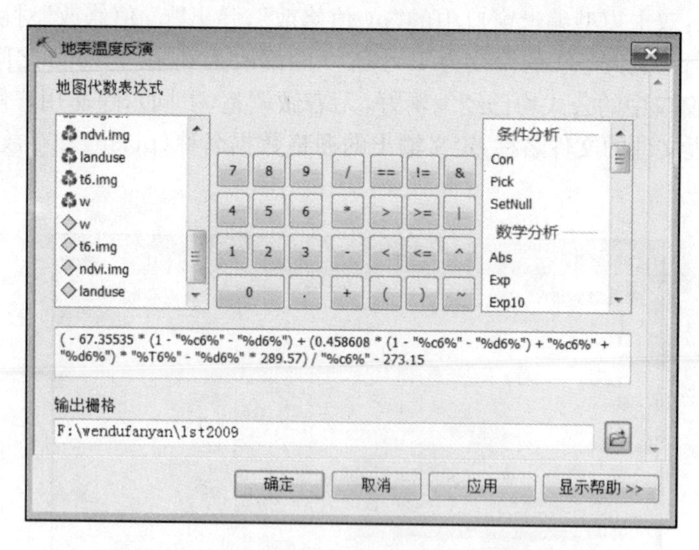

图 10-18　2009 模型中的"地表温度反演"对话框

➢　步骤 6:对反演得到的温度数据进行必要的修订,将小于或等于 0 ℃的部分删除,生成研究区最终的地表温度结果(文件名称为 lst2009result)。

最后,进行自建模型的验证与运行。点击 2009 编辑器窗口中工具条的"模型"—"验证整个模型",检验模型有无错误,如果有错误之处,则错误处将在模型编辑器窗口中显示为白色。根据错误提示修改模型,直到完全通过检验。通过检验后,点击工具条中的"模型"—"运行整个模型",模型开始运行(图 10-19),得到运算过程中设定输出的各种文件,其中最终的地表温度结果文件名称为 lst2009result(图 10-20)。

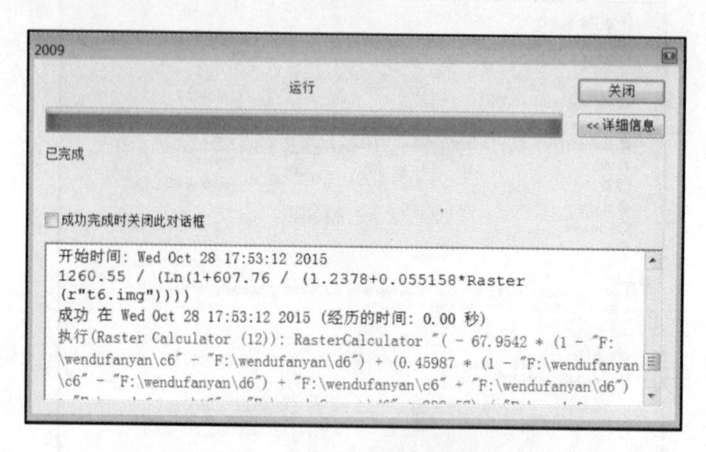

图 10-19　自建的 2009 模型正在运行

另外,需要注意的是 wendufanyan.tbx 模型工具还可以进一步扩展,将基于 MODIS 数据的各种参数的计算进行整合,地表温度反演结果除了低值区可能存在噪点外,高值区也可能存在噪点,建议将反演的地表温度进行统计,每 0.1 度分为一个值域范围,并分别统计高低两端的栅格数量占研究区总栅格数的比例,结合研究区实际情况,使用 0.01% 的阈值进行反演结果极值的处理(分别将两端低于或高于阈值的栅格赋以阈值所在区间的低值或高值),以消除噪点对反演结果的影响。

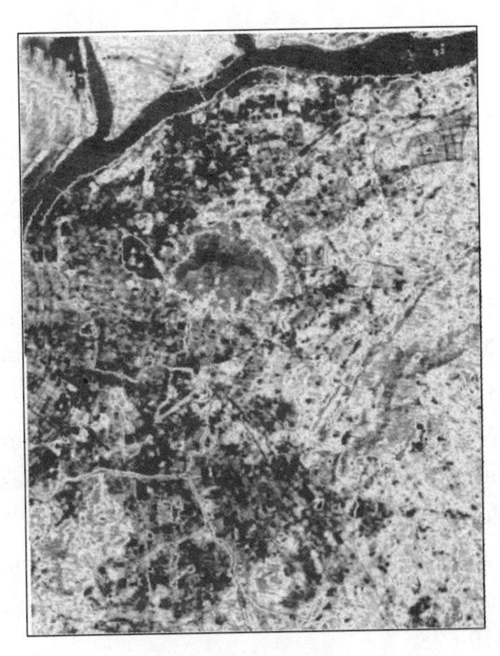

图 10－20　研究区地表温度反演结果

10.5　实验总结

本实验以南京市主城区及其周边区域为例，基于 GIS、ENVI、ERDAS、Modis Swath Tool 等多种软件平台，采用覃志豪等提出的单窗算法对研究区的地表温度进行了反演。

通过本实验掌握基于多源遥感数据与单窗算法的地表温度反演的总体思路与框架，并能够掌握多种软件组合使用的操作流程与技术路线。

具体内容见表 10－5。

表 10－5　本次试验主要内容一览

内容框架	具体内容	页码
数据获取与处理	(1) 数据获取	P271
	(2) 数据处理	P274
地表温度反演相关参数计算	(1) 基于 MODIS 数据的表观反射率计算	P278
	(2) 基于 MODIS 数据的大气透过率计算	P281
	(3) 基于 MODIS 数据的大气水汽含量计算	P282
	(4) TM6 数据中的大气透过率估算	P282
	(5) TM6 数据中的地表辐射率估算	P283
基于单窗算法的地表温度反演	(1) 地表温度反演的模型工具构建	P284
	(2) 基于自建模型工具的地表温度反演	P284

主要参考文献

[1] 汤国安,杨昕,等. ArcGIS 地理信息系统空间分析实验教程. 北京:科学出版社,2012.

[2] 杨昕,汤安国,等. ERDAS 遥感数字图像处理实验教程. 北京:科学出版社,2009.

[3] 尹海伟,孔繁花,罗震东,等. 基于潜力-约束模型的冀中南区域建设用地适宜性评价. 应用生态学报,2013,24(8):2274-2280.

[4] Fanhua Kong, Haiwei Yin, Nobukazu Nakagoshi, et al. Simulating urban growth processes incorporating a potential model with spatial metrics Ecological Indicators. ISSN:1470-160X Volume 20, September, 2012:82-91.

[5] Haiwei Yin, Fanhua Kong, Xiang Zhang. Changes of residential land density and spatial pattern from 1989 to 2004 in Jinan City, China. Chinese Geographical Science, 2011, 21(5):619-628.

[6] 尹海伟,孔繁花,祁毅,等. 湖南省城市群生态网络构建与优化. 生态学报,2011,(10):2863-2874.

[7] 孙振如,尹海伟,孔繁花,等. 基于 Logistic 模型与成本加权距离方法的济南城市公园综合可达性分析. 山东师范大学学报(自然科学版),2012,27(2).

[8] 尹海伟,张琳琳,孔繁花,等. 基于层次分析和移动窗口方法的济南市建设用地适宜性评价. 资源科学,2013,35(3):530-535.

[9] Yanmei Zhuang, Haiwei Yin, Fanhua Kong, et al. Developing green space ecological networks in Shijiazhuang City, China. The 19th International Conference on Geoinformatics, June 24-26, 2011, Shanghai, China.

[10] 顾鸣东,尹海伟. 公共设施空间可达性与公平性研究概述. 城市问题,2010,(5).

[11] Fanhua Kong, Haiwei Yin, Nobukazu Nakagoshi, et al. Urban green space network development for biodiversity conservation: Identification based on graph theory and gravity modeling. Landscape and Urban Planning, 2010, 95(1):16-27.

[12] 张琳琳,孔繁花,尹海伟. 基于高分辨率遥感及马尔科夫链的济南市土地利用变化研究. 山东师范大学学报(自然科学版),2010,(2):88-91.

[13] Dandan Jing, Haiwei Yin. Individual accessibility and spatial accessibility—A Case Study of Urban Parks in Gulou District, Nanjing. The International Conference on Information Science and Engineering (ICISE2009), 2009.

[14] 尹海伟,徐建刚,孔繁花. 上海城市绿地宜人性对房价的影响. 生态学报,2009,29(8):4492-4500.

[15] 尹海伟,徐建刚. 上海公园空间可达性与公平性分析. 城市发展研究,2009,16(6):72-77.

[16] 秦正茂,尹海伟,祁毅. 南京老城区公园绿地应急避险功能空间定量评价研究. 山东师范大学学报(自然科学版),2009,(3):94-97.

[17] 周艳妮,尹海伟,韦晓辉. 基于问卷调查的城市公园内部结构优化研究——以长沙烈士公园为例. 山东师范大学学报(自然科学版),2009,(3).

[18] 尹海伟. 城市开敞空间:格局·可达性·宜人性. 南京:东南大学出版社,2008.

[19] 尹海伟,孔繁花,宗跃光. 城市绿地可达性与公平性分析. 生态学报,2008,(7):3375-3383.

[20] 孔繁花,尹海伟. 济南城市绿地生态网络构建. 生态学报,2008,(4):1711-1719.

[21] Haiwei Yin,Yongjun Song,Fanhua Kong,et al. Measuring spatial accessibility of urban parks: a case study of Qingdao City,China,Geoinformatics 2007,Proc. SPIE 6753,67531L,2007.

[22] Fanhua Kong,Haiwei Yin,Nobukazu Nakagoshi. Using GIS and Landscape Metrics in the Hedonic Price Modeling of the Amenity Value of Urban Green Space: a Case Study in Jinan City,China. Landscape and Urban Planning,2007,79(3-4):240-252.

[23] Fanhua Kong,Haiwei Yin,Nobukazu Nakagoshi. Using GIS and moving window method in the urban land use spatial pattern analyzing. Geoinformatics 2007,Proc. SPIE 6753,67531Q,2007.

[24] 宗跃光,徐建刚,尹海伟. 情景分析法在工业用地置换中的应用——以福建省长汀腾飞经济开发区为例. 地理学报,2007,62(8):887-896.

[25] 尹海伟,徐建刚,陈昌勇,等. 基于 GIS 的吴江东部地区生态敏感性分析. 地理科学,2006,26(1):64-69.

[26] 尹海伟,孔繁花. 济南市城市绿地可达性分析. 植物生态学报,2006,30(1):17-24.

[27] Chen Y,Yu J,Khan S. Spatial sensitivity analysis of multi-criteria weights in GIS-based land suitability evaluation. Environmental Modelling & Software,2010,25(12):1582-1591.

[28] 宗跃光,王蓉,汪成刚,等. 城市建设用地生态适宜性评价的潜力-限制性分析——以大连城市化区为例. 地理研究,2007,26(6).

[29] 宗跃光,张晓瑞,何金廖,等. 空间规划决策支持系统在区域主体功能区划分中的应用. 地理研究,2011,30(7).

[30] 汪成刚,宗跃光. 基于 GIS 的大连市建设用地生态适宜性评价. 浙江师范大学学报(自然科学版),2007,30(1).

[31] 胡道生,宗跃光,许文雯. 城市新区景观生态安全格局构建——基于生态网络分析的研究. 城市发展研究,2011,(6).

[32] 薛松,宗跃光. 基于潜力阻力模型的城市建设用地生态适宜性评价——以兰州榆中县为例. 国土资源科技管理,2011,28(1).

[33] 李力,宗跃光,胡道生. 复合生态网络体系在生态城乡规划中的应用——以常州新北区生态规划为例. 城市发展研究,2011,18(7).

[34] 尹海伟,罗震东,耿磊. 城市与区域规划空间分析方法. 南京:东南大学出版社,2015.

[35] YIN Haiwei,KONG Fanhua,HU Yuanman,Philip James,Feng Xu,Lanjun Yu. Assessing Growth Scenarios for their Landscape Ecological Security Impact,using the SLEUTH Urban Growth Model,Journal of Urban Planning and Development.

doi:10.1061/(ASCE)UP,2015,1943-5444.0000297.

[36] 陈剑阳,尹海伟,孔繁花,等.环太湖复合型生态网络构建.生态学报,2015,35(9).

[37] 许峰,尹海伟,孔繁花,等.基于MSPA和LCP的四川巴中西部新城生态网络构建.生态学报,2015,35(19).

[38] Fanhua Kong, Haiwei Yin, Philip James, Lucy R. Hutyra, Hong S. He. Effects of spatial pattern of greenspace on urban cooling in a large metropolitan area of eastern China, Landscape and Urban Planning, 128: 35-47. doi: 10.1016/j. landurbplan, 2014.

[39] Fanhua Kong, Haiwei Yin, Cuizhen Wang, Gina Cavan, Philip James. A Satellite Image-based Analysis of Factors Contributing to the Green-Space Cool Island Intensity on a City Scale, Urban Forestry and Urban Greening, 13: 846-853. doi: 10.1016/j. ufug, 2014.

[40] 孙常峰,孔繁花,尹海伟,等.山区夏季地表温度的影响因素——以泰山为例.生态学报,2014,34(12):3396-3404.

[41] 闫伟姣,孔繁花,尹海伟,等.紫金山森林公园降温效应影响因素.生态学报,2014,34(12):3169-3178.

[42] 孔繁花,尹海伟,刘金勇,等.城市绿地降温效应研究进展与展望.自然资源学报,2013,28(1):171-181.

[43] 刘金勇,孔繁花,尹海伟,等.济南市土地利用变化及其对生态系统服务价值的影响.应用生态学报,2013,24(5):1231-1236.

[44] 卢银桃,尹海伟.南京过江通道建设对江北沿江地区可达性的影响.国际城市规划,2013,28(2):69-74.

[45] 刘东,李艳,孔繁花.中心城区地表温度空间分布及地物降温效应——以南京市为例.国土资源遥感,2013,25(1):117-122.

[46] 覃志豪,Zhang Minghua,Arnon Karnieli,等.用陆地卫星TM6数据演算地表温度的单窗算法.地理学报,2001,56(4):456-466.

[47] 覃志豪,李文娟,徐斌,等.陆地卫星TM6波段范围内地表比辐射率的估计.国土资源遥感,2004,16(3):28-36.

[48] 覃志豪,LI Wenjuan,Zhang Minghua,等.单窗算法的大气参数估计方法.国土资源遥感,2003,15(2):37-43.

[49] 宋彩英,覃志豪,王斐.基于Landsat TM的地表温度分解算法对比.国土资源遥感,2015,27(1):172-177.